持續交付｜使用 Java
將程式部署至生產環境的
必備工具與最佳做法

Continuous Delivery in Java
Essential Tools and Best Practices
for Deploying Code to Production

Daniel Bryant and Abraham Marín-Pérez　著

賴屹民　譯

O'REILLY®

序

自從 Dave Farley 與 Jez Humble 寫了 Continuous Delivery 以來，持續交付社群就有一個廣泛的共識：工具並不重要。坊間有大量優秀的程式語言，也有很多組建、測試與部署程式碼的好工具，但社群的共識是：你使用什麼工具都不重要，只要避免糟糕透頂的就好了。

今年，Nicole Forsgren、Jez Humble 與 Gene Kim 博士更是鞏固了這個共識，他們的著作 Accelerate 歸納了多年來關於持續交付與 IT 性能的研究，其中一項結論是，團隊選擇工具的能力對持續交付有強烈、具統計意義的影響。因此，新的共識是：無論你使用哪些工具，只要你可以自行選擇它們，避開糟糕透頂的那些就可以了。

以我為例。我第一次在團隊中進行持續交付專案是在 2007 年的 Elsevier。我們用 TDD 與 CI 等 XP 做法，使用 Java 6、Spring 2 與 Tomcat 6 建構一個期刊網站，當時使用的管道（pipeline）是 Ant 與 Cruise Control，那個基礎程式（codebase）一直處於可釋出狀態，我們會每週將它部署到生產環境一次。

我第一次與整個公司一起做持續交付是在 2008 年的 LMAX。我們採取 XP 做法與領域驅動設計（Domain Driven Design），用 Java 6、Spring 3 與 Resin 3 來建構最先進的金融交易程式。當時使用的管道是 Ant 與 Cruise Control，以及許多自訂的儀表板，那個基礎程式一直處於可釋出狀態，我們每兩週將它部署到生產環境一次。

相信你可以看到它們的相似之處。這兩個例子都有一群聰明的人一起工作，XP 方法與完善的設計原則是不可或缺的。我們根據眼前的工作精心選擇適合的工具，而且在 LMAX 例子中，當時的開發主管寫了第一本與持續交付有關的書籍，那本書對我們的工作有很大的幫助。印象中，他的名字是 Dafydd 還是 Dev。

說了這麼多，我的重點是你可以使用 Java 或 PHP 或 .NET 成功地實作持續交付，你可以使用 Solaris Zones 或 Docker，也可以使用 AWS、Azure，或你的平台主管認為比 Azure 更便宜的內部資料中心。你只要針對眼前的問題選擇自己的工具就可以了，而且不必使用 MKS 來做版本控制、用 QTP 來做測試，或任何商用釋出管理工具，它們都很可怕。

既然對持續交付而言，工具沒那麼重要，你只要自行選擇不糟糕的選項就可以了，我為什麼要寫這篇前言呢？

如果你仔細探究，應該可以在上述內容中找到答案。工具不像持續交付的原理與做法那麼重要，但它們仍然非常重要。程式語言可以幫助人們快速地建立新功能與修復缺陷，進而減少產品開發的延遲成本。程式語言也可以實現可測試、可釋出的 app 架構，這是持續交付的關鍵推動因素。建構、測試與部署工具可以推動人們朝著正確的方向前進，執行 TDD 與 Trunk Based Development 等做法。

最近，當我整理小時候的臥房，看到大學所讀過 Ivor Horton 著作的 Understanding Java 2 時，我想起這種細微的差異。我在 1999 年與 Java 結緣，經過漫長的歲月，我們都忘了 20 周年紀念日快到了。在我看來，它是一種很棒的程式語言，多年來，Java、JUnit、Gradle、Spring 與許多其他工具已經幫我製作了許多歷經考驗、可釋出的 app，並鼓勵人們採取持續交付。

隨著雲端、容器化與無伺服器的發展，我們正朝著 Skynet 穩步前進，我們都需要經驗豐富的實踐者領導我們使用最新的工具以及實作持續交付。在本書，Daniel 與 Abraham 解釋如何使用 Java 與 Spring Boot、Kubernetes 以及 AWS EKS 等熱門的工具，頻繁地推出切合市場需求的現代 web app。使用 Java 和本書提到的任何其他工具的 IT 從業者都可以從 Daniel 與 Abraham 的教導中學到如何為 app 實作持續交付工具鏈。

— *Steve Smith*
Continuous Delivery Consulting 的持續交付顧問

所有工程團隊都應該將持續交付視為核心技術。很多人問我們，jClarity 與 adoptopenjdk.net 的 OpenJDK/Java 新 build farm 成功的關鍵因素是什麼？答案是，我們可以充滿自信地每天部署，而且只需要少數幾位工程人員。我們從 Dave Farley 與 Jez Humble 在 2010 年出版開創性的 *Continuous Delivery: Reliable Software Releases through Build, Test, and Deployment Automation*（Addison-Wesley Signature）以來，就開始使用持續交付方法了，但世上還沒有詳盡的指南教導 1000 萬位 Java 開發者做這件事。現在，這一本書問世了！

Daniel 與 Abraham 都是現實世界的實踐者，他們的書裡面有身為 Java 開發者的你在了解這個主題時需要知道的每一件事情，本書深入解釋 "為什麼" 你要採取持續交付方法、如何架構你的 app 來實現這種方法、如何結合組建、測試與部署管道，以及部署至雲端與容器環境的錯綜複雜之處。

"雲端原生" 技術對 Java 的影響不容小覷，現代的 app 必須設法與更多外部元件連結（包括 JVM 與其他），以及使用全然不同的做法來處理傳統上由本地作業系統提供的資源（例如 I/O）。甚至連 app 的生命週期，以及它們所在的機器也發生變化，不可變的基礎設施與無伺服器等做法讓 Java 開發者必須改變思維，以充分利用這些交付 app 的新方法的新功能。

在這個全新的領域中，持續部署之類的技術、支援它的工具與架構思維，以及以雲端為中心的本地開發環境都至關重要。到目前為止，外界還沒有任何著作專門帶領 Java 開發者進入完全採用持續交付的旅程，以及持續交付提供的好處，這是第一本書。

— *Martijn Verburg,*
jClarity 與 LJC Leader CEO

— *Ben Evans,*
作者與諮詢 *CTO*

前言

我們為什麼要寫這本書？

我們都是 Java 開發者，在我們選擇的專業領域中，已經有夠長的年資見證並參與了幾項轉變。從我們寫出第一行 Java 程式以來，這種語言已經發展一段很長的時間了：Java 1.4 提供了 non-blocking I/O、Java 8 提供串流與 lambdas、Java 9 提供模組，最後，Java 10 提供區域變數型態推斷。部署平台也有突飛猛進的發展，雲端與容器的出現帶來許多機會與挑戰。不過有一件事沒有改變，那就是我們必須傳遞價值給最終用戶與顧客，我們必須盡量運用技術、工具與方法來提升交付軟體的效率（與樂趣），或許更重要的是，我們必須與團隊合作，並領導他們共同承擔這項責任。

隨著軟體開發、架構、部署平台的"最佳做法"越來越多，開發者通常都認同一件事：持續整合與持續交付可為軟體交付生命週期帶來巨大的價值。隨著顧客對交付的速度與穩定性的需求越來越高，你需要一個可以提供快速回饋並且實現品保及部署程序自動化的框架。但是，現代軟體開發者面臨的挑戰是多方面的，試著引進持續交付之類的方法（涉及軟體設計與交付的所有層面）代表你必須掌握新的技術，其中有些通常在開發者的舒適圈之外。

隨著職涯的發展，我們經常發現自己開始處理之前是由別人或別的團隊負責的工作，經過辛苦的過程，我們知道開發者在取得持續交付的好處之前，必須具備三項關鍵技能：

架構設計

　　正確地實作鬆耦合與高內聚的基礎，可以對持續測試與獨立部署軟體系統組件的能力產生顯著的影響。

自動品保

各公司對速度的需求越來越高，相關的架構風格也隨之演變（例如自成一體的系統、微服務、功能即服務等等），這代表你現在經常要測試分散的、複雜的自我調整系統，這些系統根本無法用傳統的手動程序重複且有效地驗證。

部署 *app*

雲端與容器技術已經為 Java app 的部署選項帶來革命性的變化，我們要學習新技能來利用它們，並建立自動化且安全的部署及釋出流程。

本書歸納我們的學習經驗，指導你如何掌握這些新技能。

你為什麼要讀這本書？

如果你是 Java 開發者，而且想要進一步了解持續交付，或正在努力接受這種軟體交付方式，這本書是為你而寫的。我們不但提供與持續交付有關的各種方法與工具的 "how" 與 "what"，也會解釋 "why"。我們相信解釋 "why" 很重要，因為當你了解動機之後，你就可以調整不太適合你的做法，了解做法背後的理由也可以幫助你建立紮實的基礎，並且協助你分享與教導這些概念給別人。正如同日本詩人松尾芭蕉所言 "不要試圖追隨智者的腳步，而是要尋求他們尋求的東西。"

我們也希望透過這本書號召你這位 Java 開發者採取行動，離開舒適圈，學習更多關於架構、自動化與運維（operation）的知識。在目前的軟體開發職業領域中，我們認為單純編寫 Java 的職缺已經越來越少了，許多新職缺都要求具備持續交付、平台與運維工具知識。藉著投資自己，增加自己的軟體開發知識與技術，你不但可以獲得更多機會，也可以成為更好的程式員。

我們在寫這本書時，除了 Java 開發者之外，對這本書的對象類型沒有什麼概念，但是下面這些目標對象可能會引起你的共鳴：

傳統的企業 *Java* 開發者

你可能已經編寫 Java EE 或 Spring app 很多年了，但現在發現組織內的新 app 都圍繞著微服務風格的架構來設計，而且系統管理或運維團隊正在嘗試雲端、Docker 與 Kubernetes。你也想要進一步了解這些改變與 Java app 的建構有什麼關係，並且想要探索如何用自動化來減少測試與部署時遭遇的痛苦。

想要採取 *DevOps* 的 *Java* 開發者

　　你通常已經開發 Java app 好幾年了，一直都在閱讀關於雲端、DevOps 與 Site Reliability Engineering（SRE）的部落格文章、書籍與會議演說。你可能很羨慕 Netflix、Google 或 Spotify 等組織的開發方法，但也理解，他們的所做所為不一定都與你和你的團隊有關。但是，你渴望學到更多東西，並了解如何採取其中的一些概念，來逐漸轉換成 DevOps 工作風格。

剛畢業的大學或專科學生

　　你剛開始你的第一項專業軟體開發工作，雖然你在正規教育的歲月中學到許多具體的編程技術，但你發現自己不知道如何將所有的做法與工具結合起來，高效地交付軟體。你想要進一步了解整個軟體交付程序、填補知識的空缺，並將所有技術結合起來，以便進入下一個職業生涯階段。

不適合本書的對象

本書的重點是實現 Java app 持續交付的完整做法，因此，它不包括與架構、測試、雲端技術有關的所有內容。你當然會學到這些主題的要點，但是本書許多章節的主題都可以用一本書來說明，我們沒有時間或篇幅做到這一點。很多人都寫了專門探討特定主題的書籍了，我們會試著參考並推薦他們的心血。

本書編排慣例

本書使用下列的編排規則：

斜體字（*Italic*）

　　代表新的術語、URL、電子郵件地址、檔案名稱及副檔名。中文以楷體表示。

定寬字（`Constant width`）

　　代表程式，也在文章中代表程式元素，例如變數或函式名稱、資料庫、資料類型、環境變數、陳述式與關鍵字。

定寬粗體字（**`Constant width bold`**）

　　代表應由用戶逐字輸入的指令或其他文字。

定寬斜體字（*Constant width italic*）

　　代表應換成用戶提供的值，或依上下文而決定的值。

 這個圖示代表提示或建議。

 這個圖示代表一般注意事項。

 這個圖示代表警告或小心。

使用範例程式

你可以在 *https://github.com/continuous-delivery-in-java* 下載補充教材（範例程式碼、練習題等等）。

本書的目的是協助你完成工作。一般來說，你可以在自己的程式或文件中使用本書的程式碼而不需要聯繫出版社取得許可，除非你更動了程式的重要部分。舉例來說，為了撰寫程式而使用本書中數段程式碼不需要取得授權，但是將 O'Reilly 書籍的範例製成光碟來銷售或散佈，就絕對需要我們的授權。引用這本書的內容與範例程式碼來回答問題不需要取得許可，而在你的產品文件中加入本書大量的程式碼則需要取得許可。

如果你在引用它們時能標明出處，我們會非常感激（但不強制要求）。出處一般包含書名、作者、出版社和 ISBN。例如："*Continuous Delivery in Java* by Daniel Bryant and Abraham Marín-Pérez (O'Reilly).Copyright 2019 Daniel Bryant and Cosota Team Ltd., 978-1-491-98602-8."。

如果你覺得自己使用範例程式的程度超出上述的允許範圍，歡迎隨時與我們聯繫：*permissions@oreilly.com*。

致謝

如同絕大部分的技術書籍，本書的封面只列出兩位作者的名稱，但事實上，很多人都做出貢獻，他們有的是在本書的編寫過程中直接提供回饋，有的則是間接在多年來進行教學與指導。

我們不可能在這裡列出曾經提供幫助的每一個人，但我們想要特別感謝在百忙之中抽出時間提供廣泛的討論、回饋與支援的人。具體來說，我們想要向這些人表達感謝（按姓氏的字母順序）：Tareq Abedrabbo、Alex Blewitt、the Devoxx team、Ben Evans、Trisha Gee、Arun Gupta、Charles Humble、Nic Jackson、James Lewis、Richard Li、Simon Maple、 Sam Newman、the SpectoLabs team、Chris Newland、Christian Posta、Chris Richardson、Mani Sarkar、Richard Seroter、Matthew Skelton、Steve Smith、Tomitribe 全體人員（與 #usualsuspects）、Martijn Verburg、Richard Warburton 與 Nicki Watt（以及 OpenCredo 團隊過去與現在的成員）。

我們也要感謝整個 O'Reilly 團隊，雖然肯定有許多我們沒有看過、隱身幕後提供協助的人。我們也想要特別感謝 Brian Foster 賜予機會寫這本書、Virginia Wilson 提供動力與許多很棒的編輯建議（並且在艱辛的時刻與我們同在！），以及 Susan Conant 與 Nan Barber 的初步指導。

Daniel 的感謝：我要感謝所有家人的愛與支持，無論是在寫書的過程，還是在我的整個職涯。我也要感謝 Abraham 在寫作的中途加入我的行列；很少人能夠像他那麼快速地接受並駕馭這項挑戰。最後，我想要感謝參與 London Java Community（LJC）、Skills Matter 與 InfoQ/QCon 團隊的所有人，這三個社群讓我提供指導並帶來許多機會。我希望有一天可以把這一切都傳遞出去。

Abraham 的感謝：在倫敦這個多樣化的大城市中，能在這樣的小圈子裡面工作很稀奇。當我第一次公開演講時，Daniel 就在我旁邊，所以當我的第一本大型著作出版時，有他在旁邊是再適合不過了。當他邀請我加入這個專案時，我感到很興奮，我很感激他一直以來給我的支援與指導。其他的組織也幫助我走到這一步，其中包括 London Java Community、Skills Matter、InfoQ、Equal Experts 與 "嫌疑慣犯（the usual suspect）"，它們不但讓學習成為可能，也變得無比有趣。最後，我要感謝 Bea 的耐心、支持及陪伴。謝謝你。

目錄

## 第一章

持續交付：Why 與 What

本章介紹持續交付的核心概念，並說明它為開發者、QA、運維、業務團隊帶來的利益。在改變工作方式之前，你必須先問問 "為什麼要這樣做？" 在這裡，你將了解如何藉著實作快速回饋來減少背景切換（context switching）、為何將軟體交付給顧客時，使用自動化、可重複與可靠的釋出程序可以減少大量的壓力與挑戰，以及如何定義 "完成" 來實現快速驗證，並方便進行任何審核。最後，你將會看到典型的 Java 持續交付組建管道長怎樣，以及管道的各個階段的基礎概念。

背景

基本上，**持續交付**（*Continuous delivery*（CD））是一套有紀律的做法，可讓軟體交付團隊在短週期內生產有價值且穩健的軟體，採取這種做法時，團隊可謹慎地加入少量功能，讓軟體可隨時被可靠地釋出。從商業與技術的角度來看，這種做法可將快速回饋與學習的機會最大化。在 2010 年，Jez Humble 與 Dave Farley 出版了開創性的 *Continuous Delivery*（*https://continuousdelivery.com/*）（Addison-Wesley），書中有他們在世界各地部署軟體交付專案的經驗，這本著作仍然是 CD 的首要參考文獻，裡面有許多寶貴的技術、方法，以及從技術與組織的角度提供的建議。

在過去 20 年來，軟體開發與交付領域已經發生很大的變化了，商業需求與展望也有巨大的變化，把重點放在創新、速度與上市時間上。架構師與開發者也做出了相應的反應，為了支援這些需求而設計了許多新結構。有許多新的部署架構與平台被建立出來，並且與 DevOps、Release Engineering 與 Site Reliability Engineering（SRE）等新技術一起發展。此外還有一系列建立持續交付組建管道的最佳做法，它們都會隨著這些改變而共同演變。持續交付的核心概念是：軟體的任何更改都要經過組建、整合、測試與驗證，再決定它是否可以部署到生產環境。

在本書中，你的重點是為現代的 Java app 建立高效的組建管道（build pipeline），無論你要建立一個單體的、微服務的，或是 "無伺服器" 風格的功能即服務（Faas）app。

啟發開發者的能力：Why

當你開發軟體並採取任何一項重要的工作方式之前，都要問一個重要的問題："為什麼？" 身為一位 Java 開發者，為什麼你要把寶貴的時間花在持續交付與建立組建管道上呢？

快速的回饋可降低背景切換

當你處理複雜的系統時，回饋非常重要，幾乎所有軟體 app 都是複雜的自我調整系統，當今部署在 web 上，以組件為基礎的軟體系統更是如此，它們基本上都是分散式系統。回顧過去 20 年來的 IT 文獻，我們可以發現軟體開發問題通常只會在大型的失敗（而且成本高昂）發生時被發現。持續、快速與高品質的回饋可讓我們在早期偵測與修正錯誤，在問題還很小、代價還很低、還比較容易修復的時候偵測與修復它們。

快速的回饋可提供商業競爭優勢

Nicole Forsgren、Jez Humble 與 Gene Kim 在 他 們 的 著 作 *Accelerate*（*https://itrevolution.com/book/accelerate/*）（IT Revolution Press）之中指出，各個產業的組織都已經開始從交付時間長的大型專案變成以小團隊來進行短週期的工作，並且評估用戶的回饋來建立取悅顧客及快速提供價值的產品。除了用數據來處理技術問題之外，你也可以和商務團隊緊密合作，找出可在 app 中實作的關鍵性能指標與數據，讓整個組織得到更多回饋。

從開發者的觀點來看，快速回饋有一項明顯的優點在於，它可以減少背景切換的成本，以及看到一段含有 bug 的程式碼時，努力回憶當初為何這樣寫的代價。不言可喻，修正五分鐘之前寫過的程式非常容易，但修正五個月之前寫過的就困難很多了。

自動化、可重複與可靠的釋出

組建管道必須快速提供回饋給開發團隊，讓他們可以在日常的工作週期中使用它們，而且管道的運維必須是高度可重複且可靠的。因此，大部分的團體都已經採取自動化了，他們的目標是實現 100% 的自動化，或務實地盡量接近它。以下是需要自動化的項目：

- 靜態分析軟體編譯與程式碼品質

- 功能測試，包括單元、元件、整合與端對端

- 所有環境提供的功能，包括 log（紀錄）、監視與警報勾點（hook）的整合

- 將軟體工件部署到所有環境，包括生產環境

- 遷移資料存放區

- 系統測試，包括非功能需求，例如容錯、性能與安全防護

- 追蹤與審核變動的歷史紀錄

"左移" 思維與測試

你將會經常聽到人們談論 "左移（shifting left）" 程序，例如在討論安全驗證，或持續交付的驗收測試等做法時。*左移*的核心概念是 "將後期的工作往前移" 以做出高品質的作品，或降低 "修正只會在交付程序中發現的問題" 的成本。在本書提到的範例中，這代表在開始設計新功能時諮詢 InfoSec 團隊或建立一些威脅模型，或鼓勵開發者實作自動化的驗收測試，並且將它當成管道測試組的一部分來運行。持續交付是左移的催化劑，原因不但是管道可將所有的驗證階段視覺化，也提供了一個實作自動化驗證的框架。

將釋出程序自動化之後（並且讓它是可重複且可靠的），身為開發者或操作者的你，就可以相信自己能在不造成破壞或回歸的情況下，持續釋出新功能了。被迫使用不可靠且不穩定的部署程序會嚴重打擊士氣，讓團隊害怕部署程式碼，進而促使他們把大量的功能塞到一個 "大霹靂" 版本，最終導致更有問題的版本。我們必須打破這種負面的回饋迴圈，以小批量（理想情況下，使用單件流程（single-piece flow））來持續交付功能。

定義 "完成"

快速取得回饋與將釋出程序自動化，對開發者本身有很大的幫助。但是建立組建管道的另一項好處是你可以自己定義 "完成"。當一個軟體元件成功地通過組建管道時，應該就代表它可以進入生產環境、提供你原先規劃的價值，以及用可接受的運維參數（包括可用性、安全性與成本）來運行了。從歷史上看，團隊間很難就 "完成" 的定義取得共識，"完成" 的定義很有可能成為組織內的開發與商務團隊之間的摩擦點。

確定你的目標、領域模型與用戶故事對映

雖然持續交付等做法可以協助為你和組織定義 "完成"，但你也要確定需要建構什麼東西才能提供價值給顧客：

- Eric Reis 寫的 *Lean Startup*（*http://theleanstartup.com/book*）（Currency）借鑒設計思維、精益生產與敏捷方法，介紹如何藉著構思與測試商業概念與假設來持續創新。

- Jez Humble 等人合著的 *Lean Enterprise*（O'Reilly）根據 Eric Reis 和許多其他人提出的理論，展示如何用精益與敏捷原則和模式來協助組織快速且大規模地發展。

- Jeff Patton 與 Peter Economy 合著的 *User Story Mapping*（O'Reilly）可協助你釐清用戶在系統內的旅程，幫助你決定應提供的最低功能。

- Eric Evan 在 *Domain-Driven Design*（Addison-Wesley Professional）中提出的背景對映（*context mapping*，*http://dddcommunity.org/book/evans_2003/*）可用來了解你正在處理的（靜態）領域，並且幫你為 "該領域與基礎程式的其他領域之間的互動" 建立模型。

- Alberto Brandolini 著的 *Event Storming*（*http://eventstorming.com/*）介紹如何查明流經系統的商業事件，來以動態的方式建立領域模型。

如果你想要更了解商業價值的概念，我們推薦 Mark Schwartz 著作的 *The Art of Business Value*（*https://itrevolution.com/book/the-art-of-businessvalue/*）（IT Revolution Press）。

稍後的章節將會介紹，你可以將許多功能性與非功能（跨功能）屬性的斷言（assertion）編入現代的 Java 組建管道，包括容錯、確認已知的安全漏洞是否存在，以及基本的性能 / 負載特性（可以幫助你估算成本）。

探索典型的組建管道：What

了解持續交付管道各個核心階段的 "What" 或目的非常重要，因為一件事情的目標與原則通常比實作細節重要（例如，你究竟要使用 Jenkins、CircleCI、JUnit 還是 TestNG）。

組建管道的核心階段

圖 1-1 是典型的 Java app 持續交付組建管道。CD 程序的第一個步驟是持續整合（CI）。在這個步驟中，開發者將桌機內，已寫好的程式碼持續提交（整合）到一個共用的版本控制存放區，它會被自動組建與包裝成工件（artifact）。接著，CI 產生的工件會進入一系列的自動驗收與系統品質屬性驗證階段，完成後，再在越來越像生產環境的環境中進行手動用戶驗收測試與晉升。

組建管道的主要目的，是證明你對程式碼或組態做的任何修改所產生的結果都是可放入生產環境的。你提出的修改可能會在管道的任何一個階段失敗，這項修改可能會被拒絕，不會被標記成可以部署至生產環境。每一個通過驗證步驟的工件都可以部署至生產環境。我們在這個管道中收集技術與商業遙測數據，用來建立正面的回饋迴圈。

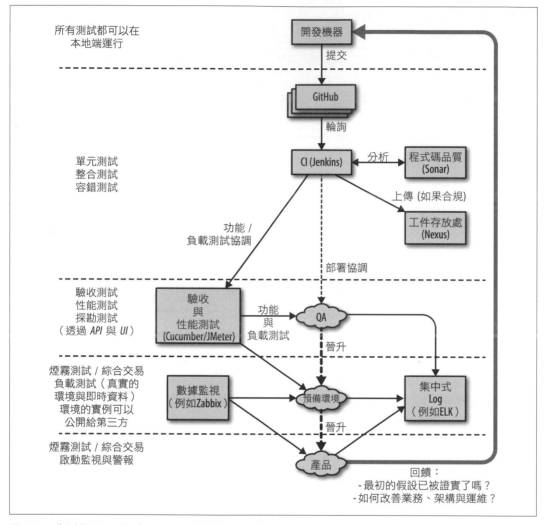

圖 1-1　典型的 Java 持續交付（CD）組建管道

接下來，我們要更深入地探討管道的各個階段的目的。

本地開發

開發者或工程師先對他們的本地版程式碼進行修改。他們可能使用行為驅動開發（BDD）、測試驅動開發（TDD）或其他極限編程（XP）做法（例如搭檔編程）來開發新功能。這個階段的核心目標就是讓本地開發環境與生產環境越像越好，例如，在一個被安裝在本地的虛擬或容器式環境中執行某些測試。

這個階段的另一個目標對較大型的 app 而言較具挑戰性：讓開發者不需要安裝所有的系統元件，或是按照順序執行它們，就可以在本地高效地進行開發工作。此時採取"鬆耦合與高內聚"之類的設計原則，對合約驗證、替身與服務虛擬化等支援做法進行測試有很大的幫助。

提交

在本地端工作的開發者，通常會將他們修改的程式碼與組態的變動提交（commit）至遠端託管的分散式版本控制系統（DVCS），例如 Git 或 Mercurial。這個程序可能需要與其他分支或主幹的變動合併，有時需要與負責基礎程式其他區域的開發者進行討論與合作，依團隊或組織已經完成的工作流程而定。

持續整合

這個階段對軟體 app 程式碼或組態變動進行持續整合（CI），使用版本控制系統（VCS）主幹的程式碼建構一個工件、單獨測試它，並且進行某種程式碼品質分析，可能使用 PMD、FindBugs 或 SonarQube 之類的工具。成功執行 CI 後，你會得到一個新的工件，它會被存放在一個集中的存放區，例如 Sonatype Nexus 或 JFrog Artifactory。

驗收測試

將成功經歷最初的單元與元件測試，以及程式碼品質評估的程式碼移往管道的右邊，在一個更大型的整合背景之下測試。此時會用少數的自動化端對端測試來驗證核心快樂路徑，或是對提供商業價值至關重要的用戶旅程。例如，如果你建立的是電子商務 app，嚴格的用戶旅程極有可能包括搜尋產品、瀏覽產品、將產品加入購物車，以及結帳和付款。

這也是驗證系統品質屬性（也稱為**非功能需求**）的階段。在這個階段執行的驗證包括可靠性與性能驗證，例如負載與浸泡（soak）測試；可擴展性，例如容量與自動擴展測試；以及安全性，包括掃描你寫好的程式碼、所使用的依賴關係，以及驗證及掃瞄相關的基礎結構元件。

驗收測試

在這個階段，測試員或實際的用戶會開始進行探勘測試。這個手動的測試會把重點放在人類認知的價值上，而不是只讓測試員照著大型的測試腳本操作。（電腦非常適合重複驗證腳本列舉的功能，那些動作應該要自動化才對。）

預備環境

被提出的修改通過驗收測試與其他基本的品保（QA）測試之後，你就可以將工件部署到預備（staging）環境了。這個環境通常很接近生產環境，事實上，有些組織也會在複製的生產環境，或真正的生產環境本身內進行測試。在這裡執行的自動化或探勘測試都要使用具代表性的資料，以及實際的資料量，工件與第三方或外部系統的整合也要盡量符合真實狀況，例如，使用沙箱或虛擬服務來模仿相關服務的特徵。

生產

經過充分驗證的程式碼終於從管道產出，被標記成 "可部署至生產環境" 了。有些組織會自動部署已經成功經歷組建管道，並且通過所有品質檢查的 app（這稱為持續部署），但你不一定要採取這種做法。

觀察與維護

當程式碼被部署到生產環境之後，別忘了觀察機制（監視、log 與警報），它不但可以幫商業與技術假設建立正回饋迴圈，也可以協助處理在生產環境出現的問題。

容器技術的影響

現在已經有越來越多軟體交付團隊將 Java app 包裝在 Docker 等容器技術裡面了，這種做法會改變本地開發、工件包裝與測試等工作的進行方式。圖 1-2 列出主要的四項改變：

1. 現在的本地開發，通常必須具備提供容器化環境的能力

2. 現在包裝部署工件時，會把重點放在容器映像的建立上面

3. 現在的初始化測試機制必須與容器執行環境互動，並且管理這種環境

4. 現在的開發環境通常要使用另一層的抽象，來做容器的動態協調[1]與調度

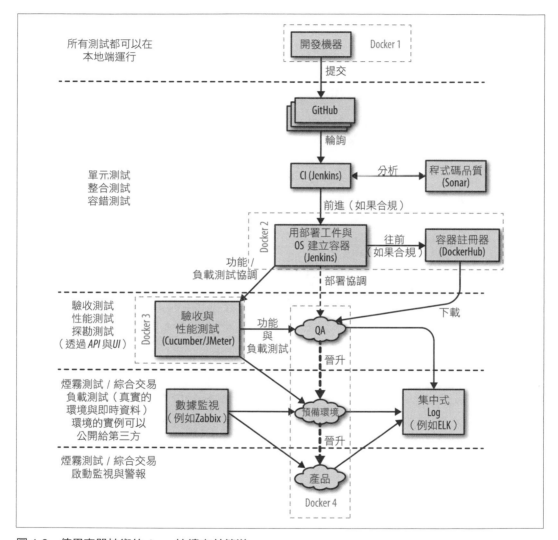

圖 1-2　使用容器技術的 Java 持續交付管道

1　orchestration，原意是管弦樂編曲，電腦科學領域用它來代表**自動**設置、協調與管理複雜的電腦系統和軟體。本書譯為 "協調"。

當代架構變化

許多團隊也會用微服務或 FaaS 架構風格來建立 app，這些做法可能需要建立多個組建管道，讓每一個服務或功能使用一個。在使用這種類型的架構時，你通常要用一系列額外的整合測試與合約測試來確保你對一項服務的變動不會影響其他服務。圖 1-3 展示容器技術對組建管道步驟造成的影響，以及多服務整合帶來的挑戰（以大暗色箭頭表示）。

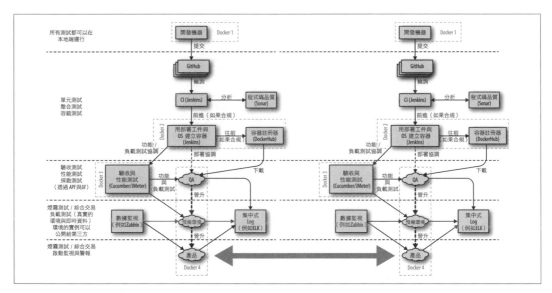

圖 1-3　容器技術與微服務結構對典型的 CD 組建管道造成的影響

本書將討論如何建立這幾種管道的各個階段，並分享我們的建議與經驗。

小結

這個介紹性的章節告訴你持續交付的核心基本概念，並探討相關的原則與做法：

- **持續交付**（*Continuous delivery*，**CD**）基本上是一組有紀律的做法，可讓軟體交付團隊在短週期內生產有價值且穩健的軟體。

- 對開發者而言，**CD** 可帶來快速的回饋（減少背景切換），自動化、可重複與可靠地釋出軟體，以及重新定義 "完成" 的意思。

- CD 組建管道包含本地開發、提交、組建、程式碼品質分析、包裝、QA 與驗收、非功能（系統品質屬性）測試、部署與觀察。

接下來要介紹過去 20 年來軟體交付的演變，我們把重點放在 Java app 的開發是怎麼變化的，以及持續交付如何緩解一些新的挑戰與風險。我們也會說明在 IT 領域中，持續變動與演化的需求、結構與基礎設施的最佳做法、不斷變化的角色如何改變現代軟體開發者需要的技能。

## 第二章

Java 開發方式的演變

Java 從 1995 年問世以來，已經經歷了許多改變，本章將告訴你這些改變如何影響作為 Java 開發者的你所扮演的角色。我們會先簡單回顧一下歷史，了解 Java app 與部署平台 如何演變，過程中，我們會把重點放在這些改變如何讓我們快速且安全地將新軟體交付 至生產環境。最後，我會介紹持續交付的人員與 "軟技能" 層面，把焦點放在共同承擔 軟體的建立及運維上面，例如 DevOps 與 Site Reliability Engineering（SRE）方法。

現代 Java app 的需求

在過去 10 年來，許多 Java 開發者都已經採取持續整合方法以及某種形式的持續交付 了。John Smart 的 *Java Power Tools*（O'Reilly）等開創性著作也提供了實現這些方法的 指南與框架。但是在過去 10 年來，各種技術已經有明顯的改變，和它們有關的程式設 計與架構風格也是如此。具體來說，各組織的商務團隊更希望 IT 團隊能夠更加靈活、 快速地回應顧客的偏好與市場條件的變化。

動態及可程式計算資源與部署平台的興起，加上許多團隊與組織都公開發表 API 即產品 的概念，讓 Java 開發者建立的架構開始傾向以元件／服務／功能為基礎，這些因素進而 導致敏捷、精益、DevOps、雲端計算、可程式基礎設施、微服務，與無伺服器或 FaaS 等熱門技術的興起（這些技術又反過來助長那些因素）。

> ### 開發者與架構師的角色變化
>
> 從 2010 年代開始，程式員、開發者與架構師等角色已經有很大的變化，需要承擔的工作比以往都還要多。這一章會進一步說明這種情況，但是如果你想要更深入了解這些概念，以及它們對你的職涯發展、專業技能，以及成為專業人員有什麼影響，我們推薦以下的書籍：
>
> * *The Software Craftsman: Professionalism, Pragmatism, Pride*（Prentice Hall），Sandro Mancuso 著
>
> * *The Clean Coder: A Code of Conduct for Professional Programmers*（Prentice Hall），Robert C. Martin 著
>
> * *The Passionate Programmer: Creating a Remarkable Career in Software Development*（Pragmatic Bookshelf），Chad Fowler 著

商業速度與穩定性的需求

當 Adrian Cockcroft 在 Netflix 擔任雲端架構師時，曾經談到 "上市時間（time to market）" 是一種競爭優勢，在許多現代市場中，也是一種 "速度殺器（speed kills）"。codecentric 的 CTO，Uwe Friedrichsen，也在 1980 年代就廣泛地談到這一種趨勢：全球化、市場飽合與網際網路，造就了高度競爭且動態的生態系統。市場已經變得高度 "受需求驅動"，"快速地適應顧客不斷變化的需求" 是企業面臨的巨大挑戰，關鍵的驅動因素已經從 "符合成本效益地擴展" 變成 "快速的回應能力" 了。

企業轉而使用公用的基礎設施（雲端），並且透過全球電腦系統來傳遞越來越多的交易價值，意味著新的失敗模式也隨之出現。因此我們必須在 "穩定性與安全性" 以及 "速度的需求" 之間取得平衡，通常這不是一種容易維持的平衡。

> 當穩定性與速度可以滿足商業需求時，持續交付才得以實現。
>
> 當穩定性與速度不符合需求時，就會產生 "非持續交付" 的情況。
>
> —Steve Smith（*@AgileSteveSmith*）

因此，你現在必須建立支援快速、安全與穩定變動的 app，並透過自動測試與驗證來持續確保這些需求得到滿足。

API 經濟的崛起

API 是網際網路與現代開發者日常生活的核心。RESTful 服務是公開及使用第三方線上商業服務的公認方法。但是，如同 Jennifer Riggins 在 2017 年 APIDays 會議上談到的，人們或許還沒有意識到，API 即將成為未來技術的核心，並且融入互相聯結的每個人的日常生活中。API 還會在聊天機器人與虛擬助理、Internet of Things（IoT）、行動服務等趨勢中發揮核心的作用。

傳統上比較不 "懂技術" 的部門（例如行銷、銷售、財務與人資部門）也會逐漸將 API 當成 "影子 IT" 來使用。**仲介 API**（作為新舊 app 之間的橋樑的 API）也越來越熱門，因為它們也讓大量投資舊有基礎設施的企業有改造與創新的機會。位於美國的研究與諮詢公司 Gartner 認為，*API 市場*與 *API 經濟*之類的概念已經在全球經濟中扮演越來越重要的角色了。

隨著 API 市場變得更複雜與廣泛，故障與安全問題造成的風險也變得更加明顯。API 讓人們比過往更容易使用各種技術，這意味著企業架構師（傳統的技術採用決策者）再也不是技術決策的守門人了，組織的每一位開發者都能夠進行創新，但同時也會導致意外的後果。我們不僅必須制定 API 的基本需求（例如使用 BDD 或自動測試），也要制定非功能（或跨功能的）需求，以及關於安全、性能與預期成本的服務級協定（SLA），它們都必須被持續測試與驗證，因為它們對你提供給顧客的產品有直接的影響。

雲端的機會與成本

我們可以說，雲端計算革命始於 2006 年 3 月 Amazon Web Services（AWS）的正式啟動。現在雲端計算市場已經加入其他的大公司，包括 Microsoft Azure 與 Google Cloud Platform，每年創造 2000 多億美元的收入。雲端計算技術帶來許多好處，包括隨需求而變的硬體、快速擴充及提供服務的能力，以及靈活的定價，但是也讓開發者與架構師面臨許多挑戰。這些挑戰包括：你必須為了適應雲端資源的暫態（ephemeral）特性而進行設計、必須了解雲端系統的底層屬性（包括機械同理心與容錯），以及需要了解更多運維與系統管理知識（例如作業系統、組態管理與網路設計）。

不熟悉雲端技術的開發者必須設法使用這些部署結構與平台進行試驗與執行持續測試，而且要用可重複且可靠的方式進行。為了確保你對性能、容錯與安全的假設是對的，你要將 app 部署在近似生產環境的基礎設施與平台上，並且在組建管道中用它來進行早期測試。

模組化 Redux：擁抱小型服務

提升商業速度、採用 REST API，以及雲端計算的出現等因素為軟體架構帶來新的機會與挑戰。這個領域的核心主題包括擴展軟體開發工作的組織層面（例如 Conway 定律）與技術層面（例如模組化），以及單獨部署與運維基礎程式的某個部分，它們大部分都已經被納入所謂的 *微服務* 這種新興架構模式了。

本書會在第 3 章討論微服務的驅動因素與核心概念，並探討它如何協助與阻礙 CD 的實現。Christian Posta 的 *Microservices for Java Developers*（O'Reilly）對微服務有進一步的介紹，而 Sam Newman 的 *Building Microservices*（O'Reilly）與 Irakli Nadareishvili 等人合著的 *Microservice Architecture*（O'Reilly）則更深入地研究微服務。在較高的層面上，以 Java 建構的微服務在這幾個方面影響了 CD 的實作：

- 我們必須建立與管理多個組建管道（或是單一管道內的多個分支）。

- 當你將多個服務部署到環境時，必須加以協調、管理與追蹤。

- 你可能要用 mock、stub 或相關的虛擬化服務來進行元件測試。

- 在執行端對端測試之前與之後必須協調多個服務（及相關狀態）。

- 必須實作程序來管理服務版本控制系統（例如，只允許部署相容、互相依賴的服務）。

- 必須調整監視、數據與 app 性能管理（APM）工具，以處理多項服務。

分解既有的單體服務（或建立新的 app 並藉著組合微服務來提供功能）不是一件容易的工作。背景對映（從領域驅動設計）等技術可以幫助（和專案關係人及 QA 團隊一起工作的）開發者了解如何將 app／商業功能組成一系列有界背景（bounded context）或重點服務。無論 app 如何組合，持續整合與驗證個別的元件與整個系統都是非常重要的事情。隨著越來越多元件被組合起來，你幾乎不可能親自理解它們的互動與功能，因此持續交付的需求只會不斷增加。

持續交付的影響

希望以上關於現代 Java app 的需求的討論已經清楚展示 "持續交付可以確保軟體系統提供所需的功能" 這項好處了（而且在某些情況下，它是必要的需求）。但是不斷改變的需求、基礎設施與結構類型只是部分的難題而已，與此同時，世上已經出現許多新平台，它們有的納入一些最佳架構做法，有的試圖協助你處理一些共同的問題。

Java 開發平台的演變

Java 有驚人的歷史，很少現存的語言可以聲稱自己已經被使用超過 20 年了。顯然，在這段時間裡，這個語言已經有了很多變化，部分的原因是為了持續改善開發者的生產力，部分的原因是為了滿足新的硬體與結構帶來的需求。因為 Java 有悠久的歷史，所以部署 Java app 產品的方式也有很多種。

WAR 與 EAR：由 app 伺服器主導的時代

Java 的原生包裝格式是 Java Application Archive（JAR）檔案，它可以容納程式庫或可執行的工件。原本部署 Java Enterprise Edition（J2EE）app 的最佳做法是將程式碼包裝成一系列的 JAR，裡面通常有一些包含 Enterprise JavaBeans（EJB）類別檔案與 EJB 部署描述項的模組。我們會將它們與目錄、結構及所需的詮釋資料（metadata）檔案一起包成另一種特定類型的 JAR。

這種包裝會變成 Web Application Archive（WAR）（包含 servlet 類別檔、JSP 檔與支援檔）或 Enterprise Application Archive（EAR）（包含部署完整的 J2EE app 時，需要的所有 JAR 與 WAR 檔案）檔案。如圖 2-1 所示，通常這種工件會被部署到重量級的 app 伺服器（當時通常稱為 "容器"），例如 WebLogic、WebSphere 或 JBoss EAP。這些 app 伺服器提供了容器管理（container-managed）的企業功能，例如 log、持久保存、交易管理與安全防護。

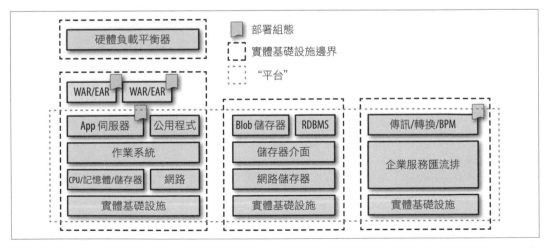

圖 2-1　Java app 最初的組態。它使用部署在 app 伺服器的 WAR 與 EAR 工件，並且透過 JNDI 來定義對於外部平台服務的存取

因為開發與運維的需求，市面上也出現一些輕量級的 app 伺服器，例如 Apache Tomcat、TomEE 與 Red Hat's Wildfly。在執行期，通常也會藉著部署傳訊中介軟體（例如企業服務匯流排（ESB）與重量級的訊息佇列（MQ）技術）來支援典型的 Java Enterprise app 與服務導向架構（SOA）。

可執行的 Fat JAR：Twelve-Factor App 的興起

隨著次世代的雲端友善、以服務為基礎的架構，以及開放原始碼和商用平台即服務（PaaS）平台（例如 Google App Engine 與 Cloud Foundry）的興起，使用輕量與內嵌的 app 伺服器來部署 Java app 也開始流行，如圖 2-2 所示。支援這種做法的技術包括 in-memory 的 Jetty web 伺服器，以及 Tomcat 後來的版本。DropWizard 與 Spring Boot 等 app 框架很快就開始透過 Maven 與 Gradle 提供機制給套件（例如使用 Apache Shade），並將這些 app 嵌入一個可當成獨立程序來執行的部署單元，從而導至可執行的 *fat JAR* 的誕生。

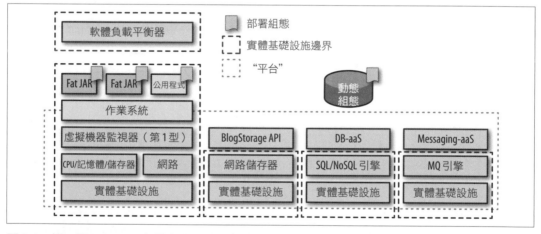

圖 2-2　第二代 Java app 部署方式。它使用可執行的 fat JAR 並且遵循 Twelve-Factor App 原則，例如在環境中儲存組態

Heroku 的團隊將開發、部署與運維這種新世代 app 的最佳做法編著成 Twelve-Factor App（*https://12factor.net/*）。

容器映像：提高可攜性（與複雜性）

雖然 Linux 容器技術已經存在很長的時間了，但 2013 年 3 月 Docker 的問世讓普羅大眾都可以使用這項技術。容器的核心是 cgroups、namespaces 與（pivot）root 檔案系統等 Linux 技術。如果說 fat JAR 擴展了傳統 Java 包裝與部署機制的範圍，容器則是將它帶往另一個層級，除了將 Java app 包裝成 fat JAR 之外，你也必須將作業系統（OS）加入容器映像。

因為大規模運行容器的複雜性與動態性，映像通常在容器協調與調度平台上運行，例如 Kubernetes、Docker Swarm 或 Amazon ECS，如圖 2-3 所示。

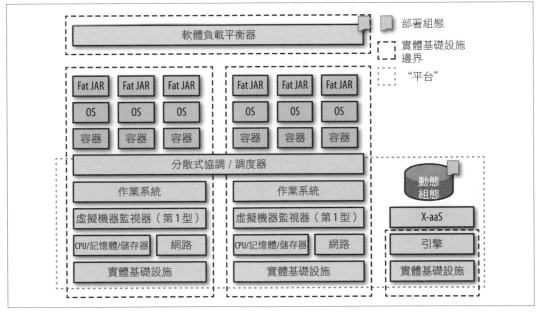

圖 2-3　開發者必須負責將 OS 放入容器映像，才能用 fat JAR 來部署 Java app，並且讓它們在自己的命名空間容器（或 pod）中運行

功能即服務："無伺服器"的興起

2014 年 11 月，Amazon Web Services 在 Las Vegas 的全球會議 re:Invent 上推出 AWS Lambda 的預告。其他的供應商緊隨其後，在 2016 年，Azure Functions 與 Google Cloud Functions 也釋出預告。如圖 2-4 所示，這些平台可讓開發者在不需要配置或管理伺服器的情況下執行程式，這種做法通常稱為 "無伺服器"，不過 FaaS 是比較正確的名稱，因

為無伺服器產品實際上是 FaaS 的超集合，它也包含其他的後端即服務（BaaS）產品，例如 blob 儲存器與 NoSQL 資料存放裝置。FaaS 仍然需要用伺服器執行 app 的功能，但是它的重點通常是減少運行與維護 "功能底層的執行環境與基礎結構" 的負擔。它的開發與計費模型也很獨特，因為它的功能是被外部事件觸發的（可能是時間到了、有用戶請求透過 API 閘道傳過來，或有物件被上傳到 blobstore），你只要支付功能的執行時間以及記憶體所需的費用即可。

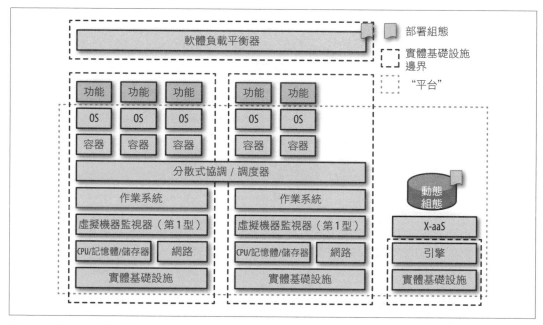

圖 2-4　用 FaaS 模型部署 Java app。程式碼被包在 JAR 或 ZIP 裡面，接著被部署到底層的平台（通常使用容器）並透過它來管理。

AWS Lambda 與 Azure Functions 都支援 Java，所以你只要將含有 Java 程式碼的 JAR 或 ZIP 檔上傳到對應的服務來進行部署即可。

持續交付平台的影響

開發者經常有個疑問：app 工件的包裝格式會不會影響持續交付的實作，對於這個問題，我們的答案與任何有趣的問題一樣："視情況而定"。答案是 "會" 的原因是包裝格式顯然會影響工件的構建、測試與執行方式，包括牽涉其中的變動元件（moving parts），與組建管道的技術實作（以及和目標平台的整合）。但是答案也是 "不會"，因為持續交付有效工件所需的核心概念、原則與結論都一樣。

這本書會展示抽象層面的核心概念,但也會在適當的時機,為三種最重要的包裝形式
(fat JAR、容器映像與 FaaS 功能)提供具體的範例。

DevOps、SRE 與釋出工程

在過去 10 年來,我們看到許多軟體開發角色不斷演變,尤其是責任的分擔。我們接下
來要討論已經出現的新方法與新哲學,並分享我們對於它們如何影響持續交付,以及持
續交付如何影響它們的感想。

開發與運維

Andrew Shafer 與 Patrick Debois 在 2008 年的 Agile Toronto 會議介紹 Agile 基礎結構
(*http://www.jedi.be/presentations/IEEE-Agile-Infrastructure.pdf*)時, 談 到 了 *DevOps* 這
個詞彙。從 2009 年開始,這個詞彙已經透過一系列的 "devopsdays" 活動(起源於比
利時,現在已經遍布全球)穩步推廣出去,並成為主流的用法。我們可以說,"開發
(development)" 與 "運維(operation)" 的複合詞 DevOps 已經不再真正捕捉相關運動
或哲學的精神了,"Businss-Development-QA-Security-Operations"(BizDevQaSecOps)
應該可以更準確地傳遞它的元素,只是這個詞彙太拗口了。

DevOps 的核心概念是一種軟體開發與交付哲學,強調產品管理、軟體開發與運維 / 系統
管理團隊之間的溝通,以及和商業目標緊密保持一致。DevOps 藉著將 "軟體的整合、
測試、部署程序" 自動化並加以監視來完成目標,並且藉著建立 "快速、頻繁、可靠地
建構、測試、釋出軟體" 的文化(及相關的做法)來更改基礎設施。

我們相信很多人讀到這裡都覺得它看起來就像持續交付原則,你是對的!但是持續交付
只是 DevOps 工具箱裡面的一種工具而已。它是一種重要且寶貴的工具,但是為了在設
計、實作與運維持續交付組建管道等各方面取得成功,我們通常要在整個組織取得一定
程度的支持,這就是與 DevOps 有關的做法的亮點。

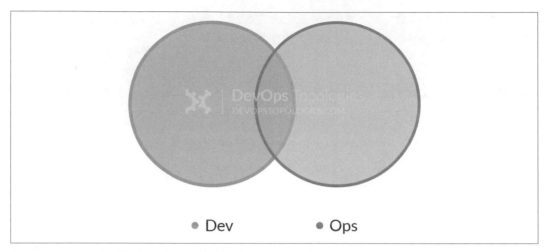

圖 2-5　DevOps 是開發與運維（及其他）的結合。圖片來自 *web.devopstopologies.com*

想進一步了解 DevOps 嗎？

本書的重心是持續交付的技術實作，如果你想要進一步了解 DevOps 及其相關的大背景，我們推薦以下的讀物：

- Gene Kim 等人合著的 *The DevOps Handbook*（*http://itrevolution.com/devops-handbook*）（IT Revolution Press），本書對於 DevOps 做法的優點與挑戰做了很好的概述。如果你喜歡閱讀小說，我們也推薦與它有關的 *The Phoenix Project*（*https://itrevolution.com/book/thephoenix-project/*）（IT Revolution Press）。

- Sriram Narayan 寫的 *Lean Enterprise and Agile IT Organization Design*（*https://info.thoughtworks.com/download-agile-it-organization-design.html*）（Addison-Wesley Professional）也是傑出的參考文獻，說明組織與程序的改變如何驅動（而且在某種程度上是必需的）持續交付。

網站可靠性工程

Site Reliability Engineering（SRE）這個術語（*https://landing.google.com/sre/book.html*）是因為 Google 的 SRE 團隊寫的同名書籍而流行起來的。Google 工程部門的 Niall Richard Murphy 和 Benjamin Treynor Sloss 在一場採訪中（*https://landing.google.com/sre/interview/ben-treynor.html*）指出，基本上，SRE 就是當你要求軟體工程師設計運維功能時發生的情況："利用工程師原本就有的軟體專業知識，以及工程師天生就喜歡且能夠藉著自動化來取代人力勞動"。

通常 SRE 團隊要負責規畫可用性、延遲、性能、效率、變動管理、監視、緊急回應與生產能力。你可以從圖 2-6 看到，SRE 和 DevOps 及單純的運維之間有重疊的情況。但是 Google 的 SRE 團隊有一個關鍵的特徵是，它的每位工程師最多只做 50% 的運維工作，或它們所謂的 "toil"，其餘的時間都花在設計與建構系統與支援工具上。Google 會持續評估與定期審查工作量的劃分。Google 的 SRE 團隊是很稀有且寶貴的資源，開發團隊通常都要建立一個讓 SRE 對他們的專案提供支援的案例，尤其是在產品的早期概念驗證階段。

Google 已經使用 Production Readiness Review（PRR）（*https://landing.google.com/sre/book/chapters/evolving-sre-engagement-model.html*）之類的程序將對於 SRE 支援的回應制度化了。PRR 有助於避免開發團隊沒有承擔共同的責任，在工作之前先檢查系統及其特性，以建立低運維負擔的準生產軟體。

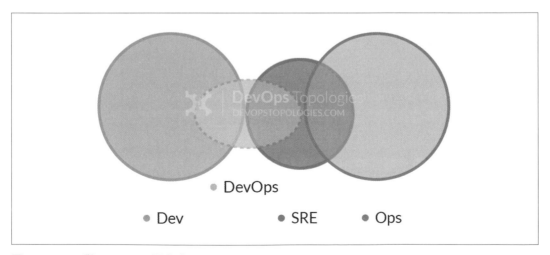

圖 2-6　SRE 與 DevOps。圖像來自 *web.devopstopologies.com*

Google SRE 團隊也廣泛地介紹了它監視系統的方式。一般的監視方法是查看一個值或一個狀況，當監視系統發現有趣的事情時，就寄出 email，但是在 SRE 中，使用 email 是錯誤方法，Google 團隊 SRE 認為讓人閱讀 email 再決定是否該做某件事情是錯的。理想情況下，人類永遠不需要解讀警報的內容，警報的解讀只能交由你編寫的軟體來做。你只會在需要採取行動的時候收到通知。因此，SRE 書籍指出，有效的監視輸出只有三種：

警報

指示人類必須馬上採取行動。代表有某些事情已經發生或即將發生，必須有人立刻採取行動來改善這種情況。

票據

有人必須採取行動，但不需要立刻，可能還有幾小時或幾天的時間，但必須有人採取行動。

log

沒有人需要查看這個資訊，但是可以在診斷時使用它。預期沒有人會閱讀它。

這個資訊很重要，因為身為開發者，我們必須在系統內實作適當的 log 與數據，並且在持續交付管道中測試它。

想要更深入了解 SRE 嗎？

有越來越多優秀的書籍探討 SRE 背後的概念與做法。我們推薦的有：

- *Site Reliability Engineering* (O'Reilly)，Betsy Beyer 等人合著

- *The Site Reliability Workbook: Practical Ways to Implement SRE* (O'Reilly)，Betsy Beyer 等人合著

- *Seeking SRE: Conversations About Running Production Systems at Scale* (O'Reilly)，David Blank-Edelman 等人合著

釋出工程

釋出工程是較新且快速成長的軟體工程技術（*http://bit.ly/2QYemAR*），其目的是建構與交付軟體。釋出工程的重點是建構持續交付管道，而且對於原始碼管理、編譯器、自動組建工具、包裝管理器、安裝與組態管理都有專家級的了解。根據 Google SRE 書籍所述，釋出工程技術包括多個領域的深度知識：開發、組態管理、測試整合、系統管理，以及顧客支援。

Google SRE 操作手冊根據所需的技能，提出釋出工程的基本原則：

- 可再現的組建程序
- 自動化的組建程序
- 自動化的測試程序
- 自動化的部署程序
- 小型的部署程序

你一定可以看出這些原則與持續交付的相似之處。上面有一些關於運維的額外原則，但即使是開發者，也可以理解為何如此：藉由移除手動與重複的工作來減少工程師的運維負擔，強迫同事進行復審與版本控制，以及建立一致、可重複、自動化的程序來盡量減少錯誤。

釋出工程在組織內能否成功，與你是否成功地實作組建管道有很大的關係，對此，你要注意的數據通常包括程式碼被修改，到部署至生產環境所需的時間、未解決的 bug 數量、成功釋出的百分比，以及釋出程序開始之後，被放棄或中止的百分比。Steve Smith 在他的 *Measuring Continuous Delivery*（*https://leanpub.com/measuringcontinuousdelivery*）（Leanpub）中廣泛地探討收集、分析這些數據，並且根據它們採取行動的必要性。

分擔責任、數據與觀察機制

如果你在大型企業的團隊中工作，或許 DevOps、SRE 與釋出工程對你而言是陌生的東西。在這種團隊中，最常見的阻力是，有許多人認為這些做法只適合 Google、Facebook 與 Amazon 等 "獨角獸" 公司，但事實上，那些組織開闢了一條已經吸引許多人遵循的道路，例如，Google 是第一個用容器化來促進服務的快速部署與靈活協調的企業；Facebook 提倡使用單體存放區（monorepo）來儲存程式碼，並釋出了相關的開放原始碼建構工具，現在它們都被廣泛使用；Amazon 倡導定義良好的 API 來公開內部的服務功能。

雖然你絕對不該"貨物崇拜"或是盲目地複製可複製的東西或結果,但你可以從它們的做法與程序學到很多東西。上一節討論的主要趨勢也會直接影響持續交付的實作:

- 要成功地執行持續交付,你必須讓大家分擔開發、QA 與運維(可以說是整個組織)責任。

- 軟體組建、部署與運維數據的定義、捕捉與分析對持續交付而言至關重要。它們可以協助組織了解目前所處的位置,以及成功將會是什麼樣子,並且在實現的過程中協助進行規劃與監視。

- 自動化對可靠地組建、測試與部署軟體而言非常重要。

Netflix 的全週期開發者

Netflix 是一間快速成長、全球化的影片串流公司,它已經在許多會議上介紹了它根據自由與責任的概念來組建與運維軟體的方式了。Netflix Technology Blog 在 2018 年 5 月說明如何鼓勵許多 Netflix 工程師成為全週期開發者(*http://bit. ly/2N6Nzzb*),這些工程師除了負責設計與組建之外,也要負責"交付服務"所需的一些運維工作。有一些其他的組織也提出類似的概念,如果你想要了解這種方法的挑戰與好處,以及支援這種方法的系統與訓練,這篇部落格文章值得一讀。

有幾位 Java 領域的名人一直在討論 Java 開發者擴展他們的技術的必要性,Ben Evans 與 Martijn Verburg 的 *The Well-Grounded Java Developer* (Manning)是很好的起點。

小結

本章介紹 Java 架構與部署平台的演變,以及 IT 領域相關組織與角色的變動:

- 現代的軟體架構必須適應不斷變化的商業速度及穩定性需求,實作高效的持續交付管道是提供與驗證這一個需求的核心要素。

- Java 部署套件與平台在過去幾年來已經有所改變,從部署在 app 伺服器的 WAR 與 EAR,到部署在雲端或 Paas 的 fat(可執行)JAR,最後變成部署在容器協調平台或 FaaS 平台上的容器映像。你建立的持續交付管道必須支援你的平台。

- 過去 10 年來,業界把重點放在責任的分擔上面(透過 DevOps、SRE 與釋出工程),讓身為持續交付開發者的你有更大的責任。你現在必須在你編寫的軟體裡面實作持續測試與觀察機制。

下一章將介紹如何設計與實作高效的軟體架構,用它來協助你實現持續交付。

## 第三章

設計持續交付架構

現在你已經知道持續交付的動機，可以探索實現這種做法的技術基礎——軟體架構了。在本章，你會學到鬆耦合高內聚的設計系統的重要性，以及當你不遵守這些準則時，需付出的技術與商業代價。你也會知道設計高效 API 的重要性、雲端計算如何影響軟體架構，以及為何許多 Java 開發者都接受服務導向開發。本章的目標是讓你了解如何建立與培養一個支援持續交付 Java app 的架構。

優良架構的基礎

Software Engineering Institute（SEI）（*http://www.sei.cmu.edu/architecture/*）是這樣定義軟體架構的：建立系統所需的結構組合，裡面包括軟體元素、它們之間的關係，以及兩者的屬性。這句話乍看之下非常抽象，但是結構、元素與屬性確實是大部分的軟體工程師認為的架構核心。從稍微不同的角度來看，你可以將這句話與 Martin Fowler 的定義（*https://youtu.be/DngAZyWMGR0*）聯繫起來：軟體架構是以 "人們認為難以改變的事物" 組成的。無論你比較喜歡哪一種定義，軟體系統有一些屬性是建立合適的架構所需的基礎。

其他的架構資源

坊間有許多關於軟體架構的書籍，其中有一些有點…嗯，這麼說吧…枯燥，但是你不該為此退避三舍，因為你可以從中學到許多東西。如果你想要了解更多關於軟體架構的知識，我們推薦以下的書籍，它們讀起來都十分有趣：

- *Building Evolutionary Architectures*（O'Reilly），Neal Ford 等人合著

- *97 Things Every Software Architect Should Know*（O'Reilly），Richard Monson-Haefel 著

- *Software Architecture for Developers*（Leanpub），Simon Brown 著

- *Just Enough Software Architecture*（Marshall & Brainerd），George Fairbanks 著

鬆耦合

鬆耦合系統的每一個元件都不太需要知道或完全不需要知道其他每個元件的定義。鬆耦合系統最明顯的優點是，它的每個元件都可以換成提供同樣功能的其他實例。程式設計領域的鬆耦合通常都被解釋成封裝（或資訊隱藏）v.s. 非封裝。

在 Java 程式語言裡面，我們可以在兩個地方看到這種情況。第一種，使用介面型態 v.s. 具體類別型態的方法簽章（method signature）；前者透過鬆耦合和延遲至執行期再選擇具體類別，來讓 app 更容易擴展。第二種，JavaBean 或 Plain Old Java Objects（POJOs）的 getter 與 setter（accessor 與 mutator）可讓你隱藏與控制針對內部狀態的存取，讓你更能夠控制別人對類別內部的更改。

在 app 或服務層面上，我們通常藉著定義良好且靈活的元件介面來實現鬆耦合，例如，使用 REST 合約（例如 Pact 或 Spring Cloud Contract）以及 HTTP/S 上的 JSON、使用 gRPC、Thrift 或 Avro 等介面定義語言（IDL），或透過 RabbitMQ 或 Kafka 傳遞訊息。緊耦合的例子包括 Java RMI，它的領域物件是用原生的 Java 序列化格式進行交換的。

架構功能

Accelerate（IT Revolution Press）的作者群 Nicole Forsgren、Jez Humble 與 Gene Kim 在他們的 State of DevOps 研究中提出一系列的**能力**。這些關鍵的能力以具有統計意義的方式促進軟體交付性能。其中的兩項重要的架構能力包括使用鬆耦合架構（相較於高耦合的系統，可讓團隊獨立工作，而且在部署與測試時需要較少的協調工作），以及授權團隊設計架構（可讓團隊選擇想要使用的工具，將持續交付做得更好）。

同一群作者寫的 State of DevOps Report 2017（*https://puppet.com/resources/whitepaper/state-ofdevops-report*）研究報告展示最有可能實現持續交付的架構，就是鬆耦合架構（以及鬆耦合團隊）。

高內聚

內聚是元件內的元素互屬（belong together）的程度，在程式設計中，它被視為一個模組或類別內的各個功能之間的關係強度。高內聚的模組通常比較好，因為高內聚與軟體的一些理想特徵有關，包括穩健性、可靠性、復用性和可理解性。相較之下，低內聚與不良的特徵有關，例如難以維護、測試、復用，甚至了解。你可以在 *java.util.concurrent*（*http://bit.ly/2DwCKXB*）套件找到很好的 Java 語言範例，它裡面的類別都以內聚的方式，提供並行（concurrency）相關功能。典型的 Java 反例是 *java.util*（*http://bit.ly/2QbkMey*）套件本身，它裡面有並行、集合相關的函式，還有一個用來讀取文字輸入的掃描器，顯然這些函式並不內聚。

在 app 與服務層面上，我們通常可以從元件公開的介面看出內聚的等級。例如，當一個 User 服務只公開與 app User 有關的功能，例如新增用戶、更新聯絡 email 地址，或提升 User 的顧客忠誠度階級時，它就有高內聚。反例包括 User 服務也提供 "將商品加入電子商務購物籃" 的功能，或付費 API 也可以將股票資訊加入系統。

耦合、內聚與持續交付

鬆耦合、高內聚架構的 app 比較容易實現持續交付，你應該記住這件事，盡力設計與開發這種系統。良好的架構可透過下列的機制來促進 CD：

設計

在一個新的或持續演變的系統的設計階段中，讓整個系統擁有明確且定義良好的介面可實現鬆耦合與高內聚，進而讓人更容易理解系統。當你收到某個功能區域的新需求時，高內聚系統可立刻引導你前往工作地點，但是在低內聚的系統中，你必須先瀏覽大量的、有許多功能的模組程式碼，才能找到下手處。鬆耦合可讓你修改 app 的設計細節（或許是為了減少資源消耗），你也不太需要擔心它會影響系統的其他元件。

組建、單元與整合測試

高內聚服務或模組可幫助管理依賴關係（及相關的測試），因為功能大小都被限定在一個範圍之內。在鬆耦合系統中進行單元測試、mock 與 stub 也容易許多，因為你可以在測試的時候，直接將真正的東西換成可設置的測試替身。

元件測試

高內聚的元件可產生容易了解的測試套件，因為開發者只需要掌握有限的背景，就可以了解測試與斷言。鬆耦合的元件可讓你輕鬆地模擬或虛擬化外部依賴項目。

端對端測試

鬆耦合高內聚的系統在執行端對端測試時更容易協調。高耦合系統往往會使用同樣的資料來源，因此讓人非常難以選擇與管理現實的測試資料。如果你在端對端測試時發生不可避免的問題，高內聚系統通常更容易診斷與除錯，因為功能都以合乎邏輯的方式，按照主題來分組。

部署

鬆耦合的 app 與服務通常很容易以持續（continuous）的方式部署，因為每一種服務都不需要了解其他服務（或只需要了解一些）。高耦合服務通常必須按照一致的步調（或按順序）部署，因為它們的功能緊密地整合，讓整個程序十分耗時且容易出錯。高內聚服務通常會盡量減少為了釋出新功能而必須部署的子系統數量，因此被送入管道的工件比較少，可減資源的消耗與協作。

觀察機制

內聚的服務很容易觀察與理解。想像你有一個服務可以執行五個彼此不相關的工作，突然間，產品監視工具發出警報，指出 CPU 的使用率很高，此時你很難了解究竟是哪一種功能造成的問題。高耦合的 app 在事情難免出錯時，通常難以診斷問題，因為故障的狀態可能會傳播到整個系統，反過來混淆根本原因。

知道這些基本方針之後，我們來看一下如何使用現代架構主題與做法來設計提供商業價值的 app。

建立可維護的軟體

如果你想要進一步了解這些架構原則與建立可維護的程式碼有什麼關係，建議你閱讀 Gijs Wijnholds 等人合著的 *Building Maintainable Software, Java Edition*（O'Reilly）。

實現商業敏捷性的架構

如果你曾經參與大型的軟體系統，而且這個系統不斷收到新的功能需求，你很有可能遇過系統架構造成的限制。這幾乎是不可避免的，因為商業領域越來越注重短期收益而非長期投資，而且商業和技術領域的發展都出現了不可預見的變化。在許多公司裡面，軟體架構也會隨著時間的推移而不斷發展，有時為了解決重大的問題，或是更壞的情況：平時疏於照顧，直到最後關頭，被迫進行"大霹靂"改寫，而倉促地將重構工作分配給各個團隊。持續交付可用來監視與實施某些架構性的屬性，但你必須了解架構與商業價值之間的關係，再相應地設計 app 與程序。

不良的架構會限制商業速度

如果一個商業系統沒有定義良好的架構，你就很難正確地評估在一段明確的時間內做某件事的成本。架構的"混亂"會造成過高的成本，並讓你錯失很多機會，可能會導致非常糟糕的競爭性後果，因為它產生的開銷會急劇增加，這取決於系統的數量與整體的複雜性。開發者與架構師經常發現自己難以說服非技術管理層相信這些問題。確實，雙方都必須為彼此著想，不過，舉個另一個領域的例子：在蓋房子時，你要先知道它的用途，並且擬定完整的計畫，而不是在一塊空地上面，一邊蓋房間與樓層，一邊想著它們的使用方式。當你從一開始就知道房子的用途時，設計與建構它會容易許多，同樣的結論也適用於設計與建構軟體。

低品質的架構還有一個隱藏成本：它會讓你花很多時間在修補系統上，而不是在創新上。如果你花了很多時間在跟 bug 玩打地鼠，而不是實際建立新功能，你就可以確定你的架構很糟糕。好的軟體架構可以促進生產無 bug 的軟體，並且可以防止 bug 造成負面影響；優秀的架構裡面"也有"錯誤，但架構提供的機制可讓你用最小的成本克服任何問題。優秀的架構也可以促成更大的創新，因為人們可以更清楚地知道需要加上什麼東西來支援創新。此外，優秀的架構本身也可以成為創新的催化劑，或許可讓你看到原本無法看到的缺口或機會。

雖然 "持續監視、分析與商業價值有關的架構品質" 與實作持續交付沒有太大的關係，但是組建管道可以讓你在裡面建立機制來取得相關數據。你可以將 SonarQube 之類的工具加入組建程序，並且用它來顯示程式碼的內聚、耦合與複雜性熱點，以及回報高階的複雜性數據，例如循環（cyclomatic）複雜性（穿越原始碼的線性獨立路徑數量的量化數值）與設計結構品質數據（DSQI）（用來評估電腦程式的設計結構與它的模組的效率的架構設計數據）。

其他的工具，例如 Adam Tornhill 的 Code Maat，也可以從版本控制系統挖掘與分析資料，並展示經常出問題的基礎程式區域。這可以向企業證明，投資時間與金錢來改善架構，可以讓人們更瞭解這些高流動率區域的程式碼，進而產生更高的投資回報。

變動的複雜性與代價

成熟或舊有的架構通常是用許多技術構成的，這些技術通常是當初建構時的熱門框架，或是當初的工程師根據他們的經驗選擇的。這就是為什麼架構中缺乏結構（或過度複雜的結構）會對組織產生重大影響；當你進行變動時，並非只要考慮一項技術即可，而是要面臨一個錯綜複雜的技術森林，任何人或任何團隊都不是這種情況的專家。進行任何變動都是一種高風險的工作，需要付出許多固有的成本。如果一個組織一直都很謹慎地控制架構複雜性，他們進行變動的成本可能只有 "複雜" 的競爭者的一小部分。

有些組織會對它的技術複雜性與架構進行優化管理，因此有充分的自信可以每天發布許多即時更新。如果一個組織使用複雜的架構，它就難以和技術精簡的對手並駕齊驅，甚至會被延遲的推出、失敗的功能，以及修復 bug 的成本 "凌遲至死"。

定義良好的軟體架構可以展示與追蹤以下的事項，協助你管理複雜性：

- 系統之間真正的相互依存關係
- 哪些系統持有哪些資料，以及持有的時間點
- 架構使用的作業系統、框架、程式庫與程式語言等整體技術資訊

優秀的持續交付管道可以驗證與監視以上的屬性。

使用 API 的 app 最佳做法

所有的軟體 app 都會在系統的某處公開 API，包括內部類別、套件、模組與外部系統介面。從 2008 年開始，市面上有越來越多 API 本身就是軟體產品：你只要看看以 SaaS 為基礎的 API 產品的流行程度就知道了，例如 Google Maps、Stripe 支付，與 Auth0 身分驗證 API。從程式員的角度來看，容易使用的 API 都是高內聚低耦合的，將 "使用 API 的服務" 整合到 CD 管道裡面也是如此。

"由外向內" 建構 API

優秀的 API 通常是由外向內（outside-in）設計的，因為這是滿足用戶需求，且不過度公開內部實作細節的最佳做法。典型的 SOA 面臨的挑戰之 就是 API 通常是由內向外設計的，這意味著介面會 "洩漏" 功能與內部實體的細節。這種做法破壞了封裝資料的原則，這意味著與其他服務整合的服務是高度耦合的，因為它們會依賴內部實作細節。

許多團隊都試著預先定義服務 API，但實際上，設計流程是反覆迭代的。有一種促進這種迭代式做法的 BDD 技術稱為 *The Three Amigos*，採取這種做法時，每一種需求都至少要有一位開發者、一位 QA 專家與一位專案關係人同時出席才能定義。這個服務設計階段的典型輸出包括一系列用來斷言元件層級（單一微服務）的需求的 BDD 驗收測試，例如 Cucumber Gherkin 語法驗收測試腳本；以及一個可讓測試腳本執行的 API 規格，例如 Swagger 或 RAML 檔案。

我們也建議每一個服務都要建立基本（快樂路徑）性能測試腳本（例如使用 Gatling 與 JMeter）與安全測試（例如使用 *bdd-security*（*https://www.continuumsecurity.net/bdd-security/*））。接著我們可以在組建管道中持續執行這些服務層級的元件測試，並且驗證本地微服務功能與非功能需求。你可以在每一個服務中加入額外的內部資源 API 端點，用它來操作內部狀態，以進行測試或展示數據。

促進測試與交付能力的優秀 API

讓 CD 程序透過定義良好的 API 來公開 app 或服務這些好處：

* 更容易透過內部資源端點，將 "測試 fixture" 的設定與拆卸工作自動化（而且在操作狀態時，可以減少或完全不需要存取檔案系統或資料存放區）。

* 更容易將規格測試自動化（例如 REST Assured）。你再也不需要在進行每一項測試時，透過脆弱的 UI 來觸發功能了。

- 可以自動驗證 API 合約，或許可使用顧客合約與使用方驅動合約（例如 Pact-JVM）等技術。

- 可以高效地 mock（例如 WireMock）、stub（例如 stubby4j）或虛擬化（例如 Hoverfly）透過 API 來公開的相關服務。

- 更容易透過內部資源端點（例如 Codahale Metrics 或 Spring Boot Actuator）讀取數據與監視資料。

最近 API 的流行程度已經呈指數級成長了，但是要輕鬆地實現持續交付，你要在有充分的理由時才使用它們，在使用它們時，也要製作優良的架構。

部署平台與架構

在 2003 年，企業級 Java app 的部署選項相對有限，大部分都是重量級的 app 伺服器，試著提供 app 生命週期管理、組態、log 與交易管理等功能。隨著 Amazon Web Services（AWS）、Google Cloud Platform（GCP）與 Microsoft Azure 提供的雲端計算，平台即服務（PaaS）產品（例如 Heroku、Google App Engine 與 Cloud Foundry），以及容器即服務（CaaS）產品（例如 Kubernetes、Mesos 與 Docker Swarm）等服務的出現，現代的 Java 開發者有更多選項了。架構的最佳做法也隨著底層的部署結構與平台的變化而有所不同。

設計雲端原生的 "Twelve-Factor" app

在 2012 年初，PaaS 先驅 Heroku 開發了 Twelve-Factor App（*https://12factor.net/*），它是一系列協助開發者建立準雲端 PaaS app 的規則與方針：

- 使用宣告式（declarative）格式來設定自動化，以協助剛加入專案的新開發者節省時間與成本

- 與底層的作業系統有乾淨的合約，以提供最大的執行環境可移植性

- 適合在現代的雲端平台上部署，盡量減少伺服器與系統管理的需求

- 盡量減少開發與生產環境之間的差異，促進持續部署，以實現最大的敏捷性

- 可以在未明顯更改工具、架構或開發做法的情況下擴展

獨立系統架構原則

獨立系統架構原則（*https://isa-principles.org*）與 Twelve-Factor App 有密切的關係，但是更注重架構。它們是從微服務與 self-contained system（SCS）專案的經驗，以及在這些專案中面臨的挑戰收集來的最佳做法。

我們來簡單看一下各個因素，並了解它們如何對映至 Java app 的持續部署：

1. 基礎程式：在版本控制系統追蹤一個基礎程式，部署許多基礎程式

在單一、共用的程式碼存放區裡面追蹤每一個 Java app（或服務）。部署組態檔案，例如腳本、Dockerfile 與 Jenkinsfile 要與 app 程式碼放在一起。

2. 依賴項目：明確地宣告與隔離依賴項目

依賴項目通常是在 Java app 裡面，用 Maven 或 Gradle 等組建工具來管理的，而 OS 層級的依賴項目應該在相關的虛擬機器（VM）映像 manifest、Dockerfile 或無伺服器組態檔裡面明確指定。

3. 組態：將組態存放在環境中

Twelve-Factor App 方針建議用環境變數將組態資料注入 app。在實務上，很多 Java 開發者喜歡用組態檔來管理這些變數，但是以環境變數公開機密可能有安全疑慮，尤其是組建含有機密的 VM 或容器時。

將一般的組態資料存放在 Spring Cloud Config（由 Git 或 Consul 支持）這種遠端服務，並且將機密存放在 HashiCorp 的 Vault 這種服務，或許是在 Twelve-Factor 方針與目前的最佳做法之間取得平衡的折衷方案。

4. 支援服務：將支援服務視為附加的資源（通常透過網路使用）

Java 開發者都習慣用這種方式來對待資料存放機制與中介軟體，你可以用 in-memory（在記憶體內的）替代品（例如 HSQLDB、Apache Qpid 與 Stubbed Cassandra）或服務虛擬化（例如 Hoverfly 與 WireMock）在組建管道中做元件測試。

5. 組建、釋出、執行：嚴格分開組建與執行階段

對 Java 這種編譯過的語言而言，這種方針並不奇怪（而且幾乎沒有其他的實作方法）。值得一提的是，VM 與容器技術提供的彈性讓你可以用各個工件來組建、測試與執行 app，並酌情設置每一個工件。例如，你可以建立一個部署工件，並且用全整的 OS、JDK 與診斷工具來組建與測試它,再建立另一個工件,在生產環境中,以最精簡的 OS 與 JRE 執行 app。

但是我們將這種做法視為反模式,因為你只應該建立一個工件,將它當成 "唯一真相來源",送入組建管道。建立多個工件很容易導致組態漂移,亦即,開發與產品工件有稍微不同的組態,這可能會造成問題,並且讓除錯非常麻煩。

6. 程序:將 *app* 當成一或多個無狀態程序來執行

藉著使用 VM 映像、容器映像或無伺服器功能,你更容易將 Java app 當成一系列的微服務來組建與執行。

7. 連接埠綁定:透過連接埠綁定來公開服務

Java 開發者習慣用連接埠來公開 app 服務(例如在 Jetty 或 Apache Tomcat 執行 app)。

8. 並行:用程序模型來擴展

傳統的 Java app 通常採取相反的做法來進行擴展,因為當成巨大的 "uberprocess" 來運行的 JVM 通常是藉著加入更多 heap 記憶體來做直向擴展,或藉著複製多個運行實例,並且做負載平衡來橫向擴展的。但是,將 Java app 分解成微服務,並且在 VM、容器或無伺服器執行環境中執行這些元件更有擴展性。無論你採取哪種做法來擴展,都要在組建管道中測試它。

9. 可棄性:用快速啟動與優雅關機來盡量提升穩健性

習慣製作長時間運行的 Java app 開發者可能要做一些心態轉換,因為這種 app 大部分的組態與初始化工作都是在 JVM/app 啟動程序中預先載入的。現代的、可容器化的 app 通常使用比較 just-in-time(JIT,即時)的組態,並且在關機期間盡量清理資源與狀態。

10. 開發與生產環境一致:盡量維持開發、預備與生產的一致性

與傳統的裸機部署相比,結合使用 VM 或容器技術以及 VMware、Kubernetes 與 Mesos 等協調技術更容易實現這個條件,在裸機部署中,底層硬體與 OS 組態通常與開發者或測試機器的組態有很大不同。

隨著 app 工件在組建管道中逐漸往後移動,你要將它公開給越接近真實世界的環境(例如,在記憶體內的 build box 運行單元測試)。但是,你要在類生產環境中進行端對端探勘測試。

11. log：將 *log* 視為事件串流

Java 與 log 框架有一段既長遠且艱辛的關係，但是你可以將 Logback 與 Log4j 2 等現代框架設置為輸出串流至標準輸出或磁碟。

12. 管理程序：以一次性程序執行管理（*admin/management*）*工作*

建立可在容器中執行的簡單 Java app 或將它做成無伺服器功能，可讓你用一次性程序執行管理工作。但是你必須在組建管道中測試這些程序（或作為管道的一部分）。

探索 "Fifteen-Factor App"

如果你想要更深入了解上述的架構原則，我們極力推薦 Kevin Hoffman 的 *Beyond the Twelve-Factor App*（O'Reilly）。

Twelve-Factor App 原則暗示，在設計系統時，你不僅要考慮底層部署結構的特性，也要積極地利用它。機械同理心（*mechanical sympathy*）是與它密切相關的主題。

培養機械同理心

Martin Thompson 與 Dave Farley 多年來不斷提到開發軟體時的機械同理心。他們的靈感來自一級方程式賽車手 Jackie Stewart 的名言 "你不必是位工程師才能成為賽車手，但你必須有機械同理心"。了解車子如何運作可讓你成為更好的車手，有人認為這很像程式員應該了解電腦硬體如何運作。你不需要取得電腦科學學位或成為硬體工程師，但你必須了解硬體如何運作，並且在設計軟體時考慮它們。

架構師坐在象牙塔裡面繪製 UML 圖的時代已經結束了，架構師與開發者必須使用新技術來獲得實務與運維經驗。使用 PaaS、CaaS 與功能（function）可在根本上改變軟體與它底下的硬體互動的方式。事實上，許多現代的 PaaS 和以功能為基礎的解決方案都在幕後使用容器技術來隔離程序，了解這些變動是有好處的：

- 因為開發者 / 操作者規範，或資源衝突的關係，PaaS 與容器技術會限制可用的系統資源。

- 容器技術會（偶爾）公開不正確的可用資源資訊給 JVM（例如，提供給容器內的 JVM app 的處理器核心數量是根據底層的硬體屬性，而不是根據正在執行的容器可用的數量）。

- 在執行 PaaS 時，通常會在作業系統上增加額外的抽象層（例如，協調框架、容器技術本身，以及額外的 OS）。

- 與傳統的部署平台相比，PaaS 與容器協調 / 調度框架更常停止、啟動與移除容器（與 app）。

- 用來運行公用雲端 PaaS 與容器平台 app 的硬體構造本質上比較暫態。

- 容器化與無伺服器 app 可能公開新的安全攻擊向量，你必須了解與排除它。

開發者必須對這些部署構造屬性的改變習以為常，因為新技術的使用自然會帶來某種形式的改變（例如，升級運行 app 的 JVM 版本、在 app 容器內部署 Java app，以及在雲端運行 Java app）。以上大部分的潛在問題都可以藉著在 CD 組建管道裡面擴充測試程序來排除。

設計故障的測試機制，並持續測試

雲端計算為開發者帶來不可思議的機會，十年前只在夢境中存在的硬體，現在只要按一下按鈕就可以啟動了，但是這種基礎設施的特性也帶來新的挑戰，因為網路化的實作、商品成本，以及現代雲端計算的規模，平台難免有性能方面的問題，以及故障的情況。

在雲端平台的 I/O 運維絕大多數都是透過網路進行的。例如，彈性區塊儲存器（elastic block storage）通常是由 storage area network（SAN）提供的，它的性能特性有很大的不同。如果你有一個在本地機器上開發的 app，它包含三項聊天服務，而且會密集存取資料庫，你就可以預期，使用 localhost 回路配接器且直接存取 SSD 區塊式存放區的網路效能，將會與相應的雲端操作明顯不同。這種情況有可能會成就一個專案，但也有可能毀了它。

多數的雲端計算基礎設施本質上都是暫態的，與本地硬體相比，你也會更頻繁地遇到故障。以上總總，加上我們很多人都在設計分散系統，你必須設計出能夠容忍服務消失或服務被重新部署的系統。許多開發者都想要使用 Netflix Simian Army 與 Chaos Monkeys 來測試這種故障，但是這種測試通常是在生產環境中進行的。當你開發 CD 組建管道時，也要實作這種混亂測試，但也要讓它有更高的可控制性與確定性。

開發者必讀的 Release It!

Michael Nygard 的 *Release It!*（*https://pragprog.com/book/mnee2/release-it-second-edition*）（Pragmatic Bookshelf）已經出第二版了，但仍然有些開發者忽略這本書，因為他們不知道這本書的主題是什麼。但是如果你要設計與部署高可用性與容錯的準生產軟體，這是一本首選的參考書。我們認為，每一位想要建構以服務為基礎的現代 app 或將它部署至（分散式）雲端計算環境的 Java 開發者都必須閱讀這本書。

鬆耦合的系統通常比較容易測試，因為你可以更輕鬆地隔離元件，而高內聚可協助你在除錯時了解事情的來龍去脈。本節的重點是，持續交付管道必須能夠讓你盡快在實際的類生產環境進行部署與測試，你也必須模擬與測試軟體的性能與故障情況。

移往小型服務

現今每一篇軟體開發文章幾乎都會談到微服務，數量之多，讓人幾乎忘了還有其他架構類型的存在。這種架構可將大型且複雜的 app 分解成小型、互聯的服務，這當然有許多好處，但是也會讓我們面臨一些挑戰。

交付單體 app 的挑戰

無論軟體開發文章說什麼，設計與建構單體 app 本身沒有什麼問題，它只是一種架構類型，而且如同任何一種架構，它一定有優缺點。以服務為基礎的 app 越來越流行的主因是單體 app 有三個限制：

* 增加開發基礎程式與系統的工作量
* 需要隔離子系統才能進行獨立部署
* 無法靈活地（獨立地、彈性地且依需求地）擴展 app 的子系統

我們來依序探討這三個主題，並討論它如何影響持續交付的實作。

擴展開發

在製作單體 app 時，所有開發者都必須 "擠" 在同一個基礎程式裡面。開發者必須了解整個基礎程式，才能掌握領域背景。在實作期間，開發者幾乎很難避免因為合併程式碼而造成的衝突，這會造成重複的工作與時間的損失。如果單體基礎程式有良好的設計與實作，例如，採取高內聚、鬆耦合與模組化原則，上述的問題或許不會發生。但是長期運行的系統都有一個現實情況：它們會逐步演變，而且無論是偶然還是有意為之，系統的模組性都會隨著時間的過去而分解。

從單體基礎程式抽出模組，並將它們做成獨立的子系統服務或許可以產生更明確的領域邊界與介面，進而讓開發者更了解背景。這些服務的獨立性也可以幫助分配基礎程式上的工作。

不同的變動節奏：獨立部署性

如果 app 被設計成單體工件，獨立部署它的方法非常有限，如果 app 裡面的功能需要用不同的節奏來修改，這可能是個問題。在基本層面上，每當有新功能在基礎程式裡面被開發出來，你就必須部署整個 app。如果釋出 app 需要耗費大量資源，它可能不適合使用隨選（on-demand）的資源。更糟糕的是，如果 app 高度耦合，這就代表當有人改變一個原本已被隔離的區域時，你就必須密集測試它，才能確保沒有看不見的依賴關係造成回歸問題。

將基礎程式分成獨立可部署的模組或服務的話，你就可以分別安排功能的釋出時間了。

子系統的擴展性與彈性

被當成單獨的程序（或緊耦合的程序群）來執行的 app 沒有什麼擴展的方法可以選擇。唯一的做法通常是複製整個可執行的 app 實例，並且將請求平均送到多個實例。如果你將 app 設計成許多內聚、鬆耦合的子系統，你就有更多擴展方法可以選擇。你可以單獨擴展高負載的子系統，而不需理會 app 的其他部分。

微服務：SOA 符合領域驅動設計

遵守 Unix 單一功能原則來建構小型服務有明顯的好處。如果你設計的服務與工具只做一件事，而且會把它做到最好，你就可以輕鬆地組合這些系統來提供更複雜的功能，也更容易部署與維護這種系統。Netflix、eBay 與 Spotify 等大型組織也公開了他們如何建構 "以服務為基礎" 的小型架構。

領域驅動設計（DDD）這個主題與微服務經常一起出現，雖然這個領域的基礎是 Eric Evans 在 2003 年出版的 *Domain-Driven Design: Tackling Complexity in the Heart of Software*（*https://domainlanguage.com/ddd/*）（Addison-Wesley Professional）奠定的，但是這項技術是在支援它的其他技術及方法出現之後才越來越受歡迎，那些方法及技術包括架構方法的演變、可動態供應與配置的雲端平台的出現，以及在軟體的建構與運維的過程中鼓勵進行更多合作的 DevOps 運動的興起。

進一步探索微服務與 DDD

微服務（*https://martinfowler.com/articles/microservices.html*）這個名詞是 James Lewis 在 2012 年的演說 "Micro Services: Java the Unix Way"（*https://www.infoq.com/presentations/Micro-Services*）中首次出現的，Fred George 與 Martin Fowler 在同一時間前後也提出同樣的概念。本書不深入討論微服務或 DDD，你可以在 *Microservices for Java Developers*（O'Reilly）找到這個主題的介紹，並且在 *Microservice Architecture*（O'Reilly）與 Sam Newman 的 *Building Microservices*（O'Reilly）更深入了解。

微服務的核心概念圍繞著建立 "遵守單一功能原則" 以及 "只有一個改變的理由" 的服務。它與 DDD 設計高效的領域模型或有界背景有密切的關係。

Java 微服務在以下幾個層面影響了 CD 的實作：

* 你必須建立與管理多個組建管道（或是單一管道內的多個分支）。
* 將多個服務部署到一個環境時，它們必須加以協調、管理與追蹤。
* 你可能必須 mock、stub 或虛擬化依賴服務才能做元件測試。
* 現在你必須在執行端對端測試之前與之後協調多個服務（與相關狀態）。
* 你的程序也必須管理服務版本（例如，只允許部署相容且相互依賴的服務）。
* 你必須調整監視機制、數據與 APM 工具來處理多服務。

分解既有的單體服務（或建立新的 app，並且藉著組合微服務來提供功能）不是一件容易的工作。背景對映（context mapping）（從 DDD）這類的技術可以協助（與專案關係人以及 QA 團隊一起工作的）開發者了解如何將 app / 商業功能組合成一系列有界背景或重點服務。

函式、Lambda 與奈米服務

Mike Roberts 在 Martin Fowler 部落格（*https://martinfowler.com/articles/serverless.html*）談到，無伺服器還沒有明確的定義，對初學者來說，它涵蓋了兩個不同但重疊的區域：

- 無伺服器最初是指 "重度或完全依賴第三方 app 或雲端服務來管理伺服器端邏輯與狀態的 app"，通常是厚（thick）用戶端 app（例如單網頁 web app 或行動 app）。它們會使用雲端資料庫（例如 Parse、Firebase）、身分驗證服務（Auth0、AWS Cognito）等龐大的生態系統。這種服務以前稱為*後端即服務*（*BaaS*）。

- 也有人用*無伺服器*來代表 "內含一些由 app 開發者寫成的伺服器端邏輯的 app"，但是與傳統結架構不同的是，程式碼是在以事件觸發的、暫態的（可能只存留一次呼叫的時間）且完全由第三方管理的無狀態（stateless）計算容器裡面運行的。它可以視為*功能即服務*（*FaaS*）。

本書主要探討第二種無伺服器 app。持續交付無伺服器及 FaaS app 的挑戰與持續交付微服務很像，但是當你測試非功能需求時，由於無法訪問底層的平台，你可能會面對更多的挑戰。

架構："難以改變的東西"

基本上，架構可視為一種 "難以改變的東西"。使用正確的軟體系統架構是促成持續交付的關鍵因素。在設計系統時遵循重要的原則，包括鬆耦合與高內聚，可方便我們先了解服務，再將服務組成大型的系統，以及獨立地處理與驗證服務，進而促進測試與持續開發。

從外而內設計 API（提供支援的內部 API 也是如此）也可以幫助你持續測試功能性與非功能需求。現在開發者必須了解雲端、PaaS 與容器執行環境，以及它們對持續交付的影響，這會帶來根本的好處，讓你可以動態配置資源以進行測試，但它也會改變底層基礎設施的特性，讓你必須不斷進行測試與驗證。

繪製架構圖，並建立模型：Daniel 的經驗

無論你採取哪種架構，你都可以從繪製架構圖與建立它的模型得到好處。在做顧問的時候，我和我的團隊參加過很多軟體開發團隊，顧客都希望我盡快了解軟體系統，並展現工作成效。

當我參加每一個新專案時，第一件工作都是要求當前的團隊提供架構的概述。我將軟體架構比喻為描繪底層地形（程式碼與部署組態）的地圖（使用高階元件、結構與互動）。團隊通常都會在白板上畫出架構，因為他們手上沒有任何圖表或模型，他們經常在畫圖的過程中激烈爭論，因為他們無法就元件、結構與連結建立共識，他們也經常從對方學到一些東西。有幾個團隊甚至發現他們建構了錯誤的元件，或團隊之間有重複的工作。

我強烈建議你繪製架構圖與模型，並且定期維護它。我覺得做這件事的最佳參考資料是 Simon Brown 的 C4 model（*https://c4model.com/*），他在 *Software Architecture for Developers*（*https://leanpub.com/u/simonbrown*）（Leanpub）廣泛地討論它。

小結

本章告訴你架構對持續交付軟體系統的能力有很大的影響力：

- 要建立高效且易維護的架構，你必須設計高內聚且鬆耦合的系統。

- 高內聚與鬆耦合會影響整個 CD 程序：在設計期，內聚的系統比較容易理解，在測試期，鬆耦合的系統可讓你輕鬆地替換 mock，以隔離想驗證的功能；鬆耦合系統裡面的模組或服務可以獨立部署；且內聚的系統通常比較容易觀察與了解。

- 如果你使用糟糕的或任意設計的架構，它們提供的技術速度與商業速度都很有限，也會減少 CD 管道的效率。

- 設計高效的 API，並從外往內建立它，可促進高效的測試與 CD，因為它們提供進行自動化的介面

- Heroku 的 Twelve-Factor App 提出的架構原則有助於實作可持續交付的系統。

- 培養機械同理心（了解 app 平台與部署構造，以及在設計時考慮故障的情形）是現代 Java 開發者必備的技能。

- 現代的軟體開發有一種趨勢是設計小型、可獨立部署的（微）服務，並用它們組成系統。因為這些系統具備高內聚與鬆耦合的特性，所以很適合持續交付。這些系統也需要持續交付，以確保功能性與非功能性的系統層級需求可以得到滿足，並且避免複雜性劇增。

- 架構是"難以改變的東西"。持續交付可讓你在整個軟體系統的生命週期制定、測試與監視核心系統品質屬性。

了解架構的原則之後，下一章要告訴你如何有效地建構與測試具備這些屬性的 Java app。

## 第四章

Java app 的部署平台、基礎設施，以及持續交付

本章介紹持續交付 web Java app 的各種部署選項，在過程中，你將學到各個平台的元件、它們的優點與缺點，以及與 Java 和持續交付有關的核心領域。讀完本章之後，你將具備充分的知識與工具，可以為下一個專案選擇平台，並且了解各種最佳做法與陷阱了。

平台提供的功能

在現代 web Java app 或分散式 Java app（以微服務架構為基礎）的環境中，平台提供的功能有：

- 託管 app 的實體（或虛擬）位置，以供用戶訪問

- Java 執行環境

- 持久儲存器，區塊式存放區或資料庫

- 訪問（或可以安裝）所需的中介軟體，例如 ESB 或訊息佇列

- 自我修復或韌性——自動重啟故障的 app

- 服務發現，這是一種可以幫助別人找出 app 服務與第三方服務的機制

- 基本安全機制——堅固的機器映像、施加限制的連接埠、需要經過嚴格的身分驗證才能操作任何控制面板

- 有明確的機制可以讓你了解運維成本

雲端、容器與 DevOps 的出現，讓軟體開發者獲得更強大的能力。現在你可以建立與管理大規模自訂平台，這在 10 年前只是夢寐以求的事情，但是擁有這種能力也要承擔更大的責任。對 Java 開發團隊而言，自行建構平台是非常誘人的選項，但是這項工作不但會占用編寫商業功能的時間與資源，而且這種平台通常都設計不良、脆弱且成本效益低下。

自行建構平台的風險

確實，建立自己的平台在一開始是很有趣的工作。而且，團隊通常（錯誤地）假設他們的專案在某種程度上是 "特殊的"，因此需要自訂的平台。但是在自行建立平台之前，你要先問自己下面的問題：

- 你確定對團隊來說，目前最重要且最緊迫的問題是建構一個自訂的平台來部署軟體？
- 你有沒有跟核心關係人討論建構自訂平台這個決策的影響？
- 你（與你的團隊）是否具備適當的知識與技術，可建構高效且易維護的平台？
- 你有沒有用過既有的（開放原始碼或商用的）平台，並十分確定使用或購買現有的平台無法帶來明顯的好處，或需要付出長期的成本？

設計與運維 Java app 平台是一種專業技術，AWS ECS、Google App Engine、Azure App Service 與 Cloud Foundry 等平台的工程師都有豐富專業技術，你可以透過他們的產品利用他們的知識。

基本開發流程

無論你決定將 Java app 部署在什麼平台，在開始持續交付旅程之前，你和團隊都必須執行一系列的基本前期步驟：

- 將所有 app 程式碼與相關的組態放在版本控制系統裡面，讓它成為唯一真相來源。

- 建立持續交付管道（從版本控制系統取得程式碼），組建並測試 app，並將它部署到一個測試環境（或最理想的生產環境）。

- 將所有手動部署步驟（例如組態更改或資料庫升級）編寫成在 CD 管道內觸發的自動部署程序。

- 將 app 包裝成標準 Java 工件（例如 WAR 或 JAR），並移除任何非標準的部署程序（例如手動修補類別檔）。如此一來，大家就可以使用標準的部署機制（例如，透過 app 伺服器 API 上傳 WAR，或將 fat JAR 複製到檔案系統），也可以協助將來進一步遷移到其他或新的平台。

開發者體驗的價值：Daniel 的觀點

開發者體驗（有時稱為 *DevEx* 或 *DX*）是開放原始碼與商用工具開發領域新興的主題。這個主題的重點是 "將新想法轉換成程式碼，最終傳遞價值給生產環境的用戶所需的工作流程與工具"。DevEx 基本上企圖最大限度地減少工程師的摩擦，並且讓他們更容易進行除錯與觀察的工作。很多人，包括我自己，目前都在這個領域工作，我在 2018 年 7 月的 CNCF webinar 發表的 "Creating an Effective Developer Experience on Kubernetes"（*http://bit.ly/2zwtqi4*）可讓你了解一些早期的想法。

傳統的基礎設施平台

毫無疑問，你們很多人都已經在現在稱為**傳統基礎設施**（由獨立的系統管理團隊管理的內部資料中心內的 app 伺服器）的平台上部署過 Java app 了。現在還有許多團隊在那裡部署 app。雖然這本書的重點是將 Java app 持續交付至現代平台，但是本書的許多知識也適合傳統環境。

傳統平台元件

在傳統的基本架構，你（作為一位 Java web app 的開發者）通常會與下列的元件互動：

app 伺服器

一種軟體框架，提供建立 web app 的工具，以及執行它們的伺服器環境。例如 JBoss Application Server、GlassFish 與 Tomcat。

中介軟體

位於 app 軟體 "之間" 的軟體，它可能在不同的作業系統上運作，目的是支援與簡化複雜的分散式 app，例如 IBM WebSphere ESB 之類的 ESB 技術，以及 ActiveMQ 之類的 MQ 產品。

資料庫

有組織的資料集合，傳統的基礎設施堆疊經常使用關聯式資料庫管理系統（RDBMS），例如 Oracle RDBMS、Microsoft SQL Server 與 IBM DB2。

傳統基礎設施平台面臨的挑戰

傳統基礎設施的核心挑戰是：沒有一套標準化、被廣泛接受、立即可用、完整的持續交付解決方案。主要的原因是這種平台與部署程序通常是定制的，而且底層的基礎設施也不是可程式的（programmable），對開發者而言，在這種平台部署非常有挑戰性。這些平台的部署與運維通常是透過 "部落知識" 進行的，不斷發展的自訂程序與機制都沒有被正式化，而是透過故事，有些透過維基網頁來分享。

 平台自動化對持續交付很有幫助

使用傳統的基礎設施堆疊來實作 CD 最大的技術挑戰之一就是你很難將基礎設施組態的建立過程自動化，你必須努力讓測試與部署具備確定性與可靠性，因此你必須和系統管理團隊密切合作，以解釋你對於一致且可重複的基礎設施環境和部署機制的需求。

通常將 app 部署到傳統的基礎設施需要使用某種工件 "傳遞（hand-off）"，這些工件裡面可能有部署指令，也可能沒有，這些指令可能是一個文字檔，裡面有一些對著資料庫執行的 SQL。未植入這些指令或重複使用它們可能會導致錯誤，以及開發與運維人員之間的摩擦。這種平台的另一個核心挑戰是它可能會年久失修（尤其是當初創造平台的系統管理員或運維人員離職時），一般來說，當重大問題出現時，它很快就會變成一種謀殺解謎風格的除錯過程，這一點都不好玩。

傳統的優點

運行傳統基礎設施的優點是系統管理員與負責管理的運維團隊通常掌握所有的控制權（當然，除非你讓第三方維護平台！）。這種全面性的控制可讓你快速地進行變動與設置（是好是壞不一定），並且完全看到底層的硬體。了解這些內部運作需要知識與技術，但是與使用黑箱的第三方服務相比，擁有 "打開引擎蓋" 的能力可以節省許多除錯的時間。

系統管理員—開發者也需要英雄

雖然開發部門與運維部門之間的關係有時就像貓狗一樣水火不容，但是讓他們合作帶來的好處是值得一談再談的。就像有件 T 恤上面寫的："系統管埋員：就連開發者也需要英雄。" 我們在工作的過程中，從系統管理與運維團隊學到許多東西，那些知識幫助我們更深入了解基礎設施，最終成為更好的開發者。

傳統基礎設施平台的 CI/CD

在這種平台進行持續交付通常有許多好處，例如改善組建可靠度，以及加快部署時間。以下是你要注意的地方：

- 透過管道來組建與部署 app 之後，就是用斷言和 app 測試套件來測試已知（與重複）問題的好時機。這也是在管道中加入非功能測試服務的好機會，這些非功能測試包括程式碼品質分析、測試覆蓋率，以及安全測試。你或許無法直接修正它們全部，但你可以設立一條基線，以它為基準展示持續改善。

- 建立管道也促使你和運維團隊討論底層基礎設施，從而導致 SLA 的建立。建立 SLA 可讓各方（包括開發者、QA 與運維團隊）都同意平台應該提供什麼運維功能，以及反過來，app 應該有什麼運維功能（即，app 是否該在 30 秒之內啟動，或容忍磁碟故障，或處理間歇性網路故障？）。

- 當管道就緒時，你也更知道工作流程有哪些區域需要改善。例如，發生程式碼合併衝突可能代表你要修改提交規則，或實作 Gitflow 之類的東西；測試的執行速度很慢可能代表你要將測試平行化；部署重複失敗可能代表你要更關心部署腳本。

雲端（IaaS）平台

目前的基礎設施即服務（IaaS）雲端基礎設施與平台有幾種形式：

私用雲端

這是從傳統基礎設施演變來的，基本上，它是在內部或私用的資料中心裡面管理的虛擬化硬體。傳統基礎設施與私用雲端的分限線在於私用雲端必須透過 API 或 SDK 來管理，例如 VMware vSphere、OpenStack、Cisco Open Network Environment（ONE）與 Scality RING 儲存器。

公用雲端

多數人談到雲端時，指的都是這種技術，通常是由 AWS、Microsoft Azure、GCP 等供應商提供的服務。

混合式雲端

混合傳統的私用虛擬化基礎設施與公用雲端商品。主要的雲端供應商都已經開始提供可讓組織執行混合式雲端（或協助他們遷移）的產品了，例如 Azure's Stack（以及 AWS 的 VM Import/Export and Direct Connect）。

雲端內部

雲端與傳統基礎設施不同之處在於，身為開發者，你可以接觸更多基礎設施元件：

計算

機器、VM，或其他類型的計算實例。它相當於你的桌機或筆電，例子包括 AWS EC2、vSphere VM 與 OpenStack Nova。

儲存器

儲存你的 app 資料。它可能是很像電腦硬碟的區塊式儲存器，可用來啟動機器與提供 app 二進位檔案；或者，它可能只是一種物件儲存器，無法啟動機器，但是可以儲存二進位檔案或其他類型的資料物件。區塊儲存器的例子有 AWS EBS、GCP Persistent Disk 與 VMware 本地儲存器。物件儲存器的例子有 Amazon S3、Azure Storage Blobs 與 OpenStack Swift。

網路

連線、路由器、防火牆與其他通訊基礎設施。例子包括 Amazon VPC、安全防護群組 / 防火牆規則，以及 OpenStack Neutron。

服務

資料庫與外部中介軟體服務，相當於傳統基礎設施的同一種物件，但它們通常是雲端供應商提供的全代管（fully managed）服務（例如 Amazon RDS、Google Cloud Spanner 或 Azure Service Bus）。

持續交付服務

越來越多虛擬化與雲端供應商提供立即可用的 CD 解決方案，例如整合好的 Jenkins 解決方案，或定制的解決方案，例如 VMware vRealize Code Stream 或 Amazon CodePipeline。

其他雲端最佳做法資源

如果你對雲端技術完全陌生，我們推薦 Thomas Limoncelli 等人合著的 *The Practice of Cloud System Administration: Designing and Operating Large Distributed Systems*（*http://bit.ly/2xSQoOC*）（Addison-Wesley Professional）。

對許多工程師來說，公用雲端是全新的領域，所以多數的雲端供應商都製作了最佳做法文件，內容鉅細靡遺，包括他們推薦的架構原則、安全做法，以及基礎設施的管理方法。許多諮詢我們的工程師都認為供應商提供的內容往往不中立，但這一點已經不是什麼大問題了。如果你使用供應商的生態系統，目前他們提供的雲端最佳做法都值得一讀：

- Amazon Web Services（*https://aws.amazon.com/whitepapers/*）白皮書，包括 "AWS Well-Architected Framework"（*http://bit.ly/2R2kyrf*）與 "Architecting for the Cloud: AWS Best Practices"（*https://amzn.to/2xP3Hj2*）

- "Azure Architecture Center"（*http://bit.ly/2ORxizz*）與 "Azure Security Best Practices"（*http://bit.ly/2xNhoig*）

- "How to Use Google Cloud Platform"（*https://cloud.google.com/docs/tutorials*）與 "Best Practices for Enterprise Organizations"（*http://bit.ly/2OS3Olj*）

雲端挑戰

身為改用雲端技術的開發者,你最主要的挑戰不但包括了解新的基礎設施元件,也要知道這些技術的特點與性能。你要花時間了解將軟體開放給互聯電腦的影響,你幾乎無時無刻都在建構分散式系統。你也要讓 app 在網路環境中的性能與在本地開發機器上一樣好。

機械同理心:*Daniel* 的雲端初體驗

我剛開始使用雲端技術時,遇到很大的學習障礙,因為這代表本地機器基礎設施的特性與性能可能無法與生產環境一致,而且是在很大程度上!尤其是在 2010 年代早期的一個專案,我花了一星期的時間寫好一個產品饋送分析 app,這個 app 會將大量的臨時資料寫入本地儲存器,它在我的開發機器上表現良好(使用本地連接的 SSD 磁碟),但是當我將程式部署在生產環境時,它的性能下降了近兩個數量級,因為雲端實例的區塊儲存器是透過網路來溝通的,有全然不同的性能特性!

因為 IaaS 平台的硬體特性(與規模),各個元件故障的機率相對較高。因此,你必須設計、建構與測試能夠處理已知故障模式的彈性 app,例如,多數的雲端計算實例都是暫態的,可能會意外停止,你的 app 必須優雅地處理這種情況。Amazon 的 CTO,Werner Vogels,有一句名言:"在雲端的東西隨時都會故障。" 你可能會想,為什麼一位雲端供應商的 CTO 會講出這句話?但他想要表達的意思是:要取得公用雲端帶來的好處(隨需求而變,以及使用可大規模運行的基礎設施帶來的高經濟效益)是要付出代價的,這個代價就是個別元件的可靠性。

雲端的暫態性質:*Daniel* 的經驗

當我開始開發雲端 Java app 時,學到的另一個重要的經驗是了解 "計算實例" 的暫態性質。我的 app 會在實例被終止時隨機停止運行,而且因為我使用彈性的配置來確保一定有一組實例維持運行,所以有一個新的實例會被啟動。我過往的習慣是建構一個月只啟動一次,甚至更久才啟動一次的 Java app,所以不需要擔心它們有太長的啟動時間(而且 JVM 與 Java app 幾乎都以冗長的初始化時間聞名!),我也習慣 app 不常不受控制地停止運行,所以只編寫基本的重新啟動與清理功能。但是在雲端,這些習慣都必須改掉!

在部署 Java app 到雲端基礎設施時採取持續交付的好處在於，你可以捕獲你在組建管道中學到的東西。例如，當你發現有奇怪的性能特性會對 app 產生負面影響時，你可以建立一個整合測試來模擬它，並斷言正確的處理方式。你可以在每一次組建時執行這項測試，以防止將來的修改造成回歸的情形。

許多雲端供應商都提供低性能基礎設施選項，使用較低性能的 CPU、網路與磁碟，但也有一些 "點數" 可讓你在一定時間內使用遠超過基準的性能。它們會提供初始的點數，而且當基礎設施在基準線之下運行時，你還可以累積點數，這可讓你建立具備成本效益的系統；最初的點數餘額可讓基礎設施快速地初始化，如果系統的使用模式確實可以應付突發狀況，你可以維持足夠的點數來應付突發狀況。但是如果 app 的使用模式無法應付突發狀況，點數餘額很快就會耗盡，app 的性能會下降，甚至可能造成 app 的故障。

注意 "可應付突發狀況" 的基礎設施的影響

在這種基礎設施上部署 "開發及測試週期較短的 app" 可能會讓開發團隊誤認為 app 的長期性能比實際情況還要好。因此，你必須了解這種基礎設施的性能基準線，並且在組建管道加入模擬機制，測試系統使用基本的基礎設施性能來執行時的性能。

雲端的好處

對開發者而言，使用雲端基礎設施的主要好處是所有東西都是可程式的：你可以將所有的程式設計訣竅與技術應用在基礎設施上。雲端技術通常也比傳統的基礎設施標準化，雖然公用雲端供應商之間有很多差異，但是你仍然可以在換團隊甚至組織時，繼續使用你的基礎設施知識。

不可變的基礎設施

雲端計算（或者，實際上是採取可程式虛擬化）讓 "不可變基礎設施" 的願景有機會實現。不可變基礎設施在建立之後就不能修改了，你不能更新，只能重新建立基礎設施，無論是使用同一個模板（確保新的與被替換的基礎設施一致）或使用新的 "更新" 模板。這通常可讓身為開發者的你更輕鬆，因為你可以更有信心地保證包裝好的部署工件可在 QA 中正常運作，而且，可在預備環境中運作的，也都可以在生產環境中運作。

雲端的另一個主要好處是基礎結構可以靈活地實例化。雲端可讓每位開發者建立自己的測試環境,或執行大規模測試(但是要注意成本!)。

開發者無法(或不該)在雲端做每一件事

因為雲端可讓人用程式操作多數的基礎設施,開發者越來越喜歡在交付軟體的運維面承擔更多責任。對小規模的組織或初創企業來說,這種做法或許是有幫助的,可讓小型開發團隊自給自足,並快速行動。但是這也代表開發者的工作更繁重,或必須學習越來越多新技術(有時不屬於他們的專業知識或超出他們的舒適圈),或對開發與運維角色之間固有的折衝與摩擦視而不見。這可能會造成個人或團隊精疲力竭,或在生產環境產生許多app 運維方面的問題。你要不計代價避免這種情況。

持續交付至雲端

在雲端環境實施 CD 通常比傳統基礎設施平台簡單,因為 CD 在很大程度上是與雲端技術共同發展的(反之亦然)。虛擬化與公用雲端供應商提供了 API 與 SDK,這意味著環境(測試與 QA 等等)的製作與複製容易得多。除了之前談過的,在傳統基礎設施實施CD 的步驟之外,下面的準則也適用於雲端:

- 分析哪種雲端部署方案最適合你目前的專案。AWS、GCP 與 Azure 等大型雲端供應商都提供多種雲端平台,包括 AWS ECS 與 Azure AKS 等容器(稍後說明)、AWS Elastic Beanstalk 與 Azure App Service 等 PaaS 商品,以及 IaaS 構建元素,包含計算、儲存器與網路。

- 把重心放在建立交付 app 的 CD 管道上(甚至驗證概念的 app),藉著使用雲端平台來凸顯每一項技術或組織問題。

- 使用 HashiCorp Terraform、Ansible 或 Puppet 等工具盡量編寫雲端平台(理想情況下,全部)。

- 將你學到的經驗(與錯誤)編寫到管道——例如負載測試、安全測試與混亂 / 韌性測試。

雲端為 Java app 的快速部署提供許多可能性,但是未加以控制的速度沒有任何意義,對CD 而言,"控制" 就是重複地、可靠地驗證 app 可在生產環境中被使用的能力。

平台即服務

平台即服務（PaaS）的歷史遠比多數人認知的長久。使用 JavaScript 的 Zimki 是第一個公認的 PaaS，它是在 2005 年釋出的。在 Java 領域中，Google 的 App Engine 與 Cloud Foundry 的推出是最具影響力的事件。

更深入討論 PaaS 平台

本書的許多重點都可以直接套用在 PaaS 技術上，但是因為它們通常提供主觀（預設）的工作流程，如果你要在那裡部署，我們也建議你參考專門的 PaaS 書籍。例如，如果你要在 Google App Engine 部署 app，Dan Sanderson 的 *Programming Google App Engine with Java*（O'Reilly）是本有趣的讀物。如果你要使用 Cloud Foundry（特別是 Pivotal Cloud Foundry），Josh Long 與 Kenny Bastani 的 *Cloud Native Java*（O'Reilly）是詳盡的指南。

一窺 PaaS

PaaS 的基本元素與雲端計算大致相同，只是有些抽象（abstraction）可能比較高階。例如，在使用 Cloud Foundry 時，你不能直接啟動一個實例來部署程式碼，而是要把焦點放在建立 "droplet" app 工件上：

計算

機器、VM 或容器環境。

儲存器

儲存 app 資料。它可能是可用來啟動機器與託管 app 二進位檔案的區塊式儲存器，很像電腦的硬碟，或無法用來啟動機器，但是可以用來儲存二進位檔案或其他資料物件的物件儲存器。

網路

連線、路由器、防火牆與其他通訊基礎設施。

服務

資料庫與外部中介服務，相當於傳統基礎設施上的這些東西，但它們通常是 PaaS 供應商提供的全代管服務。

持續交付服務

　　許多 PaaS 平台供應商都提供完整的解決方案，可將程式碼從本地開發環境一路送到生產環境。例如，Cloud Foundry 整合了 cf CLI 工具與 Concourse CD 平台，而 Red Hat 的 OpenShift 提供整合的 Jenkins 解決方案。

PaaS 的挑戰

與 PaaS 有關的挑戰大多與學習曲線和使用模型有關。一般來說，大部分的 PaaS 對於開發者工作流程與部署模型都相當主觀。有些專案無法與 PaaS 提供的模型搭配，這就是調整 PaaS 讓它與你的 app 合作時的難處。話雖如此，如果你建構的是比較典型的 web app，應該就沒有這種問題。

不要自動假設 *PaaS* 過度主觀

很多開發者都假設 Cloud Foundry 之類的 PaaS 對於工作流程太過主觀，或他們的專案很 "特殊" 或獨特，所以無法部署到 PaaS。一般來說，如果你建構的是電子商務的 web app，它就不需要定制的開發者工作流程。事實上，我們知道有許多大型的銀行與資料處理組織非常成功地使用（舉例）Cloud Foundry。

PaaS 帶來的另一個挑戰是 Java JDK 或執行期環境的潛在限制。如果你不知道本地 JDK 與開發環境之間的這些差異，或你比較不熟悉 Java 開發，這會是個陡峭的學習曲線！修改 PaaS JDK 的例子包括只列舉可訪問 JDK 的對象（即，標準 OpenJDK 的一些 API 不能使用）、使用 Java 安全管理器來限制可用的操作、使用沙箱來限制 Java 執行緒、網路或檔案系統等資源的存取，以及分開類別載入策略。有些 PaaS 供應商也鼓勵（或強迫）你使用他們專有的 SDK 來訪問資料庫或中介軟體。

了解你的 *PaaS* 如何實作與公開 *JDK*：*Daniel* 的經驗

如果你的 PaaS 供應商提供原生的 Java 環境（你不需要安裝 Java 執行環境），請花時間了解 JDK 及相關的執行環境如何實作。當我在 Google App Engine 建立我的第一個 Java app 時，這是個很大的學習曲線。平台提供許多很棒的東西（特別是與運維和擴展有關的），但是沙箱 Java 執行環境沒有我習慣使用的工具，最終，我建立的 app 確實符合商業需求，但是與我的預估有很大的差距，因為我沒有預先考慮學習曲線！

你也可以修改及限制 PaaS 公開的執行環境與 OS。你除了可以限制網路與檔案系統之類的資源的使用（可在 Java 執行環境或 OS 裡面實作）之外，也可以控制或限制資源（例如 CPU 的使用是常見的目標），也可以讓平台實例（與其他基礎設施，例如網路路由器或 IP 位址）暫態存在。了解它們之後，你可以將學到的知識寫入組建管道，例如斷言你的 app 在負載過重時不會產生 OutOfMemoryExceptions，或 app 可以優雅地處理強制重新啟動。

現代的 PaaS 文件（大致上）都很優秀

根據我的經驗，大部分熱門的 Java 友善 PaaS 都提供很棒的文件，無論是關於開發者流程、執行期環境，或任何警告或限制。例如，Google App Engine 團隊寫了一份詳盡的說明，介紹它的 Java 7 執行環境（*http://bit.ly/2OSuQZy*）（現在已棄用）以及 Java 8 執行環境（*http://bit.ly/2xEx5JF*）Cloud Foundry 團隊也製作類似的說明，介紹相應的 Java 組建封包與執行環境（*http://bit.ly/2OTAmeL*），且各家 CF 供應商通常都會提供額外的文件說明它們的環境特有的細節。

如果你認為託管式 PaaS 最適合你的專案，需要注意的最後一件事就是託管商品的定價方式。大部分的 Java PaaS 都是用每個 app 實例的記憶體來定價的，而 app 實例的數量與其他資源（例如 CPU 速度與核心，以及網路頻寬）則是按比例計費。這意味著使用大量 CPU 或記憶體的 app 的執行成本可能會很高昂，但你通常無法在基礎設施上打包 app 來因應這種情況。使用傳統或雲端基礎設施時，你可以在同一個硬體上執行兩個資源密集 app（一個限制 CPU，一個限制記憶體），如此一來，如果只有一個 app 在那裡運行的話，你就不會"浪費"用不到的資源（或因為浪費資源而付出金錢）。

PaaS 的好處

當你花時間學習核心原則之後（坦白說，每一種新技術都需要學習），通常都會變得非常有生產力，而且那些知識都可以直接轉移到下一個使用 PaaS 的專案。這可以讓開發者提升生產力（可能是大規模的）。如果你使用基於開放標準的 PaaS，例如 Cloud Foundry，你也可以在多個基礎設施上運作 PaaS，例如混合內部的 Cloud Foundry、公用雲端的 Pivotal Cloud Foundry，以及公用雲端的 IBM Bluemix。身為開發者的你在轉換基礎設施 / 供應商時應該不會有太大的問題，因為各種平台都提供你關注的所有核心抽象。

此外，當你的團隊決定使用託管的 PaaS 商品時，就可以免去運行平台的運維負擔以及底層基礎設施的維護和修補，將時間省下來，進行其他提升價值的開發工作！

CI/CD 與 PaaS

當你將 app 部署到 PaaS 環境時，很容易就可以導入持續交付，通常這也是必要的工作，因為部署 app 的唯一手段就是透過組建管道。以下是當你用 PaaS 實現 CD 時應該優先投資時間的重點事項：

- 把焦點放在建立交付 app 的 CD 管道上（甚至概念驗證 app），藉著使用 PaaS 來找出任何技術或組織問題。

- 將所有 PaaS 與 app 組態與詮釋資料放入版本控制系統，例如所有服務發現組態，或你已經建立的自訂組建包裝。

- 將你學到的知識（與錯誤）編入管道——例如負載測試、安全測試與混亂 / 韌性測試。

容器（Docker）

許多開發者都會混合使用 "容器" 或 "Docker"。嚴格來說，這種用法是錯的，容器是一種 OS 層級的虛擬化或程序隔離的抽象概念，而 *Docker* 是 Docker 公司實作這種技術的產品。容器技術在 Linux Containers（LXC）的 Docker 問世之前就存在了，但是 Docker 提供了它缺少的用戶體驗，以及集中共用、拉推容器映像的機制。除了 Docker 之外還有其他容器技術，例如 CoreOS 的 rkt、Microsoft 的 Hyper-V containers（與 Windows containers）以及 Canonical 的 LXD。

進一步了解 Docker

因為容器技術領域還在持續發展（而且變化速度經常很快），最好的學習資源通常在網路上面。對於喜歡用書籍來了解技術基本概念的工程師，我們推薦 Nigel Poulton 的 *Docker Deep Dive*。

容器平台元件

典型的容器式部署平台有許多元件：

容器技術

基本上，容器提供 OS 等級的虛擬化，雖然在同一台機器上運行的所有容器都使用同一個 OS 核心，但它們有不同的程序與網路名稱空間、配置與控制 CPU 與記憶體等資源的控制群組（cgroups），以及與底層主機的 rootfs 不同的 root 檔案系統（rootfs）。

容器調度 / 協調器

這個元件負責啟動、停止與管理容器程序。這項技術通常稱為容器基礎架構即服務（container infastructure as a service，ClaaS），在 Docker 生態系統中，通常是由 Docker Swarm 或 Kubernetes 提供的。

儲存器

儲存 app 資料。它可能是可以對映到容器裡面的區塊儲存器，或可用來儲存二進位檔案或其他資料物件的物件儲存器。這通常是用 CIaaS 元件來管理的。

網路

連線、路由器、防火牆與其他通訊基礎設施。這通常是用 CIaaS 元件來管理的。

服務

資料庫與外部中介軟體服務，它們相當於傳統基礎設施的同類項目，但是通常是容器平台供應商提供的全代管服務。

持續交付服務

許多容器平台供應商都提供完整的解決方案，可將程式碼從本地開發環境一路送到生產環境。例如，Docker Enterprise 提供一種與它的 Docker Hub 整合的解決方案，Azure 提供 Azure Pipelines，AWS ECS 提供 CodeBuild 與 CodePipeline。

第 10 章將介紹如何在 AWS 的 ECS 部署 Docker 容器。

容器帶來的挑戰

使用容器技術最大的挑戰就是學習曲線。這種技術不但與雲端和 PaaS 有很大的不同，也是一種新興且不斷演變的技術。有時維持最新的容器創新技術甚至是一項全職的工作。它的另一個主要挑戰是當舊的技術（包括 JVM 本身）在容器內運行時，不一定都會正確或如預期地運作，你通常需要具備（至少要有基本的）運維知識才可能找出、了解與修正問題。

在 *Docker* 內運行 *Java*：*Daniel* 經常遇到的陷阱

我參加過許多使用 Java 與 Docker 專案，我和我的團隊也克服了許多不少問題。我曾經在 2015 年的 JavaOne 跟 IBM Cloud Runtimes 的 Developer Advocate 一起演說 "Debugging Java Apps In Containers: No Heavy Welding Gear Required"（*http://bit.ly/2DxYdzm*），以下是一些挑戰與問題的摘要：

- 每一個 Java 9 之前的 Java 執行環境都不知道控制群組（cgroup）。當你索取 app 可用的 CPU 核心數量時，它會回傳底層主機的 CPU 資源資訊，事實上，這些資源可能被多個在同一台主機上運行的容器共用。這也會影響一些 Java 執行環境屬性，因為 fork-join pool 與記憶體回收參數都是根據這項資訊來設置的。你可以在啟動 JVM 時，用命令列旗標設定資源限制來克服這個問題。

- 容器通常共用主機上的單一熵源（source of entropy）（*/dev/random*），它可能會快速耗盡。在 Java app 中，這種情況會造成你在進行加密期間（例如在安全功能初始化期間產生權杖時）意外地卡頓。使用 JVM 選項 —— Djava.security.egd=file:/dev/urandom 通常可以解決這個問題，但是請小心，這可能有安全疑慮（*http://bit.ly/2R40yof*）。

同樣要記得的是，並非所有開發者都具備運維意識，他們也不想如此，他們只想要寫出解決商業問題的程式。因此，不讓開發者知道一些容器技術，並提供 CD 程序，讓他們在這個領域管理 Java app 的組建與部署是有好處的。但是如前所述，這不代表開發者不需要了解這種技術的運維特性，與使用這種技術來執行 app 所產生的影響，謹記機械同理心！

容器技術還在快速演變

雖然創新的速度在過去一年已經慢下來了，但容器技術生態系統仍然是非常具開拓性的領域。它的技術還在快速演變、工具還在不斷出現，人們對於開發方法的了解也還在提升。但是使用新（更好）的 app 包裝與部署方式代表你將面臨一個陡峭的學習曲線（涉及大量的實驗），而且事情的變化很快。在採取容器技術之前，請先確保你和團隊都樂於接受這些代價！

容器的好處

容器技術的主要好處是部署包裝（容器映像）的標準化，以及執行的靈活性。將部署包裝標準化可讓你更容易部署與運維平台，因為容器映像變成開發團隊與運維團隊之間的新抽象 / 介面了。你只要將程式碼包在容器內，運維團隊就可以在平台上執行它，他們不需要擔心（在某種程度上）你到底是怎麼設置 app 的。

容器促成更簡單的不可變基礎設施

我們之前談過，虛擬化與雲端技術促成不可變工件（與基礎設施）的建立與部署，容器其實是這種情況的延伸。建立不可變容器映像工件通常比建立完整的 VM 映像容易且快速，可讓你更快速地迭代與部署。

持續交付容器

持續加付部署在容器平台的 app 通常比較容易：

- 重點是建立 CD 管道，在這個管道中，將你的 app（或甚至概念驗證 app）包裝成容器映像，並且從本地開發環境把它送到生產環境。這可讓你透過部署平台看到任何技術面或組織面問題。

- 如果你運作自己的容器平台，抓取版本控制系統內的所有組態，並使用 Terraform 或 Ansible 等 infrastructure as code（IaC）工具來將所有安裝與升級工作自動化。

- 將所有 app 組態與詮釋資料放入版本控制系統，例如，所有服務發現組態，或你建立的自訂組建容器。

- 將你學到的知識（與錯誤）編入管道 —— 例如負載測試、安全測試與混亂 / 韌性測試。

Kubernetes

最初由 Google 開發的 Kubernetes 是一種開放原始碼協調器，可用來部署 app 容器。Google 多年來都在運行容器化的 app，從而導致 Borg 容器協調器的建立（*http://bit.ly/2zwQ5v3*），Google 在內部使用它，它也是 Kubernetes 的靈感來源。

如果你不熟悉這種技術，可能會覺得有些核心概念十分陌生，但是它們隱藏著巨大的威力。第一個概念是 Kubernetes 採取不可變基礎設施原則，一旦容器被部署，它的內容（即 app）就無法藉由登入容器並修改來改變，你必須部署新版本才能改變它。第二個概念，Kubernetes 裡面的所有東西都是以宣告的方式配置的，開發者或運維者必須藉著部署描述項與組態檔來指定想要的系統狀態，由 Kubernetes 負責執行它，你不需要提供強制性的、按部就班的說明。

不可變基礎設施與宣告式組態這兩個原則有幾項好處：更容易防止組態漂移，或 "雪花" app 實例；你可以將宣告式部署組態和程式碼一起存入版本控制系統；Kubernetes 在很大程度上可以自我修復，所以如果系統遇到底層計算節點故障之類的問題，系統可以根據宣告式組態設定的狀態來重建與重新平衡 app。

Kubernetes 的核心概念

Kubernetes 提供一些抽象與 API 讓你更容易建構這些分散式 app，例如以下這些基於微服務架構的項目：

Pod（*http://bit.ly/2xFXGG1*）

這是 Kubernetes 裡面最層級低的部署單位，基本上就是一個容器群組。pod 可將微服務 app 容器以及提供 log、監視或通訊管理等系統服務的輔助容器組成一個群組。pod 裡面的容器都使用同一個檔案系統與網路名稱空間。你也可以只部署一個容器，但一定要將它部署在 pod 裡面。

Service（*http://bit.ly/2q7AbUD*）

Kubernetes 的 service 藉著提供負載平衡、命名以及發現機制來將微服務彼此隔離。service 是由 Deployments（*http://bit.ly/2q7vR7Y*）支持的，Deployments 負責維護在系統中運行的 pod 實例數量的細節。在 Kubernetes 裡面，service、deployment 與 pod 是透過 label（*http://bit.ly/2NKpuD8*）互相連結的，包括命名與選擇。

第 10 章會介紹如何在 Kubernetes 叢集裡面部署 Docker 容器。

Kubernetes: Up and Running

容器與 Kubernetes 領域正在快速演變，因此最好的學習資源通常都在網路上。事實上，Kubernetes 線上文件通常都很優秀，如果你想要尋找引導學習的書籍，我們推薦 *Kubernetes: Up and Running*（O'Reilly），它是 Kubernetes 的創造團隊與專家 Kelsey Hightower 等人合著的。

Kubernetes 帶來的挑戰

如同一般的容器技術，使用 Kubernetes 時，最大的挑戰就是學習曲線。你不但要了解 Docker（或其他容器技術），也要熟悉調度、協調與服務發現等概念，更重要的是，許多開發團隊都喜歡運行它們自己的 Kubernetes 叢集，或許在內部基礎設施上面，這種做法的運維學習曲線可能很陡峭，尤其是當你沒有運行分散式或容器式平台的經驗時。

不要運行你自己的 *Kubernetes* 叢集（除非絕對必要）

現在所有的主要雲端供應商都提供託管與全代管的 Kubernetes 服務，所以我們強烈建議你不要運行自己的 Kubernetes 叢集，尤其是當你的團隊比較小，也就是不到 100 位開發者時。雲端供應商有更多的專業知識與運維經驗可以幫你運行平台、承擔平台 SLA，以及處理 Kubernetes 或底層基礎設施（不可避免的）的問題。我們認為，除非你有專門的運維團隊或強烈的法規遵循與治理需求，否則就不該運行自己的 Kubernetes 叢集。

Kubernetes 的核心概念都可以學習，但它很花時間，而且並非每位開發者都想要深入了解 Kubernetes 技術的運維面，他們只想要寫出提供商業價值的 app。

雖然創新的速度在過去幾個月以來已經減緩了，但是 Kubernetes 生態系統（很像其他的容器生態系統）大體上仍然是個持續演變的領域。它的技術還在快速演變、工具還在不斷出現，人們對於開發方法的了解也還在提升。但是使用新（更好）的 app 包裝與部署方式代表你將面臨一個陡峭的學習曲線（涉及大量的實驗），而且事情的變化很快。

Kubernetes 還在不斷演變（成為 PaaS ？）

越來越多人認為 Kubernetes 是一種低階的平台元件，因為 Red Hat 與 Apprenda 等供應商正在使用這種技術建構 PaaS 服務。這種做法的核心概念是封裝與隱藏 Kubernetes 比較著重運維的面向，並且公開對開發者而言更實用的抽象。在建構相關的平台之前，請先確保你和團隊都樂於接受使用原始的（且不斷演變的）Kubernetes 服務需要付出的代價！

Kubernetes 的好處

Kubernetes 提供許多好處，如果你要在 Google 這種大規模的公司內運行 app，就需要花上千個小時學習這項技術。學習的好處主要是讓你能夠處理在容器中運行 app 時可能遇到的困難與挑戰：你只要用宣告的方式設定如何用服務組成 app、你希望讓服務元件使用的資源（CPU、記憶體、儲存器等等），以及在任何特定時間應該執行的服務實例數量即可。Kubernetes 提供一個框架讓你指定資源與安全防護邊界（使用網路政策與 ACL 等等）、管理資源配置，用底層的基礎設施資源建立與管理叢集、以及根據基礎設施失敗或其他問題來啟動與停止實例。

在 Kubernetes 進行持續交付

持續加付部署在容器平台的 app 通常比較容易：

- 把焦點放在 CD 管道的建立上，在這個管道中，將 app（或甚至概念驗證 app）包裝成容器映像，並且把它從本地開發環境送到 Kubernetes 叢集生產環境。這可讓你透過部署平台看到任何技術面或組織面問題。

- 如果你運行自己的 Kubernetes 平台，請抓取版本控制系統內的所有組態，並使用 Terraform 或 Ansible 等 IaC 工具來將所有安裝與升級工作自動化。但是，比較符合成本效益（而且需要學習的東西較少）的做法通常是不運行自己的 kubernetes 平台，而是使用雲端供應商的託管產品。

- 將所有 app 組態與詮釋資料放入版本控制系統，例如，所有服務發現組態，或你建立的自訂組建容器。

- 將每一個敏感的組態與詮釋資料存放在 HashiCorp 的 Vault 之類的安全與密鑰管理 app。

- 將你學到的知識（與錯誤）編入管道——例如優雅地處理服務故障、負載測試、安全測試與混亂／韌性測試。

- 你不但要對 app 做負載測試，也要對底層平台的能力做負載測試，以確保可以視需要進行擴展。

功能即服務／無伺服器功能

FaaS 是一種計算服務，可讓你在不提供或管理伺服器的情況下執行程式碼。FaaS 平台只會在需要時執行你的程式碼，並且可自動擴展，從一天幾個請求到每秒上千個。你只要為你使用的計算時間付費，當你的程式碼沒有執行時不需付費。使用 FaaS 時，你幾乎可以執行任何一種 app 或後端服務的程式碼，全部都無需管理。FaaS 供應商會在高可用性的計算基礎設施上執行程式碼，並進行所有的計算資源管理，包括伺服器與作業系統維護、功能提供，以及自動擴展、代碼監視與 log。你只要用平台支援的語言來提供程式碼即可。

額外的讀物

FaaS 與無伺服器的演變異常快速，但是如果你想要了解核心原則及相關架構需求，我們推薦 Peter Sbarski 的 *Serverless Architectures on AWS*（Manning）。

FaaS 概念

你可以使用 FaaS 執行程式碼來回應事件，例如在 blob 儲存桶（storage bucket）或代管的 NoSQL 資料庫表格裡面的資料變動，或執行程式碼來回應 API Gateway 的 HTTP 請求。你也可以使用供應商專屬的 SDK 發出 API 呼叫來呼叫你的程式碼。借助這些功能，你可以輕鬆地使用功能（functions）來建立全面性的資料處理管道，或可以視需求擴展的被動事件驅動 app，並且只需要付出功能執行期間的費用。

將一切事項變成事件：全新的模式

不要低估使用 FaaS 無伺服器平台的事件驅動模型的學習曲線，這對許多
開發者來說是完全陌生的東西。我們看過一些開發者在建構 app 時，用
同步（會阻塞的）呼叫來串接功能，就像傳統的程序式開發一樣，這會做
出脆弱且不靈活的 app。我們百分之百建議你更深入學習事件驅動架構、
非同步編程，以及被動系統設計。

在使用 FaaS 時，你只要負責處理你的程式碼即可。FaaS 平台會管理計算（伺服器）機
群（fleet），平衡記憶體、CPU、網路與其他資源。但這些好處是用靈活性換來的，也
就是說，你無法登入計算實例，或自訂作業系統或語言執行環境。FaaS 平台利用這些限
制來幫你執行運維與管理動作，包括配置容量、監視機群健康、應用安全補丁、部署程
式碼，以及監視與 log 你的 Lambda 函式。

FaaS 帶來的挑戰

如同許多其他的現代部署平台，FaaS 技術最大的挑戰是學習曲線，原因不但是這種平
台與 Java 執行環境經常受到限制（與 PaaS 很像），也因為開發模式傾向事件驅動架構
（EDA）。FaaS app 通常由反應性功能組成的，app 功能是用事件來觸發的（例如有訊
息進入 MQ，或物件儲存器傳來的檔案上傳通知），而且功能的執行可能會產生副作用
（例如資料在資料庫內的持久保存）以及額外的事件。

FaaS 平台可以在你自己的基礎設施上運行，通常是在協調系統上面運行，例如
Kubernetes（例如 kubeless（*http://kubeless.io/*）、fission（*http://fission.io/*）與 OpenFaaS
（*https://www.openfaas.com/*））、獨立的系統（例如 Apache OpenWhisk（*https://openwhisk.
apache.org/faq.html*））或託管服務（例如 AWS Lambda（*https://aws.amazon.com/lambda/*）、
Azure Functions（*https://azure.microsoft.com/en-gb/services/functions/*），或 Google Cloud Functions
（*https://cloud.google.com/functions/*））。如果你選擇使用託管服務（一般來說，這是最好的
選擇，因為這可以減少運維負擔，並且可以和供應商的其他服務緊密整合），你就要注
意它提供多少資源，以及你對它們有多少控制權。例如，使用 AWS Lambda 與 Azure
Functions 時，你要指定所需的記憶體，讓可以使用的 CPU 資源隨之伸縮。

了解 FaaS Java 執行環境

與 PaaS 幾乎相同，FaaS 平台的 Java 執行環境可以使用修改版的 JRE。在沙箱中執行 JRE 常見的限制包括有限的檔案系統及網路訪問能力。這些功能通常有執行時間限制，這代表你的功能裡面的程式碼會在超過限制時被強制終止。

此外，雖然 FaaS 的功能是按需求實例化與終止的暫態部署單位，但實作細節（通常是在 OS 容器裡面執行的功能）可能會被洩露這個事實，這意味著當同一個功能被連續執行兩次時，它們可能會使用同一個功能實例。這可能不是件好事，例如，如果你不正確地設定公用類別變數這類的全域狀態，它會在不同的執行回合之間持續存在。但它也有可能是件好事，可避免重複的資源實例化成本，例如開啟資料庫連結，或在靜態初始化程式中預熱快取，並將結果存入公用變數。

從功能性與非功能的角度來看，測試 FaaS app 有時也會遇到麻煩，因為事件必須用功能來觸發，而且你經常需要組合許多功能才能提供有意義的功能單位。在做功能性測試時，這代表你必須規劃觸發測試的事件，以及實例化各種功能（或特定版本）。對於非功能測試，你通常要在平台本身執行測試（或許是在 "預備" 環境），並且要注意與規劃事件與編寫 app 一樣的陷阱。

注意（整個帳號的）FaaS 限制

如果你使用全面代管的 FaaS 環境，應注意各種限制，例如，可同時並行執行的最大功能數量。這些限制可能適用整個帳號，所以如果你的功能失控，這可能會影響整個組織的系統！

FaaS 的好處

FaaS 的主要好處是這個模型可讓你快速建立與部署新功能，而且你可以用很低的成本來運維低容量且具備尖峰使用模式的 app。

以價值為基礎的開發：強大的概念

Simon Wardley 寫了許多關於 FaaS 提供的強大模型，其中有個核心主題就是**以價值為基礎的開發方式**（*worth-based development*）。這種概念的實質上是根據最大的成本價值比來選擇系統的設計，這意味著，身為開發者的你必須了解你的組織如何定義"價值"、你正在製作的元件的價值是什麼（例如，它可能會產生收入，或註冊的數量），以及底層平台與基礎設施的成本模型。

託管的 FaaS 平台可以大幅舒緩這個挑戰的第二個部分，因為它是依照功能的執行收費的，如果你的 app 沒有被使用，你只要支付有限的基礎設施維護費用（或不需支付）。

CI/CD 與 FaaS

持續交付 FaaS 平台的 app 通常非常簡單，甚至可由供應商實施：

- 把焦點放在 CD 管道的建立上，在這個管道中，將你的 app（或概念驗證 app）包裝成容器映像，並且把它從本地開發環境送到 FaaS 生產環境。這可讓你透過 FaaS 技術看到任何技術面或組織面問題。

- 如果你運作自己的 FaaS 平台，抓取版本控制系統內的所有組態，並使用 Terraform 或 Ansible 等 IaC 工具來將所有安裝與升級工作自動化。但是比較有成本效益的方式通常是不運作自己的平台，改用雲端供應商提供的託管服務。

- 將所有 app 組態與詮釋資料放入版本控制系統，例如，所有服務發現組態，或你建立的自訂組建容器。這個詮釋資料也應該包含目前被視為"主要"或最新的功能版本。

- 務必公開與取得每一個已部署的功能的核心數據，例如它使用的記憶體與執行時間。

- 在管道的負載測試中進行"適當大小"的實驗或許是有好處的：將功能部署到各種容器／實例／執行環境大小，並評估其產出量與延遲。載入測試 FaaS app 通常有挑戰性，因為底層的平台通常會根據負載自動調整大小，但是容器／實例／執行環境的大小（CPU 與記憶體）會影響個別與整體的執行速度。

- 將你學到的知識（與錯誤）編入管道——例如優雅地處理服務故障、負載測試、安全測試，與混亂／韌性測試。

- 雖然 FaaS 將伺服器抽象化了（及相關的安全防護補丁），別忘了你仍然要找出及解決程式碼和所有依賴項目的安全問題。

- 別忘了停用或刪除舊的功能。我們很容易遺忘舊的未用功能，或建立新的替代功能並留下既有的功能，這不但會困擾別的工程師（不清楚究竟哪一個功能目前被積極使用），從安全角度來看，也會增加攻擊表面積。

使用 IaC

如果你建立自己的平台，或與做這件事的運維團隊密切合作，我們建議你學習可程式基礎設施，以及 IaC（infrastructure as code，基礎設施即程式碼），這不但可讓你建立或自訂基礎設施，也可以幫助你培養對於平台的機械同理心。

> ### IaC：向 Kief Morris 學習
>
> 本書的重點是 Java 開發，所以礙於篇幅，我們不詳細說明 IaC。如果你想要更深入了解，我們強烈推薦 Kief Morris 的 *Infrastructure as Code*（O'Reilly）。

在這個領域中，我們的首選工具是 HashiCorp 的 Terraform，它可用來指定雲端環境及相關組態（區塊儲存器、網路、其他的雲端供應商服務等等），以及 Red Hat 的 Ansible，可用來設置管理與機器實例的安裝。

小結

本章告訴你可用來部署 Java web app 的平台提供的功能，以及平台的選擇如何影響 CI/CD。

- 平台為用戶提供一個使用 app 的入口；Java 執行環境（你可能要自己管理）；CPU、記憶體、區塊儲存器的使用，中介軟體或資料存放區的使用，恢復能力（例如重新啟動故障的 app），服務發現，安全防護，以及成本管理。

- 無論你使用哪一種平台，你都要將所有程式碼與組態存入版本控制系統，以及建立可以從本地機器取出程式碼，並組建、測試與部署它的持續交付管道。

- 相較於使用定制的程序（例如壓縮程式碼工件，或類別修補），將 Java app 包裝與部署成標準 Java 工件（例如 JAR 或 WAR）可帶來更多彈性與安全性。

- 傳統基礎設施平台、雲端（IaaS）、PaaS 及 FaaS 等四種主要的平台在實作 CI/CD 方面有不同的優點與挑戰。

- 作為一位 Java 開發者，你可以進一步學習 IaC 與使用 Terraform 和 Ansible 之類的工具來提升技能，用它來建立測試環境，以及了解底層的平台。

了解 Java 部署平台之後，我們要更詳細地介紹如何建構 Java app。

## 第五章

組建 Java app

本章將介紹如何建構 Java app，並探討典型的組建程序週期。你也會了解使用工具來將組建流程自動化的價值（而不是只用 IDE 等現成的組建工具），採取這種做法的好處是，你可以輕鬆地將組建工作轉換成持續整合組建伺服器。最後，我們會回顧多數熱門組建工具的優缺點及醜陋面，讓你為下一個 Java 專案做出最好的選擇。

拆解組建程序

幾乎所有軟體都必須組建（或至少包裝），Java app 也不例外。在最基本的層面上，你寫好的 Java 程式碼必須編譯成 Java bytecode 才能在 Java Virtual Machine（JVM）上面執行。但是任何一種具備一定複雜程度的 Java app 都需要加入額外的外部依賴項目，其中包括因為你經常使用，而忘了它們是第三方程式的程式庫，例如 SLF4J 與 Apache Commons Lang。知道這些概念後，Java 的典型組建步驟如下（Maven 用戶應該對此非常熟悉）：

驗證

　　驗證專案是正確的，而且提供所有必要的資訊。

編譯

　　編譯專案的原始碼。

測試

　　使用合適的單元測試框架來測試編譯過的原始碼。這些測試不該要求程式碼必須被包裝或部署。

包裝

將編譯過的程式碼包裝成可發布的格式,例如 JAR。

檢查

對整合測試的結果執行每一項檢查,以確保它符合品質標準。

安裝

將包裝安裝到本地存放區,讓其他專案可將它當成本地依賴項目來使用。

部署

在組建環境中完成工作之後,將最終產生的包裝複製到遠端的存放區,讓其他的開發者或專案使用。

這些步驟都可以手動完成,事實上,我建議每位開發者在職業生涯都至少要手動完成這些步驟一次。回去採取基本的做法,並使用基本的程序與工具,可讓你學到很多東西。

用 javac、java 與 Classpath 做實驗

使用 javac 與 java 命令列公用程式來編譯與執行簡單的 Java,並且特別注意類別路徑問題的管理方式可讓你學到很多東西。我們認為,每位 Java 開發者都應該了解 javac 的基本知識、工作目錄、管理類別路徑的挑戰,以及核心的 JVM Java 命令列旗標。

雖然手動探索組建步驟來學習是有價值的,但重複做這件事沒有任何好處。原因不但是你這位開發者應該將寶貴的時間用在別的地方,將程序自動化也可以提升程序的可重複性與可靠性。你可以使用組建工具來將編譯、依賴項目管理、測試與軟體 app 的包裝自動化。

將組建程序自動化

許多 Java app 框架、IDE 與平台都提供現成的組建工具,它們通常都與開發者工作流程密切整合,有時它們使用定制的實作,有時使用專門的組建工具。雖然凡事總有例外,但是使用專門的組建工具通常是有好處的,因為它可讓參與專案的所有開發者成功地組建 app,無論他們使用哪種作業系統、IDE 或框架。在現代 Java 世界中,它通常是用 Maven 或 Gradle 實作的,但是稍後你會看到,我們也有其他的選項。

根據 RebelLabs 的 Ultimate Java Build Tool Comparison（*http://bit.ly/2NL4PPp*）指南，優秀的組建工具應提供下列功能：

- 管理依賴項目

- 漸增（incremental）編譯

- 適當地處理多個模組或 app 間的編譯與資源管理工作

- 處理不同的 profile（設定檔）（開發 vs. 生產）

- 適應產品需求的改變

- 自動組建

組建工具在這幾年以來不斷地變化，變得越來越複雜，功能也越來越豐富，它賦與開發者更多的能力，例如管理專案依賴項目，以及將編譯與包裝之外的工作自動化。通常組建工具都需要兩種主要元件：組建腳本，與處理組建腳本的執行檔。組建腳本必須可用於任何平台：它們必須無需修改就可以在 Windows、Linux 與 Mac 上面執行，只有組建工具二進位檔需要改變。在組建腳本內，依賴關係管理的概念非常重要，相關專案的結構（模組化）與組建程序本身也很重要。現代的組建工具透過管理下列事項來處理這些概念：

- 組建依賴項目

- 外部依賴項目

- 多模組專案

- 存放區

- 外掛

- 工件的釋出與發布

在探討熱門的組建工具之前，你要先熟悉上述概念的內容。

組建依賴項目

在組建工具提供依賴項目管理功能之前，要管理 Java app 的支援程式庫，做法通常是親自將類別檔與 JAR 複製到各個資料夾！你可以想像，這種工作不但耗時且容易出錯，重點是它會讓開發者的工作辛苦許多，因為開發者在編寫 app 與除錯時，必須付出時間與精神建立基礎程式所有元件（及對應的版本）的心智模型。

多數的組建工具都有它們自己處理依賴項目與它們之間的差異的方式。但是有一件事是一致的：每一個依賴項目或程式庫都有一個獨有的代號，這個代號是以類型群組、名稱以及版本組成的。在 Maven 與 Gradle 中，它通常稱為依賴項目的 *GAV* 座標：群組 ID、工件 ID 與版本。你的 app 需要的依賴項目是用這種格式指定的，而不是外部程式庫的檔名或 URI。你的組建工具必須知道如何使用獨有的座標找到依賴項目，它通常會從中央資源下載它們，例如 Maven Central（*https://search.maven.org/*）或 Repo@JFrog（*https://repo.jfrog.org/artifactory/*）。

嚴防 "依賴地獄"

軟體開發領域有一個可怕的地方稱為依賴地獄。你的系統長得越大，加入的依賴項目越多，你就越有可能深陷這種夢魘之中。隨著 app 有越來越多依賴項目，釋出新包裝版本就會變得越來越困難，因為更改一個依賴項目可能會產生連鎖反應。

下一節會介紹語義化版本系統（semver）的概念，但上面的警告的重點在於，如果依賴項目的規範過於嚴格，你就會陷入版本鎖死的風險，也就是說，你必須釋出每一個依賴套件的新版本才能升級某個特定套件。但是，如果依賴項目的指定方式過於寬鬆，你難免會遇到版本混亂，也就是過度假設未來版本的相容性。在依賴地獄中，版本鎖定與（或）版本穿插（promiscuity）都會阻礙你輕鬆且安全地帶領專案前進。

多數的依賴項目管理工具都可讓你指定依賴項目的版本範圍，而不是只有特定的版本。這可讓你為有需求的多個模組找到共同的依賴項目版本。這種功能相當實用，但如果沒有理智地使用，也很危險。理想情況下，軟體的組建應該是必然性的，用兩個一致的組建工作（即使是相隔一段時間組建的）應該產生一致的工件。你很快就會看到一些與它有關的挑戰，但我們要先討論你可以指定的範圍。如果你用過版本範圍，很有可能已經用過類似甚至一致的語法了，以下是來自之前談過的 RebelLabs Java Build Tools 速成班的典型版本範圍：

[*x,y*]

> 從版本 *x* 到版本 *y*（皆含）

(*x,y*)

> 從版本 *x* 到版本 *y*（皆不含）

[*x,y*)

從版本 *x*（含）到版本 *y*（不含）

(*x,y*]

從版本 *x*（不含）到版本 *y*（含）

[*x*,)

從版本 *x*（含）到所有後面的版本

(,*x*]

從之前所有的版本到版本 *x*（含）

[*x,y*),(*y*,)

從版本 *x*（含）到所有後面的版本，但特別排除版本 *y*

如果你使用 Maven 來管理你的依賴項目，或許會在匯入 Twitter4J API 時使用類似範例 5-1 的東西。

範例 *5-1*　使用 *Maven* 指定依賴項目範圍

```
<dependency>
    <groupId>org.twitter4j</groupId>
    <artifactId>twitter4j-core</artifactId>
    <version>[4.0,)</version>
</dependency>
```

上面的範例使用語義化版本系統（稍後會更詳細說明），基本上，它指出你想要匯入的依賴項目的版本是 4.0.0，以及之後的 minor 版本。如果你是在 Twitter4J API 是 4.0.0 時建立專案的，它就是你在工件中加入的版本。如果新版本 4.0.1 釋出了，你的工件的新版本會加入這一版，這個範圍內的其他版本也一樣，例如 4.0.2 與 4.0.15。但是當 4.1.0 或 5.0.0 版本釋出時，它們不會被納入你的工件，因為它們超出指定的範圍了。使用這種範圍背後的理論是，patch 升級不會改變依賴項目的 API 或語義行為，但是會加入安全防護與非破壞性 bug 修正。

如果你會定期組建與部署 app，任何新的 minor 升級都會被自動拉入你的專案，你不需要手動修改任何組建組態。但是代價是依賴項目的新版本可能會破壞你的專案，或許是補丁的作者不知道他們不能讓 patch 更新破壞 API，或許是你使用有錯誤行為的 API。因此，指定確切的依賴項目版本，並且只手動更新它們應該是最好的做法。

許多組建工具都提供外掛來確保所有依賴項目都使用最新的版本，並且在不是如此的時候提醒你，或是讓組建程序失敗。當然，你要使用優秀的測試程式來確保升級程式庫不會造成意外的故障。編譯失敗很容易發現，但它通常不是最具破壞性的故障。

管理版本依賴關係是你的責任！

組建工具可能會在你使用過期的依賴項目時發現它並發出警告。有些甚至會偵測程式庫有沒有已知的安全問題，這有時是非常寶貴的功能。但是你要負責啟用這個功能，並且處理每一個警告。你的專案會使用越來越多的第三方程式庫與框架，你建構的 app 處理的是對組織而言非常重要的資料，所以身為開發者的你的責任會越來越重。

如果你的專案包含多個 app，讓它們使用同樣的依賴項目可能很有挑戰性，有時這是沒必要的。例如，微服務風格的系統有一個關鍵原則就是各個服務必須能夠獨立演變，在這種情況下，你不需要進行同步升級。此時，服務應該是鬆耦合的，在一項服務裡面，用來斷言元件升級情況的測試或合約不會破壞另一個服務。

有時這種耦合是很實用的。或許你有一組（精心設計的）高耦合 app，它們使用同一個序列化程式庫，而且所有的 app 都必須同時升級。多數的現代 Java 依賴項目管理工具都有**父組建描述項**（build descriptor）的概念（例如 Maven 的 Parent project object model（POM）），可透過子組建描述項（例如 Maven POM 的 dependency Management 部分）繼承依賴項目的規格。

高耦合與依賴項目管理：*Daniel* 的經驗

父組建描述項的功能很強大，但它可能會被濫用，特別是在微服務中。我曾經在 2012 年參與一個微服務專案，我和團隊決定將實體類別分成單獨的 Maven 工件，讓匯入它們的其他服務分別組建與釋出它們。但是，我很快就發現，每一個實體工件的變動與新版本都代表我們必須組建、釋出與部署所有的微服務，因為我們在橫跨服務邊界分享資料時使用序列化類別。我不小心做出高耦合的 app。

外部依賴項目

外部依賴項目包含專案賴以成功組建的其他東西，包括外部可執行檔（或許是 JavaScript 程式碼壓縮器（minifier），或內嵌的驅動程式（而且還會使用外部資源）），例如集中式安全防護掃描器。組建工具必須能夠讓你包裝、執行或指定與外部資源的連結。

將用戶端 JavaScript 程式包裝成 WebJars

當你建立需要用到 web 前端的 Java app 時，必須知道，手動加入與管理用戶端依賴項目通常會導致基礎程式難以維護。WebJars 可讓你採取另一種做法，因為它們是被包成 JAR 歸檔檔案的用戶端依賴項目，並且可透過 Maven Central 來使用。它們可以和多數的 JVM 容器與 web 框架合作，例如 Twitter Bootstrap、Angular JS 與 Jasmine。

使用 WebJars 而不是包裝自己的前端資源的優點有：

- 在 JVM 上的 web app 中明確且輕鬆地管理用戶端依賴項目
- 使用基於 JVM 的組建工具（例如 Maven、Gradle）來下載用戶端依賴項目
- 知道目前正在使用哪些用戶端依賴項目
- 可透過 RequireJS 自動解析與選擇性載入傳遞性依賴項目

要了解更多資訊，包括目前可用的 WebJars，可參考 WebJars 網站（*https://www.webjars.org/*）。

多模組專案

雖然很少人了解多模組專案（或許也是最被濫用的）這個概念，但如果部署得當，它們有強大的功能。當 app 有定義明確的元件時，採取多模組組建是很有效率的。有些元件雖然有定義良好的介面與明確的邊界，但可能無法在某個大型範圍之外提供太多價值（在這個例子中，就是父專案），多模組專案可讓你將這種元件聚在一起，包括接觸用戶的元件，例如 GUI 與 web app，再用一個命令組建整個系統。這個組建系統必須決定這種 app 的組建順序，且產生的元件與 app 都是用同一個識別碼作為版本。

多模組專案越少越好

根據大眾的經驗（在 Stack Overflow 隨意搜尋也可以得到支持這個論點的結果），多模組專案會在典型的 app 加入更多複雜性。在使用這種方式劃分 app 之前，請幫自己一個忙，仔細考慮這樣安排程式碼的優缺點：用增加的複雜性，以及可能必須使用特定的組建工具來換取這種模組化帶來的好處是否值得。

多存放區（或一個單體存放區）？

無論你如何組織程式碼，你的組建工具都必須有組建專案的能力。隨著微服務架構的流行，越來越多人考慮究竟要用一個存放區，還是用多個存放區來儲存程式碼。雖然這個概念聽起來很像之前討論過的關於多模組專案的概念，但你絕對要把多模組專案放在一個存放區，原因是它的模組是耦合的（以正面的方式）。但是如果你建立的 app 是由一些（或許多）微服務構成的，就沒那麼容易做出選擇。如果你有許多小型、獨立管理版本的程式碼存放區，而且每一個專案都有一個小型、可管理的基礎程式，它們依賴的所有程式碼又該如何管理？

關於多存放區與單體存放區的問題

有些很棒的網路資源可以協助你決定究竟要使用多存放區還是單體存放區，但重點是你必須問自己下列的問題：

- 你如何尋找與修改專案的程式碼？
- 如果你是程式庫的開發者，app 如何與何時使用你最新的修改？
- 如果你是產品的開發者，你如何與何時升級程式庫依賴項目？
- 誰負責驗證對程式碼的修改不會破壞使用它的其他專案？

有些大型的工程組織比較喜歡將他們的基礎程式放在一個大型的存放區，這種基礎程式有時被稱為 *monorepo*。對一個持續成長的工程組織而言，monorepo 在擴展基礎程式方面有許多優點。將所有程式碼放在一個地方可以：

- 建立單一的 lint、組建、測試與釋出程序。

- 提升程式碼再使用率,並且讓作者們更容易合作。

- 促成內聚的基礎程式,裡面的問題可被重構,而不是用權宜的方式解決。各個模組的測試會一起執行,更容易找出觸及多個模組的 bug。

- 簡化基礎程式的依賴項目管理。你可以從存放區的單一提交紀錄看到用來執行的所有程式碼。

- 提供單一回報問題的地方。

- 更容易設定開發環境。

與軟體開發的許多事項一樣,獲得好處都要付出代價。使用單一存放區的缺點包括:

- 基礎程式看起來更嚇人,了解系統的認知負擔通常高很多(尤其是當系統是低內聚且高耦合時)。

- 存放區的大小通常大很多,如果團隊的基礎程式很龐大,就會有很多功能分支。

- 可能會遺失版本資訊,如果你使用的只有 Git hash,如何將這種情況對映到依賴項目的版本號碼?

- 將依賴項目叉入(fork into)單體存放區可能會修改基礎程式,進而阻礙程式庫的升級。

將大型的基礎程式放入單一存放區也會在組建工具方面帶來挑戰,此時你需要一個可擴展的版本控制系統,以及一個可在單一來源樹的上千個程式碼模組之間管理細微的依賴關係的組建系統。此時使用任何一種具備遞迴計算邏輯的工具來編譯都會變得非常緩慢。Blaze、Pants 與 Buck 等組建工具與其他流行的組建工具,例如 Ant、Maven 與 SBT 不同,它們都是針對這種使用類型來設計的。

外掛

組建的步驟對成功地組建而言至關重要,儘管步驟不是組建工具的核心功能。你有時會發現自己一而再、再而三地使用同樣的功能,並且想要避免用複製 / 貼上的方式倉促解決問題,此時就是組建外掛可以一展長才之處。你可以用外掛包裝常見的組建功能(可能是你建立的,也可能是第三方建立的)以便重複使用。

出處，以及避免"非我所創"

我們在之前的組建依賴項目小節談過，你要負責管理被引入 app 的所有
程式庫與依賴項目，其中也包括外掛。你一定要在使用外掛之前先了解它
的品質，最好是檢查相關的原始碼。另外，你不應該將這件事當成自行編
寫每一個外掛的藉口，請避免非我所創（*NIH*）症候群，因為開發了優秀
且妥善維護的外掛的人已經為你做了許多困難的設計工作，並且處理許多
邊緣案例了。

釋出與發布工件

每一個組建工具都必須能夠發布可供部署，或是讓下游的依賴項目使用的工件。大多數
的組建工具都有釋出模組或程式碼工件的概念。這個程序會指派一個專屬的版本號碼給
特定的組建物，並在你的 VCS 裡面正確地標記這個座標。

語義化版本系統

語義化版本系統，或 *semver*，是一組簡單的規則與要求，用來規定如何指定
與遞增版本號碼。這些規則都是基於既有且普遍的做法，目前已經有許多封閉
與開放原始碼的軟體使用它了。當你確定你的公用 API（在 Java 開發領域中，
它可能是一個程式碼層級的介面，或應用程式層級的類 REST API），你要用特
定的方式遞增版本號碼來表示你對它的變動。semver 使用的版本格式是 X.Y.Z
（Major.Minor.Patch）。不影響 API 的 bug 修正應遞增 patch 版本，回溯相容
的 API 擴充 / 修改應遞增 minor 版本，非回溯相容的 API 修改應遞增 major 版
本。這種模式用版本號碼及其改變方式來傳達底層程式碼的含義，以及從一個
版本到下一個之間修改了什麼東西。你可以在 Semantic Versioning 2.0.0 網站
（*https://semver.org/*）找到更多資訊。

Java 組建工具概述

本節將介紹一些熱門的 Java 組建工具，並特別指出它們的優缺點，希望能夠協助你為目
前的專案選出最好的工具。

Ant

Apache Ant 是 Java 領域最早流行的組建工具之一。對曾經用過 javac 與 Bash 腳本來手動組建 Java app 的人來說，Ant 是天賜的禮物。Ant 採取命令式做法：開發者要指定一系列的工作，其中包含組建專案的指令。Ant 是用 Java 寫成的，Ant 的用戶可以開發他們自己的 *antlibs*（含有 Ant 工作與類型）。坊間有許多現成的商用或開放原始碼的 antlibs 提供了實用的功能。Ant 非常靈活，不會強制要求使用它的 Java 專案使用特定的編寫規範或目錄結構，但是這種彈性也是它的弱點。

可以使用各種目錄結構，代表幾乎每一個專案（即使在同一個組織內的）彼此間都有些微的差異。靈活的組建方式也代表開發者無法在組建時使用重要的生命週期事件，例如清理工作區、驗證組建、包裝、釋出與部署。有時開發者會試著編寫組建文件來彌補這一點，但是它很難隨著專案的演變來維護，這一點對包含許多工件的大型專案來說特別有挑戰性。Ant 帶來的另一個挑戰是，雖然它遵循單一功能這種良好設計原則，但它沒有幫助開發者管理依賴項目。為了解決這些缺點，Apache Turbine 專案的 Maven 挺身而出，挑戰 Ant。

安裝

你可以從 *ant.apache.org* 下載 Apache Ant，並將 ZIP 檔解壓縮到你選擇的目錄結構，將 ANT_HOME 環境變數設為那個位置，並且在路徑加入 *ANT_HOME/bin* 目錄。務必將 JAVA_HOME 環境變數設成這個 JDK。這是執行 Ant 必做的工作。

你也可以使用你喜歡的包裝管理器來安裝 Ant，例如：

```
$ apt-get install ant
$ brew install ant
```

打開命令列並輸入 ant -version 來檢查安裝情況：

```
$ ant -version
Apache Ant(TM) version 1.10.1 compiled on February 2 2017
```

你的系統應該會發現命令 ant 並顯示你安裝的 Ant 的版本號碼。

組建範例

範例 5-2 是 *build.xml* 組建腳本範例。

範例 5-2 *Ant build.xml*

```xml
<project name="MyProject" default="dist" basedir=".">
  <description>
    simple example build file
  </description>
  <!-- set global properties for this build -->
  <property name="src" location="src"/>
  <property name="build" location="build"/>
  <property name="dist" location="dist"/>
  <property name="version" value="1.0"/>

  <target name="init">
    <!-- Create the time stamp -->
    <tstamp/>
    <!-- Create the build directory structure used by compile -->
    <mkdir dir="${build}"/>
  </target>

  <target name="compile" depends="init"
        description="compile the source">
    <!-- Compile the java code from ${src} into ${build} -->
    <javac srcdir="${src}" destdir="${build}"/>
  </target>

  <target name="dist" depends="compile"
        description="generate the distribution">
    <buildnumber/>
    <!-- Create the distribution directory -->
    <mkdir dir="${dist}/lib"/>

    <!-- Put everything in ${build} into the
    MyProject-${version}.${build.number}.jar -->
    <jar destfile="${dist}/lib/MyProject-${version}.${build.number}.jar"
    basedir="${build}"/>
  </target>

  <target name="clean"
        description="clean up">
    <!-- Delete the ${build} and ${dist} directory trees -->
    <delete dir="${build}"/>
    <delete dir="${dist}"/>
  </target>
</project>
```

將 Java 原始檔包裝在組建腳本指定的目錄結構裡面之後，你可以用下面的命令組建這個專案：

```
$ ant -f build.xml
```

釋出與發布

要使用 Apache Ant 來發布組建工件並且控制版本，最簡單的做法是使用 buildnumber 工作。你可以在上述的 *build.xml* 裡面的 dist target 裡面看到 `<buildnumber/>` 宣告標籤。你也可以看到組建工件目標檔案（顯示為 `destfile="${dist}/lib/MyProject-${version}.${build.number}.jar"`）是用字串 MyProject、在全域特性裡面的 version 變數，以及 buildnumber 工作產生的 build.number 變數串接起來的。這個數字會隨著每次的組建而增加，以確保它是獨一無二的。

你也可以藉著使用配套專案 Apache Ivy（*http://ant.apache.org/ivy/*），用 Ant（與管理依賴項目）來發表工件。

Maven

Apache Maven 組建工具的重點是 "約定而非配置"，它的主要目標是讓開發者在最短的時間內，了解開發工作的完整狀態。為了實現這個目標，Maven 試著處理幾個大家關切的領域：

- 讓組建程序更方便
- 提供統一的組建系統
- 提供高品質的專案資訊
- 提供最佳開發方法的指南
- 允許透明遷移至新功能

Maven 提供統一的組建系統，可讓你用它的 POM 與一組外掛（所有使用 Maven 的專案共用的）來組建專案。一旦你了解如何組建一個 Maven 專案之後，就知道如何組建所有的 Maven 專案了，為你節省許多瀏覽專案的時間。Maven 期望收集目前的最佳開發方法的原則，讓你輕鬆地帶領專案往那個方向前進。例如，單元測試的規範、執行與報告是一般的 Maven 組建週期的一部分。它以目前的單元測試最佳做法作為指導方針：

- 將測試原始碼放在單獨但平行的來源樹（source tree）。

- 使用測試案例命名規範來尋找與執行測試。

- 由測試案例設定它們的環境，不需要為了準備測試而自訂組建版本。

- Maven 的目標也包括在專案工作流程中提供協助，例如釋出管理與問題追蹤。

Maven 也建議一些準則，包括如何規劃專案的目錄結構，當你了解結構之後，就可以輕鬆地瀏覽任何其他使用 Maven 及相同預設值的專案。它有三種內建的生命週期：default、clean 與 site。default 生命週期處理專案部署，clean 生命週期處理專案清理，site 生命週期處理專案的網站文件的建立。每一個組建生命週期都是由不同的組建階段清單定義的，組建階段是生命週期的一個階段。

這些生命週期階段（加上這裡沒有談到的其他生命週期階段）都會被依序執行，以完成 default 生命週期。上述的生命週期階段代表當你使用 default 生命週期時，Maven 會先驗證專案，接著試著編譯原始碼，對它們執行測試，包裝二進位檔（例如 JAR），對包裝執行整合測試，驗證整合測試，將驗證過的包裝安裝到本地存放區，接著將安裝好的包裝部署到遠端存放區。

安裝

你可以從 Apache Maven 專案網頁（*https://maven.apache.org/download.cgi*）下載 Maven，設定 JAVA_HOME 環境變數，並將它指向你的 JDK 安裝處，接著將 ZIP 檔案解壓縮到你選擇的目錄結構。將建立好的目錄 *apache-maven-3.5.2* 的 bin 目錄加入 PATH 環境變數。

你也可以使用你喜歡的包裝管理器來安裝 Maven，例如：

```
$ apt-get install maven
$ brew install maven
```

確認一切都正常運作：

```
$ mvn -v

Maven home: /usr/local/Cellar/maven/3.5.2/libexec
Java version: 9.0.1, vendor: Oracle Corporation
Java home: /Library/Java/JavaVirtualMachines/jdk-9.0.1.jdk/Contents/Home
Default locale: en_GB, platform encoding: UTF-8
OS name: "mac os x", version: "10.12.6", arch: "x86_64", family: "mac"
```

組建範例

見範例 5-3 這個 *pom.xml* 組建腳本範例。

範例 5-3　簡單的 Spring Boot app 的 pom.xml

```xml
<?xml version="1.0" encoding="UTF-8"?>
<project xmlns="http://maven.apache.org/POM/4.0.0"
    xmlns:xsi="http://www.w3.org/2001/XMLSchema-instance"
    xsi:schemaLocation="http://maven.apache.org/POM/
    4.0.0 http://maven.apache.org/xsd/maven-4.0.0.xsd">
    <modelVersion>4.0.0</modelVersion>

    <groupId>uk.co.danielbryant.oreilly.cdjava</groupId>
    <artifactId>conference</artifactId>
    <version>${revision}</version>
    <packaging>jar</packaging>

    <name>conference</name>
    <description>Project for Daniel Bryant's
    O'Reilly Continuous Delivery with Java</description>

    <parent>
        <groupId>org.springframework.boot</groupId>
        <artifactId>spring-boot-starter-parent</artifactId>
        <version>1.5.6.RELEASE</version>
        <relativePath/> <!-- lookup parent from repository -->
    </parent>

    <properties>
        <project.build.sourceEncoding>UTF-8</project.build.sourceEncoding>
        <project.reporting.outputEncoding>UTF-8</project.reporting.outputEncoding>
        <java.version>1.8</java.version>
        <!-- Sane default when no revision property
        is passed in from the commandline -->
        <revision>0-SNAPSHOT</revision>
    </properties>

    <scm>
        <connection>scm:git:https://github.com/danielbryantuk/
        oreilly-docker-java-shopping</connection>
    </scm>

    <distributionManagement>
        <repository>
            <id>artifact-repository</id>
            <url>http://mojo.codehaus.org/oreilly-docker-java-shopping</url>
```

```xml
        </repository>
    </distributionManagement>

    <dependencies>
        <dependency>
            <groupId>org.springframework.boot</groupId>
            <artifactId>spring-boot-starter-web</artifactId>
        </dependency>
        <dependency>
            <groupId>org.springframework.boot</groupId>
            <artifactId>spring-boot-starter-actuator</artifactId>
        </dependency>
        <dependency>
            <groupId>org.springframework.boot</groupId>
            <artifactId>spring-boot-starter-data-jpa</artifactId>
        </dependency>

        <!-- Utils -->
        <dependency>
            <groupId>net.rakugakibox.spring.boot</groupId>
            <artifactId>orika-spring-boot-starter</artifactId>
            <version>1.4.0</version>
        </dependency>
        <dependency>
            <groupId>org.apache.commons</groupId>
            <artifactId>commons-lang3</artifactId>
            <version>3.6</version>
        </dependency>

        <!-- Test -->
        <dependency>
            <groupId>org.springframework.boot</groupId>
            <artifactId>spring-boot-starter-test</artifactId>
            <scope>test</scope>
        </dependency>
    </dependencies>

    <build>
        <plugins>
            <plugin>
                <groupId>org.springframework.boot</groupId>
                <artifactId>spring-boot-maven-plugin</artifactId>
            </plugin>
            <plugin>
                <artifactId>maven-scm-plugin</artifactId>
                <version>1.9.4</version>
                <configuration>
```

```
                <tag>${project.artifactId}-${project.version}</tag>
            </configuration>
        </plugin>
    </plugins>
  </build>
</project>
```

如果所有的 Java 程式碼檔案都存在，並且位於正確的目錄結構，即可組建 app：

```
$ mvn clean install
```

釋出與發布

Maven 一直以來都使用 Maven Release 外掛來管理釋出與版本，但是這種做法是有問題的，因為外掛在每次釋出時，都會做許多運維工作，例如許多個清理與包裝週期、POM轉換、提交，以及原始碼管理（SCM）修訂（revision）。對你而言，最重要的是 Maven Release 外掛無法有效地支援持續交付。

Maven Release 外掛：死亡與埋葬

Axel Fontaine 寫了一系列受歡迎的部落格文章（*https://axelfontaine.com/blog/deadburried.html*），討論過去六年來，Maven Release 外掛的問題。如果你想要了解用 Maven 進行釋出的問題與選項，我們強烈推薦你閱讀這個系列的文章。

受到 Axel Fontaine 的一篇談到如何用 Maven（Maven 3.2.1 之前）更有效率地釋出的部落格文章影響，許多開發者開始喜歡使用 Versions Maven 外掛。它產生一個釋出版本的目的，只不過是為了將部署到機器上的軟體版本連接回到 SCM 中的原始碼修訂版。為了做到這件事，你必須進行多個步驟，最精簡的步驟是：

- 按原樣簽出（check out）app 程式碼
- 指定版本號碼，讓它是獨一無二且可被辨識的
- 組建、測試與包裝 app
- 將 app 工件部署到產生存放區，讓你可從那裡部署它
- 在 SCM 裡面標記這個狀態，建立它與匹配的工件之間的關係

上面的 POM 已經啟用 Fontaine 的釋出方法了。你可以用命令列引數來設定 `<version>${revision}</version>` 及其相關的屬性可以（而且通常可以透過持續整合伺服

器設為環境變數）。POM 的 `<scm>` 與 `<distribution Management>` 部分與標準的 Maven 做法一樣。現在你可以呼叫下列命令，在 CI 伺服器產生釋出版本：

```
$ mvn deploy scm:tag -Drevision=$BUILD_NUMBER
```

BUILD_NUMBER 是 CI 伺服器提供的環境變數，用來標識專案目前的版本號碼。至於讓別的團隊或外部團隊使用的服務與交付物，你也可以輕鬆地將這種技術與語義化版本系統結合起來，在 POM 內的版本標籤的前面加上正確的語義化版本。接著，你可以在內部自動產生釋出版本，並且在每次外部交付之前，手動更新這個語義化版本。

使用 Gitflow 嗎？你有另一種外掛可用

第 9 章會介紹 Gitflow，但如果你使用這種基於 Git 的分支工作流程，你應該了解一下另一種外掛：JGit-Flow（*https://bitbucket.org/atlassian/jgit-flow/*）。Maven JGit-Flow 外掛是以 Maven Release 外掛為基礎，也是它的替代物，它透過 Maven 來支援 Gitflow 風格的釋出。雖然這種外掛主要用來執行釋出，但它也提供完整的 Gitflow 功能，包括：

啟動釋出

　　建立一個釋出分支，並且用釋出版本來更新 POM(s)

完成釋出

　　執行 Maven 構建（部署或安裝），合併釋出分支，以及用開發版本來更新 POM(s)

啟動熱修復

　　建立一個熱修復（hotfix）分支，並用熱修復版本來更新 POM(s)

完成熱修復

　　執行 Maven 構建（部署或安裝），合併熱修復分支，並更新以前版本的 pom(s)

啟動功能

　　建立一個功能分支

完成功能

　　合併功能分支

Maven 在 Java 組建生態系統中具有影響力,但有一個新的社群認為 Maven 與組建程序
沒有彈性,而且過度主觀。因此,潛在的對手 Gradle 出現了,它不僅靈活得多,也沒那
麼繁瑣。

Gradle

Gradle 是一種開放原始碼組建自動化系統,它是根據 Apache Ant and Apache Maven 的
概念建立的,並且使用基於 Groovy 的領域特定語言(domain-specific language,DSL)
來宣告專案組態,而不是 Apache Maven 使用的 XML 表單。Gradle 是專為可能成為大
規模的多專案(multiproject)組建而設計的,它可以聰明地判斷組建樹有哪些部分是最
新的,以支援漸增組建(incremental builds),因此每一個依賴這些部分的工作都不需要
重新執行。最初的外掛主要把重點放在 Java、Groovy 與 Scala 開發與部署,但是它也準
備支援更多語言與專案工作流程。

Gradle 與 Maven 對於如何組建專案有全然不同的看法。Gradle 是根據一個任務依賴關
係圖,由其中的任務進行工作。Maven 使用一個固定、線性階段的模型,你可以在上面
附加目標(負責工作的東西)。此外,進行遷移可能非常容易,因為 Gradle 遵循許多與
Maven 一樣的規範,也以相似的方式來管理依賴關係。

安裝

你可以從 Gradle 專案的安裝網頁下載它(*https://gradle.org/install/*)。你必須安裝 Java
7 以上,以執行最新版的 Gradle。設定 JAVA_HOME 環境變數,並將它指向你的 JDK 安裝
處,接著將 ZIP 檔案解壓縮到你選擇的目錄結構。將建立好的目錄 *apache-maven-3.5.2*
的 bin 目錄加入 PATH 環境變數。

你也可以使用你最喜歡的包裝管理器來安裝 Gradle,例如:

```
$ apt-get install gradle
$ brew install gradle
```

安裝所有東西之後,你可以用 v 旗標來執行 gradle 二進位檔,來檢查一切是否正常。你
應該可以看到這個輸出:

```
~ $ gradle -v
------------------------------------------------------------
Gradle 4.3.1
------------------------------------------------------------
Build time:   2017-11-08 08:59:45 UTC
Revision:     e4f4804807ef7c2829da51877861ff06e07e006d
```

```
Groovy:        2.4.12
Ant:           Apache Ant(TM) version 1.9.6 compiled on June 29 2015
JVM:           9.0.1 (Oracle Corporation 9.0.1+11)
OS:            Mac OS X 10.12.6 x86_64
```

組建範例

範例 5-4 是 *build.gradle* 組建腳本範例。

範例 5-4　簡單的 *Spring Boot app* 的 *build.gradle*

```
buildscript {
    ext {
        springBootVersion = '1.5.3.RELEASE'
    }
    repositories {
        mavenCentral()
    }
    dependencies {
        classpath("org.springframework.boot: ↵
            spring-boot-gradle-plugin:${springBootVersion}")
        classpath("net.researchgate:gradle-release:2.6.0")
    }
}

apply plugin: 'java'
apply plugin: 'eclipse'
apply plugin: 'org.springframework.boot'
apply plugin: 'net.researchgate.release'

version = '0.0.1-SNAPSHOT'
sourceCompatibility = 1.8

repositories {
    mavenCentral()
}

dependencies {
    compile('org.springframework.boot:spring-boot-starter')
    compile('org.springframework.boot:spring-boot-starter-web')
    compile('com.google.guava:guava:21.0')
    compile 'com.fasterxml.jackson.datatype:jackson-datatype-jsr310:2.8.6'

    testCompile('org.springframework.boot:spring-boot-starter-test')
}
```

假設所有的程式碼都被放在預期的目錄結構裡面，你可以執行下列的命令來組建專案：

```
$ gradle build
```

釋出與發布

釋出與發布 Gradle 工件有幾種熱門的選項，但是在這裡，我們把重點放在 ResearchGate gradle-release（*https://github.com/researchgate/gradle-release*）外掛，它是用來提供類 Maven 的 Gradle release。

等一下，你說 Maven Release 外掛已死並且被埋了？

是的，的確如此。但是，坊間釋出 Gradle 工件最常見的做法，就是透過 gradle-release 外掛，所以我們想要介紹它。有一種外掛：Intershop Communications AG scmversion-gradle-plugin（*http://bit.ly/2xH14R8*）可讓你執行 Axel Fontaine 的高效 Maven 釋出程序步驟。另一種熱門的 Gradle 釋出機制使用 Gradle Artifactory 外掛（*http://bit.ly/2R48Gp1*），但是它只適合在你透過 JFrog's Artifactory 存放區來管理依賴項目與釋出工件的時候使用。

上述的 *build.gradle* 腳本包含 gradle-release 外掛的依賴項目，也會在腳本的 **apply plugin** 段落中啟動它。你可以發出 **gradle release** 命令來啟動一個互動式釋出程序。這個命令會觸發以下的預設事件：

1. 外掛檢查每一個未提交的檔案（加入的、修改的、移除的或未被版本控制的）。

2. 檢查每一個進入的或出去的變動。

3. 將專案版本的 SNAPSHOT 旗標移除（如果使用）。

4. 提示釋出版本。

5. 檢查你的專案有沒有使用任何 SNAPSHOT 依賴關係。

6. 組建你的專案。

7. 如果有使用 SNAPSHOT，提交專案。

8. 用目前的版本來建立釋出標籤。

9. 告訴你下一個版本。

10. 用新版本提交專案。

你也可以不使用互動程序來釋出工件（當你開始從持續整合組建伺服器釋出時，必須採取這種做法），做法是將 release.useAutomaticVersion 旗標設為 true 並執行釋出命令，並且用額外的命令列旗標來傳遞必要的引數。你可以參考專案的文件來了解所有的細節，包含所有的命令列選項（*http://bit.ly/2NHDw8x*）。命令如下：

```
$ gradle release -Prelease.useAutomaticVersion=true
-Prelease.releaseVersion=1.0.0 -Prelease.newVersion=1.1.0-SNAPSHOT
```

Bazel、Pants 與 Buck

Bazel 是一種開放原始碼工具，可將軟體的組建與測試自動化。Google 在內部使用 Blaze 組建工具，並且將 Blaze 的開放原始碼部分釋出為 Bazel，Bazel 的名稱即來自 Blaze。Bazel 擴充語言可讓它與使用任何一種語言寫成的原始碼檔案合作，原生支援 Java、C、C++ 與 Python。Bazel 可為多種平台產生組建版本與執行測試。Bazel 的 BUILD 檔案描述 Bazel 如何組建你的專案，它們使用一種宣告式（declarative）結構，並使用類似 Python 的語言。BUILD 檔案可讓你列出規則與屬性，在系統的高層工作。

複雜的組建程序是由這些預先存在的規則處理的。我們可以修改規則來調整組建程序，或編寫新規則來擴展 Bazel，來與任何一種語言或平台合作。Bazel 藉著密封（hermetic）的規則與沙箱化來產生正確的、可重現的工件與測試結果，並藉著快取來復用組建工件與測試結果。Bazel 的組建速度很快。它藉著漸增組建來用最少量的工作進行重新組建或重新測試。正確與可重現的組建版本讓 Bazel 可以復用被快取的工件來處理沒有改變的東西。如果你改變程式庫，Bazel 不會重新組建整個原始碼。

與 Bazel 最像的組建系統是 Pants 與 Buck。Pants 的開發與功能集合參考了許多著名的軟體工程組織的需求與流程，包括 Twitter、Foursquare、Square、Medium 與其他組織。但它也可以用在較小型的專案。Pants 支援 Java、Scala、Python、C/C++、Go、Thrift、Protobuf 與 Android 程式碼。第三方開發者可透過定義良好的模組介面編寫外掛，來加入對於其他語言、框架與程式碼產生器的支援。

Buck 是 Facebook 開發並使用的組建系統。它鼓勵開發者建立小型、可復用的模組，這種模組是由程式碼與資源組成的，支援各種平台與各種語言。Buck 在設計上是從單體存放區組建多個交付物，而不是橫跨多個存放區。根據 Facebook 的經驗，在同一個存放區維護依賴關係更容易確保所有開發者的所有程式碼都是正確的版本，並且可以簡化發出原子化提交（atomic commit）的程序。

因為這些工具不像 Ant、Maven 與 Gradle 那麼熱門，也因為本書的篇幅有限，所以我們不列出完整的安裝與釋出指南。但是，你可以在它們的專案網站找到這些細節。範例

5-5 是一個 Bazel BUILD 範例檔案，你可以看到，這個結構與你看過的 Gradle 組建腳本沒有什麼不同。

範例 5-5　*Bazel BUILD 檔案*

```
package(default_visibility = ["//visibility:public"])

java_binary(
    name = "hello-world",
    main_class = "com.example.myproject.Greeter",
    runtime_deps = [":hello-lib"],
)

java_library(
    name = "hello-lib",
    srcs = glob(
        ["*.java"],
        exclude = ["HelloErrorProne.java"],
    ),
)

java_binary(
    name = "hello-resources",
    main_class = "com.example.myproject.Greeter",
    runtime_deps = [":custom-greeting"],
)

java_library(
    name = "custom-greeting",
    srcs = ["Greeter.java"],
    resources = ["//examples/java-native/src/main/resources:greeting"],
)

java_library(
    name = "hello-error-prone",
    srcs = ["HelloErrorProne.java"],
)

filegroup(
    name = "srcs",
    srcs = ["BUILD"] + glob(["**/*.java"]),
)
```

如果你的基礎程式是大型、使用單體存放區的，這些新類型的組建工具可以提供幫助，第 9 章會更詳細說明。

其他的 JVM 組建工具：SBT 與 Leiningen

雖然本書試著把焦點放在熱門且提供新功能的工具上，我們還可以介紹更多開放原始碼，且以 JVM 為基礎的組建工具。本書主要把重點放在 JVM 領域內的 Java，但值得一提的是，如果你使用 Scala 或 Clojure，值得考慮 Simple Build Tool（SBT）（*http://www.scala-sbt.org/index.html*）或 Leiningen（*https://leiningen.org/*）組建工具。就算你現在不使用其他語言，這些工具在進行其他專案時也很有幫助。稍後當你學習如何使用 Gatling 工具來做負載測試時，將會看到 SBT 的用法。在結束你的 Java 組建工具旅程之前，我們要簡單地看一下最後一種經典的組建工具：Make。

Make

GNU Make 工具可以控制從原始檔案產生可執行檔和其他非原始檔的過程。如範例 5-6 所示，Make 是從一個稱為 *makefile* 的檔案知道如何組建系統的，這個檔案列出每一個非原始檔案，以及如何用其他檔案計算它。當你編寫程式時，也要為它編寫 makefile，這樣才可以用 Make 來組建與安裝程式。

當你執行 Make 時，可以指定特定的目標來更新，否則，Make 會更新 makefile 裡面的第一個目標。當然，用來產生這些目標的任何其他輸入檔案都必須先更新。Make 使用 makefile 來得知哪些目標檔應該維持最新版本，然後確定其中哪些真的需要更新。如果目標檔比它的所有依賴項目還要新，它已經是最新的了，所以不需要重新生成。其他的目標檔也需要更新，但是會按照正確的順序：每一個目標檔都必須在它被用來重新產生其他的目標之前重新生成。

範例 5-6　簡單的 *Java* 物件的 *makefile*

```
JFLAGS = -g
JC = javac
.SUFFIXES: .java .class
.java.class:
        $(JC) $(JFLAGS) $*.java

CLASSES = \
        Foo.java \
        Blah.java \
        Library.java \
        Main.java

default: classes
```

```
classes: $(CLASSES:.java=.class)

clean:
        $(RM) *.class
```

或許在許多 JAVA 開發者眼中，Make 看起來很冗長，但如果你使用的生成環境資源有限且不能運行 Gradle Maven，或是在組建多語言專案，這種工具值得學習。

選擇組建工具

Maven 長期以來一直是預設的 Java 組建工具，主要原因是它標準化的組建程序與結構。如果你知道如何組建一個 Maven 專案，你就知道如何組建所有的 Maven 專案。但是，Gradle 在過去幾年來已經越來越受歡迎，最大的原因可能是 *build.gradle* 組建腳本的簡潔特性。如果你曾經參與一個大型的 Maven 專案，應該記得瀏覽大型的 XML 檔案有多麼困難。選擇組建工具通常是開始進行 Java 新專案的第一步，這可能是個終身的承諾，因為改用別的組建工具可不是愉快的體驗。那麼，你該選擇哪一種工具？

Ant + Ivy

- 如果你的組織大量投資這種工具，或你正在遷移 / 升級一個已經使用這種工具的專案，它就是個好選擇。

- 你可以完全控制專案的目錄結構、組建工具，以及組建生命週期。

- 如果你的組織希望讓事情標準化，它就不是個好選擇，因為 Ant 提供的彈性意味著組建腳本經常會在布局與程序上有所差異。

- 一般而言，不建議在使用現代框架（例如 Dropwizard 或 Spring Boot）的專案中使用它。

Maven

- 事實上，這是組建 Java app 時很好的選擇，尤其是當你的組織對於這種組建工具已經有很好的技術或對它投資時。

- 缺乏彈性，以及編寫自訂外掛帶來的挑戰，代表這種工具不適合需要採取自訂組建程序的專案（不過你要檢查是否**真的**需要自訂組建程序！）。

- 如果你正在進行一個有許多依賴項目的簡單專案，不建議使用它，瀏覽 500 行以上的 *pom.xml* 很有挑戰性。

Gradle

- 適合用來組建在生命週期或程序中，需要比 Maven 所提供的彈性更多彈性的專案。
- 與 Groovy 語言以及相關的測試框架（例如 Spock 與 Geb）的整合非常出色。
- Gradle DSL 與 Groovy 的組合可讓你編寫自訂且複雜的組建邏輯。
- 很適合 Spring Boot 與其他微服務框架，而且與（舉例）基於合約（contract-based）的測試工具有非常實用的整合。
- 如果你的組織只使用 Java，它的學習曲線（與 Groovy 相關）可能讓你不適合選擇它。
- 如果你的組織喜歡把事情標準化，那就不適合這個選項，因為編寫 *build.gradle* 的方式有很多種。

Bazel、Buck、Pants 等等

- 適合大型的單體存放區 app。
- 如果你使用許多小型的（微服務風格的）程式碼存放區，它與其他工具相較之下沒有真正的好處。
- 如果你的團隊只熟悉既有的 Java 組建工具，學習起來可能很有挑戰性。

Make

- 如果你的專案是由多個非 JVM 語言構成的，而且／或需要使用一些命令列工具來組件，它就是個好選擇。
- 如果你的團隊只熟悉既有的 Java 組建工具，或不習慣使用命令列，學起來可能很有挑戰性。

在專案開始時，花一些時間來確保你使用最合適的組建工具是值得的，因為它是你每天都會互動的東西。

小結

本章介紹許多關於 Java app 如何組建的知識，並且探討將組建程序自動化的好處。當你開始下一個專案時，知道這些熱門的 Java 組建工具的優點與缺點對你會很有幫助，無論它是大型的單體存放區專案，還是一系列獨立組建的微服務風格程式碼存放區。總結如下：

- 所有的 Java app 都必須先組建（編譯成 Java byte code），才能在 JVM 上執行。

- 任何一種具備相當複雜度的 Java app 都需要加入額外的外部依賴項目或程式庫，你必須有效地管理這些東西。

- 你應該將用戶端 JavaScript 程式庫包裝成 WebJars。

- 雖然手動探索組建步驟來了解這種程序是有價值的，但不斷做這件事沒有什麼好處。

- 組建工具可將編譯、依賴項目管理、測試與軟體 app 的包裝自動化。

- 使用 Maven 或 Gradle 等專用的組建工具通常是有好處的，因為它可讓所有專案開發者成功地組建 app，無論他們使用哪種作業系統、IDE 或框架。

- 如果你使用過期（或不安全）的組建依賴項目，組建工具通常可以偵測並提醒你，但你要負責確保這項功能已被啟用，也要對任何警告採取行動。

- app 程式碼可以放在單一版本控制的單體存放區，或多個獨立的存放區。結構的選擇會影響組建程序，以及組建工具的選擇。

- 語義化版本系統（或 semver）是一組簡單的規則與要求，規定版本號碼該如何指定與遞增。它可用來釋出與管理你自己的依賴項目，也是避免 "依賴地獄" 不可或缺的手段。

- 選擇組建工具通常是開始 Java 新專案時非常重要的第一步，它可能是終身的承諾，因為改用別的組建工具通常不是愉快的體驗。

在學習如何包裝 Java app 以供部署之前，下一章要介紹一些額外的組建工具，與一些可能很有用的相關技術。

## 第六章

額外的組建工具與技術

因為 DevOps 與 Site Reliability Engineering（SRE）等概念越來越受歡迎，現代的 Java 開發者應該無法單純依靠編寫 Java 來完成工作了，尤其是與組建、測試與部署程式碼有關的工作。在本章，你會學到更多關於作業系統，以及在 Java app 上構建與執行診斷程式的相關工具。

Linux、Bash 與 Basic CLI 命令

為了安裝開發工具、設置外部組建步驟，以及了解和管理底層作業系統環境，你必須了解 Linux、Bash 與命令列技術。即使你在 Microsoft Windows 開發機器上工作，也可以使用 Bash 的替代物——傑出的 PowerShell，可讓你了解 Linux OS。你學到的 Bash 核心知識可以輕鬆地轉換到 Windows 環境。

進階學習資源

你將從本章學到命令列、JSON 處理、基本腳本編寫，以及配置基礎設施所需的核心技術。但是礙於篇幅，我無法提供完整的參考內容。要了解更多資訊，我們推薦 Arnold Robbins 的 *Bash Pocket Reference*（O'Reilly）、Arnold Robbins 與 Nelson Beebe 的 *Classic Shell Scripting*（O'Reilly），以 及 Kief Morris 的 *Infrastructure as Code*（O'Reilly）。

用戶、權限與群組

Linux 作業系統（OS）可以像其他作業系統一樣執行多工，從一開始，Linux 在設計上就是可讓多位用戶同時操作系統的。為了讓這種多用戶的設計妥善地運作，它必須設法避免用戶互相影響。在實作 CD 時，了解這種用戶概念非常重要，因為你通常會建立讓多位、不同的用戶運行的組建管道。開發者在任何環境中執行 Java app 時，通常都以 root 用戶（一種預設全能的用戶，可以在 Linux OS 上存取所有檔案與使用所有命令）的身分執行 app（可能是因為他們習慣在本地這樣做）。但是當你在生產環境執行 app 時，務必使用特定的用戶，以及最低權限。

用戶與最小權限原則

在 IT 與電腦科學領域中，**最小權限原則**（*principle of least privilege*，也稱為 *principle of minimal privilege* 或 *principle of least authority*）的意思是，在計算環境的特定抽象層中，每一個模組（例如用戶、程序或程式，依主題而定）都只能夠存取（使用）實現合法目的所需的資訊與資源。當你執行 Java app 時，這個原則的意思是：只讓用戶帳戶擁有執行其預期功能所需的權限。例如，執行典型的 Java app 的 OS 用戶可以訪問所需的部分本地檔案系統與網路，但無法安裝新軟體。

最小權限原則的好處包括：

讓系統更穩定

　　當你限制程式碼可以對系統進行改變的範圍時，你就更容易測試它可能的動作，以及與其他 app 的互動。

讓系統更安全

　　當你限制程式碼可對系統執行的動作時，app 的漏洞就無法被用來入侵機器的其他部分。

更容易部署

　　通常 app 需要的權限越少，就越容易在更大型的環境裡面部署。

用戶與權限

要建立新的標準用戶,請使用 useradd 命令:useradd <name>。user add 命令可使用各種變數:

-d <home_dir>

　　home_dir 會被當成用戶的登入目錄來使用。

-e <date>

　　帳戶過期日。

-f <inactive>

　　帳戶還有幾天過期。

-s <shell>

　　設定預設的 shell 類型。

請使用 passwd 命令為新用戶設定密碼(注意,你需要 root 權限才可以更改用戶的密碼):passwd <username>。用戶隨時可以使用 passwd 更改他們的密碼,不需要指定 username。用戶帳戶及其密碼可用來驗證身分,但你必須用權限(permission)來授權用戶操縱檔案的動作,權限是對檔案或目錄採取行動的 "權利",基本的權利包括讀取、寫入與執行:

讀取

　　讀取權限可讓用戶觀看檔案的內容。目錄的讀取權限可讓你列出目錄的內容。

寫入

　　檔案寫入權限可讓你修改檔案內容。目錄的寫入權限可讓你編輯目錄的內容(例如加入 / 移除檔案)。

執行

　　檔案的執行權限可讓你執行檔案,並執行程式或腳本。目錄的執行權限可讓你切換到不同的目錄,並讓它成為你目前的工作目錄。用戶通常有個預設群組,但他們可能屬於不同的額外群組。

要查看檔案或目錄的權限，可發出命令 `ls -l <directory/file>`，如範例 6-1 所示。

範例 6-1　檢查檔案權限

```
(master *+) conferencemono $ ls -l
total 32
-rw-r--r--  1 danielbryant  staff  9798 31 Oct 16:17 conferencemono.iml
-rw-r--r--  1 danielbryant  staff  2735 31 Oct 16:16 pom.xml
drwxr-xr-x  4 danielbryant  staff   136 31 Oct 09:16 src
drwxr-xr-x  6 danielbryant  staff   204 31 Oct 09:37 target
```

前 10 個字元是存取權限。第一個破折號（-）代表檔案的類型（d 是目錄，s 是特殊檔案，- 是一般檔案）。接下來的 3 個字元（rw-）定義用戶對這個檔案的權限。在上面的例子中，對 *pom.xml* 檔案而言，檔案擁有者（owner）danielbryant 只有讀取與寫入權限。下三個字元（r--）是與檔案擁有者同一個工作人員群組的成員的權限，在這個例子中只能讀取。最後三個字元（r--）是所有其他用戶的權限，在這個例子中只能讀取。

你可以使用 chmod 與 chown 命令，分別改變檔案的權限與所有權。命令 chmod 是 *change mode* 的縮寫，可以用來改變處理檔案或目錄的權限。在預設情況下，所有檔案都是建立它們的用戶以及那位用戶的預設群組 "擁有的"。要改變檔案的擁有權，請使用 chown 命令，使用 `chown user:group /path/to/file` 格式。要改變目錄與裡面的所有檔案的擁有權，你可以藉著 -R 旗標使用遞迴（recursive）選項：`chown -R danielbryant:staff /opt/application/config/`。如果檔案的擁有者不是你，你就要有 root 帳戶權限才能更改權限或擁有權，但是，你不一定要以 root 身分登入才能做這件事。

自助：使用 man 與 help

Linux 有許多 *man* 手冊，提供更多本章介紹的所有命令的資訊。許多命令與 app 也有相關的協助工具。如果你想要更深入了解一個命令，試著輸入 **man** *<command>* 或 *<command>* **--help**。

了解 sudo—superuser do

root 用戶帳戶是超級用戶，可以在系統上做任何事情。因此，為了防止潛在的損害，sudo 命令經常被用來取代 root。sudo 可讓用戶與群組使用他們通常無法使用的命令，也可讓用戶在不需要以 root 登入的情況下擁有管理權限，用 root 登入的話，很容易不小心做出各種損害底層的 OS 與組態的舉動。

在持續交付中,最常使用 sudo 命令的例子是當你在虛擬機器或容器安裝軟體時:對於 Ubuntu 或 Debian,使用 sudo apt-get install <package>,對於 Red Hat 或 CentOS,使用 sudo yum install <package>。要讓用戶可以使用 sudo,你必須將他們的名稱加入 sudoers 檔案,這個檔案很重要,你不可以用文字編輯器直接編輯它,如果你用不正確的方式編輯 sudoers 檔案,可能會被拒絕進入系統。因此,你要用 visudo 命令來編輯 sudoers 檔案。如果你要初始化一個系統,就要以 root 登入,並輸入命令 visudo。只要你的用戶有 sudo 權限,你就可以用 visudo 來使用 sudo。範例 6-2 是 sudoers 檔的例子。

範例 6-2　展示有 sudo 權限的部分 sudoers 檔案

```
# 用戶權限規範
root    ALL=(ALL:ALL) ALL
danielbryant  ALL=(ALL:ALL) ALL
ashleybryant  ALL=(ALL:ALL) ALL
```

使用群組

Linux 的群組只是一個(可能)用戶空集合,可用來一次管理多位用戶,或讓多個獨立的用戶帳戶協作與共用檔案。每位用戶都有一個預設或主要的群組,你要用 /etc/group 檔案來管理群組成員,它是一份群組及其成員的清單。當用戶登入時,群組成員會被設成主群組。也就是說,當用戶啟動一個程式或建立一個檔案時,檔案與程式的執行都會與用戶目前的群組成員有所關聯。這一點在持續交付中是很重要的概念,因為這代表當你的用戶啟動一個程序時(Java app、組建伺服器、測試執行,或任何程序),這個程序就會繼承你的權限。如果你用大方的權限來執行,可能意味著你啟動的程序會造成許多損害!

用戶也可以存取其他群組的其他檔案,前提是他們也是那個群組的成員,並且設定了存取權限。要在不同的群組執行程式或建立檔案,你必須執行 newgrp 命令來切換目前的群組(例如 newgrp <group_name>)。如果你在 /etc/group 檔案裡面是 group_name 的成員,你目前的群組就會改變。要注意的是,現在你建立的任何檔案都與新群組有關,而不是你的主群組。你也可以用 chgrp 命令來改變群組:chgrp <newgroup>。

使用檔案系統

在檔案系統內四處移動以了解周圍有哪些東西,是你必須掌握的基本技術。當你登入伺服器時(例如,新的組建伺服器),通常會被移到你的用戶帳戶的主目錄。

瀏覽目錄

主目錄是為用戶保留的目錄，可用來儲存檔案與建立目錄。要了解你的主目錄與其餘的檔案系統的相對位置，你可以使用 pwd 命令，這個命令會顯示你目前所在的目錄，見範例 6-3。

範例 6-3　使用 pwd 來查看目前的目錄在檔案系統中的位置

```
(master *+) conferencemono $ pwd
/Users/danielbryant/Documents/dev/daniel-bryant-uk/
oreilly-book-support/conferencemono
```

你可以用 ls 命令來查看目前目錄的內容。ls 命令有許多好用的旗標，我們經常使用 ls -lsa 來查看檔案的更多細節（lsa 會以長格式列出檔案，並顯示所有檔案）。

範例 6-4　用 ls 來查看目前目錄的內容

```
(master *+) conferencemono $ ls
conferencemono.iml pom.xml          src              target
(master *+) conferencemono $ ls -lsa
total 32
 0 drwxr-xr-x   7 danielbryant  staff   238 31 Oct 16:17 .
 0 drwxr-xr-x   8 danielbryant  staff   272 31 Oct 09:48 ..
 0 drwxr-xr-x  11 danielbryant  staff   374  3 Jan 09:30 .idea
24 -rw-r--r--   1 danielbryant  staff  9798 31 Oct 16:17 conferencemono.iml
 8 -rw-r--r--   1 danielbryant  staff  2735 31 Oct 16:16 pom.xml
 0 drwxr-xr-x   4 danielbryant  staff   136 31 Oct 09:16 src
 0 drwxr-xr-x   6 danielbryant  staff   204 31 Oct 09:37 target
(master *+) conferencemono $
```

你可以用 cd *<directory name>* 命令來瀏覽目錄，見範例 6-5。cd .. 會將你往上移動一層目錄，結合使用 ls 與 pwd 可讓你輕鬆地查看檔案而不致於迷路。

範例 6-5　瀏覽檔案系統

```
(master *+) conferencemono $ pwd
/Users/danielbryant/Documents/dev/daniel-bryant-uk/ ↵
oreilly-book-support/conferencemono
(master *+) conferencemono $ cd target/
(master *+) target $ ls
classes               generated-sources    generated-test-sources test-classes
(master *+) target $ cd classes/
(master *+) classes $ pwd
/Users/danielbryant/Documents/dev/daniel-bryant-uk/ ↵
oreilly-book-support/conferencemono/target/classes
```

```
(master *+) classes $ ls -lsa
total 0
0 drwxr-xr-x  4 danielbryant  staff  136 31 Oct 16:21 .
0 drwxr-xr-x  6 danielbryant  staff  204 31 Oct 09:37 ..
0 drwxr-xr-x  4 danielbryant  staff  136 31 Oct 16:21 templates
0 drwxr-xr-x  3 danielbryant  staff  102 31 Oct 10:20 uk
(master *+) classes $ cd ..
(master *+) target $ cd ..
(master *+) conferencemono $ pwd
/Users/danielbryant/Documents/dev/daniel-bryant-uk/ ↵
oreilly-book-support/conferencemono
```

建立與操縱檔案

要建立檔案，最基本的方法就是使用 touch 命令，它會用名稱與指定的位置來建立一個空檔案：touch <file_name>。你必須擁有目前目錄的寫入權限才可以成功執行這個命令。你也可以 "touch" 既有的檔案，這個動作會將檔案上次被存取與上次被修改的情況更新成目前的情況。持續交付有許多運維都需要監視上次修改的日期，並使用任何一種變動來觸發一項操作，使用 touch 可以將這種檢查短路，導致操作的執行。與 touch 命令類似的情況，你可以使用 mkdir 命令來建立空目錄：mkdir example。你也可以用 -p 旗標來建立嵌套的目錄結構（否則你會看到錯誤，因為 mkdir 只能在既有目錄裡面建立目錄）：mkdir -p deep/nested/directories。

你可以用 mv 命令將檔案移到新位置：mv file ./some/existing_dir。（這個命令只會在 /some/existing_dir 目錄存在時成功。）可能讓人困惑的是，mv 也可以用來改變檔案名稱：mv original_name new_name。你要負責確保這些操作不會造成任何破壞，例如，mv 可以用來覆寫既有的檔案，且這項操作無法復原！類似的情況，你可以用 cp 命令來複製檔案：cp original_file new_copy_file。要複製目錄，你必須在命令中加入 -r 選項，這個選項代表遞迴，因為它會複製目錄，加上目錄的所有內容。無論目錄是不是空的，在操作目錄時都要使用這個選項：cp -r existing_directory location_for_deep_copy。你可以使用 rm 命令來刪除檔案。要移除非空的目錄，你要使用 -r 旗標，它可以遞迴移除目錄的所有內容，加上目錄本身。

CLI 通常沒有 Undo

當你使用任何一種破壞性命令，例如 rm，以及潛在破壞性的 mv 與 cp 時要非常小心。這些動作都沒有 "undo" 命令，因此你可能會不小心永遠摧毀重要的檔案。如果你和我們一樣，你將會犯下幾次這種錯誤才會完全吸取教訓！我們現在採取一種策略：列出我們想要刪除／移動／替換的檔案，再實際發出命令。例如，當我們想要刪除每一個 *.ini* 副檔名的檔案，但維持其他檔案不變時，我們會前往適當的目錄並列出（使用 ls *.ini）及檢查產生的檔案，再發出移除命令：rm *.ini。

查看與編輯文字

相較於其他作業系統，Linux 及 Unix 系列作業系統大部分都使用純文字檔，因此知道如何用命令列來查看文字檔非常重要。在終端機查看檔案內容的基本機制是使用 cat app（例如 cat /etc/hosts），但是它不適合大型檔案，或你想要從中搜尋文字的檔案，因此我們通常也會使用分頁程式（*pager*），例如 less，less /etc/hosts 這個指令會用 less 程式來開啟 */etc/hosts* 檔案的內容。你可以用 Ctrl-F 與 Ctrl-B 來瀏覽檔案的分頁（將它們相成往前（forward）與往後（back））。要搜尋文件中的文字，你可以輸入正斜線 / 以及搜尋文字（例如 /localhost）。如果檔案裡面有多個你要搜尋的字串，可以按下 N 來移到下一個結果，用 Shift-N 移回上一個結果。輸入 Q 即可離開 less 程式。

當我們試著使用持續交付或組建工具時，經常需要查看一個大型檔案的前面幾行或後面幾行，尤其是經常查看組態檔的前幾行，或 log 檔的後幾行（而且你可能還要查看後續附加到 log 檔的行數）。此時 head 與 tail 命令有很大的幫助，例如 head /etc/hosts 或 tail server.log。

即時追隨 log 檔的生成

當我們設置或 debug 持續交付工具或 app 時，有一個常見的需求就是即時追隨 log 的生成。當你在 IDE 裡面執行 Java app 或對它進行除錯時，經常遇到這種情況——程式的輸出、stdout 或 log 會不斷流經你的視窗。如果你只能終端存取（terminal access）log 檔，可以使用 tail 程式以及 -f 旗標來接近即時地追隨 log，並查看附加的檔案：

```
tail -f /opt/app/log.txt
```

cat、less、head 與 tail 等程式都可讓你只查看或唯讀檔案的內容。如果你要用命令列來編輯文字檔，可使用 vi、vim、emacs 或 nano 程式。各種 Linux 版本皆預設提供不同的工具，不過你通常可以用包裝管理器來安裝你喜歡的工具（但你的用戶要有適當的權限）。

成為 vi 或 vim 忍者

幾乎所有 Linux 版本都可以使用 vi 與 vim。我們強烈建議你了解這些工具的基本知識，因為它們可讓你進行基本的除錯，即使你無法取得對 app 除錯的權限，或用其他的機制進行 log。vim 是一種相當強大的工具（而且可設置），本書無法深入討論它，但如果你想要進一步了解，我們推薦 Drew Neil 的 *Practical Vim*（*https://pragprog.com/book/dnvim/practical-vim*）！

結合每一個東西：redirect、pipe 與 filter

Linux 也有強大的 redirect（導向）、pipe（管線命令）與 filter（過濾）概念，可讓你在處理步驟的任何時刻，結合簡單的命令列程式來執行複雜的工作及過濾輸出（以及檔案的文字內容）。你可以在 Daniel Barrett 著的 *Linux Pocket Guide*（O'Reilly）找到相關細節，我們在此舉一些例子來展示它的功能：

ls > output.log

> 將 ls 命令的內容導向（儲存）至文字檔 *output.log*，覆寫該檔案的任何既有內容。

ls >> output.log

> 將 ls 命令的內容導向（儲存）至文字檔 *output.log*，將新文字附加到檔案既有內容。

ls | less

> 將 ls 命令的輸出 pipe 到 less 分頁器，可讓你在一長串目錄中跳到前一頁與下一頁，以及搜尋內容。

ls | head -3

> 將 ls 命令的輸出 pipe 到 head 命令（只顯示前三行）。

```
ls | head -3 | tail -1 > output.log
```

將 ls 命令 pipe 到 head，它會將前三行 pipe 到 tail，tail 會將最後一行導向（儲存）到 *output.log* 檔案。

```
cat < input.log
```

將 *input.log* 的內容導向（載入）至 cat。這個例子看起來很簡單，因為你不需要將檔案的內容 redirect 到 cat 來顯示它，但你可能會用比 cat 複雜的程式，例如，這個命令可將資料庫轉存檔（dump file）導向（載入）至 MySQL 命令列程式。

搜尋與操縱文字：grep、awk 與 sed

Linux 有一些搜尋與操縱文字的基本工具（但也是最強大的）。*grep* 是一種命令列工具，可用來搜尋純文字資料集中，符合正規表達式的部分。*awk* 是一種程式語言，設計上是用來處理文字，通常被當成資料擷取與回報工具來使用。*sed* 是一種串流編輯程式，用一種簡單、緊湊的程式語言來解析與轉換文字。當我們建立持續交付管道或診斷 Linux 機器上的問題時，這些工具都相當實用。見以下的範例：

```
grep "literal_string" filename
```

在 *filename* 檔案中搜尋與 *literal_string* 完全匹配的字串。

```
grep "REGEX" filename
```

在 *filename* 檔案中搜尋正規表達式 *REGEX*。

```
grep -iw "is" demo_file
```

以不分大小寫的方式（-i）搜尋完全匹配的單字（-w）*is*。這個單字的前面必須有空格或標點符號才可以匹配，在 *demo_file* 指定的檔案內。

```
awk '{print $3 "\t" $4}' data_in_rows.txt
```

將指定檔案內的所有資料列的第三與第四欄印在終端機上，中間以 tab（\t）分開。

```
sed 's/regexp/replacement/g' inputFileName > outputFileName
```

將正規表達式（regex）全域（/g）替換（s/）成 *inputFileName* 檔案內的（replacement）字串，並將結果導向（或儲存）至 *outputFileName*。

正規表達式的威力

在 IT 領域有一個老笑話：當你試著用正規表達式（regex）解決一個問題時，最終只會得到兩個問題。這個笑話或許有一些道理，但是當你正確使用 regex 時，它是一種強大的工具。我們強烈建議你進一步了解 regex 的原則，至少精通它的基礎知識，因為許多組建與部署工具都使用 regex 來匹配組態或詮釋資料。

診斷工具：top、ps、netstat 與 iostat

以下的清單可以幫你開始診斷 Linux 機器上的問題，這些工具都可從標準的 Linux 發行版本取得（或透過包裝管理器輕鬆地安裝）。你可以在 Linux Pocket Reference 用 man 工具查看這些命令的手冊，來進一步了解它們：

top

可讓你查看在（虛擬）機器上運行的所有程序。

ps

列出在（虛擬）機器上運行的所有程序。

netstat

可讓你查看（虛擬）機器的所有網路連結。

iostat

列出連接（虛擬）機器的所有 block device（磁碟機）的 I/O 統計數據。

dig 或 *nslookup*

提供 DNS 位址的資訊。

ping

檢查一個 IP 或網域名稱可否透過網路連繫。

tracert

可讓你在網路中追蹤 IP 封包的路由（包括內部網路與網際網路）。

tcpdump

可讓你監視 TCP 網路流量。它通常是進階的工具，但是在多數通訊都使用 TCP 的雲端環境上，它很有幫助。

strace

可讓你追蹤系統呼叫。它通常是進階的工具，但是很適合用來尋找容器或安全方面的錯誤。

熟悉你的 OS 包裝管理器

你的機器經常缺乏你需要的診斷工具，因此你應該熟悉如何透過包裝管理器來安裝這些工具。例如，在許多 Ubuntu（或 Debian）OS 上，你必須安裝 sysstat 套件（`sudo apt-get install -y sysstat`）才能執行 iostat。別忘了你也需要適當的權限才能在機器上安裝它們！

當你大量使用容器時，可能需要額外的工具，因為上述有些軟體與診斷工具無法和容器技術一起使用。以下是我們認為可以幫助你了解容器執行環境的工具：

sysdig（*https://www.sysdig.org/install/*）

實用的容器診斷工具

systemd-cgtop（*http://bit.ly/2xFaFaX*）

一種 systemd 專屬的工具，可在 cgroups（容器）中查看類 top 資料

atomic top 與 *docker top*（*http://bit.ly/2Dxz3kd*）

分別在 Red Hat 與 Docker 使用的公用程式，可讓你查看正在容器內運行的程序

有些舊的診斷工具不適合容器！

有些熱門的診斷工具是在 Docker 之類的容器技術出現（或開始受歡迎）之前建立的，因此它們無法如你預期地運作。例如，容器是以程序（process）的形式運行的，因此在各個容器名稱空間裡面的程式也是以程序的形式運行的。有些工具必須知道：在 OS 內運行的所有程式都是用名稱空間來區分的。

HTTP 呼叫與 JSON 操縱

許多第三方服務都用 HTTP/S 傳輸協定與 JSON 資料格式，因此，你要熟悉如何使用這些技術，並且學習如何在不組建整個 Java app 的情況下，快速進行實驗與測試想法。

curl

Linux curl 命令是適合用來測試 REST web API 的命令。範例 6-6 展示如何對 GitHub API 使用 curl。

範例 6-6　用 curl 對 GitHub API 存放區端點發出一個請求

```
$ curl 'https://api.github.com/repos/danielbryantuk/
oreilly-docker-java-shopping/commits?pcr_page=1'
[
  {
    "sha": "3182a8a5fc73d2125022bf317ac68c3b1f4a3879",
    "commit": {
      "author": {
        "name": "Daniel Bryant",
        "email": "daniel.bryant@tai-dev.co.uk",
        "date": "2017-01-26T19:48:46Z"
      },
      "committer": {
        "name": "Daniel Bryant",
        "email": "daniel.bryant@tai-dev.co.uk",
        "date": "2017-01-26T19:48:46Z"
      },
      "message": "Update Vagrant Box Ubuntu and Docker Compose. Remove sudo usage",
      "tree": {
        "sha": "24eb583bd834734ae9b6c8133c99e4791a7387e8",
        "url": "https://api.github.com/repos/danielbryantuk/ ↵
        oreilly-docker-java-shopping/git/trees/ ↵
        24eb583bd834734ae9b6c8133c99e4791a7387e8"
      },
      "url": "https://api.github.com/repos/danielbryantuk/ ↵
      oreilly-docker-java-shopping/git/commits/ ↵
      3182a8a5fc73d2125022bf317ac68c3b1f4a3879",
      "comment_count": 0
    },
    "url": "https://api.github.com/repos/danielbryantuk/ ↵
    oreilly-docker-java-shopping/commits/ ↵
    3182a8a5fc73d2125022bf317ac68c3b1f4a3879",
    "html_url": "https://github.com/danielbryantuk/ ↵
    oreilly-docker-java-shopping/commit/ ↵
```

```
      3182a8a5fc73d2125022bf317ac68c3b1f4a3879",
      "comments_url": "https://api.github.com/repos/danielbryantuk/ ↵
oreilly-docker-java-shopping/commits/ ↵
3182a8a5fc73d2125022bf317ac68c3b1f4a3879/comments",
      "author": {
        "login": "danielbryantuk",
        ...
      },
      "committer": {
        "login": "danielbryantuk",
        ...
      },
      "parents": [
        {
          "sha": "05b73d1f0c9904e6904d3f1bb8f13384e65e7840",
          "url": "https://api.github.com/repos/danielbryantuk/ ↵
oreilly-docker-java-shopping/commits/ ↵
05b73d1f0c9904e6904d3f1bb8f13384e65e7840",
          "html_url": "https://github.com/danielbryantuk/ ↵
oreilly-docker-java-shopping/commit/ ↵
05b73d1f0c9904e6904d3f1bb8f13384e65e7840"
        }
      ]
    }
  ]
```

上面的範例對存放區端點發出一個 GET 請求，並顯示 JSON 回應。你也可以使用 curl 從端點回應取得更多資訊，例如 HTTP 狀態碼、內容長度，與任何其他標頭資訊，例如 rate-limiting。-I 旗標可對指定的 URI 發出 HEAD 請求並顯示回應，見範例 6-7。

範例 6-7　使用 *curl* 來取得端點回應的額外資訊（藉著發出 *HEAD* 請求）

```
$ curl -I 'https://api.github.com/repos/danielbryantuk/ ↵
oreilly-docker-java-shopping/commits?per_page=1'
HTTP/1.1 200 OK
Server: GitHub.com
Date: Thu, 21 Sep 2017 08:28:06 GMT
Content-Type: application/json; charset=utf-8
Content-Length: 3861
Status: 200 OK
X-RateLimit-Limit: 60
X-RateLimit-Remaining: 51
X-RateLimit-Reset: 1505983279
Cache-Control: public, max-age=60, s-maxage=60
Vary: Accept
ETag: "4ce9e0d9cf4e2339bbc1f0fd028904c4"
```

```
Last-Modified: Thu, 26 Jan 2017 19:48:46 GMT
X-GitHub-Media-Type: github.v3; format=json
Link: <https://api.github.com/repositories/67352921/ ↵
commits?per_page=1&page=2>;
rel="next", <https://api.github.com/repositories/67352921/ ↵
commits?per_page=1&page=43>; rel="last"
Access-Control-Expose-Headers: ETag, Link, X-GitHub-OTP, ↵
 X-RateLimit-Limit,
X-RateLimit-Remaining, X-RateLimit-Reset, X-OAuth-Scopes, ↵
 X-Accepted-OAuth-Scopes, X-Poll-Interval
Access-Control-Allow-Origin: *
Content-Security-Policy: default-src 'none'
Strict-Transport-Security: max-age=31536000; ↵
 includeSubdomains; preload
X-Content-Type-Options: nosniff
X-Frame-Options: deny
X-XSS-Protection: 1; mode=block
X-Runtime-rack: 0.037989
X-GitHub-Request-Id: FC09:1342:19A449:37EA9C:59C37816
```

如果你想要取得關於端點回應的額外資訊，但不想要發出 HEAD 請求，也可以用 -v 旗標來使用 curl 的詳細模式。它會使用你指定的 HTTP 方法（預設為 GET），但是它除了 JSON 負載之外，還會提供許多細節，見範例 6-8。

範例 6-8　使用 *curl* 與 *-v* 旗標

```
$ curl -v 'https://api.github.com/repos/danielbryantuk/ ↵
oreilly-docker-java-shopping/commits?per_page=1'
*   Trying 192.30.253.117...
* TCP_NODELAY set
* Connected to api.github.com (192.30.253.117) port 443 (#0)
* TLS 1.2 connection using TLS_ECDHE_RSA_WITH_AES_128_GCM_SHA256
* Server certificate: *.github.com
* Server certificate: DigiCert SHA2 High Assurance Server CA
* Server certificate: DigiCert High Assurance EV Root CA
> GET /repos/danielbryantuk/oreilly-docker-java-shopping/ ↵
commits?per_page=1 HTTP/1.1
> Host: api.github.com
> User-Agent: curl/7.54.0
> Accept: */*
>
< HTTP/1.1 200 OK
< Server: GitHub.com
```

最後，你也可以使用 curl，透過 HTTP/S 與 FTP 下載檔案，見範例 6-9。

範例 6-9　使用 *curl* 透過 *HTTPS* 與 *FTP* 下載檔案

```
curl -O https://domain.com/file.zip
curl -O ftp://ftp.uk.debian.org/debian/pool/main/alpha.zip
```

curl 命令也支援範圍（ranges）。範例 6-10 說明如何透過 FTP 列出 *debian/pool/main* 目錄內，檔名開頭是 *a* 至 *c* 的檔案。

範例 6-10　透過 *FTP* 列出檔案

```
$ curl ftp://ftp.uk.debian.org/debian/pool/main/[a-c]/
```

curl 命令是一項強大的工具。所有現代的 Linux 與 macOS 版本都內建這種工具，你也可以在 Windows 上安裝它（*https://curl.haxx.se/download.html*）。但是，有一種更新的工具用起來更加直觀：HTTPie。

HTTPie

HTTPie 是一種命令列 HTTP 用戶端，它有直觀的 UI、JSON 支援、語法醒目提示、類 wget 下載、外掛及其他。它可以在 macOS、Linux 或 Windows 上面安裝（*https://httpie. org/doc#installation*），它有一個 http 命令，提供富表現力且直觀的命令語法與合理的預設值，如範例 6-11 所示。

範例 6-11　使用 *HTTPie* 來 *curl GitHub API*

```
$ http 'https://api.github.com/repos/danielbryantuk/ ↵
oreilly-docker-java-shopping/commits?per_page=1'
HTTP/1.1 200 OK
Access-Control-Allow-Origin: *
Access-Control-Expose-Headers: ETag, Link, X-GitHub-OTP, ↵
 X-RateLimit-Limit,
X-RateLimit-Remaining, X-RateLimit-Reset, X-OAuth-Scopes, ↵
 X-Accepted-OAuth-Scopes, X-Poll-Interval
Cache-Control: public, max-age=60, s-maxage=60
Content-Encoding: gzip
Content-Security-Policy: default-src 'none'
Content-Type: application/json; charset=utf-8
Date: Thu, 21 Sep 2017 08:03:10 GMT
ETag: W/"4ce9e0d9cf4e2339bbc1f0fd028904c4"
Last-Modified: Thu, 26 Jan 2017 19:48:46 GMT
Link: <https://api.github.com/repositories/67352921/ ↵
commits?per_page=1&page=2>;
rel="next", <https://api.github.com/repositories/67352921/ ↵
commits?per_page=1&page=43>; rel="last"
```

```
Server: GitHub.com
Status: 200 OK
Strict-Transport-Security: max-age=31536000; ↵
 includeSubdomains; preload
Transfer-Encoding: chunked
Vary: Accept
X-Content-Type-Options: nosniff
X-Frame-Options: deny
X-GitHub-Media-Type: github.v3; format=json
X-GitHub-Request-Id: F159:1345:23A3CA:4C9FC3:59C3723E
X-RateLimit-Limit: 60
X-RateLimit-Remaining: 54
X-RateLimit-Reset: 1505983279
X-Runtime-rack: 0.029789
X-XSS-Protection: 1; mode=block
```

```json
[
    {
        "author": {
            "avatar_url": "https://avatars2.githubusercontent.com/u/2379163?v=4",
            "events_url": "https://api.github.com/users/danielbryantuk/ ↵
                        events{/privacy}",
            "followers_url": "https://api.github.com/users/danielbryantuk/ ↵
                           followers",
            "following_url": "https://api.github.com/users/danielbryantuk/ ↵
                           following{/other_user}",
            "gists_url": "https://api.github.com/users/danielbryantuk/ ↵
                       gists{/gist_id}",
            "gravatar_id": "",
            "html_url": "https://github.com/danielbryantuk",
            "id": 2379163,
            "login": "danielbryantuk",
            "organizations_url": "https://api.github.com/users/danielbryantuk/orgs",
            "received_events_url": "https://api.github.com/users/danielbryantuk/ ↵
                                received_events",
            "repos_url": "https://api.github.com/users/danielbryantuk/repos",
            "site_admin": false,
            "starred_url": "https://api.github.com/users/danielbryantuk/ ↵
                        starred{/owner}{/repo}",
            "subscriptions_url": "https://api.github.com/users/danielbryantuk/ ↵
                               subscriptions",
            "type": "User",
            "url": "https://api.github.com/users/danielbryantuk"
        },
        "comments_url": "https://api.github.com/repos/danielbryantuk/ ↵
                      oreilly-docker-java-shopping/commits/ ↵
                      3182a8a5fc73d2125022bf317ac68c3b1f4a3879/comments",
```

```
    "commit": {
        "author": {
            "date": "2017-01-26T19:48:46Z",
            "email": "daniel.bryant@tai-dev.co.uk",
            "name": "Daniel Bryant"
        },
        "comment_count": 0,
        "committer": {
            "date": "2017-01-26T19:48:46Z",
            "email": "daniel.bryant@tai-dev.co.uk",
            "name": "Daniel Bryant"
        },
        "message": ↵
        "Update Vagrant Box Ubuntu and Docker Compose. Remove sudo usage",
        "tree": {
            "sha": "24eb583bd834734ae9b6c8133c99e4791a7387e8",
            "url": "https://api.github.com/repos/danielbryantuk/ ↵
            oreilly-docker-java-shopping/git/trees/ ↵
            24eb583bd834734ae9b6c8133c99e4791a7387e8"
        },
        "url": "https://api.github.com/repos/danielbryantuk/ ↵
        oreilly-docker-java-shopping/git/commits/ ↵
        3182a8a5fc73d2125022bf317ac68c3b1f4a3879"
    },
    "committer": {
        "avatar_url": "https://avatars2.githubusercontent.com/u/2379163?v=4",
        "events_url": "https://api.github.com/users/danielbryantuk/ ↵
                        events{/privacy}",
        "followers_url": "https://api.github.com/users/danielbryantuk/ ↵
                        followers",
        "following_url": "https://api.github.com/users/danielbryantuk/ ↵
                        following{/other_user}",
        "gists_url": "https://api.github.com/users/danielbryantuk/ ↵
                        gists{/gist_id}",
        "gravatar_id": "",
        "html_url": "https://github.com/danielbryantuk",
        "id": 2379163,
        "login": "danielbryantuk",
        "organizations_url": "https://api.github.com/users/danielbryantuk/orgs",
        "received_events_url": "https://api.github.com/users/danielbryantuk/ ↵
                                received_events",
        "repos_url": "https://api.github.com/users/danielbryantuk/repos",
        "site_admin": false,
        "starred_url": "https://api.github.com/users/danielbryantuk/ ↵
                        starred{/owner}{/repo}",
        "subscriptions_url": "https://api.github.com/users/danielbryantuk/ ↵
                            subscriptions",
```

```
            "type": "User",
            "url": "https://api.github.com/users/danielbryantuk"
        },
        "html_url": "https://github.com/danielbryantuk/↵
        oreilly-docker-java-shopping/commit/↵
        3182a8a5fc73d2125022bf317ac68c3b1f4a3879",
        "parents": [
            {
                "html_url": "https://github.com/danielbryantuk/↵
                oreilly-docker-java-shopping/commit/↵
                05b73d1f0c9904e6904d3f1bb8f13384e65e7840",
                "sha": "05b73d1f0c9904e6904d3f1bb8f13384e65e7840",
                "url": "https://api.github.com/repos/danielbryantuk/↵
                oreilly-docker-java-shopping/commits/↵
                05b73d1f0c9904e6904d3f1bb8f13384e65e7840"
            }
        ],
        "sha": "3182a8a5fc73d2125022bf317ac68c3b1f4a3879",
        "url": "https://api.github.com/repos/danielbryantuk/↵
        oreilly-docker-java-shopping/↵
        commits/3182a8a5fc73d2125022bf317ac68c3b1f4a3879"
    }
]
```

HTTPie 也可以對著通過身分驗證的端點發出請求，見範例 6-12（你可以在（*https://httpie.org/doc#auth-plugins*）找到額外的 Auth 外掛）。

範例 *6-12*　使用 *HTTPie* 與基本的身分驗證

```
$ http -a USERNAME:PASSWORD POST https://api.github.com/repos/danielbryantuk/↵
oreilly-docker-java-shopping/issues/1/comments body='HTTPie is awesome! :heart:'
```

如果你想要在請求中傳送標頭，使用 HTTPie 來管理也比使用 curl 容易許多，見範例 6-13。

範例 *6-13*　使用 *HTTPie* 在請求中傳送標頭

```
$ http example.org User-Agent:Bacon/1.0 'Cookie:valued-visitor=yes;foo=bar' ↵
X-Foo:Bar Referer:http://httpie.org/
```

你也可以為 HTTP 與 HTTPS 指定 proxy，見範例 6-14。

範例 *6-14*　讓 *HTTP* 與 *HTTPS* 使用 *proxy*

```
$ http --proxy=http:http://10.10.1.10:3128 ↵
--proxy=https:https://10.10.1.10:1080 example.org
```

你現在已經知道兩種對著 HTTP REST API 發出請求的工具了,我們接下來要看一種操縱 JSON 資料的工具:jq。

jq

jq 就像 JSON 資料的 sed:你可以用它來切片(slice)、過濾、對映(map)與轉換結構化的資料,用起來與使用 sed、awk 與 grep 來處理文字一樣簡單。範例 6-15 對 GitHub API 查詢提交的細節,但只顯示第一筆結果(索引為 0)。注意,所有的回應資料都會透過網路發送,因為 jq 命令會在用戶端過濾資料;當你處理有大型負載的回應時,這一點很重要。

範例 6-15 將 *curl* 的輸出 *pipe* 至 *jq* 並顯示第一筆結果

```
$ curl 'https://api.github.com/repos/danielbryantuk/ ↵
oreilly-docker-java-shopping/commits?per_page=1'| jq '.[0]'
{
  "sha": "9f3e6514a55011c26ca18a1a69111c0a418e6dea",
  "commit": {
    "author": {
      "name": "Daniel Bryant",
      "email": "daniel.bryant@tai-dev.co.uk",
      "date": "2017-09-30T10:18:58Z"
    },
    "committer": {
      "name": "Daniel Bryant",
      "email": "daniel.bryant@tai-dev.co.uk",
      "date": "2017-09-30T10:18:58Z"
    },
    "message": "Add first version of Kubernetes deployment config",
    "tree": {
      "sha": "7568df5f6bfe6725ad9fb82ac8cf8a0c0c4661ec",
      "url": "https://api.github.com/repos/danielbryantuk/ ↵
      oreilly-docker-java-shopping/git/trees/ ↵
      7568df5f6bfe6725ad9fb82ac8cf8a0c0c4661ec"
    },
    "url": "https://api.github.com/repos/danielbryantuk/ ↵
oreilly-docker-java-shopping/git/commits/ ↵
9f3e6514a55011c26ca18a1a69111c0a418e6dea",
    "comment_count": 0,
    "verification": {
      "verified": false,
      "reason": "unsigned",
      "signature": null,
      "payload": null
```

```
    }
  },
  "url": "https://api.github.com/repos/danielbryantuk/↵
  oreilly-docker-java-shopping/commits/9f3e6514a55011c26ca18a1a69111c0a418e6dea",
  "html_url": "https://github.com/danielbryantuk/↵
  oreilly-docker-java-shopping/commit/9f3e6514a55011c26ca18a1a69111c0a418e6dea",
  "comments_url": "https://api.github.com/repos/danielbryantuk/↵
  oreilly-docker-java-shopping/commits/9f3e6514a55011c26ca18a1a69111c0a418e6dea/↵
  comments",
  "author": {
  ...
```

jq 也可以過濾顯示出來的 JSON 物件。範例 6-16 使用上述的 jq 查詢，但只選擇第一個提交資源中的幾個欄位來顯示。

範例 6-16　對著 GitHub API 發出 curl 並使用 jq 來過濾

```
$ curl 'https://api.github.com/repos/danielbryantuk/↵
oreilly-docker-java-shopping/commits?per_page=1'| jq '.[0] |↵
 {message: .commit.message, name: .commit.committer.name}'
{
  "message": "Update Vagrant Box Ubuntu and Docker Compose. Remove sudo usage",
  "name": "Daniel Bryant"
}
```

curl、HTTPie 與 jq 可讓你快速對著 REST API 進行試驗及設計原型，它們對使用這項技術的 Java 開發者而言是很寶貴的技術。

腳本編寫基本知識

Bash 腳本編寫基本知識對 Java 開發者來說是很實用的技術。你可以將這項知識和 curl 及 jq 結合，藉以擴展並自動化基本的驗證、測試與組建程序。*Classic Shell Scripting* 這本書詳細地說明這個概念，接下來我們要進一步了解一些實用的例子。

xargs

你可以使用 xargs 命令從標準輸入讀取資料，以命令列來組建或執行命令。範例 6-17 用它來下載 *urls.txt* 文字檔案內的 URL 清單。

範例 6-17　用 *xargs* 來下載 *urls.txt* 檔案指定的多個檔案

```
$ xargs -n 1 curl -O < urls.txt
```

pipe 與過濾器

pipe 與過濾器很適合用來串接簡單的命令，以執行複雜的程序。範例 6-18 展示如何使用 curl 命令與 -L follow 旗標來對著 *http://www.twitter.com* 發出靜默的 HEAD 請求，它會顯示從 Twitter 首頁取得回應的 HTTP 步驟，接著將這個命令的輸出 pipe 到 grep，以搜尋 HTTP/ 文字。

範例 6-18　使用 *curl* 與 *grep* 來尋找訪問 *Twitter* 時的 *HTTP* 流程步驟

```
$ curl -Is https://www.twitter.com -L | grep HTTP/
HTTP/1.1 301 Moved Permanently
HTTP/1.1 200 OK
```

範例 6-19 的腳本可用來取得縮短的 URL 的位置。

範例 6-19　將縮短的 *URL* 展開

```
$ $ curl -sIL buff.ly/2xrgUwi  | grep ^Location;
Location: https://skillsmatter.com/ ↵
skillscasts/10668-looking-forward-to-daniel-bryant-talk? ↵
utm_content=buffer887ce&utm_medium=social&utm_source=twitter.com&utm_campaign=buffer
```

迴圈

你可以在 Bash 裡面，用 for 來寫一個簡單的迴圈來快速重複測試一個 API，或許是為了確認多個請求的回應都是一致的，或確定 API 故障會用哪一個狀態碼來表示。見範例 6-20。

範例 6-20　在 *Bash* 中使用迴圈來重複 *curl* 一個 *URI*

```
#!/bin/bash

for i in `seq 1 10`; do
    curl -I http://www.example.com
done
```

條件邏輯

你也可以加入條件邏輯，例如，用來檢查 API 回傳的狀態碼。範例 6-21 使用 HTTPie 與一個簡單的 Bash case 檢查式，來顯示呼叫 *example.com* URI 之後收到的 HTTP 狀態碼的詳細資訊。

範例 6-21　這個 *Bash* 腳本使用 *HTTPie* 與 *case* 來顯示 *HTTP* 回應碼的額外資訊

```
#!/bin/bash

if http --check-status --ignore-stdin
--timeout=2.5 HEAD example.org/health &> /dev/null; then
    echo 'OK!'
else
    case $? in
        2) echo 'Request timed out!' ;;
        3) echo 'Unexpected HTTP 3xx Redirection!' ;;
        4) echo 'HTTP 4xx Client Error!' ;;
        5) echo 'HTTP 5xx Server Error!' ;;
        6) echo 'Exceeded --max-redirects=<n> redirects!' ;;
        *) echo 'Other Error!' ;;
    esac
fi
```

保存你自己的 Bash 腳本程式庫：Abraham 的經驗

從事顧問讓我獲益良多，其中一項好處就是我體驗了許多技術。在過去幾年來，我用過 Java、Scala、PHP、.NET、Ruby，甚至一些 VBA（只是最後一項不會令我特別光榮）。不過，有一件事是不變的：無論在哪裡，我發現維護一組小型的腳本來執行常見的工具是很有幫助的。

建議你也做這件事，甚至將腳本分享給團隊。多年來，我一直都在建立自己的小型腳本程式庫，最近我決定在 bash-utils 公開給大家使用（*https://github.com/quiram/bash-utils*）。即使你和我的需求不一定完全一致，也可以從我的腳本得到靈感，讓你的日常工作更輕鬆。

小結

在本章,你學到額外技術與組建工具的基本知識,可讓身為現代 Java 開發者的你從中受益:

- Linux、Bash 與命令列技術在安裝開發工具、設置外部組建步驟,以及了解與管理底層的作業系統環境時非常重要。

- 了解 top、ps 與 netstat 等 OS 診斷工具可讓你在測試與生產環境中更有效率地除錯。

- curl、jq 與 HTTPie 工具在你查看、操縱與除錯 REST API 時非常重要。

了解組建工具與技術之後,接下來要介紹如何包裝 Java app,在各式各樣的平台上部署它們,包括在傳統的基礎設施、雲端、容器與無伺服器架構上。

## 第七章

包裝 app 來部署

你可以在各種平台上部署現代 Java app，因此了解如何以妥善的方式使用我們推薦的工件格式與做法來包裝 app 是很有幫助的。本章將介紹如何逐步建構 JAR，在過程中，我們會探討建立 manifest、包裝依賴項目（與類別載入（classloading）），以及讓 JAR 可執行等主題。這些都是幫所有的平台組建工件的基本知識，其中甚至包括現代的無伺服器。介紹這些知識之後，我們也會介紹其他的包裝選項，例如 fat JAR、skinny JAR 與 WAR，以及低階的 OS 工件，例如 RPM、DEB、機器映像與容器映像。

建立 JAR：逐步講解

舉幾個具體的範例可以幫助你了解這一章的內容，因此，我建立了一個簡單的專案，它有一個依賴項目：熱門的 Logback log 框架。我們會在範例中使用 Maven，但也會介紹如何在使用其他組建工具時採取類似的做法。範例 7-1 是專案的 *pom.xml*。

範例 7-1　超級簡單的示範專案 pom.xml

```
<?xml version="1.0" encoding="UTF-8"?>
<project xmlns="http://maven.apache.org/POM/4.0.0"
         xmlns:xsi="http://www.w3.org/2001/XMLSchema-instance"
         xsi:schemaLocation="http://maven.apache.org/POM/4.0.0
         http://maven.apache.org/xsd/maven-4.0.0.xsd">
    <modelVersion>4.0.0</modelVersion>

    <groupId>uk.co.danielbryant.oreillyexamples</groupId>
    <artifactId>builddemo</artifactId>
```

```
    <version>0.1.0-SNAPSHOT</version>

    <properties>
        <project.build.sourceEncoding>UTF-8</project.build.sourceEncoding>
        <project.reporting.outputEncoding>UTF-8</project.reporting.outputEncoding>
        <maven.compiler.source>1.8</maven.compiler.source>
        <maven.compiler.target>1.8</maven.compiler.target>
    </properties>

    <dependencies>
        <dependency>
            <groupId>ch.qos.logback</groupId>
            <artifactId>logback-classic</artifactId>
            <version>1.2.3</version>
        </dependency>
    </dependencies>

</project>
```

這個專案的工作只是在主控台輸出一個 log 訊息。範例 7-2 是主類別。

範例 7-2　*LoggingDemo 類別，它用 Logback 與 SLF4J 將訊息 log 到主控台*

```
package uk.co.danielbryant.oreillyexamples.builddemo;

import org.slf4j.Logger;
import org.slf4j.LoggerFactory;

public class LoggingDemo {

    public static final Logger LOGGER = LoggerFactory.getLogger(LoggingDemo.class);

    public static void main(String[] args) {
        LOGGER.info("Hello, (Logging) World!");
    }
}
```

這個專案的目錄採取標準的 Maven 專案結構。在發出任何組建命令之前，根目錄樹就像範例 7-3。

範例 7-3　用 *tree* 命令來查看目錄結構

```
builddemo $ tree
.
├── builddemo.iml
├── pom.xml
└── src
    ├── main
    │   ├── java
    │   │   └── uk
    │   │       └── co
    │   │           └── danielbryant
    │   │               └── oreillyexamples
    │   │                   └── builddemo
    │   │                       └── LoggingDemo.java
    │   └── resources
    └── test
        └── java

11 directories, 3 files
```

如範例 7-4 所示，當你組建與包裝 Maven 專案時，你會在 *target/builddemo-0.1.0-SNAPSHOT.jar* 看到有個 JAR 檔案被建立並儲存。

範例 7-4　包裝 *Maven app*

```
builddemo $ mvn package
[INFO] Scanning for projects...
[INFO]
[INFO] ------------------------------------------------------------------------
[INFO] Building builddemo 0.1.0-SNAPSHOT
[INFO] ------------------------------------------------------------------------
[INFO]
[INFO] --- maven-resources-plugin:2.6:resources (default-resources) @ builddemo ---
[INFO] Using 'UTF-8' encoding to copy filtered resources.
[INFO] Copying 0 resource
[INFO]
[INFO] --- maven-compiler-plugin:3.1:compile (default-compile) @ builddemo ---
[INFO] Changes detected - recompiling the module!
[INFO] Compiling 1 source file to /Users/danielbryant/Documents/ ↵
dev/daniel-bryant-uk/builddemo/target/classes
[INFO]
[INFO] --- maven-resources-plugin:2.6:testResources ↵
(default-testResources) @ builddemo ---
[INFO] Using 'UTF-8' encoding to copy filtered resources.
[INFO] skip non existing resourceDirectory /Users/danielbryant/Documents/ ↵
```

```
dev/daniel-bryant-uk/builddemo/src/test/resources
[INFO]
[INFO] --- maven-compiler-plugin:3.1:testCompile ↵
(default-testCompile) @ builddemo ---
[INFO] Nothing to compile - all classes are up-to-date
[INFO]
[INFO] --- maven-surefire-plugin:2.12.4:test (default-test) @ builddemo ---
[INFO] No tests to run.
[INFO]
[INFO] --- maven-jar-plugin:2.4:jar (default-jar) @ builddemo ---
[INFO] Building jar: /Users/danielbryant/Documents/ ↵
dev/daniel-bryant-uk/builddemo/target/builddemo-0.1.0-SNAPSHOT.jar
[INFO] ------------------------------------------------------------------------
[INFO] BUILD SUCCESS
[INFO] ------------------------------------------------------------------------
[INFO] Total time: 1.412 s
[INFO] Finished at: 2017-12-04T15:11:22-06:00
[INFO] Final Memory: 14M/48M
[INFO] ------------------------------------------------------------------------
```

如果你試著用 java -jar 命令執行 JAR ，將會看到下面的錯誤訊息：

```
builddemo $ java -jar target/builddemo-0.1.0-SNAPSHOT.jar
no main manifest attribute, in target/builddemo-0.1.0-SNAPSHOT.jar
```

為了將 JAR 變成可執行的 JAR，我們必須有個 manifest。你可以使用 *maven-jar-plugin* 輕鬆地加入這種檔案來解決這個問題，見範例 7-5。

範例 7-5　在 *pom.xml* 加入 *maven-jar-plugin*

```xml
<?xml version="1.0" encoding="UTF-8"?>
<project xmlns="http://maven.apache.org/POM/4.0.0"
         xmlns:xsi="http://www.w3.org/2001/XMLSchema-instance"
         xsi:schemaLocation="http://maven.apache.org/POM/4.0.0
         http://maven.apache.org/xsd/maven-4.0.0.xsd">

...
    <build>
        <plugins>
            <plugin>
                <groupId>org.apache.maven.plugins</groupId>
                <artifactId>maven-jar-plugin</artifactId>
                <version>2.6</version>
                <configuration>
                    <archive>
                        <manifest>
                            <addClasspath>true</addClasspath>
```

```
                        <mainClass>uk.co.danielbryant.
                        oreillyexamples.builddemo.LoggingDemo</mainClass>
                    </manifest>
                </archive>
            </configuration>
        </plugin>
    </plugins>
</build>
</project>
```

但是當你包裝專案，並試著執行 JAR 時，仍然會看到錯誤：

```
builddemo $ java -jar target/builddemo-0.1.0-SNAPSHOT.jar
Exception in thread "main" java.lang.NoClassDefFoundError: ↵
 org/slf4j/LoggerFactory at uk.co.danielbryant.oreillyexamples.builddemo.
LoggingDemo.<clinit>(LoggingDemo.java:8)
Caused by: java.lang.ClassNotFoundException: ↵
 org.slf4j.LoggerFactory at java.base/jdk.internal.loader.BuiltinClassLoader. ↵
 loadClass(BuiltinClassLoader.java:582)
at java.base/jdk.internal.loader.ClassLoaders$AppClassLoader. ↵
loadClass(ClassLoaders.java:185)
at java.base/java.lang.ClassLoader.loadClass(ClassLoader.java:496)
... 1 more
```

這個錯誤訊息很有幫助，你可以從 NoClassDefFoundError 看到，需要用來執行的
Logback 依賴項目沒有被加入 JAR。你可以藉著查看 JAR 檔案來確認這件事：

```
builddemo $ jar tf target/builddemo-0.1.0-SNAPSHOT.jar
META-INF/
META-INF/MANIFEST.MF
uk/
uk/co/
uk/co/danielbryant/
uk/co/danielbryant/oreillyexamples/
uk/co/danielbryant/oreillyexamples/builddemo/
uk/co/danielbryant/oreillyexamples/builddemo/LoggingDemo.class
META-INF/maven/
META-INF/maven/uk.co.danielbryant.oreillyexamples/
META-INF/maven/uk.co.danielbryant.oreillyexamples/builddemo/
META-INF/maven/uk.co.danielbryant.oreillyexamples/builddemo/pom.xml
META-INF/maven/uk.co.danielbryant.oreillyexamples/builddemo/pom.properties
```

裡面有 *LoggingDemo.class* 檔案以及你的 *META-INF/MANIFEST.MF* 檔案（之前沒有），但
沒有其他的 Java 類別檔，例如你的依賴項目。

組建 Fat 可執行 "Uber" JAR

你可以用外掛來建立可執行的 JAR（通常稱為 *fat JAR* 或 *uber JAR*），但最有效率的通常是 Maven Shade Plugin（*http://bit.ly/2NI7eKM*）。許多現代的 Java web app 框架都預設包含這種外掛，例如 Spring（或提供同樣功能的東西），你甚至有可能在不知不覺間使用它。但是了解一下 fat JAR 究竟是如何做出來的對你很有幫助，因為你通常可以藉此知道如何解決奇怪的類別路徑問題！

其他的選項：Maven Jar 外掛與 Maven Assembly 外掛

本章已經介紹如何使用 Maven Jar 外掛了，雖然這個外掛可以建立可執行的 JAR 檔案，但它無法將依賴項目與相應的 JAR 包在一起（即，這個外掛無法製作 fat JAR）。Maven Assembly 是另一種常用的外掛，它可以建立 fat JAR，但是由於這種外掛組裝 JAR 的方式，它有可能會造成名稱衝突問題。

在小型的專案（例如我們的範例）中，這種情況通常不是個問題，但是在處理有許多依賴項目的專案時可能會產生許多問題，而使用現代 Java app 框架時，經常有許多依賴項目。如果你想要知道 Maven Shade 外掛如何克服類別名稱衝突問題的技術細節，可以到專案的網站了解類別重新放置（*http://bit.ly/2Q7vDGn*）的主題。

Maven Shade 外掛

你可以在專案 *pom.xml* 裡面加入 Maven Shade 外掛（*http://bit.ly/1kEDuZk*），見範例 7-6。

範例 7-6　包含 *Maven Shade 外掛*的 *pom.xml*

```
<?xml version="1.0" encoding="UTF-8"?>
<project xmlns="http://maven.apache.org/POM/4.0.0"
        xmlns:xsi="http://www.w3.org/2001/XMLSchema-instance"
        xsi:schemaLocation="http://maven.apache.org/POM/4.0.0
        http://maven.apache.org/xsd/maven-4.0.0.xsd">

...
    <build>
        <plugins>
            <plugin>
                <groupId>org.apache.maven.plugins</groupId>
                <artifactId>maven-shade-plugin</artifactId>
```

```
            <version>3.1.0</version>
            <executions>
                <execution>
                    <phase>package</phase>
                    <goals>
                        <goal>shade</goal>
                    </goals>
                    <configuration>
                        <transformers>
                            <transformer implementation= ↵
    "org.apache.maven.plugins.shade.resource.ManifestResourceTransformer">
                                <mainClass>
                uk.co.danielbryant.oreillyexamples.builddemo.LoggingDemo
                                </mainClass>
                            </transformer>
                        </transformers>
                    </configuration>
                </execution>
            </executions>
        </plugin>
    </plugins>
</build>
</project>
```

在這個外掛中，重點在 execution 標籤裡面。phase 的用途是指定外掛應該在生命週期的哪個部分執行（在這裡是 package phase），goal 則指定執行 "shade" 功能。在上述的組態裡面，ManifestResourceTransformer 指定一個加入 JAR manifest 的 main class。

Maven Shade 外掛資源轉換器

只要沒有重疊（overlap），將許多工件的類別與資源放入一個 uber JAR 非常簡單，否則，你就要用某種邏輯來合併來自多個 JAR 的資源。這就是使用資源轉換器（*http://bit.ly/2zwYTAP*）的時機。Maven Shade 外掛的 org.apache.maven. plugins.shade.resource 包裝裡面有各種預設的資源轉換器，請看一下這個包裝，了解一下有哪些選項可用！

當你包裝專案時，可以看到 Maven Shade 外掛顯示的其他細節，它們解釋 uber JAR 是
怎麼組成的，見範例 7-7。

範例 7-7　用 *Maven Shade* 外掛包裝 *app*

```
builddemo $ mvn clean package
[INFO] Scanning for projects...
[INFO]
[INFO] ------------------------------------------------------------------------
[INFO] Building builddemo 0.1.0-SNAPSHOT
[INFO] ------------------------------------------------------------------------
[INFO]
...
[INFO]
[INFO] --- maven-jar-plugin:2.4:jar (default-jar) @ builddemo ---
[INFO] Building jar: /Users/danielbryant/Documents/dev/daniel-bryant-uk/ ↵
builddemo/target/builddemo-0.1.0-SNAPSHOT.jar
[INFO]
[INFO] --- maven-shade-plugin:3.1.0:shade (default) @ builddemo ---
[INFO] Including ch.qos.logback:logback-classic:jar:1.2.3 in the shaded jar.
[INFO] Including ch.qos.logback:logback-core:jar:1.2.3 in the shaded jar.
[INFO] Including org.slf4j:slf4j-api:jar:1.7.25 in the shaded jar.
[INFO] Replacing original artifact with shaded artifact.
[INFO] Replacing /Users/danielbryant/Documents/dev/daniel-bryant-uk/ ↵
builddemo/target/builddemo-0.1.0-SNAPSHOT.jar with /Users/danielbryant/ ↵
Documents/dev/daniel-bryant-uk/builddemo/target/builddemo-0.1.0-SNAPSHOT-shaded.jar
[INFO] Dependency-reduced POM written at: /Users/danielbryant/ ↵
Documents/dev/daniel-bryant-uk/builddemo/dependency-reduced-pom.xml
[INFO] ------------------------------------------------------------------------
[INFO] BUILD SUCCESS
[INFO] ------------------------------------------------------------------------
[INFO] Total time: 2.402 s
[INFO] Finished at: 2018-01-03T16:28:25Z
[INFO] Final Memory: 19M/65M
[INFO] ------------------------------------------------------------------------
```

看起來很棒，現在你可以試著執行 fat JAR 結果了，見範例 7-8。

範例 7-8　執行 *Maven Shade* 組建的 *fat JAR*

```
builddemo $ java -jar target/builddemo-0.1.0-SNAPSHOT.jar
16:28:38.198 [main] INFO uk.co.danielbryant.oreillyexamples ↵
.builddemo.LoggingDemo - Hello, (Logging) World!
```

成功了！現在你可以看一下 fat JAR 的內容，看看 Maven Shade 外掛加入的所有依賴類別檔；見範例 7-9。

範例 7-9　Maven Shade 產生的 fat JAR 裡面的部分依賴類別檔

```
builddemo $ jar tf target/builddemo-0.1.0-SNAPSHOT.jar
META-INF/MANIFEST.MF
META-INF/
uk/
uk/co/
uk/co/danielbryant/
uk/co/danielbryant/oreillyexamples/
uk/co/danielbryant/oreillyexamples/builddemo/
uk/co/danielbryant/oreillyexamples/builddemo/LoggingDemo.class
META-INF/maven/
META-INF/maven/uk.co.danielbryant.oreillyexamples/
META-INF/maven/uk.co.danielbryant.oreillyexamples/builddemo/
META-INF/maven/uk.co.danielbryant.oreillyexamples/builddemo/pom.xml
META-INF/maven/uk.co.danielbryant.oreillyexamples/builddemo/pom.properties
ch/
ch/qos/
ch/qos/logback/
ch/qos/logback/classic/
ch/qos/logback/classic/AsyncAppender.class
ch/qos/logback/classic/BasicConfigurator.class
...
org/slf4j/impl/StaticMarkerBinder.class
org/slf4j/impl/StaticMDCBinder.class
META-INF/maven/ch.qos.logback/
META-INF/maven/ch.qos.logback/logback-classic/
META-INF/maven/ch.qos.logback/logback-classic/pom.xml
META-INF/maven/ch.qos.logback/logback-classic/pom.properties
ch/qos/logback/core/
...
META-INF/maven/org.slf4j/slf4j-api/pom.xml
META-INF/maven/org.slf4j/slf4j-api/pom.properties
```

你可以看到，將依賴項目 shade 到 fat JAR 裡面時，會將許多額外的檔案加入（而且在上面的範例中，我們已經故意省略 600 個其他類別了）。希望你可以開始了解管理大型 app 的依賴關係時的一些挑戰。

Maven dependency:tree

使用 Shade 外掛來包裝工件時，依賴項目衝突是很常見的事情。mvn dependency:tree 是一種實用的 Maven 命令，對專案執行這個命令可以顯示你的依賴項目樹狀圖。你也可以使用 -Dverbose 旗標來加入更多關於衝突的細節，以及使用 -Dincludes=<*dependency-name*> 旗標來指定特定的依賴項目。例如：

```
mvn dependency:tree -Dverbose -Dincludes=commons-collections
```

組建 Spring Boot Uber JAR

當你使用 Spring Boot 時，可以選擇使用 Spring Boot Maven 外掛來建立 fat JAR，而不是 Maven Shade 外掛。將外掛加入專案非常簡單，見範例 7-10。

範例 7-10　將 Spring Boot Maven 外掛加入 pom.xml

```xml
<?xml version="1.0" encoding="UTF-8"?>
<project xmlns="http://maven.apache.org/POM/4.0.0"
        xmlns:xsi="http://www.w3.org/2001/XMLSchema-instance"
        xsi:schemaLocation="http://maven.apache.org/POM/4.0.0
        http://maven.apache.org/xsd/maven-4.0.0.xsd">

...
    <build>
        <plugins>
            <plugin>
                <groupId>org.springframework.boot</groupId>
                <artifactId>spring-boot-maven-plugin</artifactId>
            </plugin>
        </plugins>
    </build>
</project>
```

Spring Boot Maven 外掛會重新包裝已經在 Maven 生命週期的包裝階段組建的 JAR 或 WAR。你只要觸發一般的 Maven 組建即可。

在使用 *Spring Boot* 時，使用 *Maven Shade* 外掛

你可以用 Maven Shade 來組建 Spring Boot app，但是你可能會遇到問題，尤其是 app 進入點與控制器無法正常運作的情況下（*http://bit.ly/2R1m6li*）。我們相信這些問題都可以解決（只要付出足夠的時間與勞力），但我建議，如果你使用 Spring Boot，那就堅持使用 Spring Boot Maven 外掛，除非你有很好的理由不這麼做，否則，你可能會遇到沒必要的麻煩。

Bill of Materials：BOM

當你處理 Spring 依賴項目時，可能會遇到縮寫的 *BOM* 與傳統的 Maven *POM* 同時使用的情況。*bill of materials*（BOM）是一種特殊的 POM，用途是管理專案依賴項目的版本，並提供一個中心位置來定義與更新這些版本。使用 BOM 可讓你輕鬆地在 Spring 框架裡面管理複雜且互相依賴的程式庫，但你通常不太需要建立自己的 BOM。

Skinny JAR—決定不組建 Fat JAR

在現代的 Java web 開發中，企圖包裝與執行任何一種非 fat JAR 的 app 幾乎都會被視為一種異端。但是，組建與部署這些大型檔案有時也有明顯的缺點。HubSpot 工程團隊寫了一篇出色的部落格文章（*http://bit.ly/2N469rA*），解釋他們在 AWS 雲端持續部署大型的 fat JAR 時遇到的挑戰。

這個部落格說到，他們的團隊一開始使用 Maven Shade 外掛來組建與包裝 app，但最終，它將一個有 70 個類別檔案的 app（不包含依賴項目的原始 JAR 總共 210 KB）轉換成一個 150+ MB 大小的 fat JAR。使用 Shade 將超過 100,000 個檔案結合成一個檔案也是個緩慢的程序，而且接著，當組建伺服器將生成的 JAR 複製及部署到 AWS S3 儲存服務時，也消耗許多時間與網路資源。讓這種情況雪上加霜的是，HubSpot 有 100 位工程師，每天不斷提交與觸發 1,000–2,000 次組建，所以每天都會產生 50–100 GB 的組建工件！

最後 HubSpot 團隊建立一個新的 Maven 外掛：SlimFast（*https://github.com/HubSpot/slimfast*）。這個外掛與 Shade 外掛不同，它將 app 程式碼與相關的依賴項目分開，並且相應地組建與上傳兩個不同的工件。單獨組建與上傳 app 依賴項目乍看之下沒有效率，但這個步驟只在依賴項目改變時發生。因為依賴項目不常更改，HubSpot 團隊聲稱這個步驟通常是個 no-op（無作業），套件依賴項目的 JAR 檔案只被上傳到 S3 一次。

HubSpot 部落格文章及其 GitHub 存放區提供詳盡的資訊，但實質上，SlimFast 外掛是用 Maven JAR 外掛在 Skinny JAR 加入一個 Class-Path manifest 入口，這個入口指向依賴項目 JAR 檔，並產生一個 JSON 檔，裡面有 S3 裡面的所有依賴工件的資訊，因此它們可在稍後下載。在部署期間，HubSpot 團隊會下載 app 的所有依賴項目，但是接著會在各個 app 伺服器快取這些工件，所以這個步驟通常也是 no-op。最終的結果是，在組建期，他們只上傳 app 的 skinny JAR，只有幾百 kilobytes；在部署期，他們只需要下載這個 thin JAR，耗時不到一秒鐘。

目前 SlimFast 外掛已經和儲存工件的 AWS S3 綁在一起了，但你可以在 GitHub 取得程式碼，並且將這個原則運用在任何類型的外部儲存器（其他的外掛選項見下列的專欄）。

想要建立瘦（skinny）的 Spring Boot JAR 嗎？

雖然 SlimFast 外掛可用來建立 Skinny Spring Boot JAR，但使用 Dave Syer 的 Spring Boot Thin Launcher（*https://github.com/dsyer/springboot-thin-launcher*）外掛更簡單。這是一個完全獨立的專案（使用類似的概念），它從一開始就是在 Spring Boot 的支援之下建立的。Dave 的外掛也使用本地的 Maven 存放區來快取 "啟動器（launcher）" 依賴項目 JAR 檔案，所以不像 SlimFast 外掛那樣，與 AWS 有緊密的關係。Spring Boot Thin Launcher 有良好的文件，提供優秀的 Gradle 支援，也是高度可設置的。

組建 WAR 檔案

如果你要將程式碼部署到 app 伺服器（或某種無伺服器平台），可能要將程式碼包成 WAR 檔案。*WAR* 檔案很像 JAR 檔：它是一堆檔案的壓縮檔。但是除了類別檔之外，WAR 檔裡面也有 web app 所需的檔案，例如 JSP、HTML 與圖像檔，以及 web app 詮釋資料的 *WEB-INF* 資料夾。如果你已經讀過本章之前的內容，或許認為你可以用任何一種之前談到的技術來組建你自己的 WAR——你是對的。但是，你還有一種更方便的 Maven WAR 外掛可用（*http://maven.apache.org/plugins/maven-war-plugin/*），見範例 7-11。

範例 7-11　在 pom.xml 裡面加入 Maven WAR 外掛

```
<project xmlns="http://maven.apache.org/POM/4.0.0"
         xmlns:xsi="http://www.w3.org/2001/XMLSchema-instance"
         xsi:schemaLocation="http://maven.apache.org/POM/4.0.0
         http://maven.apache.org/xsd/maven-4.0.0.xsd">

    <groupId>uk.co.danielbryant.oreillyexamples</groupId>
    <artifactId>builddemo</artifactId>
    <version>0.1.0-SNAPSHOT</version>
    <packaging>war</packaging>
...
  <build>
    <plugins>
      <plugin>
        <groupId>org.apache.maven.plugins</groupId>
        <artifactId>maven-war-plugin</artifactId>
        <version>3.2.0</version>
        <configuration>
          <archive>
            <manifest>
              <addClasspath>true</addClasspath>
            </manifest>
          </archive>
        </configuration>
      </plugin>
      ...
    </plugins>
  </build>
</project>
```

你只要用 Maven 來包裝 app，就可以在目標資料夾裡面產生 WAR 檔案。

用 *Spring Boot* 建立 *WAR* 檔

在專案中加入 Spring Boot Maven 外掛可以讓你輕鬆地組建 WAR 檔案，因為這個外掛會自動加入（並設置）Maven WAR 外掛。你必須將 packaging 改成 war（與你在獨立的 Maven WAR 外掛看到的一樣）、在 POM 的 dependencies 段落明確指定（*http://bit.ly/2Qcr0Ln*）spring-boot-starter-tomcat 依賴項目，並且指出 scope 是 provided，以確保內嵌的 servlet 容器不會干擾即將部署 WAR 檔的 servlet 容器。

Maven WAR 外掛是高度可設置的，它比較容易加入與排除特定的（*http://bit.ly/2IhEoLa*）Java 類別檔（或其他檔案），建立 Skinny WAR（*http://bit.ly/2NGZybQ*）或快速啟動組建好的 WAR（*http://bit.ly/2NICvgD*），以便使用內嵌 app 伺服器外掛 Jetty 來測試。

逃離 JAR（與 WAR）地獄

我們曾經討論如何使用 mvn dependency:tree 命令來查看專案中的依賴項目資訊。在組建與部署 WAR 至 GlassFish 或 WildFly 之類的 app 伺服器時，伺服器本身可能會將額外的 JAR 檔案載入至類別路徑，它們可能會與你在自己的工件裡面加入的依賴項目衝突。

在這種情況下，JHades（*http://jhades.github.io/*）是一種好用的工具，可幫助你解決類別路徑問題，即使 app 無法啟動。

為雲端而包裝

如果你要將 Java app 部署到雲端，把生成的組建工件包裝在 OS 或 VM 原生工件中可能比較有利，因為藉此你可以指定更多精密的組態設置與部署指令，還可以加入額外的詮釋資料。例如，藉著組建 Red Hat RPM Package Manager 工件（RPM）或 Debian Software Package 檔案（DEB 檔案），你可以指定要將 fat JAR 檔部署到檔案系統的哪裡，建立用戶來執行它，並指定組態設置。這可為自動安裝提供更多空間，並且協助開發者與運維者合作，以及了解所需的安裝指令與程序。

下移一個抽象層，到達機器或 VM 映像，當你組建這種工件時，除了之前提到的控制項目外，也可以完全控制整個 OS 安裝與設置。在引入容器技術之前，Netflix 藉著它的 Aminator 工具推廣 "以完整的 AWS VM 映像（稱為 *Amazon Machine Images*（AMIs））來部署 Java app" 的做法，你也可以使用這種工具來採取類似的方法。

烹調組態：烘焙或油炸機

將 app 建立或部署成機器或 VM 映像通常被稱為烘焙映像（baking an image）。以烹飪來比喻，你是將所有的 app 部署食材放在一起，並且用一個動作將它們烹調成食物。這種部署風格的反向方法是油炸，儘管這種說法有點濫用烹飪比喻，但它的主要概念是，app 的部署食材是逐步添加的，可能是一層一層加上去。使用 RPM 或 DEB 來部署 Java app（甚至是基本 JAR 或 WAR 檔案）是油炸部署的一部分，而使用機器 VM 映像來部署 app 是烘焙。

烘焙的優點是，它建立的是不可變的部署工件，因此你比較容易了解部署的是什麼，較難看到組態漂移（在油炸時，你可以用稍微不同的方式，將各個 app 安裝在一大群機器中）。缺點是這個程序花費的時間通常比油炸機器還要長，產生的部署工件可能很大，因此可能造成儲存與網路方面的問題。油炸的優點在於，使用預先組建的基本映像（使用組態管理工具（Chef、Ansible、Puppet、SaltStack 等等））來部署較小的 app 層通常較快且較靈活。雖然組態管理工具已經試著盡量減少組態漂移了，但它仍然是油炸方法的主要缺點。

組建 RPM 與 DEB OS 包裝

因為我們有 Maven 外掛可用，所以建立 RPM 與 DEB 包裝比較簡單。我們的主要挑戰是設置包裝內的安裝程序（這需要運維 / 系統管理知識）以及在 OS 包裝外面測試 Java app。

包裝 *OS* 工件需要運維知識

當你建立 OS 工件時，必須在安裝 app 期間修改 OS，這是比單純包裝 JAR 工件還要重大的責任。根據底層 OS 的設置情況，你可能（在最壞的情況下）會對系統造成不可挽回的損害，或讓機器無法啟動。你的組織也有可能會用特定的方法或組態來安裝軟體，可能是出於合規性或治理等因素，因此，建議你一定要諮詢組織的運維或系統管理團隊。

一般來說,建議你像往常一樣,在本地組建與部署 Java app(例如做成 fat JAR 或 WAR),但是用 OS 包裝來組建與部署所有的組建伺服器與遠端環境(QA、預備與生產)。這種做法可減少本地選擇上的麻煩(與工作的變動),但可以在組建管道的早期抓到每一個設置問題。

組建 OS 工件很花時間!

我們通常不建議將本地組建流程設置成在每一次組建時組建 OS 包裝(*mvn* 包裝)。當你進行中型或複雜的專案時,這種做法很快就會讓你把時間浪費在組建上面,或浪費系統資源,例如 CPU 與儲存器。這個建議的確在一定程度上違背了"讓本地開發環境盡量與生產環境相似"的一般性原則,但是如同軟體開發領域的所有事情,這是一種取捨。

你可以用 RPM Maven 外掛(*http://www.mojohaus.org/rpmmaven-plugin/*)來組建 RPM,我們建議你按需求組建 RPM(見上述的警告),或在 Maven 生命週期中,當成副作用來組建。

範例 7-12 使用 RPM Maven 外掛來建立 RPM 部署工件的 pom.xml

```
<project xmlns="http://maven.apache.org/POM/4.0.0"
         xmlns:xsi="http://www.w3.org/2001/XMLSchema-instance"
         xsi:schemaLocation="http://maven.apache.org/POM/4.0.0
         http://maven.apache.org/xsd/maven-4.0.0.xsd">

  <groupId>uk.co.danielbryant.oreillyexamples</groupId>
  <artifactId>builddemo</artifactId>
  <version>0.1.0-SNAPSHOT</version>
  <packaging>jar</packaging>
...
    <build>
      <plugins>
        <plugin>
          <groupId>org.codehaus.mojo</groupId>
          <artifactId>rpm-maven-plugin</artifactId>
          <version>2.1.5</version>
          <executions>
            <execution>
              <id>generate-rpm</id>
              <goals>
                <goal>rpm</goal>
              </goals>
            </execution>
```

```
            </executions>
          </plugin>
        </plugins>
      </build>
    </project>
```

我們經常建立相當複雜的 app 部署程序，外掛通常很夠妥善地處理常見的使用案例。範例 7-13 是典型的外掛組態（取自外掛網站的範例段落（*http://bit.ly/2N4ZwVZ*））。

範例 7-13　安裝 Java app 的 RPM Maven 外掛組態範例

```
<configuration>
  <license>GPL (c) 2005, SWWDC</license>
  <distribution>Trash 2005</distribution>
  <group>Application/Collectors</group>
  <icon>src/main/resources/icon.gif</icon>
  <packager>SWWDC</packager>
  <prefix>/usr/local</prefix>
  <changelogFile>src/changelog</changelogFile>
  <defineStatements>
    <defineStatement>_unpackaged_files_terminate_build 0</defineStatement>
  </defineStatements>
  <mappings>
    <mapping>
      <directory>/usr/local/bin/landfill</directory>
      <filemode>440</filemode>
      <username>dumper</username>
      <groupname>dumpgroup</groupname>
      <sources>
        <source>
          <location>target/classes</location>
        </source>
      </sources>
    </mapping>
    ...
    <mapping>
      <directory>/usr/local/lib</directory>
      <filemode>750</filemode>
      <username>dumper</username>
      <groupname>dumpgroup</groupname>
      <dependency>
        <includes>
          <include>jmock:jmock</include>
          <include>javax.servlet:servlet-api:2.4</include>
        </includes>
        <excludes>
```

```
            <exclude>junit:junit</exclude>
          </excludes>
        </dependency>
      </mapping>
...
      <mapping>
        <directory>/usr/local/oldbin</directory>
        <filemode>750</filemode>
        <username>dumper</username>
        <groupname>dumpgroup</groupname>
        <sources>
          <softlinkSource>
            <location>/usr/local/bin</location>
          </softlinkSource>
        </sources>
      </mapping>
      ...
    </mappings>
    <preinstallScriptlet>
      <script>echo "installing now"</script>
    </preinstallScriptlet>
    <postinstallScriptlet>
      <scriptFile>src/main/scripts/postinstall</scriptFile>
      <fileEncoding>utf-8</fileEncoding>
    </postinstallScriptlet>
    <preremoveScriptlet>
      <scriptFile>src/main/scripts/preremove</scriptFile>
      <fileEncoding>utf-8</fileEncoding>
    </preremoveScript>
  </configuration>
```

Debian Maven 外掛（*http://debian-maven.sourceforge.net/*）可建立簡單的 DEB 檔案工件，見範例 7-14。

範例 7-14　用 Maven 外掛建立 DEB 工件

```
<project xmlns="http://maven.apache.org/POM/4.0.0"
        xmlns:xsi="http://www.w3.org/2001/XMLSchema-instance"
        xsi:schemaLocation="http://maven.apache.org/POM/4.0.0
        http://maven.apache.org/xsd/maven-4.0.0.xsd">

  <groupId>uk.co.danielbryant.oreillyexamples</groupId>
  <artifactId>builddemo</artifactId>
  <version>0.1.0-SNAPSHOT</version>
  <packaging>jar</packaging>
...
```

```
<build>
  <plugins>
    <plugin>
      <groupId>net.sf.debian-maven</groupId>
      <artifactId>debian-maven-plugin</artifactId>
      <version>1.0.6</version>
      <configuration>
        <packageName>my-package</packageName>
        <packageVersion>1.0.0</packageVersion>
      </configuration>
    </plugin>
  </plugins>
</build>
</project>
```

DEB Maven 與 RPM Maven 外掛一樣，叫讓你用許多組態選項（*http://debian-maven.sourceforge.net/usage.html*）來安裝與設置 app。

其他的 OS 包裝組建工具（支援 Windows）

除了 RPM 與 DEB 之外，我們還有許多其他建立 OS 工件來部署 Java app 的機制可用。第一種是 IzPack（*http://izpack.org/*），它可讓你建立安裝程式，可在 Linux 與 Solaris，以及 Microsoft Windows 與 macOS 上部署 app。IzPack 藉著建立一個安裝描述 XML 檔來部署與設置 Java app，範例 7-15 是一個範例檔案。IzPack 編譯器（*http://bit.ly/2zvLCZt*）會讀取它（可透過命令列、Maven 或 Ant 來呼叫），並建立 OS 專屬的可執行安裝程式。這個安裝程式可以使用 Swing GUI 或文字主控台以互動的方式執行，或是對持續交付而言更實用的方式——使用屬性檔內，之前的幾個對話紀錄，以非互動的方式執行。

範例 7-15　IzPack 安裝描述檔

```
<izpack:installation version="5.0"
                     xmlns:izpack="http://izpack.org/schema/installation"
                     xmlns:xsi="http://www.w3.org/2001/XMLSchema-instance"
                     xsi:schemaLocation="http://izpack.org/schema/installation
                     http://izpack.org/schema/5.0/izpack-installation-5.0.xsd">

  <info>
    <appname>Test</appname>
    <appversion>0.0</appversion>
    <appsubpath>myapp</appsubpath>
    <javaversion>1.6</javaversion>
  </info>
```

```
<locale>
  <langpack iso3="eng"/>
</locale>

<guiprefs width="800" height="600" resizable="no">
  <splash>images/peas_load.gif</splash>
  <laf name="substance">
    <os family="windows" />
    <os family="unix" />
    <param name="variant" value="mist-silver" />
  </laf>
  <laf name="substance">
    <os family="mac" />
    <param name="variant" value="mist-aqua" />
  </laf>
  <modifier key="useHeadingPanel" value="yes" />
</guiprefs>

<panels>
  <panel classname="TargetPanel"/>
  <panel classname="PacksPanel"/>
  <panel classname="InstallPanel"/>
  <panel classname="FinishPanel"/>
</panels>

<packs>
  <pack name="Test Core" required="yes">
    <description>The core files needed for the application</description>
    <fileset dir="plain" targetdir="${INSTALL_PATH}" override="true"/>
    <parsable targetfile="${INSTALL_PATH}/test.properties"/>
  </pack>
</packs>

</izpack:installation>
```

這個領域的其他開放原始碼工具包括 Launch4j（ *http://launch4j.sourceforge.net/* ）與（Windows 專用）Nullsoft Scriptable Install System（NSIS）（ *http://nsis.sourceforge.net/Main_Page* ）。你 也可以在網路上找到許多商用工具。

用 Packer 為多雲端建立機器映像

Packer（*https://www.packer.io/*）是 HashiCorp 提供的開放原始碼工具，可以用單一來源組態為多個平台建立完全相同的機器映像。Packer 的體積小、使用命令列，可在每一種主流作業系統上運行，而且性能優異，可以平行地為多個平台建立機器映像。Packer 可以使用 shell 腳本或 Ansible、Chef、Puppet 等組態管理工具來提供映像。Packer 將機器映像定義成單一靜態單元，裡面有預先設置的作業系統，以及安裝好的軟體，可用來快速建立新的運行機器。機器映像會幫每一個平台格式化變動，例子包括 EC2 的 AMI、VMware 的 VMDK/VMX 檔案，以及 VirtualBox 的 OVF 匯出。

用 Packer 保持開發 / 生產的一致

Packer 可讓開發、預備與生產環境盡量相似，這絕對是一件好事，可讓你更相信在開發與預備環境執行的測試，足以傳達在生產環境中的行為。

Packer 有一種實用的功能：它可以同時為多個平台產生映像。所以如果你在生產環境使用 AWS，在開發環境使用 VirtualBox（或許還有 Vagrant），可以用 Packer 以同一個模板生成 AMI 與 VBox 機器。如果你在持續交付管道中使用它，就有一個優秀的系統，從開發到生產都有一致的工作環境。

你可以用多數的作業系統安裝程式來安裝 Packer，或參考 Install Packer（*https://www.packer.io/intro/getting-started/install.html*）網頁。Packer Getting Started 網頁用夢幻般的方式介紹這種工具。範例 7-16 是個組態檔範例，展示使用 provisioners 將本地目錄的檔案複製到映像來組建 AWS AMI，並執行一系列腳本所需的詮釋資料。你可以將這些命令放在一個 JAR 檔案裡面，並用簡單的 *init* 腳本來執行這個 app。

範例 *7-16　Packer firstimage.json* 組建組態檔

```
{
    "variables": {
        "aws_access_key": "{{env `AWS_ACCESS_KEY_ID`}}",
        "aws_secret_key": "{{env `AWS_SECRET_ACCESS_KEY`}}",
        "region":         "us-east-1"
    },
    "builders": [
        {
            "access_key": "{{user `aws_access_key`}}",
            "ami_name": "packer-linux-aws-demo-{{timestamp}}",
            "instance_type": "t2.micro",
```

```
            "region": "us-east-1",
            "secret_key": "{{user `aws_secret_key`}}",
            "source_ami_filter": {
              "filters": {
              "virtualization-type": "hvm",
              "name": "ubuntu/images/*ubuntu-xenial-16.04-amd64-server-*",
              "root-device-type": "ebs"
              },
              "owners": ["099720109477"],
              "most_recent": true
            },
            "ssh_username": "ubuntu",
            "type": "amazon-ebs"
        }
    ],
    "provisioners": [
        {
            "type": "file",
            "source": "./welcome.txt",
            "destination": "/home/ubuntu/"
        },
        {
            "type": "shell",
            "inline":[
                "ls -al /home/ubuntu",
                "cat /home/ubuntu/welcome.txt"
            ]
        },
        {
            "type": "shell",
            "script": "./example.sh"
        }
    ]
}
```

Packer 組態檔可以加入多個 builders，所以你可以輕鬆地指定一個本地的 VirtualBox build 以及 AWS builder。Packer 是透過 packer 命令列工具來執行的，並且可以用旗標或屬性檔來載入屬性。範例 7-17 說明如何執行 packer build 命令。

範例 7-17　用 *Packer* 執行 *firstimage.json* 組建檔的輸出

```
$ export AWS_ACCESS_KEY_ID=MYACCESSKEYID
$ export AWS_SECRET_ACCESS_KEY=MYSECRETACCESSKEY
$ packer build firstimage.json
amazon-ebs output will be in this color.
```

```
==> amazon-ebs: Prevalidating AMI Name: packer-linux-aws-demo-1507231105
    amazon-ebs: Found Image ID: ami-fce3c696
==> amazon-ebs: Creating temporary keypair: ↵
packer_59d68581-e3e6-eb35-4ae3-c98d55cfa04f
==> amazon-ebs: Creating temporary security group for this instance: ↵
packer_59d68584-cf8a-d0af-ad82-e058593945ea
==> amazon-ebs: Authorizing access to port 22 on the temporary security group...
==> amazon-ebs: Launching a source AWS instance...
==> amazon-ebs: Adding tags to source instance
    amazon-ebs: Adding tag: "Name": "Packer Builder"
    amazon-ebs: Instance ID: i-013e8fb2ced4d714c
==> amazon-ebs: Waiting for instance (i-013e8fb2ced4d714c) to become ready...
==> amazon-ebs: Waiting for SSH to become available...
==> amazon-ebs: Connected to SSH!
==> amazon-ebs: Uploading ./scripts/welcome.txt => /home/ubuntu/
==> amazon-ebs: Provisioning with shell script: ↵
/var/folders/8t/0yb5q0_x6mb2jldqq_vjn3lr0000gn/T/packer-shell661094204
    amazon-ebs: total 32
    amazon-ebs: drwxr-xr-x 4 ubuntu ubuntu 4096 Oct  5 19:19 .
    amazon-ebs: drwxr-xr-x 3 root   root   4096 Oct  5 19:19 ..
    amazon-ebs: -rw-r--r-- 1 ubuntu ubuntu  220 Apr  9  2014 .bash_logout
    amazon-ebs: -rw-r--r-- 1 ubuntu ubuntu 3637 Apr  9  2014 .bashrc
    amazon-ebs: drwx------ 2 ubuntu ubuntu 4096 Oct  5 19:19 .cache
    amazon-ebs: -rw-r--r-- 1 ubuntu ubuntu  675 Apr  9  2014 .profile
    amazon-ebs: drwx------ 2 ubuntu ubuntu 4096 Oct  5 19:19 .ssh
    amazon-ebs: -rw-r--r-- 1 ubuntu ubuntu   18 Oct  5 19:19 welcome.txt
    amazon-ebs: WELCOME TO PACKER!
==> amazon-ebs: Provisioning with shell script: ./example.sh
    amazon-ebs: hello
==> amazon-ebs: Stopping the source instance...
    amazon-ebs: Stopping instance, attempt 1
==> amazon-ebs: Waiting for the instance to stop...
==> amazon-ebs: Creating the AMI: packer-linux-aws-demo-1507231105
    amazon-ebs: AMI: ami-f76ea98d
==> amazon-ebs: Waiting for AMI to become ready...
```

Packer 可以幫 Microsoft Windows 機器與相應的雲端實例建立映像，若要建立 macOS 映像，也有開放原始碼支援，例如 osx-vm-templates（*https://github.com/timsutton/osx-vm-templates*）。

建立機器映像的其他工具

我們還有一些其他的開放原始碼映像建立解決方案可用，例如 Netflix 的 aminator（*https://github.com/Netflix/aminator*）（建立 AWS AMI 的工具）與 Veewee（建立 Vagrant base box、基於內核的虛擬機器，以及 VM 的工具）。但是 Aminator 是 AWS 專用的，你要先將 Java app 包裝成 RPM 或 DEB 才能安裝，而 Veewee 不支援主流的雲端供應商映像格式，且需要安裝 Ruby。

你也可以使用開放系始碼的多雲端 Java 工具組，例如 jclouds（*https://jclouds.apache.org*）來建立機器映像，但本書不討論如何做這件事。如果你有興趣，可以參考 jclouds ImageApi（*http://bit.ly/2xIdFmW*）JavaDoc。最後，你也可以使用一些商用的機器映像建立工具，例如 Boxfuse（*https://boxfuse.com*），它可以建立 AWS AMI，用來部署 JVM、Node.js 與 Go app。它支援（*https://boxfuse.com/getstarted/*）廣泛的 Java web 框架，例如 Spring Boot、Dropwizard 與 Play，並且用簡單的（可自動化的）命令列工具來建立映像。

使用商用映像建立工具時的取捨

如果你想要用機器映像來包裝與部署 app，我們推薦 HashiCorp Packer，如本章之前的小節所述。Packer 是完全開放原始碼的工具，它是可設置的，而且支援多種平台，可讓你在內部查看組建過程中發生了什麼事、調整組建步驟與組態，如果你要部署到新平台，也可以更改輸出格式（只要做少量的改變）。

與 Boxfuse 這種商用工具相較之下，使用 Packer 需要犧牲用戶體驗。在我們看來，HashiCorp 工具一般而言都很優秀，但是它們預期開發者都有一定程度的運維意識，並非每一位開發者都是如此。

組建容器

要將 Java app 部署到 Docker 這類的容器，你不但要建立 Java app 工件，也要建立容器映像。

管理容器的運維複雜性

在容器映像中包裝 Java 工件會讓你面臨新的運維問題。例如，你必須指定一個基礎映像，裡面有作業系統與相關的工具，當成映像的基礎來使用（ 或 使 用 Google Distroless（*https://github.com/GoogleContainerTools/distroless*）基礎映像），並且設置想要公開的連接埠，以及 JVM 與 Java app 的執行方法。如果你第一次做這件事，或不確定該怎麼設定值，我們建議你諮詢運維或平台團隊。

用 Docker 建立容器映像

要建立 Docker 映像，你必須建立 Dockerfile，這是一個指定基礎作業系統、要加入的 app 工件，與相關執行環境組態的映像 manifest，見範例 7-18。

範例 7-18　*Dockerfile 範例*

```
FROM openjdk:8-jre
ADD target/productcatalogue-0.0.1-SNAPSHOT.jar app.jar
ADD product-catalogue.yml app-config.yml
EXPOSE 8020
ENTRYPOINT ["java","-Djava.security.egd=file:/dev/./urandom","-jar","app.jar", ↵
"server", "app-config.yml"]
```

有了 Dockerfile 之後，你可以用範例 7-19 的命令來組建與標記 Docker 映像。

範例 7-19　*用 Dockerfile 來組建與標記新 Docker 映像*

```
$ docker build -t danielbryantuk/productcatalogue:1.1 .
Sending build context to Docker daemon  15.56MB
Step 1/5 : FROM openjdk:8-jre
 ---> 8363d7ceb7b7
Step 2/5 : ADD target/productcatalogue-0.0.1-SNAPSHOT.jar app.jar
 ---> 664d4edcb774
Step 3/5 : ADD product-catalogue.yml app-config.yml
 ---> 8c732b560055
Step 4/5 : EXPOSE 8020
 ---> Running in 3955d790a531
 ---> 738157101d64
Removing intermediate container 3955d790a531
Step 5/5 : ENTRYPOINT java -Djava.security.egd=file:/dev/./urandom -jar app.jar
server app-config.yml
 ---> Running in 374eb13492e7
 ---> e504828640df
```

```
Removing intermediate container 374eb13492e7
Successfully built e504828640df
Successfully tagged danielbryantuk/productcatalogue:1.1
```

詮釋資料的重要性

無論格式如何，在工件裡面建立與包裝詮釋資料（例如組建日期、基礎映像識別碼（與核心 OS 程式庫版本號碼）與測試／驗證簽章）都非常重要，它可讓大家快速了解工件裡面有什麼，也可以協助檢查或確定工件有沒有暴露在新的安全漏洞之下。Docker 可讓你用標籤在 Dockerfile 加入鍵／值資訊，我們建議你用它來加入重要的資訊，你也可以在工件存放區裡面儲存額外的工件詮釋資料。

用 fabric8 來製造 Docker 映像

fabric8（*https://fabric8.io/*）是 Red Hat 管理的開放原始碼專案，其目的是提供從開發到生產的端對端開發平台，以建立雲端 app 與微服務。你可以透過持續交付管道來組建、測試與部署 app，接著用 ChatOps 工具來執行與管理它們。本書稍後會更詳細介紹 fabric8，但是這一章要介紹一個實用的功能：fabric8 提供了 Maven 外掛，可讓你輕鬆地組建 Docker 映像。Docker Maven 外掛不但可用來建立容器映像，也可以執行容器，或許是在整合測試期間。範例 7-20 展示如何使用這種外掛來組建容器。

範例 7-20　使用 *Docker Maven* 外掛的專案

```xml
<project xmlns="http://maven.apache.org/POM/4.0.0"
        xmlns:xsi="http://www.w3.org/2001/XMLSchema-instance"
        xsi:schemaLocation="http://maven.apache.org/POM/4.0.0
        http://maven.apache.org/xsd/maven-4.0.0.xsd">

  <groupId>uk.co.danielbryant.oreillyexamples</groupId>
  <artifactId>builddemo</artifactId>
  <version>0.1.0-SNAPSHOT</version>
  <packaging>jar</packaging>
...
  <build>
    <plugins>
      <plugin>
        <groupId>io.fabric8</groupId>
        <artifactId>docker-maven-plugin</artifactId>
        <configuration>
```

```
    <images>
      <image>
        <alias>service</alias>
        <name>fabric8/docker-demo:${project.version}</name>
        <build>
          <from>java:8</from>
          <assembly>
            <descriptor>docker-assembly.xml</descriptor>
          </assembly>
          <cmd>
            <shell>java -jar /maven/service.jar</shell>
          </cmd>
        </build>
      </image>
    </images>
  </configuration>
  </plugin>
  </plugins>
  </build>
</project>
```

其他的 Java 專用容器組建工具

除了編寫你自己的 Dockerfile 或使用 Fabric8 外掛之外，你也可以使用許多其他工具在標準 Java 組建程序中組建容器映像，它們或許更適合你的工作流程：

- Spotify docker-maven-plugin（*https://github.com/spotify/docker-maven-plugin*）與它最新的化身 dockerfile-maven（*https://github.com/spotify/dockerfilemaven*）。這些外掛可讓你在 POM 裡面設定廣泛的映像組建組態選項，也提供鉤點，讓你在整合測試階段執行容器。

- Google 的 Jib（*https://github.com/GoogleContainerTools/jib*）提供 Maven 與 Gradle 外掛讓你建立 OCI 相容的容器映像。這種工具巧妙地使用映像分層來提供快速組建（結合 Distroless 基礎映像），且不需要在本地執行 Docker daemon。

包裝 FaaS Java app

你可以使用 fat JAR（不應該是可執行的）或 ZIP 檔來將 FaaS Java app 程式碼上傳到服務。

AWS Lambda 建議我們在組建 fat JAR 時使用 Maven Shade 外掛。在範例 7-21 的 *pom.xml* 檔案裡面，你可以看到可在原始碼引用的 `aws-lambda-java-core` 依賴項目（且不會影響組建週期），也可以看到 Shade 外掛，它的 `createDependencyReducedPom` 組態被宣告為 `false`，這是因為要上傳到 AWS Lambda 服務的 FaaS Java app 必須包含所有的依賴項目。

範例 7-21　AWS Lambda FaaS Java app 的 pom.xml 範例

```
<project xmlns="http://maven.apache.org/POM/4.0.0"
xmlns:xsi="http://www.w3.org/2001/XMLSchema-instance"
xsi:schemaLocation="http://maven.apache.org/POM/4.0.0
http://maven.apache.org/maven-v4_0_0.xsd">
  <modelVersion>4.0.0</modelVersion>

  <groupId>doc-examples</groupId>
  <artifactId>lambda-java-example</artifactId>
  <packaging>jar</packaging>
  <version>1.0-SNAPSHOT</version>
  <name>lambda-java-example</name>

  <dependencies>
    <dependency>
      <groupId>com.amazonaws</groupId>
      <artifactId>aws-lambda-java-core</artifactId>
      <version>1.1.0</version>
    </dependency>
  </dependencies>

  <build>
    <plugins>
      <plugin>
        <groupId>org.apache.maven.plugins</groupId>
        <artifactId>maven-shade-plugin</artifactId>
        <version>2.3</version>
        <configuration>
          <createDependencyReducedPom>false</createDependencyReducedPom>
        </configuration>
        <executions>
          <execution>
```

```
          <phase>package</phase>
          <goals>
            <goal>shade</goal>
          </goals>
        </execution>
      </executions>
    </plugin>
  </plugins>
</build>
</project>
```

Azure Functions 文件建議使用 maven-dependency-plugin（*https://maven.apache.org/plugins/ maven-dependency-plugin/*）來包裝所有的相關類別與組態檔案，你可以從範例 7-22 這個 Maven 工件產生器產生的 *pom.xml* 看到這一點。

範例 7-22　*Azure Function Java FaaS app 的 pom.xml 範例*

```
<?xml version="1.0" encoding="UTF-8"?>
<project xmlns="http://maven.apache.org/POM/4.0.0"
    xmlns:xsi="http://www.w3.org/2001/XMLSchema-instance"
    xsi:schemaLocation="http://maven.apache.org/POM/4.0.0
    http://maven.apache.org/xsd/maven-4.0.0.xsd">
    <modelVersion>4.0.0</modelVersion>

    <groupId>helloworld</groupId>
    <artifactId>ProductCatalogue</artifactId>
    <version>1.0-SNAPSHOT</version>
    <packaging>jar</packaging>

    <name>Azure Java Functions</name>

    <dependencyManagement>
        <dependencies>
            ...
        </dependencies>
    </dependencyManagement>

    <dependencies>
        <dependency>
            <groupId>com.microsoft.azure.functions</groupId>
            <artifactId>azure-functions-java-library</artifactId>
        </dependency>
        ...
    </dependencies>

    <build>
```

```
        <pluginManagement>
            <plugins>
                ...
            </plugins>
        </pluginManagement>

        <plugins>
          ...
          <plugin>
              <groupId>org.apache.maven.plugins</groupId>
              <artifactId>maven-dependency-plugin</artifactId>
              <executions>
                  <execution>
                      <id>copy-dependencies</id>
                      <phase>prepare-package</phase>
                      <goals>
                         <goal>copy-dependencies</goal>
                      </goals>
                      <configuration>
                        <outputDirectory>${stagingDirectory}/lib</outputDirectory>
                        <overWriteReleases>false</overWriteReleases>
                        <overWriteSnapshots>false</overWriteSnapshots>
                        <overWriteIfNewer>true</overWriteIfNewer>
                        <includeScope>runtime</includeScope>
                        <excludeArtifactIds>
                           azure-functions-java-library
                        </excludeArtifactIds>
                      </configuration>
                  </execution>
              </executions>
          </plugin>
        </plugins>
    </build>
</project>
```

執行 `mvn package` 即可建立 AWS Lambda 或 Azure Function 工件。

在第 8 章，你會學到如何在本地使用 AWS Lambda 與 Azure Functions，以及如何在本地部署，與測試 FaaS-based Java app。

小結

這一章教你組建 JAR 檔案所需的所有知識，也介紹其他的包裝選項，並告訴你如何建立低階部署工件，例如機器與容器映像：

- （深入）了解 JAR 檔案究竟是如何建立的非常重要。當你為任何一種平台建立工件，或解決組建問題（例如類別載入問題）時，都可以使用這個知識。

- 你可以根據需求與限制來建立可執行的 fat JAR 或 skinny JAR。

- Maven（與其他組建工具）外掛可以建立 DEB 與 RPM 等 OS 工件，以及建立容器映像。

- 你可以使用 HashiCorp 的 Packer 等工具來建立 Java app，並將它包裝在各種機器映像中，以便在各種 OS 管理程序（例如 VirtualBox）與雲端平台（AWS 或 Azure）進行測試與生產部署。

- FaaS app 通常是使用 JAR，以包裝傳統的 Java app 的方式來包裝的，並且使用 Maven Shade 或 Maven Dependency 外掛之類的工具來管理依賴項目。

現在你已經知道如何組建與包裝 Java app 了，接下來，我們要確保在持續交付管道前期的本地開發程序盡可能地具備高效率。這是下一章的主題。

## 第八章

在本地工作
（如同在生產環境一般）

在開始建構持續交付管道之前，你必須先確保可以有效地使用本地開發機器上的程式碼與系統。本章將介紹幾項關於這件事的固有挑戰（尤其是當你使用現代分散式系統，以及以服務為基礎的架構時），接著討論 mock、服務虛擬化、基礎設施虛擬化（VM 與容器）等技術，以及 FaaS app 的本地開發。

本地開發的挑戰

身為一位 Java 開發者，你通常很習慣設置簡單的本地開發環境來處理傳統的單體 web app，這通常需要安裝作業系統、Java Development Kit（JDK）、組建工具（Maven 或 Gradle）與整合式開發環境（IDE），例如 IntelliJ IDEA 或 Eclipse。有時你也要安裝中介軟體或資料庫，或許還有 app 伺服器。這個本地開發設置很適合單一 Java app，但是當你想要開發部署在雲端環境、容器協調框架，或無伺服器平台的多服務系統時，該怎麼辦？

要開始製作有多項服務的 app，在一開始，最有邏輯的做法就是直接試著複製你的本地開發做法來處理每一個新服務。但是，如同計算領域的許多事項，手動複製不是長久之道，這種工作風格最大的問題是測試的整合成本，即使各個服務都有整合／元件等級的測試，一旦你開發的服務數量多到一定程度，你就很難協調測試組態與初始化。你會經常發現自己在本地啟動外部服務（藉著從 VCS 複製程式碼存放區、組建與執行）、處理狀態、對著你正在開發的服務程式碼執行測試，最後確認外部服務的狀態。

自訂本地開發組態腳本的危險

在以前,我們看過許多開發者試著建立簡單的腳本(bash、Groovy 等等)將每一件事情連接起來,以及將測試資料初始化,來克服本地初始化的問題。根據我們的經驗,這些腳本很快就會變得像惡夢般難以維護,因此不建議你採取這種做法。我們提到它只是為了開展後續的討論。

mock、stub 與服務虛擬化

擴展本地工作環境的第一種做法是許多人熟悉的技術:mock。這一節要探討如何善用這種做法,也會介紹一種沒有那麼流行,但是非常適合處理大量服務或外部 API 的技術:服務虛擬化。

模式 #1:profile、mock 與 stub

如果你習慣使用 JVM Spring 框架(或 Maven 組建工具)來開發程式的話,立刻就可以了解 profile 的概念了。從本質上講,*profile* 可讓你使用多個組態,並且在組建期或執行期進行切換。你可以幫本地的 profile 建立外部服務介面的 mock 或 stub,並且視需求切換成實際的生產實作。例如,這項技術可用來開發使用**產品搜尋**(*product-search*)服務的 Java 電子商務店面(*shop-front*)服務。**產品服務**(*product-service*)的介面有良好的定義,因此你可以開發多個 profile,在透過 Maven 執行自動化測試時使用:

no-search

這種 profile 可以 mock no-op 的**產品搜尋**(*product-search*)服務(使用 Mockito)並回傳空結果。如果本地的程式碼會與**產品搜尋**(*product-search*)服務互動,但你不在乎回傳的結果時,這種 profile 很實用。

parameterized-search

你可以在這種 profile 裡面放入**產品搜尋**(*product-search*)服務的 stub 實作,讓你可以在測試中進行參數化,以回傳各種搜尋結果(例如,一項產品、兩項產品、有特定屬性的產品、一個無效的產品等等)。你可以用 Java 類別來實作 stub,並且從外部 JSON 資料檔載入 precanned[1] 搜尋結果。這是一種實用的模式,但是如果 stub 開始變複雜(有很多條件),你可能要參考一下**服務虛擬化模式**。

1　"canned data" 不是真正的來源產生的資料,而是被預先填寫的資料,目的是模擬資料的產生。

production

這是**產品搜尋**（*product-search*）介面的產品實作，它會與實際的服務實例溝通，並進行適當的物件編組（marshalling）與錯誤處理等等。

你也可以在這種模式中加入內嵌的或 in-process 的資料存放區與中介軟體，儘管它不是 stub 或 mock。執行內嵌的程序通常可讓你與這個元件互動，這就好像你在執行完整的 out-of-process 實例，但有較少的初始化開銷，或比較不需要在外部設置程序。

執行內嵌的資料庫與中介軟體的好處

mock 與 stub 是建立測試的高效技術，但是當你使用資料存放區與中介軟體時，有時會發現自己在建立複雜的 mock，或需要模擬複雜的行為。如果你發現這種問題，我們建議你了解一下你的資料存放區或中介軟體能不能在 "內嵌" 或 in-process／記憶體模式下運行，這可讓你得到執行真正的東西的所有好處，但是與執行完整的 app 相較之下，可減少使用的資源。

在這種模式下執行 app 通常代表啟動時間會減少，回應時間也是如此（因為所有東西都在記憶體裡面執行，不需要讀寫磁碟），而且你會在每一個程序啟動時套用組態設置。用這種模式來執行的缺點是你通常只能使用小型資料集（可放入記憶體的），且資料 mutation 通常無法在不同的測試回合之間保存。

我們已經在測試與建立自動測試套件期間，成功使用下列的內嵌 app 了：

- 用 H2 或 HSQL 取代 MySQL 進行測試（注意，不同的實作之間有一些差異）。
- 用 Stubbed Cassandra 取代 Apache Cassandra。
- ElasticSearch 可當成單一內嵌節點來執行。
- Apache Qpid 可當成 RabbitMQ 或 ActiveMQ 的內嵌替代方案。
- Localstack 專案有許多 AWS 資料儲存服務的內嵌／in-process 版本，例如 DynamoDB 與 Kinesis。

要使用沒有提供內嵌或 in-memory 模式的資料存放區或中介軟體，或想要用大量的資料來測試，可使用 testcontainers 專案（*https://www.testcontainers.org/*）來將這些系統容器化，並透過 JUnit 執行它們。

用 Mockito 來 mock

在 Java 生態系統中，Mockito 是最受歡迎的 mock 程式庫之一。這個程式庫的最新版，2.0+ 版，提供了靈活的框架，可驗證與依賴項目的互動，或提供方法呼叫的 stub。

驗證互動

當你用第三方依賴項目來開發時，經常想要確定你正在開發的 app 是否與這個外部系統正確地互動，尤其是在收到一些使用案例的情況下（無論是快樂路徑，還是邊緣 / 有問題的案例）。範例 8-1 其中一個例子。

範例 8-1　用 List 類別 mock 來驗證互動，使用 Mockito

```
import static org.mockito.Mockito.*;

// 建立 mock
List mockedList = mock(List.class);

// 使用 mock 物件 - 它不會丟出任何 "unexpected interaction" 例外
mockedList.add("one");
mockedList.clear();

// 選擇性、明確、高可讀性的驗證
verify(mockedList).add("one");
verify(mockedList).clear();
```

測試程式中的斷言把重點放在 app 的行為（即，它在某些使用案例或先決條件的情況下是否有正確的行為）。

stub 方法呼叫

除了驗證 app 的行為之外，當你進行開發或測試時，可能也想要在執行方法時，驗證輸出或狀態，或外部服務回傳的 precanned 資料。通常這種情況會出現在你建立複雜的演算法，或與一些外部服務互動，且個別的互動不像最終結果那麼重要時。見範例 8-2。

範例 *8-2* *stub LinkedList mock 類別來回傳值*

```java
// 你也可以 mock 具體類別，而不是只有介面
LinkedList mockedList = mock(LinkedList.class);

// stub 會在實際的執行之前出現
when(mockedList.get(0)).thenReturn("first");

// 這是 true
assertThat(mockedList.get(0), is("first"));

// 這會印出 "null" 因為 get(999) 沒有被 stub
System.out.println(mockedList.get(999));
```

這個非常簡單的測試展示如何斷言值（在這個極簡單的例子中，它恰好直接來自mock），而不是斷言互動。

小心 *mock* 的複雜性

如果你發現 mock 不斷地從你正在 mock / stub 的實際 app 或服務飄移（drifting），或你花大量的時間在維護 mock，可能代表 mock 太複雜了，應該使用另一種工具或技術。永遠記得，你的工具應該為你所用，而不是相反的情況！

Mockito 框架是一種強大的程式庫，本章只展示有限的功能。

模式 #2：服務虛擬化與 API 模擬

當 mock 或 stub 外部（第三方）服務這項工作變得越來越複雜時，比較合適的做法或許是將服務虛擬化。如果你的 stub 開始含有許多條件邏輯、因為人們不斷改變 precanned資料以及損壞許多測試而變成爭吵的焦點，或變成一種維護問題，可能代表它太複雜了。服務虛擬化這項技術可讓你建立一個模擬外部服務的行為，它不會實際執行或連接服務的 app。這種技術與在內嵌或 in-process 模式執行實際的服務不一樣，因為虛擬服務通常不是真物，只能表現出你所定義的或紀錄的行為。

服務虛擬化技術可讓你實作比 mock 或 stub 更容易管理的複雜服務行為。你可以在許多情況下成功地使用這種技術，例如，當依賴服務回傳複雜（或大量的）資料時、當你無法使用外部服務時（例如，它可能是第三方擁有的，或作為 SaaS 運行），或是有許多額外的服務會與這個依賴項目互動，且分享虛擬服務比 mock 或 stub 程式碼簡單時。

這個領域的工具包括：

Mountebank

這種工具是一種 JavaScript/Node.js app，提供"跨平台、多協定的線上測試 double"，可將使用 HTTP/HTTPS 與 TCP 的服務虛擬化（它也支援 SMTP）。這種 API 很容易使用，雖然你寫出來的程式碼可能很冗長，但編寫複雜的虛擬化回應很簡單。

WireMock

這種工具很像 Mountebank，因為它是藉著建立實際的伺服器（在此是 HTTP）來運作的，你可以設置這個伺服器來做出一系列的虛擬化回應。WireMock 是用 Java 寫成的，而且它的創造者 Tom Akehurst 大力支援它。

Stubby4j

這是一種以 Java 為主的工具，與 Mountebank 以及 WireMock 有許多相似之處。這是一種比較老舊的服務虛擬化工具，但可用來模擬與外部老舊服務互動時，複雜的 SOAP 與 WSDL 訊息。

VCR/Betamax

它們都是實用的 app，可讓你紀錄與重播網路資訊流。當你無法使用外部依賴服務的程式碼時（因此只能觀察請求的回應）、當服務回傳大量的資料時（可在外部的 "cassette（卡式磁帶）"中捕獲），或對服務發出呼叫受到限制或非常昂貴時，這些工具特別實用。

Hoverfly

這是一種新的服務虛擬化工具，提供比 WireMock 與 VCR 還要多的設置選項，你可以模擬複雜的舊 app 的回應，以及有許多相互依賴的服務的複雜微服務架構。你也可以在執行與第三方服務互動的負載測試時使用 Hoverfly。例如，當外部 SaaS app 測試沙盒位於重要的路徑上，而且它不允許你在沒有到達瓶頸的情況下增加測試請求的數量時。Hoverfly 是用 Go 寫成的，這代表它是輕量的，而且性能優異：你可以在執行小型的 AWS EC2 節點時，輕鬆地每秒取得上千個請求 / 回應。

許多 Java 開發者不太熟悉服務虛擬化，所以我們要用比較多的篇幅討論它的使用與設置。

用 Hoverfly 來將服務虛擬化

這一節將介紹如何用 Hoverfly API 模擬工具來將本地開發環境的服務虛擬化。

安裝 Hoverfly

Hoverfly 可以透過 macOS brew 包裝管理器來安裝，也可以按照下列的說明，在 Hoverfly 網站（*http://bit.ly/2Q8dhVC*）下載並安裝在 Windows 與 Linux 系統上。

你也可以下載 Spring Boot 驅動的航班服務 API，我們將用它來探索服務虛擬化的概念。

用 Hoverfly 來捕捉與模擬請求

我們先啟動一個 Hoverfly 實例，見範例 8-3。

範例 8-3　啟動 Hoverfly

```
$ hoverctl start
Hoverfly is now running

+------------+------+
| admin-port | 8888 |
| proxy-port | 8500 |
+------------+------+
```

你可隨時發出 hoverctl status 命令來檢查 Hoverfly 是否正在運行，以及它正在監聽哪些連接埠，見範例 8-4。

範例 8-4　Hoverctl

```
$ hoverctl status

+------------+----------+
| Hoverfly   | running  |
| Admin port |     8888 |
| Proxy port |     8500 |
| Mode       | capture  |
| Middleware | disabled |
+------------+----------+
```

啟動航班服務,並且對它發出請求來確認它已經在執行了。在此,我們只搜尋明天的所有航班(注意,你使用 curl 得到的結果可能與範例 8-5 不同,因為航班服務會回傳隨機的飛行資料!):

範例 8-5　執行航班服務範例

```
$ ./run-flights-service.sh
waiting for service to start
waiting for service to start
waiting for service to start
service started

$ curl localhost:8081/api/v1/flights?plusDays=1 | jq
[
  {
    "origin": "Berlin",
    "destination": "New York",
    "cost": "617.31",
    "when": "03:45"
  },
  {
    "origin": "Amsterdam",
    "destination": "Dubai",
    "cost": "3895.49",
    "when": "21:20"
  },
  {
    "origin": "Milan",
    "destination": "New York",
    "cost": "4950.31",
    "when": "08:49"
  }
]
```

接著將 Hoverfly 設為 capture 模式,見範例 8-6。在這個模式中,被 Hoverfly 截獲的每一個請求都會被抓到。

範例 8-6　*Hoverctl capture*

```
$ hoverctl mode capture
Hoverfly has been set to capture mode
```

進入在 capture 模式後,我們對航班 API 發出請求,但這一次將 proxy 設為 Hoverfly,見範例 8-7(注意,你用 curl 產生的航班結果可能與這裡不同)。

範例 8-7　用 *Hoverfly* 捕捉 *API* 回應

```
$ curl localhost:8081/api/v1/flights?plusDays=1 --proxy localhost:8500 | jq
[
  {
    "origin": "Berlin",
    "destination": "Dubai",
    "cost": "3103.56",
    "when": "20:53"
  },
  {
    "origin": "Amsterdam",
    "destination": "Boston",
    "cost": "2999.69",
    "when": "19:45"
  }
]
```

指定 proxy 旗標時，這個請求會先前往 proxy（Hoverfly），接著被轉發到真正的航班 API。回應的情況正好相反，這就是 Hoverfly 攔截網路資訊流的方法。當你不確定發生什麼事時，隨時可以查詢 Hoverfly log（例如，請求／回應是否經過 proxy ？），見範例 8-8。

範例 8-8　查看 *Hoverfly log*

```
$ hoverctl logs
INFO[2017-09-20T11:38:48+01:00] Mode has been changed
mode=capture
INFO[2017-09-20T11:40:28+01:00] request and response captured ↵
mode=capture request=&map[headers:map[Accept:[*/*] ↵
Proxy-Connection:[Keep-Alive] User-Agent:[curl/7.54.0]] ↵
body: method:GET scheme:http destination:localhost:8081 ↵
path:/api/v1/flights query:map[plusDays:[1]]] ↵
response=&map[error:nil response]
...
```

我們接下來要看一下產生的模擬，做法是匯出它，並且在文字編輯器中打開它。範例 8-9 使用 atom，但你可以在命令中將它換成你喜歡的文字編輯器（例如 vim 或 emacs）。

範例 8-9　匯出 *Hoverfly* 模擬資料

```
$ hoverctl export module-two-simulation.json
Successfully exported simulation to module-two-simulation.json
$ atom module-two-simulation.json
```

檢查一下模擬檔案，看看你能不能認出你記錄的資料。你捕獲的請求應該對應配對陣列中的元素。接著，我們要模擬航班 API。首先，停止航班服務，以確保我們不能與它通訊，見範例 8-10。

範例 8-10　停止航班服務

```
$ ./stop-flights-service.sh
service successfully shut down
$ curl localhost:8081/api/v1/flights?plusDays=1
curl: (7) Failed to connect to localhost port 8081: Connection refused
```

接著，讓 Hoverfly 進入模擬模式，見範例 8-11。

範例 8-11　讓 Hoverfly 進入模擬模式

```
$ hoverctl mode simulate
Hoverfly has been set to simulate mode with a matching strategy of 'strongest'
```

在模擬模式期間，Hoverfly 會用我們記錄的請求來回應用戶端，而不是將資訊流轉發給實際的 API。現在我們可以重複發出請求，只是這一次將 Hoverfly 當成 proxy 使用。我們現在可以收到之前記錄的回應，而不是錯誤，見範例 8-12。

範例 8-12　對著作為 proxy 的 Hoverfly 發出請求

```
$ curl localhost:8081/api/v1/flights?plusDays=1 --proxy localhost:8500 | jq
[
  {
    "origin": "Berlin",
    "destination": "Dubai",
    "cost": "3103.56",
    "when": "20:53"
  },
  {
    "origin": "Amsterdam",
    "destination": "Boston",
    "cost": "2999.69",
    "when": "19:45"
  }
]
```

我們已經成功地模擬第一個 API 端點了！雖然我們在這個示範中使用 curl，但是在實際的測試中，通常是被測試的 app 對著 Hoverfly 發出這些請求。當請求與回應資料被儲存到 Hoverfly 裡面時，我們就不需要訪問已經記錄資料的服務了，我們也可以控制 Hoverfly 提供的回應。使用 Hoverfly 這類的服務虛擬化工具有一個主要的好處是，這種工具只佔用少量的資源，並且可以快速初始化。因此，可以在桌機上虛擬化的服務數量比實際的服務多很多，你也可以在快速整合測試中使用 Hoverfly。

不要 "虛擬地" 重新實作你的服務

如果你發現虛擬服務不斷地偏離實際的 app 的功能，或許代表你正試著加入更多邏輯或條件回應，這可能是一種反模式！雖然將服務重新實作成虛擬的副本很有誘惑力，但你絕對不應該這樣做。服務虛擬化很適合扮演有複雜的內部邏輯，但是有定義良好的介面，而且輸出的資料比較簡單的服務 mock 或 stub（即，你應該在虛擬服務中，虛擬化 [封裝] 的行為，而不是狀態）。

如果你發現自己用許多條件邏輯來修改虛擬服務，以決定互動時回傳的狀態，或虛擬服務邏輯開始長得像真正的服務工作流程，這就是一種反模式，或許使用另一種技術比較適合。

VM：Vagrant 與 Packer

當你使用雲端，或在雲端部署時，通常會在 VM 映像中包裝 Java app。如果你的服務比較少（而且有強大的開發機器），或許你也可以在組建與測試 app 時啟動多個依賴服務。接下來我們要了解如何在本地開發機器使用 HashiCorp Vagrant 工具來組建與初始化 VM。

安裝 Vagrant

你可以從 Vagrant 網站（*https://www.vagrantup.com/downloads.html*）下載並安裝 Vagrant，它有 macOS、Linux 與 Windows 的安裝程式。你也要安裝 VM 虛擬機器監視器，例如 Oracle 的 VirtualBox（*https://www.virtualbox.org/wiki/Downloads*） 或 VMware Fusion（*https://www.vmware.com/uk/products/fusion.html*），來讓 Vagrant VM 在上面運行。

建立 Vagrantfile

你必須在 Vagrantfile 裡面定義本地 Vagrant 開發環境中的所有 VM。這個檔案可讓你指定 VM 的數量、它們配置的電腦資源,以及網路組態。你也可以指定安裝與供應腳本,在將來用來設置 VM 與安裝所需的 OS 依賴項目。範例 8-13 是 Vagrantfile 例子。

範例 *8-13* 透過一組簡單的 *Bash CLI* 命令,用 *Ubuntu* 設置單一 *VM*,並安裝 *Jenkins* 組建伺服器的 *Vagrantfile*

```ruby
# -*- mode: ruby -*-
# vi: set ft=ruby :

# 以下是設定 Vagrant 的所有組態。Vagrant.configure 裡面的 "2"
# 設置組態版本(為了回溯相容,
# 我們提供舊樣式)。請勿修改它,
# 除非你清楚知道你在做什麼。
Vagrant.configure("2") do |config|
  # 接下來會說明與註解最常見的設置選項。
  # 要瞭解詳情,請見線上文件:
  # https://docs.vagrantup.com.

  # 每一個 Vagrant 開發環境都需要 box。你可以到這個網址搜尋 box。
  # https://atlas.hashicorp.com/search.
  config.vm.box = "ubuntu/xenial64"
  config.vm.box_version = "20170922.0.0"

  config.vm.network "forwarded_port", guest: 8080, host: 8080
  config.vm.provider "virtualbox" do |v|
    v.memory = 2048
  end

  # 用 shell 腳本來啟用配置。你也可以用其他的應應器,例如
  # Puppet, Chef, Ansible, Salt, Docker。
  # 要進一步瞭解它們的語法與用法,請參考它們的文件。
  config.vm.provision "shell", inline: <<-SHELL
    apt-get update

    # 安裝 OpenJDK Java JDK 與 Maven
    apt-get install -y openjdk-8-jdk
    apt-get install -y maven

    # 安裝 sbt
    echo "deb https://dl.bintray.com/sbt/debian /" |
    tee -a /etc/apt/sources.list.d/sbt.list
    apt-key adv --keyserver hkp://keyserver.ubuntu.com:80
```

```
    --recv 2EE0EA64E40A89B84B2DF73499E82A75642AC823
    apt-get update
    apt-get install sbt

    # 安裝 Docker（因為需要使用特定的
    # Docker 程式包 repos，所以比較複雜）
    apt-get install -y apt-transport-https ca-certificates
    apt-key adv --keyserver hkp://p80.pool.sks-keyservers.net:80
    --recv-keys 58118E89F3A912897C070ADBF76221572C52609D
    echo deb https://apt.dockerproject.org/repo ubuntu-xenial main >>
    /etc/apt/sources.list.d/docker.list
    apt-get update
    apt-get purge lxc-docker
    apt-get install -y linux-image-extra-$(uname -r) linux-image-extra-virtual
    apt-get install -y docker-engine

    # 安裝 Jenkins
    wget -q -O - https://pkg.jenkins.io/debian/jenkins-ci.org.key | apt-key add -
    echo deb http://pkg.jenkins-ci.org/debian binary/ >
    /etc/apt/sources.list.d/jenkins.list
    apt-get update
    apt-get install -y jenkins
    # 印出初始化需要的 Jenkins 安全金鑰
    printf "\n\nJENKINS KEY\n********************************"
    # 將 Jenkins 用戶加入 Docker 群組
    usermod -aG docker jenkins
    # 等待啟動 Jenkins 產生 initialAdminPassword 檔案
    while [ ! -f /var/lib/jenkins/secrets/initialAdminPassword ]
    do
        sleep 2
    done
    cat /var/lib/jenkins/secrets/initialAdminPassword
    printf "********************************"
    # 重新啟動 Jenkins 服務，讓上面的 usermod 命令生效
    service jenkins restart

    # 安裝 Docker Compose
    curl -s -L https://github.com/docker/compose/releases/
    download/1.10.0/docker-compose-`uname -s`-`uname -m` > ↵
    /usr/local/bin/docker-compose
    chmod +x /usr/local/bin/docker-compose
  SHELL
end
```

在 Vagrantfile 裡面定義的 VM 可以用 vagrant up 命令來初始化，見範例 8-14，並且分別用 vagrant halt 與 vagrant destroy 來停止與刪除。

範例 *8-14　用 Vagrant 啟動 VM*

```
$ vagrant up
Bringing machine 'default' up with 'virtualbox' provider...
==> default: Checking if box 'ubuntu/xenial64' is up-to-date...
==> default: Clearing any previously set forwarded ports...
==> default: Clearing any previously set network interfaces...
==> default: Preparing network interfaces based on configuration...
    default: Adapter 1: nat
==> default: Forwarding ports...
    default: 8080 (guest) => 8080 (host) (adapter 1)
    default: 22 (guest) => 2222 (host) (adapter 1)
==> default: Running 'pre-boot' VM customizations...
==> default: Booting VM...
==> default: Waiting for machine to boot. This may take a few minutes...
    default: SSH address: 127.0.0.1:2222
    default: SSH username: ubuntu
    default: SSH auth method: password
==> default: Machine booted and ready!
```

上面的 Vagrantfile 裡面有 config.vm.network "forwarded_port", guest: 8080, host: 8080，它會將 VM 的 8080 埠對應到 localhost 開發機器的 8080 埠。這代表我們可以在網頁瀏覽器查看 *http://localhost:8080*，以及查看在 Vagrant 配置的 VM 上運行的 Jenkins 版本。

第 145 頁的 "用 Packer 為多雲端建立機器映像" 已經介紹過 Packer 了，你可以用這種工具來建立映像，並且在 Vagrant box 組態中使用 config.vm.box 屬性，藉由 Vagrant 來將它初始化。

模式 #3：Production-in-a-Box

使用 HashiCorp 的 Vagrant 等環境虛擬化工具也可以將 precanned 服務映像下載到本地機器，在你開發 app 或執行自動測試時輕鬆地執行它們。這項技術也可以讓你建立 production-in-a-box，這是一種生產環境複製版本（較小的），可讓各個團隊共同使用，以實現一致的開發體驗。為了實作這種技術，你要建立（例如）一個預先設置的 VBox 映像，在裡面放入 app 的程式碼／二進位檔，以及 OS、組態與相關的資料存放區。

"*Production-in-a-Box*" 是一種反模式嗎？

production-in-a-box 最適合在比較簡單且穩定的生產環境中運作少量服務的團隊。一旦 app 成長到涉及超過三到五項服務，或涉及複雜的基礎設施或組態，試著在本地複製生產環境就會變得不切實際，而且讓生產與開發環境保持相同也會變得很浪費時間。如果你發現本地生產副本的行為與真正的生產環境不同了，或花太多精力與資源來維護它，可能代表這種模式對你來說已經變成反模式了。

HashiCorp Packer 的出現讓映像建立程序變得更簡單，當你用它來指定一次 app 包裝程序之後，就可以在各種環境中重複使用它（例如在生產時使用 Azure，在 QA 時使用 OpenStack，在本地開發時使用 VirtualBox）。我們可以說，Docker（接下來介紹）的出現讓這種 app 包裝與分享方式變成主流，Fig 組合工具則是錦上添花。Fig 已經演變成 Docker Compose，現在可以用宣告的方式來指定 app / 服務與相關的依賴項目和資料存放區。這種模式可讓你在本地開發機器上靈活地執行一群依賴服務，根據我們的經驗，它的主要限制是機器資源（尤其是在使用虛擬機器監視器的虛擬平台上運行時）。

production-in-box 模式可以藉著封裝服務及其依賴項目與組態（例如不同的 Java 版本的不同需求），來維持本地開發環境的整潔，並移除潛在的設置衝突。你也可以將映像參數化（使用初始化參數或環境變數），就像你之前看過的 profile 模式，讓服務按你的需求運行。你也可以在 Maven 使用 Docker 外掛來將容器生命週期與測試回合整合起來。這種模式也可以擴展成在實際的映像本身中進行開發，例如，藉著將本地原始碼裝入正在運行的映像實例。如果做得正確，它可以讓你免於在本地開發機器上安裝幾乎所有工具的需求（或許除了你最喜歡的編輯器或 IDE 之外），並大大簡化了組建工具鏈。

雲端開發（使用 Production-in-a-Large-Box）？

現在的市場已經開始出現一些雲端 IDE 了，例如 Eclipse Che 與 Amazon 的 Cloud9 平台，有些產業分析師建議未來的開發工作應該使用這些工具來進行，而不是在本地安裝的工具。時間會證明一切，但你會經常看到，線上的 IDE 可讓你啟動生產環境副本（或子集合），接著將它附加到你的"本地"雲端開發環境，對無伺服器 FaaS app 而言更是如此。無論你想不想要這樣在本地工作，為了了解未來的開發工作流程，這都是一種可以研究的好模式。

容器：Kubernetes、minikube 與 Telepresence

這一節將介紹如何在本地使用 Docker 容器與 Kubernetes 協調平台。

"Docker Java Shop" 範例 app 介紹

在任何實際的情況下運行容器都需要容器協調與調度平台，現在有許多這種平台（例如 Docker Swarm、Apache Mesos 與 AWS ECS），但最受歡迎的是 Kubernetes（*https://kubernetes.io/*）。許多組織都在生產環境中使用 Kubernetes，它現在是由 Cloud Native Computing Foundation（CNCF）（*https://www.cncf.io/*）管理的。我們要用 Docker 容器包裝一個簡單 Java 電子商務商店，並在 Kubernetes 執行它。

圖 8-1 是將要用容器來包裝，並部署到 Kubernetes 的 Docker Java Shopfront app 的架構。

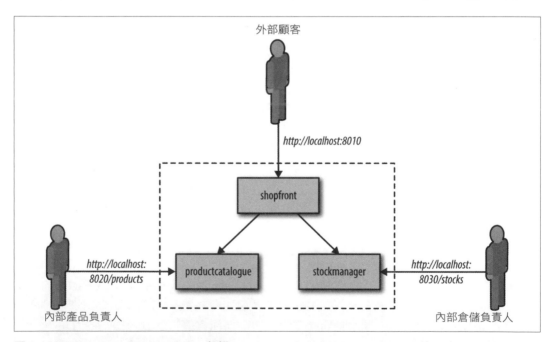

圖 8-1　Docker Java Shopfront app 架構

組建 Java app 與容器映像

在建立容器及其 Kubernetes 部署組態之前，我們要先安裝下列的工具：

Docker，Mac 版（ https://dockr.ly/2zwBIqz ）/ Windows 版（ https://dockr.ly/2NL7dWn ）/ Linux 版（ https://dockr.ly/2xUSIV5 ）

讓我們在 Kubernetes 外面，自己的本地開發機器上組建、執行與測試 Docker 容器。

minikube（ http://bit.ly/2xNk8w4 ）

可讓你透過虛擬機器，在本地開發機器上輕鬆地執行單節點 Kubernetes 測試叢集。

GitHub（ https://github.com/ ）帳戶，並在本地安裝 Git（ https://git-scm.com/ ）

範例程式被儲存在 GitHub 上，藉著在本地使用 Git，你可以分岔存放區，並將修改提交至你自己的 app 版本。

Docker Hub（ https://hub.docker.com/ ）帳戶

如果你喜歡跟著操作，就需要一個 Docker Hub 帳戶，以推送與儲存接下來要建立的容器映像副本。

Java 8（ http://bit.ly/2xO16pw ）（ 或 9 ）SDK 與 Maven（ https://maven.apache.org/ ）

我們會用 Maven 以及使用 Java 功能的工具來組建程式碼。

從 GitHub 複製專案存放區（你也可以選擇分岔這個存放區，並複製你個人的副本），見範例 8-15。前往 Shopfront 微服務 app（ *http://bit.ly/2Og0JOP* ）。

範例 8-15 複製範例存放區

```
$ git clone git@github.com:danielbryantuk/oreilly-docker-java-shopping.git
$ cd oreilly-docker-java-shopping/shopfront
```

用你的編輯器（例如 IntelliJ IDEA 或 Eclipse）載入 Shopfront 程式碼，大致看一下內容。我們要用 Maven 來組建 app，見範例 8-16。產生的可執行 JAR 檔案（含有 app）將會被載入 *./target* 目錄。

範例 8-16 組建 Spring Boot app

```
$ mvn clean install
...
[INFO] ------------------------------------------------------------------------
[INFO] BUILD SUCCESS
```

```
[INFO] ------------------------------------------------------------------------
[INFO] Total time: 17.210 s
[INFO] Finished at: 2017-09-30T11:28:37+01:00
[INFO] Final Memory: 41M/328M
[INFO] ------------------------------------------------------------------------
</C>
```

接下來要組建 Docker 容器映像。Docker 映像的作業系統、組態與組建步驟通常是用 Dockerfile 來指定的。我們來看一下 *shopfront* 目錄內的 Dockerfile 範例，見範例 8-17。

範例 8-17　*Spring Boot Java app* 的範例 *Dockerfile*

```
FROM openjdk:8-jre
ADD target/shopfront-0.0.1-SNAPSHOT.jar app.jar
EXPOSE 8010
ENTRYPOINT ["java","-Djava.security.egd=file:/dev/./urandom","-jar","/app.jar"]
```

第一行指定容器映像要用 *openjdk:8-jre* 來建立。*openjdk:8-jre*（*https://hub.docker.com/_/openjdk/*）映像是由 OpenJDK 團隊維護的，裡面有在 Docker 容器裡面執行 Java 8 app 需要的所有東西（例如安裝並設置了 OpenJDK 8 JRE 的作業系統）。第二行將可執行 JAR 加入映像。第三行指定 8010 埠必須公開給外部訪問（你的 app 將會監聽它），第四行指定容器初始化時的進入點，或要執行的命令。接著要組建容器，見範例 8-18。

範例 8-18　*Docker build*

```
$ docker build -t danielbryantuk/djshopfront:1.0 .
Successfully built 87b8c5aa5260
Successfully tagged danielbryantuk/djshopfront:1.0
```

接著我們要將它推送到 Docker Hub，見範例 8-19。如果你還沒有用命令列登入 Docker Hub，現在要做這件事，並輸入你的帳戶與密碼。

範例 8-19　推送至 *Docker Hub*

```
$ docker login
Login with your Docker ID to push and pull images from Docker Hub.
If you don't have a Docker ID, head over to https://hub.docker.com to create one.
Username:
Password:
Login Succeeded
$
$ docker push danielbryantuk/djshopfront:1.0
The push refers to a repository [docker.io/danielbryantuk/djshopfront]
9b19f75e8748: Pushed
...
```

```
cf4ecb492384: Pushed
1.0: digest: sha256:8a6b459b0210409e67bee29d25bb512344045bd84a262ede80777edfcff3d9a0
size: 2210
```

部署到 Kubernetes

接著，我們要用 Kubernetes 來執行這個容器了。首先，在專案的根目錄切換成 *kubernetes* 目錄：

```
$ cd ../kubernetes
```

打開 *shopfront-service.yaml* Kubernetes 部署檔，看一下內容，見範例 8-20。

範例 8-20　*Shopfront 服務的 Kubernetes deployment.yaml 檔案範例*

```
---
apiVersion: v1
kind: Service
metadata:
  name: shopfront
  labels:
    app: shopfront
spec:
  type: ClusterIP
  selector:
    app: shopfront
  ports:
  - protocol: TCP
    port: 8010
    name: http

---
apiVersion: apps/v1beta2
kind: Deployment
metadata:
  name: shopfront
  labels:
    app: shopfront
spec:
  replicas: 1
  selector:
    matchLabels:
      app: shopfront
  template:
    metadata:
      labels:
```

```
      app: shopfront
  spec:
    containers:
    - name: djshopfront
      image: danielbryantuk/djshopfront:1.0
      ports:
      - containerPort: 8010
      livenessProbe:
        httpGet:
          path: /health
          port: 8010
        initialDelaySeconds: 30
        timeoutSeconds: 1
```

YAML 檔的第一個部分建立一個名為 shopfront 的 Service，它會將前往 8010 埠的這個服務的 TCP 串流導向標籤為 app: shopfront 的 pod。這個組態檔的第二部分建立一個 Deployment，指定 Kubernetes 應該執行一個 Shopfront 容器 replica（實例），你已經用 spec（規格）的 app: shopfront 宣告它了。我們也可以打開在 Docker 容器中公開的 8101 app 交流埠，並宣告一個 livenessProbe 或健康檢查（healthcheck），讓 Kubernetes 用來確定容器化的 app 是否正確運行，並且已經可以接收串流了。我們啟動 minikube 並部署這個服務（注意，你可能要根據開發機器可用的資源，來更改 minikube CPU 與記憶體需求）；見範例 8-21。

範例 8-21　啟動 minikube

```
$ minikube start --cpus 2 --memory 4096
Starting local Kubernetes v1.7.5 cluster...
Starting VM...
Getting VM IP address...
Moving files into cluster...
Setting up certs...
Connecting to cluster...
Setting up kubeconfig...
Starting cluster components...
Kubectl is now configured to use the cluster.
$ kubectl apply -f shopfront-service.yaml
service "shopfront" created
deployment "shopfront" created
```

你可以用 kubectl get svc 命令來查看 Kubernetes 內的所有服務，見範例 8-22。你也可以使用 kubectl get pods 命令來查看所有相關的 pod。（注意，當你第一次發出 get pods 命令時，容器可能還沒有完成建立，它可能會顯示尚未準備好）。

範例 *8-22* *kubectl get svc*

```
$ kubectl get svc
NAME            CLUSTER-IP      EXTERNAL-IP    PORT(S)         AGE
kubernetes      10.0.0.1        <none>         443/TCP         18h
shopfront       10.0.0.216      <nodes>        8010:31208/TCP  12s
$ kubectl get pods
NAME              READY    STATUS             RESTARTS   AGE
shopfront-0w1js   0/1      ContainerCreating  0          18s
$ kubectl get pods
NAME              READY    STATUS      RESTARTS   AGE
shopfront-0w1js   1/1      Running     0          2m
```

我們已經成功地將第一個服務部署到 Kubernetes 了！

簡單的煙霧測試

你可以用 curl，試著從 shopfront app 的健康檢查端點取得資料，見範例 8-23。這種簡單的方式可檢查一切是否正常運作。

範例 *8-23* 在 *minikube* 做簡單的煙霧測試

```
$ curl $(minikube service shopfront --url)/health
{"status":"UP"}
```

對著 *application/health* endpoint 端點執行 curl 之後，結果表明 app 已經啟動並運行了，但你還要部署其餘的微服務 app 容器才能讓 app 按要求運行。

組建其餘的 app

我們已經啟動並執行一個容器了，接下來要建立剩下的兩個支援微服務 app 與容器，見範例 8-24。

範例 *8-24* 組建其餘的 *app*

```
$ cd ..
$ cd productcatalogue/
$ mvn clean install
...
$ docker build -t danielbryantuk/djproductcatalogue:1.0 .
...
$ docker push danielbryantuk/djproductcatalogue:1.0
...
$ cd ..
```

```
$ cd stockmanager/
$ mvn clean install
...
$ docker build -t danielbryantuk/djstockmanager:1.0 .
...
$ docker push danielbryantuk/djstockmanager:1.0
```

我們已經組建所有的微服務及其相關的 Docker 映像，並將映像推送到 Docker Hub 了。接著要將 productcatalogue 與 stockmanager 服務部署到 Kubernetes。

將整個 Java app 部署到 Kubernetes

我們可以採取類似之前部署 Shopfront 服務的程序，將 app 其餘的兩個微服務部署到 Kubernetes，見範例 8-25。

範例 8-25 在 Kubernetes 部署整個 Java app

```
$ cd ..
$ cd kubernetes/
$ kubectl apply -f productcatalogue-service.yaml
service "productcatalogue" created
deployment "productcatalogue" created
$ kubectl apply -f stockmanager-service.yaml
service "stockmanager" created
deployment "stockmanager" created
$ kubectl get svc
NAME                CLUSTER-IP      EXTERNAL-IP    PORT(S)            AGE
kubernetes          10.0.0.1        <none>         443/TCP            19h
productcatalogue    10.0.0.37       <nodes>        8020:31803/TCP     42s
shopfront           10.0.0.216      <nodes>        8010:31208/TCP     13m
stockmanager        10.0.0.149      <nodes>        8030:30723/TCP     16s
$ kubectl get pods
NAME                    READY      STATUS      RESTARTS    AGE
productcatalogue-79qn4   1/1        Running     0           55s
shopfront-0w1js          1/1        Running     0           13m
stockmanager-lmgj9       1/1        Running     0           29s
```

你可能會看到所有的 pod 都還沒開始運行，這取決於你發出 `kubectl get pods` 命令的速度。先等到這個命令顯示所有的 pod 都在運行了再進入下一節（或許這是喝杯茶的好時機！）。

查看已部署的 app

部署所有服務，並運行所有相關的 pod 之後，我們可以用 Shopfront 服務 GUI 來訪問完成的 app 了。你可以在 minikube 發出下列的命令，在預設瀏覽器打開服務：

```
$ minikube service shopfront
```

如果一切都正確運作，你可以在瀏覽器看到圖 8-2 的網頁。

除了在本地執行 minikube 之外，你也可以配置一個遠端的 Kubernetes 叢集，並且使用 Datawire 的 Telepresence 等工具在本地端對它進行開發。我們來看一下這種模式。

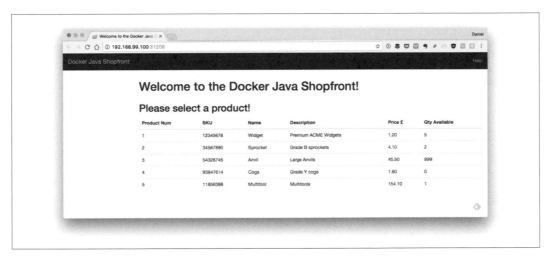

圖 8-2　Docker Java Shopfront 的簡單 UI

Telepresence：在遠端、本地工作

Telepresence 是一種開放原始碼工具，可讓你在本地運行單一服務，同時將那個服務連接到遠端的 Kubernetes 叢集。開發者可以用它對多服務 app 做以下的事情：

- 在本地快速開發服務，即使那個服務依賴叢集的其他服務。當你對服務進行修改並儲存之後，立刻可以看到新服務的運行狀態。

- 使用本地的任何一種工具來測試 / 除錯 / 編輯你的服務。例如，你可以使用除錯器或 IDE ！

- 讓你的本地開發機器像 Kubernetes 叢集的一部分一樣運行。如果你希望讓機器上的 app 使用叢集的一項服務，做法很簡單。

首先，你要安裝 Telepresence（*http://bit.ly/2N6wAwJ*）。如果你使用 Mac 或 Linux 機器在本地開發軟體，Telepresence 網站也完整地教你如何在所有平台上安裝。範例 8-26 說明如何在 Mac 安裝。

Telepresence 的技術細節

Telepresence 會在 Kubernetes 叢集內的 pod 之中部署雙向的網路代理。這個 pod 會將資料從你的 Kubernetes 環境（例如 TCP 連結、環境變數、volume）轉傳給本地程序。本地程序會透明地重寫它的網路設定，將 DNS 呼叫與 TCP 連結經由代理轉發給遠端的 Kubernetes 叢集。

這種做法提供這些好處：

- 你的本地服務可完全操作遠端叢集上的其他服務
- 你的本地服務可完全存取 Kubernetes 環境變數、機密資料與 ConfigMap
- 你的遠端服務可完全操作你的本地服務

這個網頁更詳細地說明 Telepresence 如何運作（*http://bit.ly/2IkkXl7*）。

範例 8-26 在 Mac 本地開發機器上安裝 Telepresence

```
$ brew cask install osxfuse
$ brew install socat datawire/blackbird/telepresence
...
$ telepresence --version
0.77
```

現在我們可以建立遠端 Kubernetes 叢集了。範例 8-27 使用 Google Cloud Platform（GCP）GKE 服務來部署全面代管叢集。如果你要跟著操作，就要註冊一個 GCP 帳戶並安裝 gclouds 命令列工具。在本地安裝 gclouds 工具之後，別忘了設置工具來使用你剛才建立的帳戶的憑證（細節請參考 Google Cloud SDK（*http://bit.ly/2NKqjfm*）網頁）。在寫這本書時，你也必須安裝 gcloud 工具的 beta 元件。（你可以在 gcloud 安裝網頁（*http://bit.ly/2OTEknF*）找到說明。）

建立叢集時，我們會用比預設大一點的計算實例，n1-standard-2，因為有些 Java app 的記憶體需求比小型的實例還要大。為了保持低成本，你也可以指定使用可替代的（*preemptible*）實例來建立 Kubernetes 叢集。這些實例的成本比標準實例低一些，但使用它們的風險是，當 Google 需要額外的計算能力時，它們可能會被替代或回收。這種情況不會經常發生，但如果真的發生了，Kubernetes 會自我修復，並重新部署受影響的 app。

範例 8-27　在 GCP GKE 建立可替代的 Kubernetes 叢集

```
$ gcloud container clusters create telepresence-demo
--machine-type n1-standard-2 --preemptible
Creating cluster telepresence-demo...done.
Created [https://container.googleapis.com/v1beta1/projects/ ↵
k8s-leap-forward/zones/us-central1-a/clusters/telepresence-demo].

To inspect the contents of your cluster, go to:
https://console.cloud.google.com/kubernetes/workload_/gcloud/ ↵
us-central1-a/telepresence-demo?project=k8s-leap-forward

kubeconfig entry generated for telepresence-demo.
NAME  LOCATION  MASTER_VERSION  MASTER_IP  MACHINE_TYPE  NUM_NODES  STATUS
telepresence-demo  us-central1-a 1.8.8-gke.0 35.193.55.23 n1-standard-2  3 RUNNING
```

建立叢集之後，你就可以將範例服務部署到這個遠端叢集了。你可以發現到，當 Telepresence 初始化之後，你可以 curl shop front 健康端點，就像你位於叢集一般；你不需要使用外部 IP 位址（甚至將這個服務公開到網際網路）。

範例 8-28　curl 遠端服務健康檢查端點，宛如它在本地一般

```
$ cd oreilly-docker-java-shopping/kubernetes
$ kubectl apply -f .
service "productcatalogue" created
deployment "productcatalogue" created
service "shopfront" created
deployment "shopfront" created
service "stockmanager" created
deployment "stockmanager" created
$
$ telepresence
Starting proxy with method 'vpn-tcp', which has the following limitations:
All processes are affected, only one telepresence can run per machine, ↵
 and you can't use other VPNs. You may need to add cloud hosts with ↵
 --also-proxy. For a full list of method limitations ↵
 see https://telepresence.io/reference/methods.html
```

```
Volumes are rooted at $TELEPRESENCE_ROOT. ↵
 See https://telepresence.io/howto/volumes.html for details.

No traffic is being forwarded from the remote Deployment to your local machine.
You can use the --expose option to specify which ports you want to forward.

Password:
Guessing that Services IP range is 10.63.240.0/20. Services started after
this point will be inaccessible if are outside this range; restart ↵
 telepresence if you can't access a new Service.

@gke_k8s-leap-forward_us-central1-a_demo| $ curl shopfront:8010/health
{"status":"UP"}
@gke_k8s-leap-forward_us-central1-a_demo| kubernetes $ exit
```

Telepresence 還有許多其他的功能,最令人興奮的功能是,它可以讓你對 "使用遠端叢集的其他服務的本地服務" 進行除錯 (*http://bit.ly/2OjmPQg*)。Telepresence 網站詳細說明如何做這件事。

清理你的 *GKE* 叢集

別忘了刪除你的叢集,否則你在月底會收到嚇死人的帳單!你可以執行下列命令來刪除叢集:

```
$ gcloud container clusters delete telepresence-demo
```

模式 #4:環境租用

簡而言之,環境租用模式的做法,就是讓每位開發者建立與自動配置他們自己的遠端環境(可容納任意的服務組態與資料)。這種模式類似 production-in-a-box 模式,但你不是在本地執行生產副本,而是在雲端執行。你必須用 infrastructure as code(IaC)工具(例如 Terraform(*https://terraform.io/*))或自動提供與組態管理工具(例如 Ansible(*http://www.ansible.com/*))來以程式指定服務與資料(與相關的基礎設施元件和粘合機制)。為了讓這種做法生效,團隊必須彼此分享組態與運維知識,因此你必須具備 DevOps 思維。

指定與初始化環境之後,它就會被各個開發者 "租用"。每位開發者的本地機器都要經過設置,以便與遠端環境的服務和依賴項目溝通,宛如所有服務都在本地運行一般。你可以在將 app 部署到雲端平台時使用這種模式,因為它可讓你按需求快速地啟動與關閉環境。

平台租用模式需要可程式的基礎架構與 *DevOps*

平台租用模式是一種進階的模式，使用它時，你必須按需提供平台環境（例如可彈性縮放的私用 / 公用雲端），開發團隊也必須對生產平台的運維特性有合理的認識，開發者的機器也必須與這個環境有穩定的網路連線。為了自動儲存與更新每位開發者的環境位置，你可以執行本地代理，例如 Datawire 的 Telepresence、NGINX 或 HAProxy，結合 HashiCorp 的 Consul（*https://www.consul.io/*）與 consul-template（*https://github.com/hashicorp/consul-template*），或 Spring Cloud（*http://bit.ly/2Q76njB*）等框架，結合 Netflix 的 Eureka（*https://github.com/Netflix/eureka*）。

FaaS：AWS Lamba 與 SAM Local

AWS 在 2016 年引入 *Serverless Application Model*（SAM）來讓開發者更容易部署 FaaS 無伺服器 app。SAM 的核心是基於 AWS CloudFormation 的開放原始碼規範，可讓你用程式碼輕鬆地指定與維護無伺服器基礎設施。

SAM Local 使用 SAM 的所有元素，讓你可以本地機器上使用它們：

- 它可以讓你用 SAM Local 與 Docker 在本地開發與測試 AWS Lambda 函數。

- 它可以讓你模擬來自已知的事件來源的函數呼叫，例如 Amazon Simple Storage Service（S3）、Amazon DynamoDB、Amazon Kinesis、Amazon Simple Notification Service（SNS），以及幾乎所有其他的 Amazon 服務。

- 它可讓你從 SAM 模板啟動一個本地的 Amazon API Gateway，並且用熱再啟動（hot-reloading）來快速迭代函數。

- 它可以讓你快速驗證 SAM 模板，甚至將驗證程序與 linter 或 IDE 整合。

- 它為 Lambda 函數提供互動式除錯。

我們來試試 AWS SAM Local。

安裝 SAM Local

安裝 SAM Local 的方式有很多種，最簡單的做法是透過 pip（*https://pypi.org/project/pip/*）Python 包裝管理工具。本書不討論如何安裝 pip 與 Python，不過 SAM Local（*https://github.com/awslabs/aws-sam-cli*）與 pip 網站都提供詳細的資訊。

在本地安裝 pip 之後，你可以在終端機用範例 8-29 的命令安裝 SAM Local。

範例 8-29　安裝 SAM Local

```
$ pip install aws-sam-cli
```

如果你有在本地開發機器安裝 Go，也可以從來源安裝最新版本：go get github.com/awslabs/aws-sam-local。

AWS Lambda 鷹架

你可以使用範例 8-30 的 Java 函式，它是你之前在 Shopping 示範 app 中看過的 Product Catalogue 服務的基本實作。你可以在本書的 GitHub 存放區（*https://github.com/continuous-delivery-in-java/product-catalogue-aws-lambda*）找到完整的程式碼。範例 8-30 是主處理函數類別。

範例 8-30　簡單的 Java "Hello World" AWS Lambda 函數

```
package uk.co.danielbryant.djshoppingserverless.productcatalogue;

import com.amazonaws.services.lambda.runtime.Context;
import com.amazonaws.services.lambda.runtime.RequestHandler;
import com.google.gson.Gson;
import uk.co.danielbryant.djshoppingserverless.productcatalogue. ↵
services.ProductService;

import java.util.HashMap;
import java.util.Map;

/**
* 處理 Lambda 函式收到的請求
*/
public class ProductCatalogueFunction implements RequestHandler<Map<String, Object>,
GatewayResponse> {

    private static final int HTTP_OK = 200;
    private static final int HTTP_INTERNAL_SERVER_ERROR = 500;

    private ProductService productService = new ProductService();
    private Gson gson = new Gson();

    public GatewayResponse handleRequest(final Map<String, Object> input,
    final Context context) {
        Map<String, String> headers = new HashMap<>();
```

```
        headers.put("Content-Type", "application/json");

        String output = gson.toJson(productService.getAllProducts());
        return new GatewayResponse(output, headers, HTTP_OK);
    }
}
```

當你在本地或遠端（在生產環境）執行函數時，AWS Lambda 框架會呼叫 handleRequest 方法。aws-lambda-java-core 程式庫有一些預先定義的 RequestHandler（*https://amzn.to/2QbAgiF*）介面與相關的 handleRequest 方法，你可以透過 Maven 匯入這個程式庫。這個範例使用 RequestHandler<Map<String, Object>, GatewayResponse>，可讓你捕捉被傳給函數的資料的 JSON map（並且含有 HTTP 方法、標頭與請求參數 / 內文等細節），以及回傳一個 GatewayResponse 物件，它最後會被送給請求的伺服器或用戶。

範例 8-31 是這個專案的 *pom.xml*，請注意，函數 JAR 已經被包裝起來，以便使用你之前已經學過的 Maven Shade 外過來部署。

範例 8-31　ProductCatalogue AWS Lambda pom.xml

```xml
<project xmlns="http://maven.apache.org/POM/4.0.0"
    xmlns:xsi="http://www.w3.org/2001/XMLSchema-instance"
    xsi:schemaLocation="http://maven.apache.org/POM/4.0.0
    http://maven.apache.org/maven-v4_0_0.xsd">
    <modelVersion>4.0.0</modelVersion>
    <groupId>uk.co.danielbryant.djshoppingserverless</groupId>
    <artifactId>ProductCatalogue</artifactId>
    <version>1.0</version>
    <packaging>jar</packaging>
    <name>A simple Product Catalogue demo created by the SAM CLI sam-init.</name>
    <properties>
        <maven.compiler.source>1.8</maven.compiler.source>
        <maven.compiler.target>1.8</maven.compiler.target>
    </properties>

    <dependencies>
        <dependency>
            <groupId>com.amazonaws</groupId>
            <artifactId>aws-lambda-java-core</artifactId>
            <version>1.1.0</version>
        </dependency>
        <dependency>
            <groupId>com.google.code.gson</groupId>
            <artifactId>gson</artifactId>
            <version>2.8.5</version>
```

```
          </dependency>
          <dependency>
            <groupId>junit</groupId>
            <artifactId>junit</artifactId>
            <version>4.12</version>
            <scope>test</scope>
          </dependency>
      </dependencies>

      <build>
        <plugins>
          <plugin>
            <groupId>org.apache.maven.plugins</groupId>
            <artifactId>maven-shade-plugin</artifactId>
            <version>3.1.1</version>
            <configuration>
            </configuration>
            <executions>
              <execution>
                <phase>package</phase>
                <goals>
                  <goal>shade</goal>
                </goals>
              </execution>
            </executions>
          </plugin>
        </plugins>
      </build>
  </project>
```

要在本地組建與測試它,你還需要 *template.yaml* manifest 檔,用它來指定 Lambda 組
態,並連接一個簡單的 API Gateway,以便測試函數;見範例 8-32。

範例 *8-32　AWS Lambda template.yaml*

```
AWSTemplateFormatVersion: '2010-09-09'
Transform: AWS::Serverless-2016-10-31
Description: >
    Product Catalogue Lambda Function

    (based on the sample SAM Template for sam-app)

Globals:
    Function:
        Timeout: 20
```

```
Resources:

    ProductCatalogueFunction:
        Type: AWS::Serverless::Function
        Properties:
            CodeUri: target/ProductCatalogue-1.0.jar
            Handler: uk.co.danielbryant.djshoppingserverless. ↵
            productcatalogue.ProductCatalogueFunction::handleRequest
            Runtime: java8
            Environment: # 關於 Env Vars 的更多資訊請見：https://github.com/awslabs/ ↵
             serverless-application-model/blob/master/versions/ ↵
             2016-10-31.md#environment-object
                Variables:
                    PARAM1: VALUE
            Events:
                HelloWorld:
                    Type: Api # 關於 Env Vars 的更多資訊請見：
                    https://github.com/awslabs/serverless-application-model/ ↵
                     blob/master/versions/2016-10-31.md#api
                    Properties:
                        Path: /products
                        Method: get

Outputs:

    HelloWorldApi:
      Description: "API Gateway endpoint URL for Prod stage for
      Product Catalogue Lambda "
      Value: !Sub "https://${ServerlessRestApi}.execute-api
      .${AWS::Region}.amazonaws.com/prod/products/"

    HelloWorldFunction:
      Description: "Product Catalogue Lambda Function ARN"
      Value: !GetAtt ProductCatalogueFunction.Arn

    HelloWorldFunctionIamRole:
      Description: "Implicit IAM Role created for Product Catalogue Lambda function"
      Value: !GetAtt ProductCatalogueFunction.Arn
```

測試 AWS Lambda 事件處理

SAM Local 工具可讓你用 sam local generate-event 命令生成測試事件。你可以在 CLI 命令的各個位置，使用 --help 引數來了解有哪些事件生成選項可用。在這個例子中，

我們要產生一個 API 閘道事件。這實際上是一個合成的 JSON 物件，有服務或用戶對著
Amazon API Gateway 閘道發出請求時，它就會被送出。我們來看一下範例 8-33。

範例 8-33　用 SAM Local 產生測試事件

```
$ sam local generate-event --help
Usage: sam local generate-event [OPTIONS] COMMAND [ARGS]...

  Generate an event

Options:
  --help  Show this message and exit.

Commands:
  api       Generates a sample Amazon API Gateway event
  dynamodb  Generates a sample Amazon DynamoDB event
  kinesis   Generates a sample Amazon Kinesis event
  s3        Generates a sample Amazon S3 event
  schedule  Generates a sample scheduled event
  sns       Generates a sample Amazon SNS event
$
$ sam local generate-event api --help
Usage: sam local generate-event api [OPTIONS]

Options:
  -m, --method TEXT    HTTP method (default: "POST")
  -b, --body TEXT      HTTP body (default: "{ "test": "body"}")
  -r, --resource TEXT  API Gateway resource name (default: "/{proxy+}")
  -p, --path TEXT      HTTP path (default: "/examplepath")
  --debug              Turn on debug logging
  --help               Show this message and exit.
$
$ sam local generate-event api -m GET -b "" -p "/products"
{
    "body": null,
    "httpMethod": "GET",
    "resource": "/{proxy+}",
    "queryStringParameters": {
        "foo": "bar"
    },
    "requestContext": {
        "httpMethod": "GET",
        "requestId": "c6af9ac6-7b61-11e6-9a41-93e8deadbeef",
        "path": "/{proxy+}",
        "extendedRequestId": null,
        "resourceId": "123456",
        "apiId": "1234567890",
```

```
            "stage": "prod",
            "resourcePath": "/{proxy+}",
            "identity": {
                "accountId": null,
                "apiKey": null,
                "userArn": null,
                "cognitoAuthenticationProvider": null,
                "cognitoIdentityPoolId": null,
                "userAgent": "Custom User Agent String",
                "caller": null,
                "cognitoAuthenticationType": null,
                "sourceIp": "127.0.0.1",
                "user": null
            },
            "accountId": "123456789012"
        },
        "headers": {
            "Accept-Language": "en-US,en;q=0.8",
            "Accept-Encoding": "gzip, deflate, sdch",
            "X-Forwarded-Port": "443",
            "CloudFront-Viewer-Country": "US",
            "X-Amz-Cf-Id": "aaaaaaaaaae3VYQb9jd-nvCd-de396Uhbp027Y2JvkCPNLmGJHqlaA==",
            "CloudFront-Is-Tablet-Viewer": "false",
            "User-Agent": "Custom User Agent String",
            "Via": "1.1 08f323deadbeefa7af34d5feb414ce27.cloudfront.net (CloudFront)",
            "CloudFront-Is-Desktop-Viewer": "true",
            "CloudFront-Is-SmartTV-Viewer": "false",
            "CloudFront-Is-Mobile-Viewer": "false",
            "X-Forwarded-For": "127.0.0.1, 127.0.0.2",
            "Accept": "text/html,application/xhtml+xml,application/xml;q=0.9,
            image/webp,*/*;q=0.8",
            "Upgrade-Insecure-Requests": "1",
            "Host": "1234567890.execute-api.us-east-1.amazonaws.com",
            "X-Forwarded-Proto": "https",
            "Cache-Control": "max-age=0",
            "CloudFront-Forwarded-Proto": "https"
        },
        "stageVariables": null,
        "path": "/products",
        "pathParameters": {
            "proxy": "/products"
        },
        "isBase64Encoded": false
    }
```

你可以用這個事件，以許多方式測試你的函數。最簡單的方法就是直接將事件產生的結果 pipe 給一個本地函數呼叫，這個呼叫是以 sam local invoke <*function_name*> 來觸發的，見範例 8-34。

範例 8-34　生成 Amazon API Gateway 事件，並將它傳給 Lambda 函數本地呼叫

```
$ sam local generate-event api -m GET -b "" -p "/products" | ↵
  sam local invoke ProductCatalogueFunction
2018-06-10 14:06:04 Reading invoke payload from stdin (you can also ↵
 pass it from file with --event)
2018-06-10 14:06:05 Invoking uk.co.danielbryant.djshoppingserverless. ↵
productcatalogue.ProductCatalogueFunction::handleRequest (java8)
2018-06-10 14:06:05 Found credentials in shared credentials file: ↵
 ~/.aws/credentials
2018-06-10 14:06:05 Decompressing /Users/danielbryant/Documents/ ↵
dev/daniel-bryant-uk/tmp/aws-sam-java/sam-app/target/ ↵
ProductCatalogue-1.0.jar


Fetching lambci/lambda:java8 Docker container image......
2018-06-10 14:06:06 Mounting /private/var/folders/1x/ ↵
81f0qg_50vl6c4gntmt008w40000gn/T/tmp1kC9fo as ↵
 /var/task:ro inside runtime container
START RequestId: 054d0a81-1fa9-41b9-870c-18394e6f6ea9 ↵
 Version: $LATEST
END RequestId: 054d0a81-1fa9-41b9-870c-18394e6f6ea9
REPORT RequestId: 054d0a81-1fa9-41b9-870c-18394e6f6ea9 ↵
 Duration: 82.60 ms Billed Duration: 100 ms ↵
 Memory Size: 128 MB Max Memory Used: 19 MB


{"body":"[{\"id\":\"1\",\"name\":\"Widget\", ↵
\"description\":\"Premium ACME Widgets\", ↵
\"price\":1.19},{\"id\":\"2\",\"name\":\"Sprocket\", ↵
\"description\":\"Grade B sprockets\", ↵
\"price\":4.09},{\"id\":\"3\",\"name\":\"Anvil\", ↵
\"description\":\"Large Anvils\",\"price\":45.5}, ↵
{\"id\":\"4\",\"name\":\"Cogs\", ↵
\"description\":\"Grade Y cogs\",\"price\":1.80}, ↵
{\"id\":\"5\",\"name\":\"Multitool\", ↵
\"description\":\"Multitools\",\"price\":154.09}]", ↵
"headers":{"Content-Type":"application/json"},"statusCode":200}
```

如果你想要更詳細地自訂事件，可以將生成的結果 pipe 至檔案、修改內容或檔案，接著將它 cat 至呼叫，見範例 8-35。

範例 8-35　將生成的事件 *pipe* 至檔案、修改它，接著使用 *cat* 來將檔案內容 *pipe* 至 *SAM Local*

```
$ sam local generate-event api -m GET -b "" -p "/products" > api_event.json
$ # 用你最喜歡的編譯器來修改 api_event.json 檔案並儲存
$ cat api_event.json | sam local invoke ProductCatalogueFunction
...
```

你也可以指定 --debug-port <*port_number*> 並且將遠端的除錯器附加到指定的連接埠（例如，使用 IntelliJ 之類的 IDE）來透過 Docker 對著被呼叫的函數進行除錯。接著你可以呼叫這項函數，SAM Local 框架會在你附加除錯程序之前暫停。接著你可以像平常進行除錯一樣設定斷點與變數監視點（watches），並且直接讓 Lambda 函數呼叫完成，以檢查回傳的資料。

用 SAM Local 進行煙霧測試

你也可以用 SAM Local 來模擬在本地執行 Amazon API Gateway，它可以和你的函數整合。你可以在 *template.yaml* 檔案的目錄中輸入 sam local start-api，透過 SAM Local 啟動閘道與函數。現在你可以 curl 本地端點來對 Lambda 函數進行煙霧測試，見範例 8-36。

範例 8-36　使用 *SAM Local* 來啟動函數與 *API* 閘道，接著 *curl API*

```
$ sam local start-api
2018-06-10 14:56:03 Mounting ProductCatalogueFunction
at http://127.0.0.1:3000/products [GET]
2018-06-10 14:56:03 You can now browse to the above
endpoints to invoke your functions. You do not need to restart/reload SAM CLI ↵
 while working on your functions changes will be reflected ↵
 instantly/automatically. You only need to restart SAM CLI if you update your ↵
 AWS SAM template
2018-06-10 14:56:03  * Running on http://127.0.0.1:3000/ (Press CTRL+C to quit)

[Open new terminal]

$ curl http://127.0.0.1:3000/products
[{"id":"1","name":"Widget","description":"Premium ACME Widgets","price":1.19}, ↵
...]
```

當你切換回去啟動 API 的第一個終端機 session 時，可以看到畫面上出現額外的資訊，你不但可以用它來查看 log 文字，也可以查看這個函數執行多久時間，以及它使用多少記憶體。雖然這種資料是你的機器專屬的組態（與 CPU 與 RAM）的，但你可以用它來估算你的函數在生產環境中運行的成本。

範例 8-37　檢查在本地模擬 Amazon API Gateway 上運行的 SAM Local 的終端輸出

```
$ sam local start-api
2018-06-10 14:56:03 Mounting ProductCatalogueFunction
at http://127.0.0.1:3000/products [GET]
2018-06-10 14:56:03 You can now browse to the above
endpoints to invoke your functions. You do not need to restart/reload SAM CLI ↵
 while working on your functions changes will be reflected ↵
 instantly/automatically. You only need to restart SAM CLI if you update ↵
 your AWS SAM template
2018-06-10 14:56:03  * Running on http://127.0.0.1:3000/ (Press CTRL+C to quit)
2018-06-10 14:56:37 Invoking uk.co.danielbryant.djshoppingserverless.
productcatalogue.ProductCatalogueFunction::handleRequest (java8)
2018-06-10 14:56:37 Found credentials in shared credentials file: ↵
 ~/.aws/credentials
2018-06-10 14:56:37 Decompressing /Users/danielbryant/Documents/
dev/daniel-bryant-uk/tmp/aws-sam-java/sam-app/target/ProductCatalogue-1.0.jar


Fetching lambci/lambda:java8 Docker container image......
2018-06-10 14:56:38 Mounting /private/var/folders/ ↵
1x/81f0qg_50vl6c4gntmt008w40000gn/
T/tmp9BwMmf as /var/task:ro inside runtime container
START RequestId: b5afd403-2fb9-4b95-a887-9a8ea5874641 Version: $LATEST
END RequestId: b5afd403-2fb9-4b95-a887-9a8ea5874641
REPORT RequestId: b5afd403-2fb9-4b95-a887-9a8ea5874641 Duration: 94.77 ms
Billed Duration: 100 ms Memory Size: 128 MB Max Memory Used: 19 MB
2018-06-10 14:56:40 127.0.0.1 - - [10/Jun/2018 14:56:40] ↵
 "GET /products HTTP/1.1" 200 -
```

當你在本地測試 Lambda 函數時，通常你的程式碼會與 Amazon 內的另一個服務整合，例如 S3 或 DynamoDB。這可能會讓測試難以進行，解決的方法通常是使用本章介紹的技術來 mock 或虛擬化依賴項目。與其建立自己的解決方案，不如研究社群目前有哪些選項可用（不過在下載並且在本地執行任何程式碼或 app 時要很小心，尤其是當它會以 root 來執行，或在組建管道中，會在預備或生產階段執行時）。在 AWS 領域中，LocalStack 是一種特殊的社群解決方案（*https://github.com/localstack/localstack*），它是一種功能齊全的本地 AWS 雲端堆疊。

> ## 用 LocalStack 在本地執行 AWS 服務
>
> LocalStack 測試公用程式提供了實用的整合測試工具，可讓你（在開發機器上，或在管道中）啟動許多 AWS 服務的本地版本，例如 DynamoDB、Kinesis 與 S3。這些本地服務的外觀與行為就像真物一樣（通常公開類 REST API 與服務專用協定），而且可以用適當的資料或行為來設置，供你測試。你甚至可以注入雲端或服務特有的生產環境錯誤，並對它們進行測試。

FaaS：Azure Functions 與 VS Code

Azure 在 2016 年引入 Azure Functions，在 2017 年，它在 FaaS 平台加入對 Java app 的支援。Azure Functions 沒有類似 AWS SAM 指定基礎設施的功能，但 Microsoft 團隊把重心放在建立高效的組態檔案組合與相關的工具，來方便你在本地與遠端輕鬆地組建與測試函數。你可以用命令列執行所有工作，雖然我們認為一般而言，使用 Microsoft 的 VS Code 編輯器（*https://code.visualstudio.com/*）的整合輕鬆得多。

安裝 Azure Function 核心工具

為了用 Java 開發使用 Azure Function 的 app，你必須在本地開發機器安裝下列工具：

- Java Developer Kit，第 8 版

- Apache Maven，3.0 版以上

- Azure CLI（*http://bit.ly/2xH4raK*）

- Azure Functions Core Tools（*http://bit.ly/2OdOuSR*）（也需要 .NET Core 2.1 SDK）

- VS Code（非必須）

你可以輕鬆地使用 Maven archetype 產生器來輕鬆地建立 Java 函數。範例 8-38 展示 mvn archetype:generate 需要的初始參數，以及在生成過程中詢問的問題：

範例 8-38　用 Maven 建立 Java Azure 函數

```
$ mvn archetype:generate -DarchetypeGroupId=com.microsoft.azure ↵
    -DarchetypeArtifactId=azure-functions-archetype
[INFO] Scanning for projects...
Downloading from central: https://repo.maven.apache.org/maven2/org/apache/ ↵
```

```
maven/plugins/maven-release-plugin/2.5.3/maven-release-plugin-2.5.3.pom
Downloaded from central: https://repo.maven.apache.org/maven2/org/apache/ ↵
maven/plugins/maven-release-plugin/2.5.3/maven-release-plugin-2.5.3.pom ↵
 (11 kB at 24 kB/s)
...
Define value for property 'groupId' ↵
 (should match expression '[A-Za-z0-9_\-\.]+'): helloworld
[INFO] Using property: groupId = helloworld
Define value for property 'artifactId' ↵
 (should match expression '[A-Za-z0-9_\-\.]+'): ProductCatalogue
[INFO] Using property: artifactId = ProductCatalogue
Define value for property 'version' 1.0-SNAPSHOT: :
Define value for property 'package' helloworld: : ↵
 uk.co.danielbryant.helloworldserverless.productcatalogue
Define value for property 'appName' productcatalogue-20180923111807725: :
Define value for property 'appRegion' westus: :
Define value for property 'resourceGroup' java-functions-group: :
Confirm properties configuration:
groupId: helloworld
groupId: helloworld
artifactId: ProductCatalogue
artifactId: ProductCatalogue
version: 1.0-SNAPSHOT
package: uk.co.danielbryant.helloworldserverless.productcatalogue
appName: productcatalogue-20180923111807725
appRegion: westus
resourceGroup: java-functions-group
 Y: : Y
...
[INFO] Project created from Archetype in dir: /Users/danielbryant/Documents/dev/ ↵
daniel-bryant-uk/tmp/ProductCatalogue
[INFO] ------------------------------------------------------------------------
[INFO] BUILD SUCCESS
[INFO] ------------------------------------------------------------------------
[INFO] Total time: 03:25 min
[INFO] Finished at: 2018-09-23T11:19:12+01:00
[INFO] ------------------------------------------------------------------------
```

生成程序建立一個簡單的 Java Function 類別，它裡面有一個 HttpTriggerJava 函數方法，你可以用 HTTP GET 請求來呼叫它。範例 8-39 是這個類別的內容，你可以從這個樣本學習如何在本地工作，以及對 Azure Function 進行除錯。

範例 8-39　*Maven archetype 產生的 Function 類別樣本*

```java
public class Function {
    @FunctionName("HttpTrigger-Java")
```

```java
public HttpResponseMessage HttpTriggerJava(
@HttpTrigger(name = "req",
            methods = {HttpMethod.GET, HttpMethod.POST},
            authLevel = AuthorizationLevel.ANONYMOUS) ↵
            HttpRequestMessage<Optional<String>> request,
            final ExecutionContext context) {
    context.getLogger().info("Java HTTP trigger processed a request.");

    // 解析查詢參數
    String query = request.getQueryParameters().get("name");
    String name = request.getBody().orElse(query);

    if (name == null) {
        return request.createResponseBuilder(HttpStatus.BAD_REQUEST)
                    .body("Please pass a name on the query string ↵
                    or in the request body").build();
    } else {
        return request.createResponseBuilder(HttpStatus.OK)
                .body("Hello, " + name).build();
    }
}
}
```

在 Java 專案根目錄中，你可以看到組態檔 *local.settings.json* 與 *host.json*。*local.settings.json* 檔儲存 app 設定、連結字串，與 Azure Functions Core Tools 的設定。*host.json* 詮釋資料檔裡面有全域組態選項，它會影響函數 app 的所有函數。預設的 *host.json* 通常很簡單，但如範例 8-40 所示，你可以設置 HTTP API 與端點屬性、健康檢查，以及 log 更進階的使用案例。

範例 *8-40　比較複雜的 host.json Azure Function 組態檔*

```json
{
    "version": "2.0",
    "extensions": {
        "http": {
            "routePrefix": "api",
            "maxConcurrentRequests": 5,
            "maxOutstandingRequests": 30
            "dynamicThrottlesEnabled": false
        }
    },
    "healthMonitor": {
        "enabled": true,
        "healthCheckInterval": "00:00:10",
        "healthCheckWindow": "00:02:00",
```

```
        "healthCheckThreshold": 6,
        "counterThreshold": 0.80
    },
    "id": "9f4ea53c5136457d883d685e57164f08",
    "logging": {
        "fileLoggingMode": "debugOnly",
        "logLevel": {
          "Function.MyFunction": "Information",
          "default": "None"
        },
        "applicationInsights": {
            "sampling": {
              "isEnabled": true,
              "maxTelemetryItemsPerSecond" : 5
            }
        }
    },
    "watchDirectories": [ "Shared", "Test" ]
}
```

你可以像對待任何其他 Maven 專案一樣對待這個專案,也可以用 `mvn clean package` 命令組建可上傳至 Azure Function 服務的工件。

在本地組建與測試

你可以用 Azure Function Core Tools,使用 `mvn azurefunctions:run` 命令來執行 Azure-Function Maven 外掛,來初始化函數,以進行本地測試,見範例 8-41。

範例 8-41　使用 Azure Maven 外掛在本地執行 Java 函數

```
$ mvn azure-functions:run
[INFO] Scanning for projects...
[INFO]
[INFO] -------------------< helloworld:ProductCatalogue >---------------------
[INFO] Building Azure Java Functions 1.0-SNAPSHOT
[INFO] ------------------------------[ jar ]----------------------------------
[INFO]
[INFO] --- azure-functions-maven-plugin:1.0.0-beta-6:run ↵
 (default-cli) @ ProductCatalogue ---
AI: INFO 1: Configuration file has been successfully found as resource
AI: INFO 1: Configuration file has been successfully found as resource
[INFO] Azure Function App's staging directory found at: ↵
 /Users/danielbryant/Documents/dev/daniel-bryant-uk/ ↵
tmp/ProductCatalogue/target/azure-functions/ ↵
productcatalogue-20180923111807725
```

```
[INFO] Azure Functions Core Tools found.
```

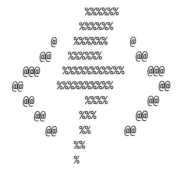

```
Azure Functions Core Tools (2.0.3)
Function Runtime Version: 2.0.12115.0


...


Now listening on: http://0.0.0.0:7071
Application started. Press Ctrl+C to shut down.
Listening on http://0.0.0.0:7071/
Hit CTRL-C to exit...


Http Functions:


HttpTrigger-Java: http://localhost:7071/api/HttpTrigger-Java


[23/09/2018 10:25:24] [INFO] {MessageHandler.handle}: ↵
 Message generated by "StartStream.Builder"
[23/09/2018 10:25:24] Worker initialized
[23/09/2018 10:25:25] "HttpTrigger-Java" loaded
 (ID: 7115f6e7-f5de-475c-b196-089e6a6a2a89,
 Reflection: "/Users/danielbryant/Documents/dev/
 daniel-bryant-uk/tmp/ProductCatalogue/target/
 azure-functions/productcatalogue-20180923111807725/
 ProductCatalogue-1.0-SNAPSHOT.jar"::
 "uk.co.danielbryant.helloworldserverless.productcatalogue.Function.run")
[23/09/2018 10:25:28] Host lock lease acquired by
 instance ID '00000000000000000000000000826B7EEE'.
```

mvn azure-functions:run 輸出的最終階段顯示所有可以呼叫的 HTTP 函數,以及相關的 URL,例如 "HttpTrigger-Java: http://localhost:7071/api/HttpTrigger-Java"。你可以用另一個終端機 session 與 curl 等工具來呼叫在本地運行的函數,見範例 8-42。注意,函數以 HttpTriggerJava 函數參數來接收 LocalFunctionTest 的資料負載,並回傳它,且在前面加上字串 Hello。

範例 8-42　使用 *curl* 來呼叫本地 *Azure Function* 端點

```
$ curl -w '\n' -d LocalFunctionTest http://localhost:7071/api/HttpTrigger-Java
Hello, LocalFunctionTest
```

你可以在運行本地函數的終端機 session 按下 Ctrl-C 來停止函數的執行。

如果你有安裝 VS Code 編輯器,可以安裝 Azure Functions Extension (*http://bit.ly/2DwMwsH*) 與 Java Extension Pack (*http://bit.ly/2xR580l*),並按下 F5,直接從編輯器執行函數,見圖 8-3。

如果你選擇用 VS Code 執行函數,也可以利用整合的除錯功能,只要在適當的 Java 程式行的邊界設定斷點,並且用 curl 或其他的測試工具來呼叫函數即可。

圖 8-3　使用 VS Code 編輯器來執行 Java Azure 函數

用 VS Code 在遠端與本地測試

有時你很難在本地測試函數。例如，你可能依賴某個在雲端運行的服務，很難 stub 或 mock 它。Azure Functions 可讓你比較輕鬆地對著在雲端運行的 Java 函數進行除錯。

為了按照接下來的指示來操作，你必須註冊一個 Azure 帳戶，並且擁有有效的訂閱，無論是否免費。要從 VS Code 登入 Azure，你必須在 Command Palette 選擇 "Sign In"，並且追隨裝置登入流程（通常會打開你的預設瀏覽器，並引導你前往 Azure 登入網頁）。

登入之後，按下 Azure 面板的 "Deploy to Function App" 或在 Command Palette 選擇這個選項。接下來選擇你想要部署的專案的資料夾，並按照提示來設置你的函數專案。部署函數之後，你會在輸出視窗看到相關的端點。接著可以對這個端點使用 curl，就像對著在本地運行的函數一樣，見範例 8-43。

範例 8-43　curl 部署到 Azure 雲端的 Azure 函數

```
$ curl -w '\n' https://product-catalogue-5438231.azurewebsites.net/ ↵
api/httptrigger-java -d AzureFunctionsRemote
Hello, AzureFunctionsRemote
```

為了對這個在遠端運行的函數進行除錯，你必須用 Node Package Manager（NPM）來安裝 cloud-debug-tools 公用程式，見範例 8-44。

範例 8-44　用 NPM 安裝 cloud-debug-tools

```
$ npm install -g cloud-debug-tools
```

安裝這個工具之後，你可以執行除錯代理工具，指定函數的遠端基礎 URL，來連接正在 Azure 運行的 Function，見範例 8-45 的示範。

範例 8-45　使用 cloud-debug-tools dbgproxy

```
$ dbgproxy product-catalogue-5438231.azurewebsites.net
Function App:                 "product-catalogue-5438231.azurewebsites.net"
Subscription:                 "Pay-As-You-Go" (ID = "xxxx")
Resource Group:               "new-java-function-group"
Fetch debug settings:         done
done
done
Set JAVA_OPTS:                done
Set HTTP_PLATFORM_DEBUG_PORT: done
Remote debugging is enabled on "product-catalogue-5438231.azurewebsites.net"
[Server] listening on 127.0.0.1:8898
```

```
Now you should be able to debug using "jdb -connect com.sun.jdi.SocketAttach: ↵
hostname=127.0.0.1,port=8898"
```

當 proxy 連接正在運行的函數之後,你可以在 VS Code 裡面加入新的除錯組態(在 *.vscode/launch.json* 檔裡面指定),以連接它打開的本地連接埠。

範例 *8-46　VS Code 的除錯啟動組態*

```
{
    "name": "Attach to Azure Functions on Cloud",
    "type": "java",
    "request": "attach",
    "hostName": "localhost",
    "port": 8898
}
```

現在你可以在 VS Code 裡面設定斷點,並使用編輯器的除錯面板功能來連接雲端函數。當你呼叫連接了除錯器的遠端函數之後,即可在本地進行除錯,宛如你在雲端工作一般。

小結

本章介紹如何妥善地設置本地開發環境,以便在本地組建與測試系統。你已經了解以下的技術了:

- 使用 mock、stub 與服務虛擬化來模擬你可能無法訪問(例如,因為連接或資源上的原因)的依賴項目。

- 使用 Vagrant 之類的工具來實例化一致且可重複建立的 VM 以進行本地開發。

- 使用以容器為主的工具,例如 minikube 與 Telepresence,來建立一致且容易除錯的環境,以進行本地與遠端開發。

- 使用 AWS SAM Local 裡面的支援程式,以促進開發 FaaS 程式碼,以及在本地支援基礎設施。

- 使用 Azure cloud-debug-tools 在本地對著在遠端執行的 Azure Function Java app 進行除錯。

下一章將介紹持續整合,並且建立持續交付管道的第一個階段。

## 第九章

持續整合：建立組建管道的第一步

這一章要介紹如何實現持續整合（CI）。你將會知道為何 CI 很重要，接著了解版本控制系統（VCS）的基本主題。你也會學到 Git 分散式 VCS 的基本知識，以及如何妥善地安排團隊使用這種工具。代碼復審這個主題很有挑戰性，但我們會告訴你執行這項工作可獲得哪些核心利益，以及教導你如何起步。本章的最後一個主題是將 CI 組建自動化。

為何要持續整合？

持續整合（CI）這種做法就是頻繁地將新的程式碼，或修改過的程式碼，整合到既有的程式存放區裡面，定期將所有可動作的副本合併至一個共用的主線或主幹中。"定期"這個字的意思因人而異，但是若要真正地執行 CI，它應該代表一天好幾次。有一種公認的最佳做法，就是每當有人提交至共用的程式碼存放區時，就觸發程式碼組建，並且安排定期的"夜間"組建，來捕捉外部系統被修改之後造成的問題，或是我們無法控制的任何整合問題（例如在依賴項目中的新安全漏洞）。

CI 的主要目的是防止許多開發者都知道的整合問題，這在極限編程（XP）的早期說法稱之為**整合地獄**。在 XP，CI 是與自動單元測試（透過測試驅動開發（TDD）寫成的）一起使用的。在本地完成一系列的紅燈／綠燈／重構編程循環之後，你通常會在本地環境執行所有單元測試，確認它們都通過，才將新成果提交至主線。藉著定期提交，每位開發者都可以減少造成衝突的修改數量，可以協助避免目前的工作在無意間損害其他開發者的成果。

在現代 CI 中，開發團隊通常使用組建伺服器來實現持續組建程序以及執行自動測試與驗證程序。除了執行單元與整合測試之外，組建伺服器也可以執行靜態與動態的程式碼品質驗證、評量與側寫性能、執行基本安全驗證，以及從原始碼提取文件並將它格式化。

CI 程序（以及持續進行品質控制）的目的是改善軟體的可重複性與穩定性，以及它的交付速度。傳統的軟體交付方法是在主要的編程工作完成之後才進行測試與品保，且大部分都是手動的，相較之下，CI 可以幫你找到缺陷，並且更容易在 app 開發生命週期中，讓你找到最佳做法。

實作 CI

Humble 與 Farley 在 *Continuous Delivery* 談到，採取 CD 之前必須滿足幾個條件：

版本控制

所有東西都必須提交到單一版本控制存放區：程式碼、組態、測試、資料儲存腳本、組建檔等等。

自動組建

你必須能夠在本地命令列與遠端持續整合環境（組建伺服器）以自動的方式執行組建程序。

團隊的約定

CI 是一種做法，不是一組特定的工具。團隊的每個人都要參與這個過程，否則它就無法生效。

在本章其餘的內容，你將學到這些步驟。

集中式 vs. 分散式版本控制系統

在 1990 年代晚期與 2000 年代早期，集中式版本控制系統（VCS）受到廣泛的使用，例如 Concurrent Versions System（CVS）（*https://www.nongnu.org/cvs/*）與 Apache Subversion（SVN）（*https://subversion.apache.org/*）。在 VCS 出現之前，大家通常都使用自製的解決方案來儲存原始碼，以及讓多位開發者一起處理同一個基礎程式。這種做法通常在 FTP 存放區儲存多個壓縮檔，格式包括 *source_v1.gz.tar*、*source_v2.gz.tar*、*source_v1_patch1.gz.tar* 等等。

可想而知，這種系統的運維與管理充滿危險，開發者無法輕鬆地將使用原始碼管理系統的經驗帶到不同專案或組織使用。Linux 的創造者 Linus Torvalds 在 2005 年發表了 Git（*https://git-scm.com/*），這是一種分散式版本控制系統（DVCS）。Git 的靈感來自 BitKeeper 與其他早期的 DVCS，它原本被用來儲存 Linux 核心的原始碼，由於授權的改變，我們從 2005 年 4 月開始就無法使用它了。除了 Git 之外，同一時期也出現了許多其他的 DVCS，包括 Mercurial（hg）（*https://www.mercurial-scm.org/*）與 DCVS，它們都是用不同的語言寫成的，且支援略有不同的設計目標。但是隨著 Git 採取 GNU v2 開放原始碼授權條款，以及 Linux 核心開發團隊開始用它來管理原始碼，Git 已經成為大多數開發者的首選 DVCS 工具了。

你可以將 Git 存放區放在遠端，例如，熱門的託管網站 GitHub（*https://github.com/*）與 Atlassian Bitbucket（*https://bitbucket.org/*）。每位開發者都可以將存放區複製到個人的開發機器上，取得一個具備完整開發歷史的本地版本。在存放區內的修改可以複製到另一個存放區，這些修改會被當成新增的開發分支匯入，它們可以像本地開發分支一樣合併。Git 支援快速分岔與合併，也內建專用的工具來查看與瀏覽非線性（nonlinear）的開發歷史。Git 有一個主要的假設：一項變動被合併的頻率高於它被編寫的頻率，因為新提交的程式碼會被許多復審者來回傳遞。

與舊的 VCS 技術相較之下，Git 的分支是輕量級的，一個分支只涉及一次提交。但是，建立分支 “很便宜” 的另一面是，製作大型功能的開發者往往會做出偏離主線或主幹的長壽分支。

許多開放原始碼與社群專案都用 GitHub 之類的託管網站，來提供可供持續整合與交付的原始碼典型版本，並且將它當成管理貢獻者、建立文件，與追蹤問題的中心。你在使用本書的範例時，可獲得 GitHub 的第一手資訊。但是如果你選擇其他託管平台也不用擔心，因為所有 DVCS 託管網站的版本控制與專案協作的核心概念都是一樣的。

還在使用集中式 *VCS* 嗎？考慮升級吧！

如果你還在使用集中式版本控制系統，例如 VCS 或 SVN，我們強烈建議你試試 Git 等分散式系統。網路上有許多卓越的教學，例如 Code School 的 Git 教學（*https://try.github.io/levels/1/challenges/1*）（GitHub 贊助），它們可帶來許多好處。此外還有許多詳盡的指南與工具可以幫你將既有的程式碼存放區遷移到 Git，例如 Git 官方指南 Migrating to Git（*https://git-scm.com/book/en/v2/Git-and-Other-Systems-Migrating-to-Git*）教你如何遷移 SVN 或 Perforce 存放區（與其他幾個更難懂的 VCS），而 Git for CVS Users（*https://git-scm.com/docs/gitcvs-migration*）則介紹如何從 CVS 遷移，以及幾個命令示範。

Git Primer

本書的範例大量使用 Git，因此你應該了解如何操作這種工具。Git 系統本身相當靈活且強大，就像下棋易學難精。

其他的資源

礙於篇幅（與範圍），本書只介紹非常基本的 Git 知識。如果你想要更深入學習，我們推薦 Jon Loeliger 與 Matthew McCullough 的 *Version Control with Git, 2nd Edition*（O'Reilly）。Git 文件（*https://git-scm.com/doc*）也很出色，它包含完整的參考網站，以及 Scott Chacon 與 Ben Straub 的書籍 Pro Git（Apress）的完整線上版本。

核心的 Git CLI 命令

你必須先在本地開發機器安裝 Git，你可以透過包裝管理器，或從 Git 網站（*https://git-scm.com/book/en/v2/Getting-Started-Installing-Git*）下載二進位檔。

初始化存放區（歷史）並使用它

你可以在一個新的（或目前的）目錄初始化一個新的 Git 存放區：

```
$ git init
```

這會在目前的目錄建立一個隱形的目錄，裡面有所有的存放區資料。此時，你也可以加入一個 *.gitignore* 檔案，將 Git 設置成 "忽略或不追蹤針對某些檔案的變動"。

不要加入私密檔案或本地組態

重要：不要將私密資料（例如資料庫訪問密碼或雲端供應商憑證）放入 Git，即使它是個私用存放區。這是一個危險的安全漏洞，如果存放區被設成公用，或是有壞人獲得訪問存放區的權限，它就會被輕鬆地破解。另一件很重要的事情是：不要放入你個人的本地組態檔，包括 IDE 組態檔，你的檔案系統路徑細節可能和其他開發者不一樣（以及其他資訊），可能會在同事提交程式碼時造成合併衝突。

範例 9-1 是個 Java *.gitignore* 檔案例子。這個檔案通常被用來避免追蹤不想要的 Java 與 Maven 檔案，以及 IntelliJ 專案檔案。

範例 *9-1　Java .gitignore 檔案*

```
### Java ###
# 已編譯的類別檔
*.class

# 包裝檔 #
*.jar
*.war
*.ear
*.zip
*.tar.gz
*.rar

# Log 檔
*.log

### Maven ###
target/

# IntelliJ 專用檔：
.idea
*.iml
/out/
```

你的 *.gitignore* 檔可能因專案而異，但你至少要有一個骨架檔，因為不太可能想要追蹤存放區內的每一個檔案。

產生 .gitignore 檔案

你可以用 gitignore.io（*https://www.gitignore.io/*）來產生詳盡的 *.gitignore* 檔案。這個網站可讓你指定所有的平台，以及所有專案工具（例如 Java、Maven 與 IntelliJ），接著建立一個立即可用的 *.gitignore* 檔案。

如果你使用遠端存放區，可以這樣複製存放區：

```
$ git clone <repo_name>
```

在預設情況下，它會在目前的目錄裡面用存放區名稱建立一個目錄。

你可以隨時對著存放區發出 pull 來更新存放區的本地副本：

```
$ git pull origin <branch_name>
```

取得 Git 存放區的本地副本之後，你可以在這個預備區域加入檔案，之後再提交它們，例如：

```
$ git add . # 在目前的目錄內遞迴加入所有檔案
$ git add <specific_file_or_dir>
```

要了解有哪些檔案已經被加入預備區域，以及你在本地追蹤的檔案被別人做了哪些修改，你可以查詢狀態，例如：

```
$ git status
```

你可以移除預備區域的檔案：

```
$ git rm <specific_file_or_dir> --cached # 保留本地檔案或目錄副本

$ git rm <specific_file_or_dir> -f # 強制移除本地檔案或目錄
```

也可以將本地預備區域裡面的新檔案或被更新的檔案提交出去：

```
$ git commit -m "Add meaningful commit message"
```

如果存放區正在追蹤一個遠端的存放區，你可以試著這樣提交（下一節會介紹可能出現的合併衝突）：

```
$ git push origin master
```

最後，你可以查看存放區的提交 log 或歷史：

```
$ git log
```

分岔與合併

你可以發出下面的命令來建立新的分支，並切換到那個分支：

```
$ git checkout -b <new_branch_name>
```

你可以這樣回到主分支，再前往 new_branch：

```
$ git checkout master
$ git checkout <new_branch_name>
```

你可以將分支送至遠端存放區及取回：

```
$ git push origin <branch_name>
$ git pull origin <branch_name>
```

當你試著將內容推送到遠端存放區，或從那裡拉回時，可能會遇到必須處理的合併衝突（本地程式版本與遠端程式的狀態不同）。遇到這種情況時，你通常要手動更新或編輯本地基礎程式，或使用自動化工具（通常是現代 IDE 內建的）來執行合併。

由於這超出本書討論的範圍了，請參考第 204 頁的 "其他的資源" 來了解關於合併的資訊。此外還有許多實用的 Git 做法可以學習，例如使用 rebase 將成果合併到已經被提交額外成果的存放區（自從你上次拉出本地副本之後）、用 squash 來提交以防止瑣碎的工作成果，以及從複雜的 Git 分支歷史 cherry-pick 單獨的提交。

Hub：Git 與 GitHub 的基本工具

網路上有許多公用的 DVCS 存放區，例如 Bitbucket 與 GitLab，但我們最常用的是 GitHub。因此，我們非常希望分享一些對我們的團隊而言非常實用的工具。Hub 是 GitHub 團隊編寫的命令列工具，它將 Git 包裝起來，以增加額外的功能與命令，來讓 GitHub 用起來更方便。你可以從 *github.com/github/hub* 下載 Hub。

安裝這種工具之後，你只要使用範例 9-2 就可以從 GitHub 複製存放區了。

範例 9-2　複製遠端的 *GitHub* 存放區

```
$ hub clone <username_or_org>/<repo_name>
```

你也可以在瀏覽器輕鬆地瀏覽問題或維基網頁，見範例 9-3。

範例 *9-3*　在預設的瀏覽器載入問題或維基網頁

```
$ hub browse <username_or_org>/<repo_name> issues
$ hub browse <username_or_org>/<repo_name> wiki
```

你也可以在命令列發出 pull request（PR），見範例 9-4。

範例 *9-4*　從 *CLI* 發出 *pull request*

```
$ hub pull-request
→ (opens a text editor for your pull request message)
```

因為 Hub 只是將預設的 Git CLI 工具包裝起來並加以擴展，所以我們最好將 Hub 改名為
Git。你可以在 shell 輸入 **$ git** *<command>* 來使用常見的 Git 命令及 Hub 功能，見範例
9-5。

範例 *9-5*　將 *Hub* 改名為 *Git*

```
$ alias git=hub
$ git version
git version 2.14.1
hub version 2.2.9
```

改成 Git 之後，範例 9-6 是對專案做出貢獻的典型工作流程。

範例 *9-6*　將 *Hub* 改名為 *Git* 之後的工作流程

```
# 對專案做出貢獻的工作流程範例：
$ git clone github/hub
$ cd hub
# 建立主題分支
$ git checkout -b feature
  ( making changes ... )
$ git commit -m "done with feature"

# 是時候分岔存放區了！
$ git fork
→ (forking repo on GitHub...)
→ git remote add YOUR_USER git://github.com/YOUR_USER/hub.git

# 將變動推送到你的新遠端
$ git push YOUR_USER feature
# 打開你剛才推送的主題分支的 pull request
$ git pull-request
→ (opens a text editor for your pull request message)
```

高效地使用 DVCS

與每一種工具一樣，你要憑藉著學習與經驗的累積才能有效率地使用 DVCS。這一節要進一步介紹可用 Git 來進行的整體開發與協作工作流程。從本質上講，*Git 工作流程*是指引你用 Git 以一致且高效的方式完成工作的程序或建議。如果你在大型團隊中工作，這一點特別重要，因為你很容易就會 "踩到別人的腳趾"，不小心產生合併衝突，或撤銷別人的修改。

由於 Git 把重心放在靈活性，所以這種工具沒有標準化的互動程序，不過有一些公開的 Git 工作流程可能很適合你的團隊。為了確保團隊都遵守協作策略，我們建議在你開始任何專案之前，先讓團隊選擇一種 Git 工作流程並達成共識。

用 Atlassian 進一步學習工作流程

本章將介紹各種使用 DVCS 的策略要點，如果你想進一步學習，我們強烈推薦 Atlassian 教學（*https://www.atlassian.com/git/tutorials/syncing*）。

---

trunk-based 開發

對於從 Subversion 或 CVS 等舊型 VCS 轉移過來的團隊而言，*trunk-based*（以主幹為基礎），或*集中式*工作流程是一種高效的團隊 Git 工作流程。如同 SVN，集中式工作流程用一個中央存放區來當成所有變動的單一入口。這種流程預設的開發分支稱為 *master*，而不是 *trunk*，所有的變動都會被提交到這個分支。這種工作流程除了 master 之外不需要任何其他分支。要開始執行 trunk-based 開發程序，你要先複製中央存放區，接著在你的本地專案副本中編輯檔案以及提交變動，就跟你使用 SVN 時一樣。但是這些新的提交會被存放在本地，與中央存放區完全隔離。這可讓你延後和遠端的主分支進行同步，直到你想要合併程式碼為止。

將存放區複製到本地之後，你可以用標準的 Git 提交程序來進行修改：編輯、預備（stage）、提交。預備區基本上是一個等候區，可讓你準備將要提交的版本，而不需要在工作目錄中加入任何一項變動。它也可以讓你使用 *squash* 來建立高度聚焦的提交，即使你已經在多次的提交中做了許多本地變動了。為了將變動公開到官方專案，你要 "推送（push）"本地的 master 分支到中央存放區的 master 分支。當你試著將變動推送到中央存放區時，很有可能已經有別的開發者送出與你想要推送的版本衝突的程式碼了，此時 Git 會輸出訊息來指出這種衝突，此時，你要用 `git pull` 將別的開發者做的修改拉回本地，進行合併或 *rebase*。

功能分支

功能分支（*feature-branch*）工作流程的核心概念是：在一項功能專屬的分支開發那項功能，而不是在主分支開發。這種封裝變動的做法更容易讓多位開發者在不干擾主基礎程式的情況下製作特定的功能。這也意味著主分支永遠都沒有損壞的程式，如果你要採取持續整合，這是一項優點。將功能的開發封裝起來也可以讓你使用 PR，讓團隊開始對一個分支進行討論，PR 可讓團隊的其他開發者在一項功能被整合到基礎程式時表達認同或 *+1*。

功能分支工作流程有個中央存放區，那裡的主分支代表官方的專案歷史紀錄。每當你開始製作一種新功能時，就要建立一個新分支，你要幫功能分支取一個富描述性的名稱，例如 *cart-service*、*paypal-checkout-integration* 或 *issue-#452*，為每個分支指定一個明確的目的，以方便日後對分支進行復審與整理。Git 的主分支與功能分支沒有技術上的區別，所以你可以編輯、預備與提交變動到功能分支，也可以將功能分支推送到中央存放區（本來就該如此），這不但可以進行備份，以防止遺失本地的程式碼，也讓你可以和其他開發者共用正在製作的功能，而不需要接觸主分支的任何程式碼。因為主分支只是一個 "特殊的" 分支，將一些功能分支存放在中央存放區應該不會造成任何問題。

功能分支工作流程比較直觀：以主分支開始，建立新的功能分支，更新、提交與推送變動，將功能分支推送到遠端，發出 PR，（必要時）開始討論並解決任何回饋，合併或 rebase pull request，最後刪除功能分支，以節省儲存空間，並且避免造成日後工作上的困擾。

Gitflow

Gitflow 是一種 Git 工作流程，它是 nvie 的 Vincent Driesse 率先發表並推廣的。Gitflow 工作流程定義了一種嚴格的分支模式，這種模式是圍繞著專案的釋出來設計的，使用單一基礎程式的大型團隊很適合用這種工作流程來合作。Gitflow 也非常適合已經規劃釋出週期的專案，或想要使用 *release train* 方法（將功能批次排序）來部署的專案。

這種工作流程與功能分支流程大致相同，沒有任何額外的新概念或命令，不過它是指派定義良好的角色（role）給不同的分支，也可以指定它們如何與何時進行互動。這種工作流程除了使用功能分支之外，也使用個別的分支來準備、維護與紀錄釋出的版本。你可以得到功能分支工作流程的所有好處：pull request、隔離的實驗，以及更高效地合作。

Gitflow 使用兩個分支來記錄專案的歷史，而不是單一的主分支。它用**主分支**來儲存官方的釋出歷史（理想情況下，每一個提交都有一個釋出版本號碼），用**開發分支**來整合功能，在裡面儲存完整的專案歷史。

當你開始工作時，要先複製中央存放區，並建立一個開發用的追蹤分支（tracking branch）。你要將每一個新功能放在它自己的分支裡面，你可以將它們推送到中央存放區，以進行協作，或進行備份。但是功能分支不是從主分支分岔出來的，它的上層是開發分支；功能分支絕對不能直接與主分支互動。完成功能的開發之後，你要將功能分支合併到遠端的開發副本。因為其他的開發者也會將功能合併到開發分支，你通常要將你的功能合併或 rebase 到更新過的開發分支內容。

當開發分支已經完成足夠的功能，可以釋出時（或週期性的釋出日期快到了），你就要從開發分支分岔一個釋出分支。建立這個分支就會啟動下一個釋出週期，也就是說，從此之後，任何人都不能加入新功能了，只能在這個分支裡面修復 bug、產生文件或進行其他釋出相關工作。當釋出版本可以部署時，你要將釋出分支合併到主分支，並用版本號碼來標記它。此外，你也要將它合併回去開發分支，因為開發分支在釋出啟動以後可能有所進展了。使用專用的分支來準備釋出版本可讓團隊在完成釋出的同時，讓另一個團隊繼續製作接下來要釋出的功能。

除了這裡談到的抽象 Gitflow 工作流程策略之外，有一種與 Git 整合的 git-flow（*https://github.com/nvie/gitflow*）工具組提供了專門的 Gitflow Git 命令列擴展工具。

沒有一體適用的選項：如何選擇分支策略？

當你幫團隊評估工作流程時，最重要的事情就是考慮團隊的文化。你希望用工作流程來提高團隊的效率，以及協作能力，而不是變成限制工作效率的負擔。

下面是當你評估 Git 工作流程時應考慮的事項：

釋出節奏

正如同 Jez Halford 在偉大的文章 Choosing a Git Branching Strategy（*http://bit.ly/2xFW5jD*）談到的，你越常釋出，你的提交或功能分支就應該越接近主幹或 master。如果你每天都釋出功能（或計畫如此），trunk-based 開發可以將開發者的摩擦降到最低。但是如果你每兩個星期才會在衝刺結束或開發週期結束時釋出一次，比較合理的做法是合併到一個**等候**分支（例如 Gitflow 的開發或釋出分支），再將程式碼合併到主幹或 master。

測試

延續 Halford 的文章，開發團隊通常使用兩種方法之一來測試：早期 QA 或後期
QA。早期方法的意思是先測試功能再合併，晚期代表之後再測試功能。如果你採取
早期 QA，應該讓功能分支接近主線。如果你採取晚期，應該在釋出分支進行 QA，
如此一來，就可以在錯誤到達主分支之前修正它。如果你使用分散式系統（微服務
或 FaaS），整合測試會進一步影響這種方法，因為它通常會將測試需求推遲到後期
（雖然使用合約測試可以緩解這種情況，見第 300 頁的 "使用方驅動合約"）。

團隊的大小

一般而言，處理單一基礎程式的團隊越大，功能分支與 master 的距離就越遠。這個
說法假設團隊處理的是有一定程度耦合的基礎程式，通常會讓處理同一個程式區域
的許多開發者出現合併衝突。如果你的團隊比較小，或 app 已經被分解成鬆耦合的
模組或服務了，為了提升速度，採取 trunk-based 或功能分支開發方法或許比較適
合。

工作流程的認知開銷

使用 Gitflow 來嚴格控制功能製作的合作絕對需要付出學習成本。並非每一個團隊都
願意付出 "使用更複雜的功能分支工作流程" 帶來的認知開銷（與額外的程序）。但
是有些麻煩是可以用工具來克服的。

總之，每一種分支策略都是以下這種做法的變體：讓程式碼遠離（可釋出）master 或主
幹分支，直到你想要將它併入主幹為止，並且設法減少因為有太多未合併（且可能無法
合併）的分支而造成的摩擦。

長壽的分支可能是徒勞的

Jez Humble 在許多文章指出長壽的分支會造成生產力的下降。Humble
在 *The DevOps Handbook* 引用 Jeff Atwood（Stack Overflow 網站創辦人）
的話：坊間的分岔策略者可以放在一個光譜上，這個光譜的一端是 "優化
個人生產力"，另一端則是 "優化團隊生產力"。優化個人生產力的極端狀
況是每個人都在自己私人的分支中工作，這可能在整合時造成合併地獄。

Nicole Forsgren 與 Jez Humble 也在他們的 *Accelerate* 裡面談到，根據他
們的研究（獨立於團隊規模與產業），優化團隊生產力並且離開主幹進行
開發與較高的交付性能有密切的關係。

再次引用 Halford 的文章，如果你的習慣直到最後關頭才進行合併，請仔細思考為何如此，或許你的團隊喜歡獨立工作，或許團隊成員沒有互相信任，無法在基礎程式中有效地合作。因此，你可能要建立信任感，或更謹慎地規劃開發工作。反過來，如果你不得不經常撤銷合併，或 cherrypick 東西，可能代表你和團隊太喜歡合併了，這通常代表你要採取更結構化的工作流程，在釋出前要進行測試與復審。

你可以混合與匹配工作流程（小心地！）

雖然你要小心地避免造成更多認知開銷，但你可以在有區別的、在邏輯上分開的基礎程式區域（例如在各種服務中）執行不同的工作流程。我們曾經在一些微服務遷移專案看過這種做法，對這些專案而言，Gitflow 的嚴謹性與結構非常適合讓多個產品團隊編寫既有的單體（monolith）程式，但是因為這種工作流程加入許多處理新的（較不複雜與耦合）微服務的開銷，團隊決定使用 trunk-based 開發。

程式碼復審

程式碼復審就是由至少一位開發者（可能更多）復審別的開發者寫好的程式碼，這種程序有很大的價值。程式碼復審最明顯的好處是，有時你可以依靠旁觀者明亮的眼睛發現即將被放入基礎程式的問題，或可能在未來發生的問題。程式碼復審最微妙（且強大）的好處是它可以促進知識分享，不謹謹包括慣用的編程知識，也包括商業領域的資訊，這可以改善開發者之間的對話與合作，也有助於降低假期或病假的影響。

程式碼復審很像搭檔編程，它是指導新進工程師的好方法，也可以促進更準確的估計。但是，你也要小心各種負面模式，例如沒有讓團隊的資深成員平均承擔工作、陷入深奧或教條式的問題（例如 tab vs. 空格）、沒有在合併之前復審，以及將復審當成未能及早取得回饋的藉口。

搭檔編程與更高效的復審

搭檔編程是極限編程（XP）的原始做法之一，可以減少或移除其他復審的需求。藉著讓兩位以上的成員在同一台電腦上編寫所有的程式，並配置在一起，你可以即時取得復審的好處。在寫程式的過程中，*driver* 與 *navigator* 這兩種角色負責截然不同的工作。搭檔編程的成員通常比較容易找出一位程式員自行工作時無法找到的問題。要進一步了解這種方法以及 XP 的好處與原則，可閱讀 Kent Beck 的經典 *Extreme Programming Explained: Embrace Change*（*http://bit.ly/2QcCQFe*）（Addison-Wesley）。

應該注意什麼？

有許多網站與書籍都介紹這個主題，所以我們不詳細說明復審程式時應該注意什麼。但是對許多程式員來說，復審程式不是件自然的工作，所以這一章會大致介紹主要的復審模式。

進一步了解程式碼復審

Robert Martin 的 *Clean Code*（Prentice-Hall） 與 *The Clean Coder*（Prentice-Hall）都深入介紹程式碼復審程序。另一本實用的書籍是 Jason Cohen 的 *Best Kept Secrets of Peer Code Review*（Smart Bear）。對每一位想要進行程式碼復審的 Java 開發者而言，Josh Bloch 的 *Effective Java*（Addison-Wesley Professional）是必讀的書籍。本章有些復審模式來自實用的 Java Code Review Checklist（*https://dzone.com/articles/java-code-review-checklist*），它的作者是 Mahesh Chopker。

可理解性

寫出容易了解的程式不但可以協助其他開發者，也可以在你未來回顧功能或進行除錯時提供幫助。除非你的工作領域極度重視性能（例如高頻交易），否則犧牲性能來提升可了解性通常是最好的做法。在復審程式碼時，應注意的可了解性問題包括這些地方：

- 使用解決方案 / 問題領域名稱。
- 使用揭露意圖的名稱。

- 將類別與成員的可訪問性最小化。

- 盡量降低類別與方法的大小。

- 盡量降低區域變數的範圍。

- 在單一邏輯元件（包裝、模組或服務）中 Don't Repeat Yourself（DRY）。

- 用程式解釋你的想法。

- 使用例外（exception），而不要使用難懂的錯誤代碼，而且不要回傳 null。

語言特有的問題

每一種語言都有大多數開發者在完成工作時習慣看到的用法，但新進開發者通常不了解它們。Java 有一些開發者不希望看到的反模式，因此優秀的程式碼復審會檢查這些事項：

- 在編寫錯誤時，讓可恢復的條件與執行期例外使用 checked exception。

- 檢查參數的有效性，確認它們是否盡量接近規格或相關的用戶輸入。

- 指出哪些參數可以為 null。

- 在公用類別使用存取方法，而不是公用欄位。

- 用物件的介面來引用它們。

- 用 enum 而不是 int 常數。

- 用標記介面（marker interface）來定義型態。

- 在存取共用的可變資料時，應進行同步。

- 優先使用 executor 而非 task 與 thread。

- 記載執行緒安全性。

安全防護

安全問題至關重要。有些常見的問題可以在程式碼復審期間找到：

- 檢查系統的輸入是不是有效的資料大小與範圍，並且淨化將要被放入資料存放區、中介軟體或第三方系統的所有輸入。

- 不要 log 高度敏感的資訊。

- 清除例外中的敏感資訊（例如不要公開檔案路徑、系統的內部，或組態）。

- 使用完畢後，考慮清除記憶體內的高敏感性資料。

- 遵守最小權限原則（例如，執行 app 時，只使用可以提供正確功能的最小權限模式）。

- 記錄安全相關資訊。

性能

程式碼復審是找出明顯的性能問題的好方法。以下是應注意的一些問題：

- 注意低效的演算法（例如多個沒必要的迴圈）。

- 避免建立沒必要的物件。

- 小心字串串接造成的性能損失。

- 避免沒必要的同步，並且讓需要維持同步的區域越小越好。

- 注意演算法中可能出現的死鎖（deadlock）或活鎖（livelock）。

- 確保執行緒池組態與快取都被正確設置。

自動化：PMD、Checkstyle 與 FindBugs

許多程式碼復審的基本工作都可以用靜態程式碼分析工具來自動化，例如 PMD、Checkstyle 與 FindBugs。自動化不但可以提升偵測問題的可靠性，也可以節省復審程式碼的開發者的時間，讓他們把注意力放在人類擅長的層面上，例如從大局的角度來進行復審，或是用最佳做法方針或原則來指導同事。

注意偽陽性

本節介紹的所有程式碼品質自動化工具，都有可能在問題或 bug 被錯誤標記的時候產生偽陽性。這通常會在 Java app 使用一些比較冷門的依賴項目時，或當你為了提升性能而優化程式碼時發生。所有的工具都可以被設成盡量降低偽陽性，所以當你在專案中加入程式碼自動分析工具，卻找不到問題時，不要氣餒，通常在執行幾次分析之後，你就可以輕鬆地識別偽陽性，並進行相應的調整。

Maven Enforcer：將最佳做法併入組建程序

雖然 Maven Enforcer 外掛（*http://bit.ly/2O6EPJC*）不是靜態程式碼掃描器，但它提供了一些實用的目標，可讓你控制一些環境限制，例如 Maven 版本、JDK 版本與 OS 家族，以及許多其他的內建規則，例如：

banDistributionManagement

讓專案沒有 distributionManagement。

bannedDependencies

不納入被排除的依賴項目。

requireActiveProfile

執行一或多個 active profile。

requireEnvironmentVariable

要求環境變數必須存在。

requireJavaVersion

指定 JDK 版本。

requireNoRepositories

要求不納入存放區。

requireOS

要求 OS/CPU 架構。

requireReleaseDeps

要求不將快照作為依賴項目納入。

requireReleaseVersion

要求工件不能是快照。

此外還有許多其他實用的規則，如果你想要實施其他的規則，也可以自行建立它們。在父 POM 指定 Maven Enforcer 外掛可能充分發揮它的功能。否則，你就要費很大的工夫才能維持在專案間的一致性，有時甚至要確保外掛的確在各個專案中運行。

PMD：靜態程式碼分析器

PMD（*https://pmd.github.io/*）是一種靜態程式碼分析器。根據它的網站的說法，它可以找到常見的程式缺陷，例如未被使用的變數、空的 catch 區塊、建立沒必要的物件、沒用到的私用方法，以及許多其他的不良做法。PMD 具備許多內建的檢查，或*規則*，並且提供一個 API 讓你自行建立規則。PMD 與 CI 程序整合可以發揮最大的用途，因為它可以當成品質閘門來使用，在基礎程式中實施編寫標準。範例 9-7 說明如何使用 Maven 外掛，在組建的驗證階段自動執行 PMD。

範例 9-7　在組建時執行 maven-pmd-plugin

```
<project>
  ...
  <build>
    <plugins>
      <plugin>
        <groupId>org.apache.maven.plugins</groupId>
        <artifactId>maven-pmd-plugin</artifactId>
        <configuration>
            <failOnViolation>true</failOnViolation>
            <printFailingErrors>true</printFailingErrors>
        </configuration>
        <executions>
          <execution>
            <goals>
              <goal>check</goal>
            </goals>
          </execution>
        </executions>
      </plugin>
    </plugins>
  </build>
  ...
</project>
```

除了將 PMD 當成組建外掛來執行之外，你也可以設置它，讓它在回報階段執行。PMD 網站有許多組態選項，我們建議你在那裡進一步了解。

Checksyle：實施編寫標準

Checkstyle（*http://checkstyle.sourceforge.net/cmdline.html*）開發工具可以協助你寫出遵守程式碼編寫標準的 Java 程式。它可以將檢查 Java 程式碼的程序自動化，讓人們免於承擔這種枯燥的（但重要的）工作。Checkstyle 是高度可設置的，幾乎支援所有程式碼編寫標準。

別爭論究竟要使用 tab 還是空格

使用 Checkstyle 這類的工具來實施編寫標準是促進基礎程式的可讀性與可了解性的好方法，但你要將這種工具設置成單一風格。有些開發者對編寫風格相當執著，浪費很多時間在爭論哪一種風格最好上面。我們建議在專案開始時簡單地討論一下，選擇一種風格，用 Checkstyle 來實施它，接著就不要再討論這個問題了。優良 Java 編程風格範例包括 Google 的（*http://bit.ly/2zx0F5f*）與 Sun 的（*http://bit.ly/2OcQOJJ*）（現在是 Oracle 的）。

Checkstyle 可以當成 Maven 的外掛來執行，它可以讓違反風格的程式組建失敗，見範例 9-8。

範例 9-8　在 *build* 中執行 *maven-checkstyle-plugin*

```
<project>
  ...
  <build>
    <plugins>
      <plugin>
        <groupId>org.apache.maven.plugins</groupId>
        <artifactId>maven-checkstyle-plugin</artifactId>
        <executions>
          <execution>
            <goals>
              <goal>check</goal>
            </goals>
          </execution>
        </executions>
      </plugin>
      ...
    </plugins>
  </build>
  ...
</project>
```

Checkstyle 很像 PMD，可以用各種方式設置，這個專案的網站是很好的參考資源。

FindBugs：可找出 bug 的靜態分析器

FindBugs（*http://findbugs.sourceforge.net/*）是另一種 Java app 靜態程式碼分析器，它是在 Java bytecode 層級上運作的。PMD 與 FindBugs 有很多共通點，但由於實作方式的不同，它們有各自的優勢與弱點。FindBugs 可找出三種問題：**正確性**（*correctness*）*bug*，明顯寫錯而導致程式碼無法如你預期；**不良的做法**（*bad practice*），違反建議與重要的編寫方法；以及 *dodgy*，混亂的、反常的，或導致錯誤的寫法。

FindBugs 可能會被 SpotBugs 取代

根據維基百科，FindBugs 的最後一個穩定版本是在 2015 年發表的，對軟體領域來說，這是一段很長的時間。它的接班人是由社群維護的 SpotBugs（*https://spotbugs.github.io/*）。新專案或許可以藉著使用這種工具而獲益。

FindBugs 最好可以作為組建程序的一部分來執行，範例 9-9 是用 Maven 來設置的例子。

範例 9-9　在組建程序中執行 findbugs-maven-plugin

```
<project>
  ...
  <build>
    <plugins>
      <plugin>
        <groupId>org.codehaus.mojo</groupId>
        <artifactId>findbugs-maven-plugin</artifactId>
        <executions>
          <execution>
            <goals>
              <goal>check</goal>
            </goals>
          </execution>
        </executions>
      </plugin>
      ...
    </plugins>
  </build>
  ...
</project>
```

FindBug 也有廣泛的報告功能與組態選項。它的網站是最好的參考資源。

復審所有的 pull 請求

現代的自行託管（self-hosted）或以 SaaS 為基礎的 DVCS（例如 GitHub 與 GitLab）不但可讓開發者建立 pull 請求，也可以促進人們使用這些請求來進行討論。見圖 9-1 的範例，這些功能可讓開發者在方便的時候或是無法面對面討論的時候，非同步地對修改進行復審。這些功能也可以協助你建立圍繞著特定變動的對話紀錄，記載何時與為何進行變動。你也可以手動或透過面板使用 CI 工具來自動加入詮釋資料，指出（例如）與特定 bug 有關的討論。

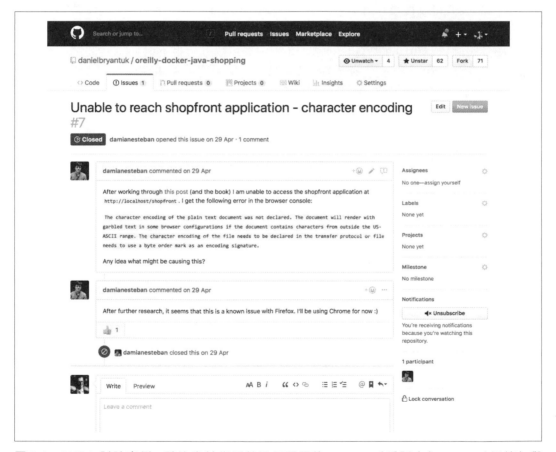

圖 9-1　GitHub 討論案例，請注意被指派給這個問題的 assignee（受託人）、labels（標籤）與 milestones（里程碑）詮釋資料

你學過的復審規則都適合這一種復審風格。你不能因為編寫程式的開發者不在你的辦公室（或建築物或國家）工作而不試著同理他。

Gerrit：主觀的復審工具

Gerrit（*https://www.gerritcodereview.com/*）最初是在 Google 內部製作的，它提供主觀的 web 程式碼復審與存放區管理讓 Git 使用。正如同 Gerrit 網站上的討論，當開發者進行修改時，它會被送到這個待決（pending）變動的存放區，讓其他開發者可以復審、討論與批准那項變動。Gerrit 也會捕捉每一個變動的筆記與評論。當這項變動被足夠的復審者批准之後，它就可以成為基礎程式的官方部分。雖然 GitHub 與 GitLab 等 Git 平台都可以在一個 pull 請求裡面做多次提交，但 Gerrit 不行：一個程式碼變動就是一次提交，無論它是加入功能還是修正 bug，而且討論會圍繞著它展開。

將組建自動化

下一章會探討更多關於組建自動化的內容，重點是從管道進行部署與釋出，但它們也是 CI 的關鍵程序。雖然 Maven 與 Gradle 等組建工具都可讓每位開發者在本地機器上執行組建程序，但我們仍然需要一個中心來組建整合後的程式碼，我們通常會使用組建伺服器（例如 Jenkins 或 TeamCity）或組建服務（例如 CircleCI 或 Travis CI）來做這件事。

Jenkins

在 *https://github.com/danielbryantuk/oreilly-docker-java-shopping* 存放區裡面的範例程式有一個稱為 *ci-vagrant* 的目錄，這個目錄裡面有一個初始化 Jenkins 組建伺服器 VM 的 Vagrant 腳本。如果你有安裝 Vagrant 與虛擬化平台 Oracle VirtualBox，就可以在這個目錄裡面使用 `vagrant up` 命令來初始化 Jenkins 實例。等待 5–10 分鐘之後（取決於你的網路速度與電腦 CPU 速度），你會看到 Jenkins 新實例的 Setup Wizard。你可以接受預設選項，並且為自己建立一個管理員用戶。完成所有設置之後，你會看到圖 9-2 的畫面。

接著你可以幫 oreilly-docker-java-shopping 主存放區裡面的每一項服務（stockmanager、productcatalogu 與 shopfront）建立一個基本的 Java "自由風格專案" 組建工作。圖 9-3 是設置這項工作的參數：GitHub 存放區 URL、組建觸發條件、Maven *pom.xml* 位置與組建目標。

圖 9-2　Jenkins 歡迎頁面

圖 9-3　Shopfront 服務的 Jenkins 組建工作範例

下一章會詳細介紹如何建立組建工作，也會說明如何組建準備在容器映像中部署的 Java app。

其他的組建 / CI 伺服器與服務

坊間還有許多免費與商用 CI 工具，你可以下載其中一些工具，並在你自己的基礎設施上運行，例如 TeamCity 與 GoCD，也可以將一些工具當成服務來使用，例如 Travis CI、CircleCI 與 Azure Pipelines。本書把焦點放在 Jenkins 的使用，因為我們發現需要組建和部署 Java 程式的組識大部分都使用這種工具。

讓團隊一起參與

持續整合是一種做法，不是工具。因此，團隊的每位成員都必須支持這種工作方式。有些特定的做法甚至可以決定團隊能否成功進行 CI。

定期合併程式

請定期將程式碼整合到主幹或 master，最好每天都做這件事。只要你有一位負責重要功能的開發者建立一個長壽的分支，就可能對你造成嚴重的傷害。問題通常是在合併過程中出現的，有時已經被提交到主幹的程式碼也會意外遺失。

如果你是團隊主管，也要定期確保 VCS 系統裡面沒有任何長壽的分支。如果你使用 DVCS 及相關服務（例如 GitHub），這項工作很容易完成，因為它提供良好的 UI，可顯示目前未與主幹保持同步的所有分支，但這項功能有一個前提：所有本地分支都至少要提交一次。

"Stop the Line!"：管理損壞的組建版本

許多開發者將他們的程式整合到一個主幹或主分支的時候必然會出現合併衝突，以及意外破壞組建或 CI 程序。修復任何毀損都是重中之重，即使這代表你必須提交還原的程式碼。如果組建伺服器不斷故障，團隊過不了多久就會忽略它的輸出，接著你的開發程序會變成執行 CI 之前的樣子——每個人都在他們自己的分支上工作。

要讓團隊修復任何毀損，最簡單的規則是在遇到任何組建失敗時，一定要讓該負責的成員（們）知道這件事（無論是透過開發儀表板，或者，最好透過 Slack 等 IM），而且一定要讓他們立刻修正那個問題。如果他們無法修正那個問題，他們就必須將它升級（escalate），並尋求其他團隊的支援。

Don't @Ignore Tests（別忽略測試）

經常誤導團隊的另一件事情就是將主幹或主分支之中失敗的測試標記為 ignore——不需運行（在 JUnit 是 @Ignore），這樣做很危險，因為雖然基礎程式裡面有這些測試，但它們並未提供任何驗證或價值。

正如同經常損壞的伺服器造成的問題，忽略測試的態度會快速地擴散，開發者會很開心地將別人寫的失敗測試設成 "可忽略"。更陰險的陷阱是，開發者會進一步將它們標成註解（或真的刪除它們），導致測試程式不會被編譯，儘管它們是在執行期被忽略的。

此時，你必須實施的規則是：每位將程式碼 check in 主幹並造成測試失敗的人員都要負責修復它，即使這項工作需要與其他的團隊溝通或合作也是如此。

維持快速的組建程序

本節的最後一個建議是維持快速的組建程序，原因有很多，首先，組建的速度非常緩慢，代表組建的開始與完成之間，可讓事情發生變化的時間更長了。如果組建失敗，這更是一個嚴重的問題。例如，別的開發者可能會在你提交的程式觸發組建之後，將程式碼提交到主幹。如果組建的時間太久，你很有可能會先做別的工作，過了好久才發現組建失敗了，如此一來，你不但要轉換心境，也要重新設置本地開發環境。

第二個原因，當你需要快速組建與部署修復程式到生產環境時，冗長的組建程序可能造成麻煩，工程師經常為了快點解決顧客面臨的問題而不運行相關的測試套件，或以其他方式試著縮短組建流程，這可能導致他們採用越來越多捷徑，為了爭取時間而犧牲穩定性。

平台的 CI（Infrastructure as Code）

本書避免深入討論基礎設施的持續整合與交付，但不言可喻，基礎設施的 CI 與 CD 非常重要。Kief Morris（*https://twitter.com/kief*）在他的 O'Reilly 書籍 *Infrastructure as Code* 中談過建立平台的概念、做法與 CD 管道的重要性。我們強烈推薦這本書，如果你是技術主管或架構師（或有志於此）更是要讀。你不會在看完這本書就變成 Terraform 或 Ansible 專家，但你要充分了解持續交付平台所需的原則、做法與工具。

同時持續交付 app 與基礎設施程式碼可能會有問題

我們曾經與許多 app 及基礎設施團隊同時參與專案，其中的團隊有的負責 app 領域（或服務），有的負責部署用的 "平台" 的元件，這種做法可能會出問題，尤其是當平台會隨著 app 快速演變時。因為我們經常發現，當工程團隊準備啟動一項產品或專案時，平台（例如 Kubernetes 與相關的基礎設施元素，例如組態管理與服務發現）還在組裝當中。當我們遷移到新平台時也是如此。

這可能會讓開發團隊頭痛不已，除了 app 元件會不斷改變，並且造成團隊之間的摩擦之外，底層的部署結構也會如此。這可能會導致許多 "誰是殺手" 風格的對話，開發團隊不確定究竟是誰破壞了組建版本：凶手是一個團隊，還是開發團隊同事，或是平台團隊？根據我們的經驗，你必須謹慎地管理這種事情。我們建議你讓開發與平台團隊分別使用各自的 CI/CD 管道與環境。

有新的平台版本可用時，你必須讓開發團隊的主管進行審批，平台團隊也必須展示平台的新功能與任何破壞性變動，才可以將最新的平台程式碼部署到開發或 QA 環境。

小結

本章從技術與團隊的觀點，介紹實現持續交付的核心元件：

- 我們強烈推薦你使用 Git 之類的分散式版本控制系統（DVCS）在現代的持續交付管道中管理程式碼。如果你還在使用集中式的 VCS，我們建議你升級成 DVCS。

- 網路上有許多關於 DVCS 工作流程的討論與分享，請根據組織的需求、app 的架構與團隊技術來選擇最適合的一種。

- 在你採取 DVCS 工作流程時使用適當的工具（例如在採取 branch-by-feature 時使用 GitHub/Hub，在採取 Gitflow 時使用 nvie/Gitflow）。

- 將所有的組建工作自動化，並且讓組建程序在本地與遠端的集中式組建伺服器（例如 Jenkins 或 TravisCI）上運行。

- 組建失敗時，團隊的第一優先是修正目前的問題。絕對不要對著已經損壞的版本 check in 更多程式。只要有人相信組建伺服器是不可靠的，大家就會開始不遵守工作流程，導致程式品質的下降，最終在未來造成很大的問題。

- 用來建立與運維部署平台（例如雲端計算環境或 Kubernetes 叢集）的基礎設施程式碼（infrastructure as code）都必須持續交付。你必須小心地管理開發團隊與基礎設施團隊之間的合作與程式交付，尤其是當專案使用新平台，或遷移至新平台時。

你現在已經充分了解持續整合的原則與做法了，接下來，我們要用這些技術來實作完整的持續交付管道。

## 第十章

從管道部署與釋出

建立紮實的自動組建與持續整合基礎之後，接下來我們要把焦點放在交付寶貴的軟體到各種環境，包括生產環境。你將會學到一件很重要的事情：現今的商業需求與熱門的軟體架構方法都強烈建議將部署程序（一種技術活動，你將會看到）與釋出程序（一種商業活動）分開；事實上，我們要討論的是**部署** app，**釋出**功能。這會影響你設計、測試與持續交付軟體的方式。

當你開始考慮不同的環境之後，"組態"這個軟體開發層面就變得非常重要了。根據環境（開發、測試、前製、生產…）的需求來追蹤不同的組態值不是一種新概念，但隨著雲端平台的出現，追蹤它們變得困難許多，因為你可能無法事先知道 app 會在哪裡運行。此外持續交付程序可能需要經常改變組態，這意味著組態的管理必定是部署與釋出策略的核心。

部署、釋出與管理組態是持續交付最有挑戰性的層面，所以我們有許多主題有待討論。為了幫助你了解所有的主題，我們建立了 Extended Java Shop app，用它來展示本章介紹的概念。

Extended Java Shop app 簡介

第 172 頁的 ""Docker Java Shop" 範例 app 介紹" 曾經使用這個範例來展示如何在本地使用 Docker 容器與 Kubernetes。在這一章與第 11 章將使用這個 app 的擴展版本，稱為 Extended Java Shop（*https://github.com/continuous-delivery-in-java/extended-java-shop*），以及一個小型的外部程式庫，稱為 java-utils（*https://github.com/quiram/java-utils*）。Extended Java Shop 也有三個預建的 Jenkins 管道，用來展示如何將不同的測試階段連接起來，以及如何在不同的平台上部署。

接下來的小節會詳細說明 Extended Java Shop 各個部分的資訊與支援它的程式庫，圖 10-1 是它的整體概況。注意，這個 app 的目的是為了展示與部署、釋出、測試與管理組態有關的概念，它不一定是個準生產階段的 app。為了簡化，我們使用了一些捷徑，在可行的情況下，我們會提示這些捷徑，指出如何建構準生產 app。

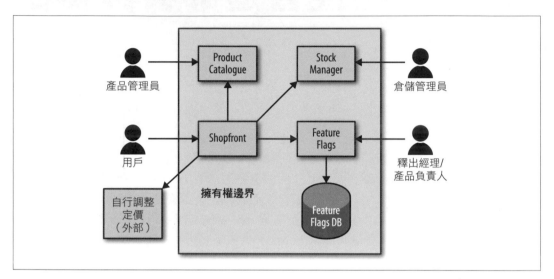

圖 10-1　Extended Java Shop 架構

Extended Java Shop 的存放區是個單體存放區，裡面有：

擁有的服務

- Shopfront（店面）：用戶造訪的網站。它的功能與 Docker Java Shop 的一樣，不過在這裡，它也會與 Feature Flags 服務以及 Adaptive Pricing 服務溝通。

- Product Catalogue（產品目錄）：保存各種產品的資訊。它會在 in-memory 資料庫中保存資料（在實際的情況下，這是真的資料庫）。它類似 Docker Java Shop 的對應服務。

- Stock Manager（倉儲經理）：保存各個產品可用的數量。它在 in-memory 資料庫中保存資料（在實際的情況下，這是真的資料庫）。它類似 Docker Java Shop 的對應服務。

- Feature Flags（功能旗標）：保存關於各種功能旗標與它們的啟動等級的資訊。它會在真正的 PostgreSQL 資料庫儲存資料。Docker Java Shop 沒有這個東西。

"第三方" 服務

- Adaptive Pricing（自行調整定價）：代表與 Shopfront 服務溝通的第三方實體所提供的服務，在真實的情況下，它不在我們的存放區裡面，我們也無法控制它。Docker Java Shop 沒有這個東西。

- Fake Adaptive Pricing（假的自行調整定價）：這是 "假的" 自我調整定價服務，團隊建立這種東西來測試與第三方的整合，因此它在我們的存放區裡面，我們可以控制它。Docker Java Shop 沒有這個東西。

資料庫

- Feature Flags DB（功能旗標 DB）：Feature Flags 服務使用的生產資料庫，它是在 Docker 容器裡面運行的 PostgreSQL 資料庫，但是在實際的情況下，資料庫不會在容器裡面運行。Docker Java Shop 沒有這個東西。

- Test Feature Flags DB（測試功能測標 DB）：Feature Flags 服務使用的測試資料庫，它也是在 Docker 容器裡面運行的 PostgreSQL 資料庫，但使用不同的憑證。Docker Java Shop 沒有這個東西。

驗收測試

將所有的服務整合在一起，驗證它們是否正確運作的測試組，第 11 章會更詳細介紹。Docker Java Shop 沒有這個東西。

管道

- Jenkins Base：預先建立的管道，可在程式碼改變時，自動組建上述的所有服務與資料庫，接著在必要時執行驗收測試。它包含一個虛擬部署工作（不會真的在任何地方部署）。Docker Java Shop 沒有這個東西。

- Jenkins Kubernetes：Jenkins Base 的擴展，將部署工作改成將服務部署到 Kubernetes 叢集。Docker Java Shop 沒有這個東西。

- Jenkins AWS ECS：另一個 Jenkins Base 的擴展，將部署工作改成將服務部署到 Amazon 的 Elastic Container Service。Docker Java Shop 沒有這個東西。

探索無伺服器與 *IaaS* 的部署與釋出

因為印刷書籍的靜態性質與篇幅限制,本章在介紹 app 部署與釋出時,只會使用在寫這本書時最受歡迎的技術:Docker、Kubernetes 與 AWS ECS。 本 書 的 GitHub 存 放 區 (*https://github.com/continuousdelivery-in-java*) 裡面有上一章談過的無伺服器與 IaaS 技術的範例。

將部署與釋出分開

很多人都把部署與釋出當成同義詞來使用。但是在持續交付的背景下,它們代表不同的事情:

部署 (*Deployment*)

一種技術術語,指的是製作一個可在生產環境中使用的二進位服務包裝的行為。

釋出 (*Release*)

一種商業術語,代表讓某種功能可被用戶使用的行為。

部署與釋出經常同時發生 (通常是新功能做好了,接著在部署時,釋出到生產環境),但是你也可能只做其中一件事。例如,當開發者在不更改功能的情況下重構一段程式,並且將這段新版的程式碼部署到生產環境時,就是部署而不釋出。你也可以增加新功能,但先用功能旗標來隱藏它 (見第 271 頁的 "功能旗標"),這也是部署而不釋出。另一方面,如果你用功能旗標隱藏功能,而且可以在不部署的情況下修改功能旗標,你就可以藉著修改功能旗標來釋出新功能而不需要部署。

對建立持續交付環境而言,你一定要了解,部署與釋出是兩種相關但獨立的行動,它可讓開發團隊視需求自由地部署新版的軟體,也可讓產品負責人完全控制哪些功能可被用戶使用。因為他們的確是不同的行動,所以我們要用不同的工具與技術來以高效的方式實現它們,這就是下一節的焦點。

部署 app

雖然有些開發層面會隨著服務的部署平台而有所差異,但有些考量是相同的,無論你使用哪種平台。一般來說,app 的部署會受到以下行動的影響:

建立可釋出的工件

它是個二進位檔，裡面有你的 app 程式碼（可能也有組態，詳見第 281 頁的 "管理組態與機密"），會被送到即將執行 app 的機器上。這個工件有多種形式（fat JAR、WAR、EAR、Buildpack、Docker 容器映像等等），你要根據 app 的部署平台來選擇最適當的形式。考慮彈性與受歡迎的程度，我們決定把焦點放在 Docker 容器映像上，但你也可以自由地嘗試其他方案。

將部署自動化

幾年前，當部署每個月只發生一次時，你可以派一個人，手動將 app 複製到目標伺服器，再重新啟動 app。執行持續交付時，你一天可能要部署十幾次，所以那種做法已經不適用了。

設定健康檢查

微服務架構與雲端平台的缺點是它們的變動元件變多了，更多變動元件代表出錯的機率更高，app 難免故障，你必須偵測並修復它。

選擇部署策略

當你準備公開新版的 app 時，有一個難題在於，你該如何在做這件事的同時移除既有版本，尤其是當你為了提升可靠性而平行運行多個實例時。你必須在複雜性與功能性（functionality）之間取得平衡。

實作你的部署策略

新的雲端平台都可以管理機器叢集，b1c 可以透明地在它們上面部署 app，這意味著你需要關注的事項只剩下選擇策略而已。但是如果你不使用這種平台，就必須自行實作策略。

使用資料庫

持續交付會影響每一件事，甚至包括資料庫，所以它也要做一些變動。交付程序不能被任何事情終止，所以你也必須在管道中更改結構描述（schema）與遷移資料。

儘管上述的因素看起來令人生畏，但管理它們是發揮持續交付的好處的關鍵。每一種動作都有其複雜性與決策點，在本節將一一討論它們，並教導設定管道所需的一切。

建立容器映像

雖然將服務部署到生產環境的方法不是只有將 app 包在 Docker 映像裡面，但它是最受歡迎的方法之一。知道如何在組建管道裡面幫 app 建立與發布 Docker 映像是很有幫助的，因為接下來，你就可以用那個映像來部署服務了。建立映像的程序與第 149 頁的 "用 Docker 建立容器映像" 介紹的差不多，不過在組建管道之中，你也可以將命令列指令包在外掛（plugin）裡面。

Extended Java Shop 存放區裡面的管道範例就是使用容器，它們在 *jenkins-base*、*jenkinskubernetes* 與 *jenkins-aws-ecs* 裡面。（要在本地執行這些範例，見相關的 *README. md* 檔案。）以下是建立與發布容器映像的步驟。

安裝外掛

我們在這個案例使用 CloudBees Docker Build and Publish 外掛（*https://plugins.jenkins. io/docker-build-publish*），你可以用圖形介面來安裝（在首頁選擇 Manage Jenkins 接著 Manage Plugins），或是登入 Jenkins 伺服器並使用命令列：

```
/usr/local/bin/install-plugins.sh docker-build-publish
```

啟動外掛之後，你要重新啟動 Jenkins。

建立 DockerHub 憑證

除非你要將 Docker 容器映像發布到不需要驗證身分的私用存取區，否則就要在推送新的容器映像時提供某種身分驗證機制。事實上，CloudBees Docker Build and Publish 外掛預設使用 Docker Hub，所以你需要一個 Docker Hub 帳戶才能繼續工作。以下是在 Jenkins 中做這件事的基本步驟：

1. 前往 Credentials 接著 Add Credentials，見圖 10-2。

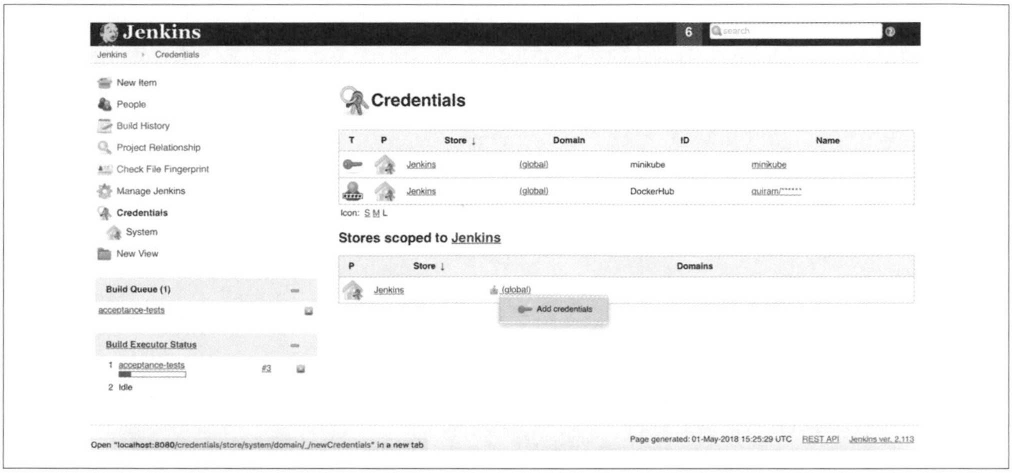

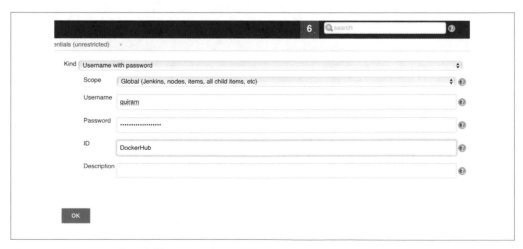

圖 10-2　在 Jenkins 建立新憑證

2. 在 Kind 下拉選單選擇 "Username with password"。

3. 讓 scope 保持 Global，或根據你自己的安全策略，較具體地限制它。

4. 在 ID 欄位幫憑證取一個有意義的名稱，例如 **DockerHub**，你也可以加上說明。

5. 輸入用來發布映像的用戶名稱。

6. 輸入密碼，接著按下 OK。圖 10-3 是選擇這些選項的情況。

圖 10-3　在 Jenkins 加入新的 Docker Hub 憑證

組建與發布

最後，你可以在工作定義中建立一個步驟來組建 Docker 容器映像，並將它發布到 Docker Hub（或任何其他 registry（註冊器））：

1. 要增加新步驟，選擇 Docker Build and Publish 類型來打開圖 10-4 的視窗。

2. 設定你想要發布的映像的名稱，這相當於在命令列組建 Docker 映像時使用 -t 選項。

3. 設定用來將映像發布到 Docker Hub 的憑證。

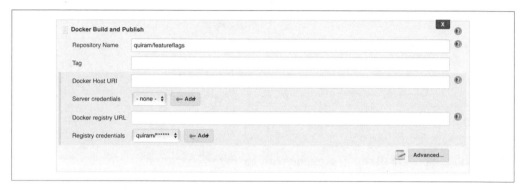

圖 10-4　建立一個新的組建步驟來組建與發布 Docker 映像

4. 如果存放區的根目錄沒有必要的 Dockerfile，指定可以找到它的目錄，如圖 10-5 所示。

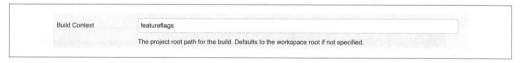

圖 10-5　指出 Dockerfile 的目錄

如此一來，你的組建管道就可以自動為 app 建立 Docker 映像，你也可以將它們部署到你選擇的平台了。

部署機制

我們的第一個主題是讓服務進入生產環境的機制，也就是讓你和相關平台進行溝通，指示有新版本可用的機制。了解這種機制之後，你就可以設置 CD 管道來自動做這件事了。

坊間多數的平台，包括 Kubernetes、Amazon 與 Cloud Foundry 都用 RESTful API 作為它們主要的溝通手段，它可用來管理部署，但是大部分的人都不使用這種方法。如同它們提供了 RESTful API，它們也用這個 API 來建構以下的工具，以促進輕鬆的互動：

圖形介面

通常是網站的形式，這是你執行與管理部署的地方，很適合用來了解新平台的工作方式，或快速檢查平台的狀態，但不適合用來將部署自動化。

命令列介面

這種介面經常包括 Bash completion，它是 RESTful API 的包裝。CLI 的好處是它可讓你輕鬆地編寫命令腳本，所以非常適合用來自動化。

更重要的是，有些平台供應商（甚至有些第三方）會幫各種組建自動化工具開發外掛，以適合管道的方式來運用 RESTful API 或 CLI，以提供常見的使用案例。

外掛範例：Kubernetes

第 4 章談過，Kubernetes 是一種用來部署不可變服務（被封裝在容器內的）的協調平台。第 8 章已經說明如何使用 Docker 與 Kubernetes 來讓開發者在本地工作並模仿生產環境了。接下來我們要介紹如何將這種部署方法自動化，在 Jenkins 裡面使用外掛，在 Kubernetes 叢集上部署。Extended Java Shop 存放區有完整的範例，確切的位置是 *jenkins-kubernetes* 資料夾，你可以按照那個資料夾內的 *README.md* 檔的說明，在本地執行範例。（順便提一下，這個範例會使用在本地運行的 minikube 實例，但程序與實際的 Kubernetes 叢集沒有什麼不同。）

Jenkins X：未來的選擇？

當本書即將付梓的時候，Jenkins Foundation 新的子專案 Jenkins X（*https://jenkins.io/projects/jenkins-x/*）正開始竄起。Jenkins X 是 CloudBees 寫的，這個工程團隊有許多成員之前都在 Red Hat fabric8 開發工具。這個平台包含許多推薦的組建與部署方法，這些方法都是他們的顧客將 app 部署到 Kubernetes 時用過的，例如宣告性組態、多環境管理，與 GitOps（*https://www.weave.works/technologies/gitops/*）（對著環境自動同步組態）。

安裝外掛　首先，你要安裝 Kubernetes CD Jenkins 外掛（*https://github.com/jenkinsci/kubernetes-cd-plugin*）。同樣的，你可以用 Jenkins 的圖形介面來安裝（在首頁選擇 Manage Jenkins 再選擇 Manage Plugins）或在 Jenkins 伺服器透過命令列：

```
/usr/local/bin/install-plugins.sh kubernetes-cd
```

啟動外掛之後，你要重新啟動 Jenkins。

> *Kubernetes 外掛 vs. Kubernetes CD 外掛*
>
> Jenkins Plugin 存放區有兩個名稱類似但實質不同的外掛：*Kubernetes* 與 *Kubernetes CD*。前者可讓你在既有的 Kubernetes 叢集執行額外的 Jenkins 節點，協助組建的執行，後者可讓你將 app 部署到 Kubernetes 叢集。我們談的是後者。

準備與設置檔案　在討論細節之前，我們要先澄清一些額外的 Kubernetes 概念：

叢集

　　叢集是一群特定節點的集合，它們是以單一主機來驅動的，Kubernetes 可以選擇它們來部署容器。你可以使用多個叢集，例如，用來將測試與生產環境完全分開。

用戶

　　Kubernetes 叢期需要某種形式的身分驗證，來確保特定參與者有資格執行他請求的操作（部署、取消部署、重調尺寸（rescale）等等），這是透過用戶來管理的。

名稱空間

　　一個有名稱的叢集群組，很像 "虛擬叢集"。用戶可以用名稱空間以不同的權限來執行操作。它是個選用的參數，如果你沒有指定，它將使用預設的名稱空間。

背景（*context*）

　　特定的叢集、用戶與名稱空間的結合。

Kubeconfig

　　這個檔案指出可用的叢集有哪些、它裡面的名稱空間、可訪問它的用戶，以及以背景來命名的已知權限組合。Kubeconfig 檔案也可以儲存其他關於如何驗證用戶的資訊。

知道這些概念後，假設你按照上一節的做法設定了 Docker 映像的建立與發布，你可以按照下面的步驟，設置一個自動化的步驟來部署到 Kubernetes 叢集：

1. 要求 Kubernetes 管理員建立一個專門用來部署的用戶。這個用戶可以用帳戶與密碼來驗證，或使用憑證；對開發者而言，後者是首選，以方便進行自動部署。

2. 從 Kubernetes 管理員取得部署用戶的憑證與密鑰檔案，它們通常是 *ca.crt*、*client.crt* 與 *client.key*。

3. 將這些檔案複製到 Jenkins 伺服器，並將它放入一個可識別的位置，例如 */var/jenkins_home/kubernetes/secrets*。

4. 準備 *kubeconfig* 檔案，具體細節取決於你安裝的東西，不過它最簡單的形式是：

```
apiVersion: v1
clusters:
- cluster:
    certificate-authority: %PATH_TO_SECRETS%/ca.crt
    server: https://%KUBERNETES_MASTER_IP%:8443
  name: %CLUSTER_NAME%
contexts:
- context:
    cluster: %CLUSTER_NAME%
    user: %DEPLOYMENT_USER%
  name: %CONTEXT_NAME%
current-context: %CONTEXT_NAME%
kind: Config
preferences: {}
users:
- name: %DEPLOYMENT_USER%
  user:
    client-certificate: %PATH_TO_SECRETS%/client.crt
    client-key: %PATH_TO_SECRETS%/client.key
```

5. 將 *kubeconfig* 檔複製到 Jenkins 伺服器，並將它放入可識別的位置，例如 */var/jenkins_home/kubernetes*。

註冊 Kubernetes 憑證　現在 Jenkins 伺服器已經擁有相關的所有組態了，接下來的重點是讓 Jenkins 知道如何使用它。為此，你要建立 Kubernetes Credentials 紀錄，它很像你之前建立過的 DockerHub 憑證：

1. 前往 Credentials 接著 Add Credentials。

2. 在下拉選單選擇 Kubernetes Configuration (Kubeconfig)。

3. 讓 scope 保持 Global，或根據你自己的安全策略具體地限制它。

4. 幫憑證取個有意義的名稱，例如 **kubernetes**，你也可以加上說明。

5. 指出 *kubeconfig* 在 Jenkins master 的一個檔案裡面，並指出你之前儲存檔案的路徑，接著按下 OK。圖 10-6 是這些設定。

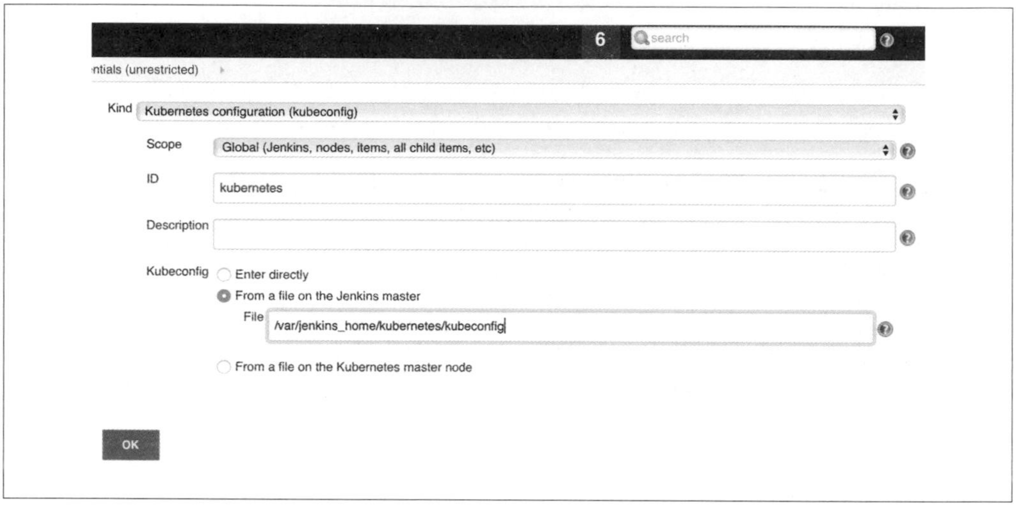

圖 10-6　將新的 Kubernetes 憑證加入 Jenkins

建立服務定義　你必須為所有的服務建立服務定義，這很像第 175 頁的 “部署到 Kubernetes” 中，在本地 Kubernetes 部署的做法，事實上，你可以將這些檔案加入版本控制系統來重複使用它們。例如，範例 10-1 是 Extended Java Shop 的 Feature Flags 服務的服務定義檔，你可以在 *jenkins-kubernetes/service-definitions* 找到其他的範例。

範例 *10-1　Extended Java Shop 的 Feature Flags 服務的 Kubernetes 服務定義範例*

```
---
apiVersion: v1
kind: Service
metadata:
  name: featureflags
  labels:
    app: featureflags
spec:
  type: NodePort
  selector:
    app: featureflags
```

```
    ports:
    - protocol: TCP
      port: 8040
      name: http


---
apiVersion: apps/v1beta2
kind: Deployment
metadata:
  name: featureflags
  labels:
    app: featureflags
spec:
  replicas: 1
  selector:
    matchLabels:
      app: featureflags
  template:
    metadata:
      labels:
        app: featureflags
    spec:
      containers:
      - name: featureflags
        image: quiram/featureflags
        ports:
        - containerPort: 8040
        livenessProbe:
          httpGet:
            path: /health
            port: 8040
          initialDelaySeconds: 30
          timeoutSeconds: 1
```

建立部署工作　最後，你的 Jenkins 伺服器已經可以設置部署工作了。你可以用第 222 頁的 "Jenkins" 介紹的做法建立一個新的 Freestyle 元素，設置存放區位置，並加入一個 Deploy to Kubernetes 類型的組建步驟，見圖 10-7。

圖 10-7　增加組建步驟，以部署至 Kubernetes

Deploy to Kubernetes 步驟的組態只需要引用兩個之前建構的元素：Kubeconfig，你可以選擇之前建立的 Kubeconfig Credentials（圖 10-8 的 "kubernetes"），以及 "服務定義" 在存放區內的路徑。儲存這項工作之後，你就可以用自動的方式來將服務部署到 Kubernetes。

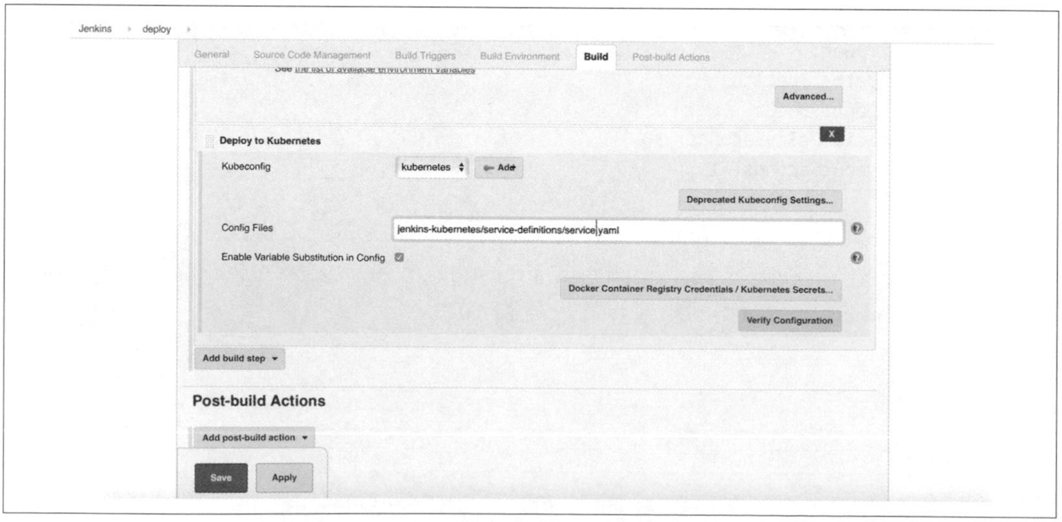

圖 10-8　設置組建步驟來部署至 Kubernetes

接著你可以重複這些步驟來部署每一項服務，或微調既有的服務，用參數來指定想要部署的服務。以上就是在 *jenkins-kubernetes* 目錄內的範例想要教你的課程。

用 Helm 為 Kubernetes 包裝

如果你想要幫安裝過程複雜，或有許多外部依賴項目的 Kubernetes 建立服務或 app，或許可以研究一下 Helm 包裝管理器（*https://helm.sh/*）。Helm 可讓你建立非常類似傳統的包裝管理工件（例如 RPM 或 DEB）的圖表，也可讓你綁定所需的組態，並且控制圖表工件的版本，以方便升級與審核。

CLI 範例：Amazon ECS

在組建管道中使用外掛的好處在於它們通常比較優質，並且較方便用戶操作，另一方面，它們的缺點是缺乏可移植性：如果你想要換成不同的自動化組建平台，可能就要重頭開始。因此你可能會選擇命令列工具，而不是外掛。

我們的第二個範例，部署至 Amazon Elastic Container Service（ECS），將採取這個選項。Amazon ECS 有很多地方很像 Kubernetes，在某種意義上，Amazon 提供一種代管的電腦叢集，並且在它們之間協調容器的部署；如此一來，你只要讓 Amazon ECS 知道 Docker 映像的資訊就可以了，這個平台會接手後續的工作。主要的差異在於，在 Kubernetes 叢集內的節點可以是實體的，也可以是虛擬機器，但是在 Amazon ECS 裡面的電腦必須是 Amazon EC2 實例，它把所有的東西都限制在 Amazon 生態系統內。這意味著在 Amazon ECS 叢集加入或移除 EC2 實例是一種高效率的操作，但是你也增加了被供應商套牢的風險。

結合 *Kubernetes* 與 *Amazon EC2*

你可以用 Amazon EC2 實例作為節點來建立 Kubernetes 叢集，如果你已經使用其中一種平台，並考慮從其中一種換成另一種的話，這是一個很好的過渡步驟。

本書不討論 Amazon ECS 叢集的設定與管理（Kubernetes 叢集的設定與管理也是如此），所以這一節假設我們已經有 Amazon ECS 叢集可用了，只專注於如何在上面部署服務。Extended Java Shop 存放區（更準確地說，在 *jenkins-aws-ecs* 目錄內）的範例有建立與設置最精簡的 Amazon ECS 叢集的腳本，讀者可以按照 *README.md* 的說明，在本地執行範例，並查看相關的腳本來進一步了解。

用 ECS 實現無伺服器

雖然我們之前都在討論在 EC2 實例之上使用 ECS，但你也可以用 ECS Fargate 實現無伺服器。這個選項可讓你免於管理叢集、選擇電腦實例特性等等。叢集會管理所有的事項，你只要提供容器映像就可以了。不過，這種做法有個問題：在寫這本書時，ECS Fargate 還在推廣階段，只有少數地區可以使用它（北維吉尼亞州、俄亥俄州、奧勒岡州與愛爾蘭）。當你閱讀這本書時，ECS Fargate 可能已經是個可以研究的選項了。

安裝與設置 CLI　AWS CLI 的安裝比較簡單，你可以從 AWS CLI 官方安裝網站取得包裝（*https://amzn.to/2xVAGSG*），或使用包裝管理器（yum、aptget、homebrew 等等）來安裝。設置它的步驟比較多，AWS CLI 設置網頁有詳細的說明（*https://amzn.to/2zx2SNN*），但基本上可以歸結成以下的步驟：

1. 建立 AWS 用戶來執行部署。

2. 幫用戶取得 AWS Access Key 與 AWS Secret Access Key。

3. 登入組建伺服器（例如 Jenkins）。

4. 執行 aws configure，並視情況提供上面的東西。

執行上述步驟後，你在命令列執行的每一個 aws 命令都會對著 AWS 執行。

取得最新版 AWS CLI

許多包裝管理器（例如 homebrew 或 yum）的存放區都有 AWS CLI，所以安裝它很簡單。但是這些包裝管理器提供的版本肯定會落後 AWS 提供的最新版本。如果你大多使用舊有的功能，使用舊版本沒什麼問題，但如果你需要最新版，就要從官方來源安裝 AWS CLI。

Amazon ECS 概念　我們要先定義一些 Amazon ECS 環境的術語。不過這些概念不難理解，因為它們很像 Kubernetes 的對應項目：

叢集

　　所有的電腦與它運行的服務。

實例

　　被加入叢集的每一台 EC2 電腦。

服務

> 被部署到叢集的 app。

工作

> 包含正在執行的 app 的 Docker 容器副本。一項服務可能會在許多實例上運行相同的工作，通常每個實例最多只能有一個工作，但是不同的服務的工作可以使用同一個實例。

工作定義

> 用來建立工作的模板，包括 Docker 映像的位置等細節，也包括工作可用的記憶體或 CPU 數量、公開的連接埠等等。工作是以它們的**家族**（名稱）與**版本**來引用的。

同一個服務可以有多個工作定義，但運行中的服務一次只能有一個工作定義。如此一來，要部署新版的 app，你要建立一個引用新版本的新工作定義，接著更新服務來使用它。

此外，雖然服務與工作都是在一個特定的叢集上運行的，但工作定義是與叢集無關的，事實上可以跨叢集使用。所以你可以用不同的叢集來進行測試與生產，並確保工作定義在不同的環境中保持一致。

建立工作，部署服務　知道 Amazon ECS 的基本術語之後，我們可以開始討論有哪些基本命令可以將服務部署到叢集了。AWS CLI 參考文件（*https://amzn.to/2N54KRB*）是了解如何更上一層樓的優秀資料。

在建立服務之前，你要先建立工作定義。你可以使用子命令 register-task-definition：

```
aws ecs register-task-definition \
    --family ${FAMILY} \ # 工作的家族，也就是名稱
    --cli-input-json file://%PATH_TO_JSON_FILE% \ # 含有定義的檔案
    --region ${REGION} # 工作定義的區域，省略的話使用預設值
```

在 *file://%PATH_TO_JSON_FILE%* 裡面的檔案是實際儲存定義的檔案，看起來很像 Extended Java Shop app 的 Shopfront 服務使用的那一個，見範例 10-2。

範例 *10-2　Extended Java Shop* 的 *Shopfront* 服務的 *Amazon ECS* 工作定義

```
{
  "family": "shopfront",
  "containerDefinitions": [
    {
      "image": "quiram/shopfront",
```

```
      "name": "shopfront",
      "cpu": 10,
      "memory": 300,
      "essential": true,
      "portMappings": [
        {
          "containerPort": 8010,
          "hostPort": 8010
        }
      ],
      "healthCheck": {
        "command": [ "CMD-SHELL", "curl -f http://localhost:8010/health || exit 1" ],
        "interval": 10,
        "timeout": 2,
        "retries": 3,
        "startPeriod": 30
      }
    }
  ]
}
```

建立第一個工作定義之後,你可以用 create-service 子命令來建立服務:

```
aws ecs create-service \
    --service-name ${SERVICE_NAME} \ # 服務的名稱
    --desired-count 1 \ # 當服務運行時需要的工作數量
    --task-definition ${FAMILY} \ # 工作定義家族
    --cluster ${CLUSTER_NAME} \ # 建立服務的叢集
    --region ${REGION} # 叢集的區域,若省略則使用預設值
```

最後,為了部署新版本,你可以建立一個新的工作定義,讓它指向新版的 Docker 映像,接著用子命令 update-service 更新正在運行的服務,來使用新版的工作定義;注意,由於你有很多工作定義版本,所以要用 family 與 version 來指定它:

```
aws ecs update-service \
    --service ${SERVICE_NAME} \ # 要更新的服務的名稱
    --task-definition ${FAMILY}:${VERSION} \ # 要使用的工作定義
    --cluster ${CLUSTER_NAME} \ # 服務目前在哪個叢集上運行
    --region ${REGION} # 叢集的區域,若省略則使用預設值
```

寫出明確的腳本後,你就可以在自動組建平台上建立工作了。理想情況下,你也要將這個腳本放在版本控制系統,以便追蹤變動。你可以在 Extended Java Shop 存放區的 *jenkins-aws-ecs/deploy-to-aws-ecs.sh* 找到完整的範例,裡面也有用來決定何時建立與何時更新服務的邏輯。

一切都從健康檢查開始（與結束）

在持續交付變成標準做法之前，當組織仍然手動將 app 部署到生產環境時，有一種明確的方式可以在部署之後檢查一切是否正確運作：手動檢查。但是現在，因為一天可能會發生多次自動部署，而且為了實現橫向擴展，每一個服務都有可能被部署到多個實例，手動檢查服務是不切實際的做法。

此外，在自動擴展的世界，部署隨時會在我們沒有注意的情況下發生：需求的尖峰期可能告知協調平台需要額外的資源，平台的回應可能是部署多個特定服務的新副本。此時手動檢查這些新部署的服務是否正常運作同樣是行不通的。

使用自動化的手段來確定服務都有正確地運行還有一個理由，現代的微服務架構都提供前所未有的彈性，但你必須管理更多變動元件。因為元件數量增加了，在系統各處發生故障的機率也隨之增加，最後變成不可避免的情況：硬體故障、通訊連線中斷、核心鎖死等等，除了它們之外，還有許多其他因素會讓節點失靈，但所有的服務都在那些節點裡面運行。你可能會隨時失去服務，所以你必須偵測何時發生這種事，並且修復它。

健康檢查的概念就是從這裡產生的。健康檢查是服務的專用介面，例如 RESTful API 的 */health* 端點，服務會用這種介面來顯示其內部狀態。這個介面被呼叫時，會執行一些快速的檢查，來確定一切是否正常運作，再提供正面或負面回應。你可以設置協調平台，要求它定期對著服務的所有實例詢問健康檢查的結果，並採取相應的行動：

- 如果服務回應正面結果，代表實例是健康的。
- 如果服務回應負面結果，代表實例是不健康的。
- 如果服務連回應健康檢查都沒有，代表實例是不健康的。

不過，你必須小心地看待健康檢查。實例在特定時刻出現不健康的狀況不一定代表問題的存在，畢竟，技術性的小毛病總會發生。但是，如果實例連續好幾次出現不健康狀況，或在某段時間內出現太多次了，協調平台就可以判斷那個實例有問題並停用它，在別的地方再重新建立一個。這種自我診斷機制可讓平台更有韌性，彌補了持續部署與變動元件變多帶來的不確定性。

提供健康檢查端點

許多工具與框架都可以將健康檢查自動附加到你的服務，所以它們已經隨處可見了，你甚至不需要自行建立它們。Extended Java Shop 範例 app 正是採取這種做法，它有兩個變體。

Extended Java Shop 的多數 web 服務都基於 Spring Boot，它可以在任何服務中自動加入一個 */health* 端點，且不需要採取其他的動作。你可以在 app 啟動時的 log 看到資訊，也可以在部署服務之後，直接聯繫 */health* 來驗證。更多細節請見範例 10-3，它來自 Stock Manager 服務的 log（為了方便閱讀，我編輯過它，並將它拆成多行），你可以看到 */health* 與 */health.json* 都被自動註冊了。

範例 10-3　*Stock Manager 服務的部分啟動 log*

```
2018-05-02 11:49:37.487  INFO 56166 --- [main] o.s.b.a.e.mvc.EndpointHandlerMapping:
        Mapped "{[/health || /health.json],methods=[GET],
        produces=[application/vnd.spring-boot.actuator.v1+json || application/json]}"
        onto public java.lang.Object org.springframework.boot.actuate.endpoint.mvc.
        HealthMvcEndpoint.invoke(
        javax.servlet.http.HttpServletRequest,java.security.Principal
```

另一個例子是 Product Catalogue 服務，它是基於 Dropwizard 的 web 服務，而不是 Spring Boot。用 Dropwizard 設定健康檢查需要好幾個步驟，但它的彈性也更好。第一步是建立一個覆寫 HealthCheck 的類別，實作 check() 方法，我們在 BasicHealthCheck 類別中做這件事，見範例 10-4。（在這個例子中，檢查只回傳正在運行的 app 的版本號碼。）

範例 10-4　*用 Dropwizard 做基本健康檢查*

```
public class BasicHealthCheck extends HealthCheck {
    private final String version;

    public BasicHealthCheck(String version) {
        this.version = version;
    }

    @Override
    protected Result check() throws Exception {
        return Result.healthy("Ok with version: " + version);
    }
}
```

建立健康檢查之後，你必須在 app 中註冊它，見 ProductServiceApplication 類別，我將註冊時需要的程式複製到它旁邊供你參考：

```
final BasicHealthCheck healthCheck = new BasicHealthCheck(config.getVersion());
environment.healthChecks().register("healthCheck", healthCheck);
```

這種做法的好處是，你可以建立與註冊多個健康檢查，並且藉著呼叫 /healthcheck 來洽詢它們。

Dropwizard 在不同的連接埠公開健康檢查

Dropwizard 將一般的用戶資訊流與它認為的管理（admin）資訊流分開；它將健康檢查查註冊為管理資訊流（admin traffic）。admin 的端點不是在預設連接埠監聽的，而是一個稱為 admin 的連接埠。在預設情況下，admin 埠是一般的連接埠 +1（例如，如果 app 監聽 8020，預設的 admin 埠就是 8021），但你可以改寫它。你可以參考 *productcatalogue.yml* 來了解如何定義你自己的 admin 埠。

無需多言，我們不應該被使用框架綁住，必須可以選擇手動建立健康檢查端點。畢竟，健康檢查只是一個普通的端點，必須可以像 app 的任何其他端點一樣建立。

洽詢健康檢查端點

在服務中建立健康檢查端點是硬幣的一面，設置協調平台來使用它則是硬幣的另一面。對大部分的協調平台來說，這是件簡單的工作。

我們來看兩個範例：Kubernetes 與 Amazon ECS。使用 Kubernetes 時，健康檢查是在服務定義中設置的。事實上，認真的讀者可能已經在範例 10-1 中發現這段程式了：

```
livenessProbe:
  httpGet:
    path: /health
    port: 8040
  initialDelaySeconds: 30
  timeoutSeconds: 1
```

這裡設定的參數（和其他本被列入的以及使用預設值的參數）告訴 Kubernetes 在檢查服務實例的健康時應遵循的策略。我們來仔細研究這些值：

initialDelaySeconds

我們知道，服務被部署之後，還要經過一段時間才能全面運作。這個值代表 Kubernetes 需要等多久才能開始檢查服務實例的健康。

timeoutSeconds

健康檢查所需的最長時間。

periodSeconds

連續兩次健康檢查需間隔多久（預設值是 10）。

failureThreshold

健康檢查連續失敗幾次會讓 Kubernetes 放棄那個服務實例，並重新啟動它（預設值是 3）。

設置 Amazon ECS 來使用健康檢查的做法很相似。我們來看一下這個取自 Stock Manager 服務（位於 */jenkins-aws-ecs/task-definitions/stockmanager-task.json*）的工作定義：

```
"healthCheck": {
  "command": [ "CMD-SHELL", "curl -f http://localhost:8030/health || exit 1" ],
  "interval": 10,
  "timeout": 2,
  "retries": 3,
  "startPeriod": 30
}
```

Amazon ECS 在 Docker 中使用 HEALTHCHECK 命令來確認服務實例是否健康（這就是 command 參數使用那個特定的語法的原因），但除此之外，其他的參數都很相似：

interval

連續兩次健康檢查需間隔多久。

timeout

健康檢查預計的最長時間。

retries

連續進行幾次健康檢查才會讓 ECS 認為工作不健康，並重新啟動它。

startPeriod

工作被部署之後要等待多久才開始執行健康檢查。

我們可以從這些範例看到，無論你使用哪種技術，建立與設置健康檢查都是一項簡單，但效果強大的工作。每一個協調平台都提供健康檢查的功能，並使用類似的參數，這代表你絕對要考慮使用它們。

讓健康檢查盡量簡單

理想情況下，你的健康檢查應該是簡單、寫死（hardcoded）的。畢竟，它們只是一種檢查服務是否可以基本運行的功能。你可以考慮做一些輕量級檢查，但注意不要做過頭了。

最重要的是，**永遠不要讓健康檢查端點呼叫另一個服務的健康檢查端點，健康檢查只適用於你的服務，不適用於依賴項目**。你的基礎設施會定期呼叫你的健康檢查端點，如果它們呼叫更多健康檢查，你會有大量的流量專門用來處理 "健康檢查風暴"。此外，如果你的服務有循環依賴關係（這並不罕見），健康檢查可能會進入無窮迴圈，並讓整個系統當機，你會陷入 "不良的健康檢查設計造成不健康的系統" 這種尷尬的局面。

部署策略

你已經知道如何將服務部署到生產環境，以及如何驗證這些服務已經一如預期地運作了（或在不如預期時重啟它們），接下來，我們要探討如何移除舊的服務版本，並且用新版本來取代它。

這也是一種在持續交付出現之前不存在的問題。在服務仍然手動部署的時代，組織會選擇最少人使用 app 的時段部署，通常是在週末或夜間，並通知所有人：系統在一段特定的時間內為了進行維護而無法使用。在這段時間內，運維團隊會移除舊版本，部署新版本，並確認一切都正確運作。

為了持續將新版本部署到生產環境，你不能停機部署，因為若是如此，你的系統幾乎任何時間都有一部分是停機的。你必須擬定新的部署策略，考慮在部署期間，你可以容忍系統受到多少影響，以及你願意投入多少資源來控制這些影響。

這一節要介紹六種完成這項工作的策略。你可以從每一種策略的名稱看到它們背後的原理：單一目標（single target）、一次性（all-at-once）、最少在役（minimum in-service）、滾動式（rolling）、藍 / 綠（blue/green）與金絲雀（canary）。但是為了方便說明與比較它們，我要先介紹一些通用的術語：

期望實例數量

這是當服務完全運行時，期望運行的實例副本數量。如果你將這個數字設為 n，代表進行任何部署時，你都會將 "有 n 個實例的舊版服務" 換成 "有 n 個實例的新版服務"。我們將它簡稱為 *desired*（期望）。

最低健康實例數量

當你將舊服務實例撤下並換上新服務實例時，可能希望至少有個最低數量的健康實例，無論是舊的還是新的。你可以確保有最低數量的服務來確保這一點。我們將它簡稱為 *minimum*（**最低**），它通常可以用總數的百分比或絕對數量來表示，依平台而定。

最大實例數量

有時你可能想要先啟動新服務實例，再取出舊的，以控制服務的空窗期。這意味著有更高的資源利用率。藉著硬性設定最大實例數量，你也設定了在部署期間資源的最大使用限度。我們將它簡稱為 *maximum*（**最大**），同樣的，依平台而定，它可以用百分比來表示，代表可以使用多少額外的實例（例如，如果 maximum 被設為 100%，就代表你允許在部署期間讓實例翻倍），或絕對數量（代表平台可以建立多少額外的實例）。

圖表

我們會在每一個策略展示一張圖表，描繪部署過程的連續事件。圖表中的淺色方塊代表舊版的服務實例，深色方塊代表新實例，斜線方塊代表還在啟動中，因此還不能使用的新版實例。圖中的每一列都代表特定時間點的快照，舊的快照在上面，新的在下面。

大部分的協調平台都用某種方式來提供這些值。就 Kubernetes 而言，你可以在服務定義加入額外的 **strategy** 區塊，其中的 **replicas** 代表 *desired*，**maxUnavailable** 代表 *minimum* 的反義詞（minimum = 100% - maxUnavailable），而 **maxSurge** 代表 *maximum*：

```
spec:
  replicas: 5
  type: RollingUpdate
    rollingUpdate:
      maxUnavailable: 25%
      maxSurge: 25%
  [...]
```

在使用 Amazon ECS 時，你可以在根據工作定義建立或更新服務時指定它：

```
# 建立
aws ecs create-service \
    --desired-count 5 \
    --deployment-configuration \
        'maximumPercent=25,minimumHealthyPercent=25' \
    # 其他參數
```

```
# 更新
aws ecs update-service \
    --desired-count 5 \
    --deployment-configuration \
        'maximumPercent=25,minimumHealthyPercent=25' \
    # 其他參數
```

無論你使用哪種平台，當你知道如何設定部署的工學（ergonomics）之後，你就可以探索不同的策略，並選擇最適合你的一種。我們接著來討論它們。

單一目標部署

這是最簡單的，也是需要的資源最少的策略。在這種策略中，你假設服務只有一個正在運行的實例，當你需要更新它時，你就必須將它撤下，並部署新的。這意味著服務會出現空窗期，但不需要額外的資源。因此定義這種策略的值是：

- desired：1
- minimum：0%
- maximum：0%

它可以用圖 10-9 來表示，步驟如下：

- 開始：有一個上一版的實例。
- 步驟 1：這個實例被換成另一個新版本，當新實例啟動時，服務實際上是不可用的。
- 結束：新實例啟動並運行，可接受請求。

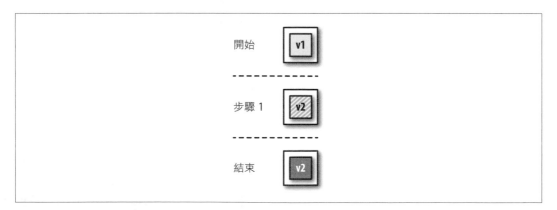

圖 10-9　單一目標部署：舊實例被刪除，並且被換成新的

一次性部署

這種策略類似單一目標部署，唯一的不同在於，你可能有任何固定數量的實例，而不是只有一個。當你需要部署時，所有目前的實例都會被撤銷，而且你會在它們都被撤銷之後才推出新的。如同上一個案例，升級期間不會使用額外的資源，但是服務同樣有空窗期。這種策略的參數是：

- desired：n

- minimum：0%

- maximum：0%

如圖 10-10 所示，它的步驟是：

- 開始：有五個上一版的實例。

- 步驟 1：同時撤銷全部的五個實例並換成新版的五個實例，服務在新版啟動期間是不可用的。

- 結束：新實例啟動並運行。

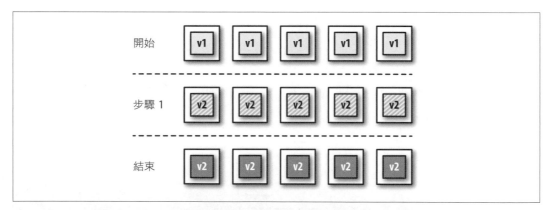

圖 10-10　一次性部署：全部的舊實例都會被同時刪除，新的會在舊的都被刪除之後推出

最少在役部署

上兩種做法都有一個很大的不便：它們都有服務空窗期。為了改善這種情況，你可以調整策略，確保永遠都有最少數量的健康實例，此時，你不是一次將所有舊實例撤銷，而是只撤銷其中幾個，並且在它們消失時建立新實例，當新實例啟動並運行時，再移除另一批舊實例，用新的取代它們。你可以重複這個程序，直到所有舊實例都被換成新的為止。

這個程序可防止服務的空窗期，也不需要額外的資源，但這也代表最低數量的在役實例必須承受額外的流量，以彌補它們的數量變少的事實；不要把這個限制設得太低，否則在役實例可能無法承受負擔。

圖 10-11 案例的參數為：

- desired：5

- minimum：40%（或 2，如果以絕對數量來表示）

- maximum：0%

這個程序可以這樣描述：

- 開始：有五個上一版的實例。

- 步驟 1：因為至少必須有兩個運行的實例，所有只有三個被撤銷並換成新實例，新實例啟動時，仍維持這個部署步驟。

- 步驟 2：當新實例開始運行時，你就可以撤銷其餘的兩個舊版本，並將它們換成新版了。

- 結束：所有的新實例都開始運行了。

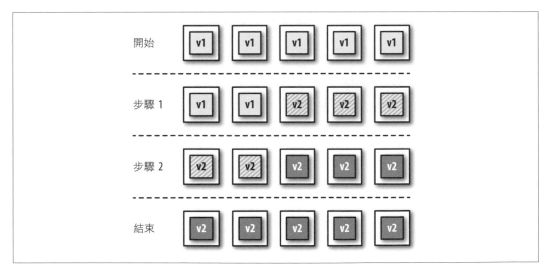

圖 10-11　最少在役部署：在任何時間點都至少有兩個實例處於運行狀態，可能是新的，也可能是舊的

滾動式部署

滾動式部署可視為另一種最少在役部署：它的重點不是健康實例的最低數量，而是離場實例的最大數量。最典型的滾動式部署是將這個最大數量設為一，意思就是，在任何時間點，只有一個實例可以處於被更新的程序之中，這代表有一個實例會被撤銷，接著一個新的被推出，唯有當新的開始運作時，你才會繼續處理下一個。在某些情況下，滾動式部署可能會設定更高的限制，容許兩個、三個或更多實例在任何時間點被撤換。

作為最少在役部署的變體，滾動式部署的特性與它幾乎完全相同：它可以防止服務空窗期，且不需要額外的資源。最少在役的主要優點在於，藉著限制缺席實例的數量，你可以限制剩餘的實例可能承受的額外壓力；它的主要缺點是部署的時間比較久，而且根據實例的數量、啟動時間，以及重新部署頻率，平台最後可能會有一大堆排隊中的重新部署工作。

滾動式部署的參數是：

- desired：5

- minimum：80%（或 4，如果以絕對數量來表示）

- maximum：0%

請注意，滾動式部署相當於 minimum = desired - 1 的最少在役部署。

圖 10-12 是這個程序的逐步情況：

- 開始：有五個上一版的實例。

- 步驟 1：有一個實例被撤銷並換成新的，新實例啟動時，你仍然處於這個部署步驟中。

- 步驟 2：當步驟 1 建立的新實例開始運作之後，將另一個舊實例撤銷並換成新的；新實例啟動時，你仍然處於這個部署步驟中。

- 步驟 3、4 與 5：對其餘的舊實例重複同樣的程序。

- 結束：所有的新實例都開始運行了。

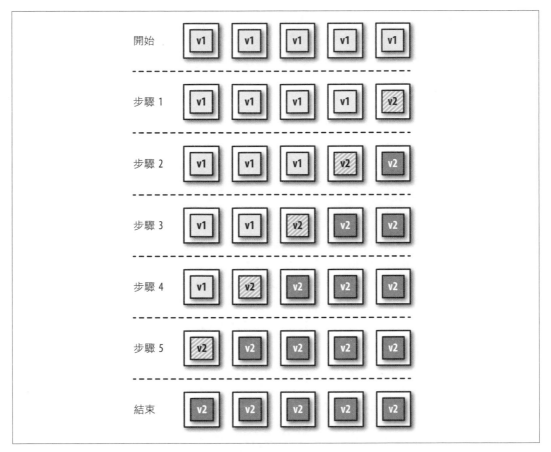

圖 10-12　滾動式部署，缺席實例最多一個。

藍 / 綠部署

在微服務部署領域中，藍 / 綠部署是最受歡迎的策略之一，或許正是因為這個原因，它還沒有正式的定義。現今的文獻似乎都用同一個名稱來代表兩種稍微不同的策略，這兩策略分別處理稍微不同的問題。

第一版的藍 / 綠部署旨在修正最少在役與滾動式部署的一項缺點：在升級期間，總負載是由較少的健康實例共同承擔的，可能會對它們造成壓力，為了處理這個問題，藍 / 綠部署會先建立新實例，而且在它們都可以使用時，才開始撤銷舊實例。健康實例的數量永遠不會低於所需的總數，但這代表我們在升級期間需要額外的資源。用標準參數來描述藍 / 綠部署是：

- desired：n
- minimum：100%
- maximum：m%（其中 $0 < m \le 100$）

將 m 設成較高值會增加被使用的資源峰值，但也會縮短部署的時間。

但是第二版的藍 / 綠部署更上一層樓，無法直接藉著組合 desired/minimum/maximum 參數來實現。上一種策略有另一個缺點：在部署期間，生產環境會混合舊版與新版的 app，通常這是是沒問題的，尤其是當你在釋出功能時很小心時（見第 270 頁的 "釋出功能"）。但是，如果你想要避免這種混合的情況，第二版的藍 / 綠部署加上一個轉折：用戶在所有新實例都就緒之後才可以開始使用新實例，而且此時所有舊實例都會立刻無法使用。

如圖 10-13 所示，這種效果是藉著控制請求的路由，並且協調服務來實現的，它的步驟是：

- 開始：有一些上一版的實例（這個例子有兩個）。將負載平衡器 / 路由器（圖中的圓柱體）設置成 "將進入的請求送給舊版的服務"。
- 步驟 1：建立新實例，先將新的與舊的分開，不讓公眾接觸這些實例，負載平衡器 / 路由器仍然會將進入的資訊流送給舊實例。當新實例啟動時，部署步驟維持在這個階段。
- 步驟 2：新實例完成啟動，現在可以運作了，但資訊流還不會被引導到它們那裡。
- 步驟 3：重新設置負載平衡器 / 路由器，將所有進來的資訊流導向新版的服務。這個切換幾乎是瞬間的，不會有新請求被送到舊版本，不過已被送到舊版本的可以完成工作。
- 結束：在舊實例再也用不到之後撤銷它們。

可想而知，第二版的藍 / 綠部署提供最好的用戶體驗，但需要處理額外的複雜度與使用更多資源。

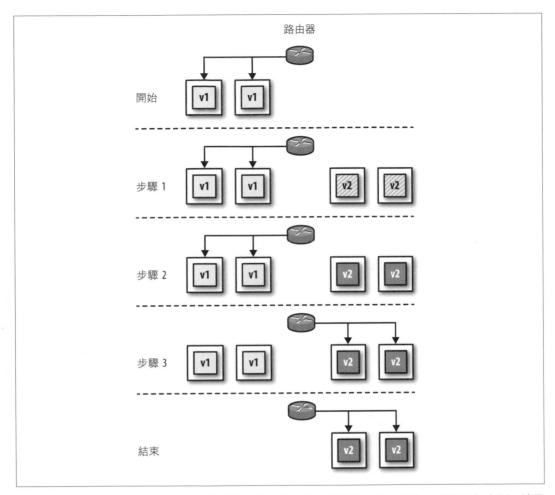

圖 10-13　藍 / 綠部署：新實例在就緒前不會被用戶看到；就緒時，路由器會改成指向新實例，讓用戶無法使用舊實例

金絲雀部署

金絲雀部署是另一種無法藉著調整 desired/minimum/maximum 參數組合來實現的案例。金絲雀部署的理念是嘗試使用新服務，但不完全承諾使用它，因此，這種做法不是將舊版的 app 全部換成新的，而是在群體中混入一個新實例。在服務實例上面的負載平衡器可以將一些資訊送到金絲雀實例，你可以藉著查看 log、數據等等，來了解它的表現如何，如果結果讓你滿意，你可以全面部署新版本。金絲雀部署有兩個執行步驟，見圖 10-14：

- 開始：有多個上一版的實例（本例有四個）。
- 步驟 1：建立一個新版的實例，且不移除任何舊實例。
- 結束：啟動並運行新實例，可以和舊的一起提供服務。

金絲雀部署有許多與協調有關的挑戰。例如，平台必須用不同的方式檢查不同的實例的健康狀態，如果金絲雀實例不健康，平台必須將它換成另一個金絲雀實例，但如果每一個別的實例都不健康，就要換成非金絲雀版本。此外，為了了解修改造成的影響，有時金絲雀實例需要運行比較長的時間，在這段時間內，你可能已經做出一般實例的新版本，並觸發部署來更新一般的實例，金絲雀則原封不動。

幸運的是，金絲雀部署的使用案例非常小（slim）。如果你只想要公開一種新功能給部分的用戶，可以使用功能旗標來做這件事（見第 271 頁的 "功能旗標"）。金絲雀部署有個附加價值，它可以用來測試較深層，而且無法用功能旗標來隱藏的變動，例如對 log 或數據框架進行的變動、修改記憶體回收參數，或試用新版的 JVM。

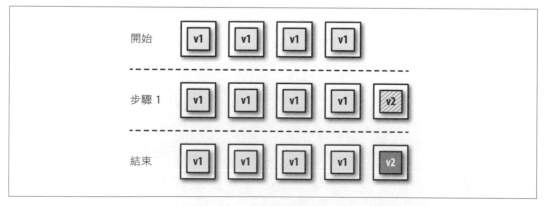

圖 10-14　金絲雀部署，將新實例直接加入一群當前版本的實例內，而不取代任何一個

金絲雀測試的未來

目前大多數的金絲雀測試都是透過部署平台來進行的。但是，我們發現越來越多開放原始碼的 API 閘道（例如 Ambassador（ *https://www.getambassador.io/* ））可將資訊流動態路由到不同的後端，也有 Istio（ *https://istio.io/* ）等服務網格控制平面可讓你進行服務間資訊流金絲雀測試。Netflix 團隊也分享了他們如何用 *Spinnaker* 與 *Kayenta* 執行自動化金絲雀分析（ *http://bit.ly/2Q5UV7I* ）。我們建議你持續關注這些發展。

我該選擇哪種部署類型？

如上所述，不同的部署策略提供不同問題的解決方案，也會讓你付出額外的資源與（或）複雜度的代價，也就是說，它們分別有最適合的情況。團隊必須分析他們的需求，以及他們願意投入的資源。表 10-1 簡單整理你在做決定時需要考慮的各種事項。

表 10-1　部署策略的特點與成本摘要

	單一目標	一次性	最少在役	滾動式	藍 / 綠	金絲雀
整體複雜性	低	低	中	中	中	高
服務中斷期	有	有	無	無	無	無
混合新舊版	無	無	有	有	無	有
回復程序	重新部署上一版	重新部署上一版	停止推出、重新部署上一版	停止推出、重新部署上一版	將資訊流切回上一版	移除金絲雀實例
基礎設施在部署期間提供的支援	健康檢查	健康檢查*	路由修改、健康檢查	路由修改、健康檢查	路由修改、健康檢查	路由修改、加權路由、健康檢查
監測需求	基本	基本	簡單	簡單	簡單	進階

小心更長的預熱時間

Java 技術在巨大單體 app 的模式下演變了好幾年，JVM 的性能也是隨之調整的，例如，JIT（just-in-time）編譯器會偵測經常執行的程式碼段落，並將它從 bytecode 編譯成原始碼；或是識別物件的建立與分解模式，並相應調整記憶體回收機制等等。但是，這些機制只有在 app 已經執行一段時間，而且 JVM 有機會收集數據並且進行計算時才有效。

在採取持續交付之後，你會更常部署 app，JVM 在執行期間收集的任何統計資訊都會消失。在每次新部署時，JVM 都會從零開始啟動，這可能會影響 app 的整體性能表現。

此外，如果你平行運行太多實例，它們每一個都只會接收一小部分的總資訊流，這意味著你要花更長的時間執行足夠的回合數才能偵測出模式，如果你頻繁地重新部署，app 可能永遠無法到達最高性能。如果暖機時間對你來說是個問題，可考慮使用一些進階的功能，例如 CDS（Class Data Sharing）或 AOT（ahead-of-time）編譯；Matthew Gilliard 寫了一篇很棒的文章介紹它們（*https://mjg123.github.io/2017/10/02/JVM-startup.html*）。

使用非代管叢集

到目前為止，我們都假設使用代管（managed）叢集——這種雲端平台可以追蹤 app 在多少伺服器上面運行，以及 app 在這些伺服器裡面的各種實例。我們當然建議採取這種做法，因為它可以免除團隊的所有負擔，可讓團隊把注意力放在組建實用的功能上面；但團隊不一定都有這個選項。

如果你的雲端平台無法幫你管理叢集，或你沒有這種雲端平台，而是只能讓生產環境使用一組機器（無論是虛擬或實體的），你就要追蹤哪個 app 在哪裡運行。追蹤機制會因你的技術與部署策略而異，但仍然有一些通用準則可用。

首先，你需要一個專用的資料庫來記錄什麼東西正在哪裡運行。這個資料庫至少有這些資料表：

Servers（伺服器）

指出實際存在的機器（無論是虛擬或實體），以及它們可用的資源（記憶體、CPU 份額等等）。

Applications（應用程式）

> 所有不同的 app 的細節，以及它們的運行組態參數（實例數、每個實例需配置的記憶體、每個實例的 CPU 份額等等）。

Instances（實例）

> 每一個正在運行的實例的細節，包括它屬於哪個 app、它部署在哪個伺服器上、它的健康狀態（正在部署、正在運行、故障等等），以及它的部署參數，因為它們可能會與 app 的新參數不同（記憶體、CPU 份額等等）。

計算資源一次

在 servers 表中，你可能只能指定總資源，並將那個伺服器裡面的所有實例使用的資源加起來，算出可用的資源。你可以自行決定究竟要預先計算那個值，還是每次動態計算它。

第二，你要控制路由的邏輯，使用哪一種機制都無妨，無論是可設置的負載平衡器，或動態編輯 DNS 項目，或其他方式，重點在於，你可以在外部請求被送到 app 時，決定該將那個請求轉發給哪個實例或哪群實例。

最後，你必須編寫你自己的部署管理程式。理想情況下，你需要一或多個命令列腳本，你只要在裡面指出要部署的 app、新版本的指標（例如版本號碼），以及部署用的新參數（如果有的話）：

```
deploy <application-id> <application-version> [deployment-params]
```

用這種方式設計部署程式，可將複雜性隱藏在 CI/CD 管道以及開發活動本身之外，也可以讓你建立越來越多精密的部署策略。

部署腳本是程式碼

因為部署腳本不是核心的商業功能，你很容易就會忘記這些腳本也是程式碼，必須被一視同仁地看待。你一定要在 CVS 中妥善地記錄部署腳本，採取同一種程式編寫標準（例如搭檔編程，或讓同事復審）、安排變動的優先順序，以及，最重要的，測試你的變動！或許可用一個完全不同的雲端環境來嘗試新腳本，以免影響生產環境。

通用策略

無論你選擇哪種部署策略,部署都是由三種動作組成的,每一種都可能不止執行一次,而且不一定按照這個順序執行:

- 部署新實例
- 撤銷舊實例
- 重新路由

例如,第 256 頁的 "滾動式部署" 策略有這一系列的情況:

1. 更新路由方式,來排除其中一個既有的實例。

2. 撤銷那個實例。

3. 部署新實例。

4. 更新路由方式,加入新實例。

5. 對其他既有的實例做同樣的事情。

類似的情況,第 257 頁的 "藍 / 綠部署" 有這些程序:

1. 部署所有新實例。

2. 更新路由方式,指向新實例。

3. 卸除所有舊實例。

藉著將部署邏輯分解成這三種動作,你可以把注意力分別放在它們上面,因為你只要用不同的方式結合它們,就可以實現不同的部署策略了。我們來詳細地探討這三種行動。

部署單一實例　部署單一實例就是在特定地點啟動並運行一個新服務,這個動作不需要考慮要不要部署或撤下其他的實例,也不需要考慮怎麼讓實例被公眾使用,你只要考慮怎麼讓新實例啟動、運行,並且準備接收服務請求。

這個動作的實際程序可能各有不同,取決於你的需求,但這些步驟通常是可行的:

1. 在 Applications 表中查看相關的 app 細節,來檢查這個實例需要的資源。

2. 查看 Servers 表,找到有能力運行這個實例的伺服器(最好是還沒有運行其他 app 實例的),如果沒有,部署就失敗。

3. 更新伺服器的入口,以考慮這個實例使用的資源。

4. 在 Instances 表裡面建立新紀錄，以考慮新實例，將它的健康狀態記為 Deploying。

5. 將 app 複製到伺服器並啟動它。

6. 定期輪詢新實例的健康端點，直到它提供健康狀態；這可讓我們知道 app 已經可以服務請求了。

    a. 如果健康端點沒有在預設的時間之內回傳健康狀態，就中止部署。將 Instances 內的紀錄改為 Failed（或直接刪除它），並恢復 Servers 表內相應紀錄中的可用資源。

    b. （可選）再次試著將實例部署到新伺服器，直到到達最高次數為止。

7. 更新 Instances 表裡面的紀錄，將健康狀態設為 Running。

8. 部署完成。

撤銷一個實例　類似上一節的情況，我們在這裡只討論撤銷特定實例的通用步驟。同樣的，你可能有不同的需求，但以下的步驟是很好的基礎：

1. 更新 Instances 表的相關紀錄，將它的健康狀態設為 Undeploying。

2. 發送訊號給 app，以正常地關閉實例（大部分的框架都支援這項功能）。這會讓 app 停止接受新請求，但是會等候既有的請求完成。

3. 輪詢健康端點，直到它不再提供健康回應為止，這代表它已經成功關閉了。

    a. 如果健康端點在預設的逾時到期之後還繼續提供健康回應，中止撤銷，並在 Instances 表內將實例設為 Failed-to-undeploy。

4. 移除伺服器上的 app 二進位檔，以維持整潔。

5. 在 Instances 表查看相關的紀錄，來了解這個實例使用了多少資源。

6. 更新 Servers 表的相關紀錄，指出現在有額外的資源可用了。

7. 更新 Instances 表的相關紀錄，將它標記成 Undeployed（或直接刪除它）。

部署資料庫裡面的交易與資料限制

這件事值得一再強調：你的部署 app 是一種生產工具，你也要這樣也待它。在前面的步驟中，我們談到許多針對資料庫的變動，你一定要在單一資料庫交易中執行它們。此外，你也要考慮加入資料限制，以免將太多資源配置給任何一個伺服器，或配置同一個 app 的兩個實例到同一個伺服器。

重新路由 這個動作是與你的路由技術的關係最密切的一種,所以它是我們談得最少的一種。應記住的重點是,修改組態,將舊的路由細節換成新的路由細節的動作必須是原子化的(atomic):一旦你提供了新的路由組態,就不會用舊的細節來引導任何請求了。確保你的負載平衡器或路由技術可以支援這個功能。

改變資料庫

當我們討論持續交付時焦點幾乎都放在服務上面,但事實上,資訊最終通常都會被放在資料庫裡面。因此,如果持續交付需要以固定的速度改變服務來滿足商業需求,它就要有相應的改變資料庫的能力。

如果你使用 NoSQL 資料庫(例如 MongoDB)的話,你不用擔心太多事情:資料結構描述不會對資料庫本身施加太多限制,因此你可以用 app 程式碼來對資料結構或資料本身進行任何變動。另一方面,如果你使用標準 SQL 資料庫,就有一些事項需要注意了。

管理資料庫部署

當你改變資料庫時,應該採取與改變 app 一樣的觀點:它就像 CI/CD 策略之中的自動化與測試程序,也就是說,你不能手動或單獨進行結構描述修改或資料遷移之類的動作,而是要將它當成在 CVS 中註冊的變動,會觸發 CI/CD 管道的組建。此外,你必須意識到,最佳的資料結構會隨著商業需求而演變,因此,你必須習慣重構資料庫的概念,如同你重構 app 程式碼。

坊間有許多工具可以協助這項工作,DBDeploy(*https://github.com/tackley/dbdeploy*)是值得特別關注的一種,它應該是第一種被設計成 CI/CD 管道的一部分來協助你輕鬆變動資料庫的工具。雖然 DBDeploy 仍然可以稱職地進行它的工作,但它的開發已經停止了(在寫這本書時,DBDeploy 存放區的最後一次提交紀錄是在 2011 年),所以新的用戶應該可以開始研究新的替代方案,例如 Flyway(*https://flywaydb.org/*)或 Liquibase(*https://www.liquibase.org/*)了。無論你使用哪一種,這些工具的運作方式都很相似:

* 對資料庫的變動,無論是變動它的結構還是資料,都要透過**遷移**(*migration*)**腳本**來執行。這些腳本是標準的 SQL 檔。

* 每個遷移腳本都必須有個專屬的名稱與序號。

* 遷移工具為自己保留一個表格,在裡面追蹤有哪些遷移腳本已經在資料庫中執行過了,哪些還沒有。

- 遷移工具會徹底掃描可用的遷移腳本，拿那些腳本來與已經處理特定資料庫的腳本做比較，找出**還沒有**執行過的，接著執行它們。

這個程序可讓你追蹤多個環境上的變動，因此你可以測試資料庫架構的變動，而不影響生產環境。它也給你一個變動紀錄，也可讓你跳到任何一個特定時間點的特定資料庫版本：你只需要一個空資料庫，接著執行遷移腳本，直到所需的點就可以了。

不過，撤銷或修改變動有點麻煩。如果你在測試環境中測試特定的遷移腳本之後發現一個 bug，或許想要直接修改那個遷移腳本並重新執行它。但事實上，遷移工具通常不了解遷移腳本中的**變動**，它們只會將它們視為 "已經執行過了" 或 "還沒有執行"；如果特定的腳本已經對資料庫執行過了（例如，預備），那麼修訂腳本不會觸發重新執行：工具會認為它已經被處理過它了，因此會跳過它。此時，最佳的選項是每次都清除資料庫，讓所有腳本都一定會運行（這對生產環境來說絕對不是好主意），或直接加入更多遷移腳本來撤銷或修改之前的腳本。

處理長時間執行的遷移：Abraham 的經驗

在進行年輕的專案時，最棒的事情就是它們幾乎都不需要處理大量的資料，這代表資料庫遷移可以快速且良好地運行。把這個故事快轉五或十年之後，情況就大不相同了。當你試著在一個有上億筆紀錄的表中加入新欄位時，即使是最好的資料庫也要花 30 分鐘的時間來處理，這是當你使用 "緊密的回饋迴圈" 這句話時，想都沒有想過的時間。

但這還不是我看過的最糟情況。這些長時間執行的遷移最主要的問題在於遷移工具本身，或呼叫遷移工具的 CI 組建程序，可能會在遷移到一半時逾時。這會造成災難性的結果：被送到資料庫的訂單成功了、執行遷移，但遷移工具沒有在它（腳本維持）的表中紀錄它。換句話說，遷移已經執行了（或部分執行了），但是遷移工具不承認它，也就是說，當它下次被呼叫時，也會被試著執行。

我有幸（不幸）處理過資料庫遷移，並在過程中學到一些技巧。為了克服這些限制，你必須用遷移工具來耍一些花招。

首先，你必須了解這些工具的內部是如何運作的。它們會分析每一個遷移腳本有多少個單獨的陳述式，準備依序執行它們。成功執行它們之後，工具會在它的（腳本維護的）表中加入一筆紀錄，並將它標記成已安裝。因此，如果其中一個陳述式花了太多時間而造成逾時，在它之前，包括有問題的陳述式（最後）都會成功運行，但在它之後的不會。因此，訣竅是：

1. 當我懷疑某個陳述式可能花太多時間時，會幫那個陳述式單獨建立一個遷移腳本。如果有許多陳述式可能造成麻煩，我會幫它們全部建立一個單獨的遷移腳本。

2. 我會在每個長時間運行的陳述式前面加上更新資料的陳述式，在腳本維護的表中加入一筆紀錄，將這個腳本標記為完成。

3. 接下來，我在長時間運行的陳述式後面加入另一個資料更新陳述式，用它來移除我剛才加入表中的紀錄。

最後的遷移腳本將會長成這樣，具體依工具的資料結構描述而定：

```
INSERT INTO SCHEMA_VERSION (SCRIPT_NAME, SCRIPT_NUMBER)
    VALUES ("23_long_running_change", 23)

-- long-running change

DELETE FROM SCHEMA_VERSION WHERE SCRIPT_NUMBER = 23
```

現在，如果長時間運行的變動確實會導致逾時，最後面的 DELETE 陳述式不會執行，遷移工具不會試著將這個遷移腳本記錄成已安裝。但是，我們已執行第一個 INSERT 陳述式了，也就是說，我的資料庫會保持一致的狀態。在 CI/CD 管道內的組建可能會顯示為失敗一次，但是下次執行時，它可以毫無問題地運作。

另一方面，如果長時間運行的變動不會造成逾時，DELETE 陳述式就會執行，所以腳本維護的表會是乾淨的，讓遷移工具本身更新它。無論如何，用這種方式來編寫遷移腳本可確保資料庫無論何時都處於一致的狀態。

將資料庫與 app 部署分開

持續交付程序有一個要求是盡量減少故障的影響，以便持續進行變動。這就是你絕對要避免部署多個 app 的原因：每個 app 都要獨立於其他 app 分別部署。部署資料庫與 app 時也一樣。

每當你準備遷移腳本時，都要讓它能夠在 "不破壞與任何正在運行的 app 的相容性" 的情況下部署，原因如下：

- 如果有多個 app 使用你的資料庫，我們無法保證它們都會被同時部署（隨時都有個別的部署可能會失敗）；如果發生這種事，還沒有升級成下一版的 app 從此以後就無法與資料庫通訊了。

- 即使只有一個 app 使用你的資料庫，取決於你的部署策略（例如滾動式部署），你也有可能混合部署舊的與新的實例；新實例會在舊實例無法運作的情況下運作，從而破壞了零停機部署的目的。

- 最後，即使在極端的情況下，只有一個 app 使用你的資料庫，而且你的部署策略不會混合使用舊的與新的實例（例如一次性部署），資料庫與 app 也不一定會被同時部署，因此也會有失敗的窗口。

無論情況如何，你都要確定資料庫是個獨立的元件，有它自己的部署週期，並且尊重與相連的 app 的關係。要了解可能會破壞相容性的變動，可閱讀第 280 頁的 "多階段升級"。

另一個問題是，你是否該將遷移腳本放在它們自己的存放區。這是一個眾說紛紜的問題，每個人都可能採取不同的解決方案。一般來說，如果資料庫被多個 app 使用，而且各個 app 都有它自己的存放區，建議你也將遷移腳本放在它們自己的空間內。另一方面，如果資料庫只被一個 app 使用，或被一起放在同一個存放區裡面，並且一起管理的 app 使用（單體存放區），你可以將遷移腳本放在同一個存放區中。

透過預存的程序來溝通：將資料庫變成另一個服務

過去幾年來，預存程序已經過時了。現在的開發者往往把它們當成與官僚組織有關的東西——與資料庫有關的東西都是資料庫管理員管理的，開發者只能透過一組嚴格設計的儲存程序來存取資料。這會產生 "委過信使（blaming the messenger）" 這種不幸的效果：如果預存程序被妥善管理，它可以幫助提供更快速的開發環境，甚至可以讓你用新的、創造性的方式來查看資料庫。

微服務架構之所以有效，主要原因在於它正確地平衡 "曝露" 與 "封裝"。每一種服務都會隱藏內部工作不讓別的服務看到，並且只透過幾個已知的端點來進行溝通。同樣的，你也可以將資料庫視為另一種微服務，它儲存的程序是已知的端點，且溝通是透過 SQL 而不是 HTTP 來執行的。由於 app 只能透過預存程序來存取資料庫，當你保持預存程序的行為不變時，你就可以對資料庫內容執行任意次數的重構，而不會影響任何 app。

當然，前提是你的預存程序已經被適當地測試過了，正如同你要測試服務的端點一般。本書不討論資料庫的測試，但從 Java 的角度來看，可考慮的最佳工具是 DbUnit（*http://dbunit.org*）與 Unitils（*http://unitils.sourceforge.net/*）。

釋出功能

上一節討論了可將程式碼的變動從管道送到生產環境的機制與策略。但是，如同前面所說的，這只是故事的一部分而已。可以將新變動持續推送到生產環境不代表你可以讓用戶經常看到變動，因為用戶通常比較喜歡穩定、可預測的體驗，他們能夠容忍的變動非常有限。另一方面，有些變動必須聚集起來才有意義，但你不想要跟以前一樣，一次推出所有的變動，進行舊式的大霹靂部署。你要用一種與部署機制正交的機制來決定將哪些功能公開給用戶。

另一方面，切記，你不是只有為用戶提供功能而已。微服務領域有許多 "服務對服務" 的溝通（以 RESTful API call 形式），有時你可能要變動這些 API 以啟用新功能。在這種情況下，你也不能不假思索地執行變動，因為修改端點的運作方式可能會影響使用它的 app，這反過來又會對隱秘的服務造成連鎖效應。

因此，你必須採用一組與部署服務不一樣的做法來控制如何加入可能影響其他實體的變動，如此一來，你可以和負責處理這些實體的團隊或組織溝通，並進行必要的安排。這就是這一節要討論的主題。

> **服務網格：將來釋出功能的方式？**
>
> 從 2016 年末開始，**服務網格**（*service meshes*）受到越來越多人的關注，這是一種專用的基礎設施階層，可讓服務對服務的溝通更可靠、安全且快速。這個領域出現許多開放原始碼專案與商用產品，例如 Linkerd、Envoy/Istio、Cilium 與 Consul Connect。當本書即將付梓時，使用服務網格的方法仍然在發展中，所以我們不在此指導。但是，我們鼓勵你持續關注這個有趣的領域，尤其是你想要使用容器的話。在這個領域中，Red Hat 的 Christian Posta 與 Burr Sutter 是對 Java 也有興趣的思想領袖，他們的部落格都探討廣泛的主題，他們也發表了一份 O'Reilly 報告，*Introducing Istio Service Mesh for Microservices*，值得一讀。

功能旗標

功能旗標基本上是決定特定功能在某個請求期間要不要公開給用戶的組態選項。因為它們只是組態選項，所以在不同的環境之下可能會有不一樣的值，這代表你可以在測試環境中公開所有新功能，在生產環境中隱藏它們，直到你準備好完全推出為止。此外，如同任何其他組態選項，你可以讓它們在不需要重新部署服務的情況下進行修改（見第 281 頁的 "管理組態與機密"）。

功能旗標有許多實作方式，但它們大部分都屬於三種風格之一：

二進位旗標（*binary flags*）

　　這種旗標的值可能是 true 或 false，用來啟用或停用功能。這是最簡單的旗標。

節流閥旗標（*throttle flags*）

　　這種旗標代表有多少百分比的請求可使用新功能，0% 相當於停用二進位旗標，而 100% 相當於啟用二進位旗標。至於中間的值，你可以為每一個請求產生一個介於 0 到 100 的亂數，並只讓數字低於旗標值的請求使用服務。節流閥旗標的做法比二進位旗標複雜，但可讓你逐步釋出新功能。

類別旗標（*category flags*）

雖然節流閥旗標可控制新功能的用戶數量，但無法只讓某些特定的族群使用，你可以用類別旗標來實現這種功能。採取這種做法時，每個請求都附有一個屬性，類別旗標則存有可以使用功能的屬性值子集合。換句話說，如果請求的屬性值是類別旗標的值之一，那個請求就可以使用功能，否則就會被拒絕。類別旗標比較難做，但提供最細膩的控制。例如，如果你提供的服務是需要獲得法律批准的商業交易，你可以只將功能公開給已被批准的國家的訪客。類似的情況，如果你有某種 beta 測試用戶程式，可以只打開實驗功能給關係用戶。

Extended Java Shop 有功能旗標的完整實作範例。如前所述，這個 app 代表一個數位商店，可讓用戶購買各種不同的機械零件。它們的價格是由 Product Catalogue 服務靜態設定與管理的。

假設我們想要嘗試新的 Adaptive Pricing 服務，它是第三方提供的，這個 Adaptive Pricing 服務承諾即時計算產品的最佳價格，並考慮各個供應商的整體庫存、需求等等。我們想要藉著使用 Adaptive Pricing 服務來自動調整產品的價格，並提高獲利率。當第三方回應我們的請求，並成功提供一個價格時，它就會向我們收費，所以我們想要先限制呼叫次數，以確定這項服務是不是值得使用。此外，我們不確定用戶如何回應這些變動的價格，所以想要限制可能的不滿。

解決這種問題最好的辦法是使用節油閥旗標。Product Catalogue 服務會向 Shopfront 服務提供在倉儲中管理的靜態價格，接下來，Shopfront 服務決定究竟要使用那個價格，還是向 Adaptive Pricing 服務查詢新價格。在這個例子中，我們建立了一個服務來管理功能旗標，所以 Shopfront 必須幫每個請求查詢 Feature Flags 服務，以取得目前的旗標值，接著決定目前的請求可否使用新功能。

你可以在 Extended Java Shop 存放區的 */featureflags* 資料夾裡面找到 Feature Flags 服務，並在 `ProductService` 類別找到 Shopfront 使用這個旗標來決定價格的部分，為了方便起見，範例 10-5 與 10-6 列出最重要的部分。

範例 10-5　使用功能旗標來動態決定是否該用調整過的價格來取代原本的價格

```
// 檢查旗標的值，如果適用，試著取得調整過的價格
private BigDecimal getPrice(ProductDTO productDTO) {
    Optional<BigDecimal> maybeAdaptivePrice = Optional.empty();
    if (featureFlagsService.shouldApplyFeatureWithFlag(ADAPTIVE_PRICING_FLAG_ID))
        maybeAdaptivePrice = adaptivePricingRepo.getPriceFor(productDTO.getName());
    return maybeAdaptivePrice.orElse(productDTO.getPrice());
}
```

範例 *10-6* 決定是否使用指定的節流閥功能旗標的機制

```
// 取得旗標值，並確認亂數值是否在範圍內
public boolean shouldApplyFeatureWithFlag(long flagId) {
    final Optional<FlagDTO> flag = featureFlagsRepo.getFlag(flagId);
    return flag.map(FlagDTO::getPortionIn).map(this::randomWithinPortion)
        .orElse(false);
}

private boolean randomWithinPortion(int portionIn) {
    return random.nextInt(100) < portionIn;
}
```

給你的日常提示：智慧節流閥

如果你經常使用節流閥功能旗標，而且習慣逐步增加節油閥的值，直到 100% 為止，或許會覺得每天更新旗標值是很枯燥的工作。若是如此，你可以試著使用智慧節流閥，這個名稱很花俏，但它其實只是個每天（或任何其他適合你的頻率）都會自動增加值的節流閥旗標。你的確切需求可能有所不同，但這種程式或許可提供幫助：

```
public class SmartThrottleFlag {
    private int initialPortionIn;
    private LocalDate startDate;
    private int dailyIncrement;

    /* 建構式在這裡 */

    public int getPortionIn() {
        final LocalDate now = LocalDate.now();
        if (startDate.isAfter(now)) {
            return 0;
        }

        long daysPast = DAYS.between(startDate, now);
        long totalIncrement = daysPast * dailyIncrement;
        long currentPortionIn = initialPortionIn + totalIncrement;
        return Math.min((int) currentPortionIn, 100);
    }
}
```

語義化版本控制（semver）

在現今的微服務領域中，讓基礎程式共用某項功能最常見的做法就是為該功能建立新服務。但有時建立共用功能的程式庫也很有幫助，尤其是在處理語法糖構造（syntactic sugar constructs）時，你也必須謹慎地處理這些程式庫演變的方式。

第 5 章介紹過，Semantic Versioning（語義化版本系統）或 semver 是一組規則，可讓你從程式庫的版本號碼知道內部的更改程度。就最簡單的形式而言，semver 的版本號碼有三個以句點分隔的數字：MAJOR.MINOR.PATCH。當程式庫、框架或工具的新版本釋出時，這三個數字只有一個會增加，通常是遞增一個單位。你可以從增加的數字知道變動的程度：

MAJOR

新版本引入不回溯相容的變動，使用新版本可能會在編譯期與／或執行期破壞用戶端程式碼。出現 MAJOR 更新時，MINOR 與 PATCH 通常會被設為零。

MINOR

新版本引入一些新的、回溯相容的功能，既有的用戶端在使用新版本時應該不受任何影響。出現 MINOR 更新時，PATCH 通常會被設為零。

PATCH

這個新版本沒有加入新功能，而是修正既有的 bug。

semver 可讓用戶端決定何時做好使用新版本的準備，甚至決定是否自動使用新版本。例如，Maven 可讓你提供依賴項目資訊，指出固定值的版本，或某個範圍的版本。如果你知道特定程式庫的維護者使用 semver，而且你目前使用他們的 v5.0.0 版程式庫，建議你可以這樣編寫 dependency：

```
<dependency>
    <groupId>com.github.quiram</groupId>
    <artifactId>java-utils</artifactId>
    <!-- square bracket includes the value, curved bracket excludes it -->
    <!-- this is equivalent to v5.0.x -->
    <version>[v5.0.0,v5.1.0)</version>
</dependency>
```

如果你夠大膽，可以使用 [v5.0.0,v6.0.0) 將 dependency 註冊成自動更新為最新的 minor 版本。這種做法應該不會損壞用戶端的程式碼（除非有錯），並且永遠可讓你使用最新的功能。不過，自動升級成 major 版本並不是件好事。

你可以在外部程式庫 java-utils（ *https://github.com/quiram/java-utils* ）參考實際的語義化版本系統範例。如果你採用 java-utils 並且研究過 v4.0.0 至 v4.6.0，你可以發現，每一個新版都只在 helper 類別加入方法，這顯然是回溯相容的變動。v4.6.0 的下一版是 v5.0.0，它代表有非回溯相容的變動。當你查看這個新版本的變動時，可以看到方法 `ArgumentChecks. ensure(Callable<Boolean>, String)` 的意義已經改變了；在 v4.6.0，這個方法的第一個參數預期接收失敗情況，但是在 v5.0.0，它預期接收通過情況，兩者正好相反！

v5.0.0 的下一版是 v5.0.1，代表修復 bug。事實上，你可以從變動紀錄看到，v5.0.0 將上述 ensure 方法的意義反過來了，但是它沒有在程式庫中更新每一個呼叫這個方法的位置，因此破壞了一些功能，v5.0.1 是為了修復它們。

v 是什麼意思？

有時不同的組織會推出略有不同但通常可互通的最佳做法，版本控制就是其中一個例子。雖然 semver 提倡純數字的版本號碼，但 GitHub 主張在版本號碼前面加上字母 v。這兩種做法不相容，因為在技術上，GitHub 樣式指的是一個指向特定版本的標籤，而不是版本本身。按照 GitHub 的說法，v1.2.3 是引用程式碼版本 1.2.3 的標籤。事實上，就連 semver 存 放 區 也 在 它 的 版 本 中 使 用 v 首 碼（ *https://github.com/semver/semver/ releases* ）。

有些系統與工具無法區分這兩種樣式，會將它們都視為版本號碼。這通常不是問題，但取決於你使用的組建系統，當你在 MAJOR 使用範圍時，可能會混淆組建工具（例如，它可能會認為 v10.x.y 早於 v2.x.y）。除此之外，還有許多不該使用 MAJOR 範圍的原因。

API 的回溯相容性與版本

semver 一種非常強大且簡單的規範，可減少製作方與使用方之間的摩擦。但是，它不容易用在 API 上面。我們在使用程式庫與框架時，習慣用特定的版本號碼來記錄程式碼的快照，有許多工具也是根據這種習慣來設計的。前面談過，你可以用範圍模式指示依賴項目管理系統（例如 Maven）抓取最新的可用版本，但是當你使用 web 服務的 API 時，不要任意做這件事。

你要知道的第一件事是，雖然程式庫的版本號碼代表的是程式庫內的程式碼**實作**，但服務的版本號碼指的是**介面**。因此你必須使用新的版本編號規則，這種規則不考慮實作的變更，而是行為的變更。

目前，如何指定 API 的版本是一個非常有爭議性的主題，開發社群尚未取得最佳做法的共識。我們有許多選項可用，而且各方都狂熱地捍衛他們的立場。唯一可以確定的事情是：我們需要**某種**解決方案。本節列出一些最常見的選項，並指出它們的優缺點，讓你可以自行做出明智的選擇。

避免指定版本

管理 API 版本的第一種做法是乾脆不指定它：當你的團隊需要對 API 做特定的變動時，就讓它維持回溯相容。在實務上，這代表維持端點 URL 不變，以及在修改被回傳的物件的結構時，只加入新欄位。如此一來，既有的用戶端即可繼續使用 API 並忽略變動，需要新功能的用戶端也可以使用它。

你可以在 Extended Java Shop 的 Feature Flags 服務中找到這種做法的例子。故事是這樣的，Feature Flags 服務最初的設計是有三個參數的節流閥旗標：旗標 ID、旗標名稱，與可獲得功能使用權限的請求百分比。公司突然發現這種功能旗標的管理方式有一個缺點：因為請求都是彼此獨立的，可能會有同一個用戶在一個請求中獲得使用權限，但是在另一個請求中被拒絕了，導致不一致的體驗。這種情況或許可被接受，也可能無法被接受，視功能而定。為了解決這個問題，團隊幫 Feature Flags 服務加入一個新功能：在旗標加入一個 "sticky" 參數，指出應該讓同一位用戶的所有請求都有相同的行為，還是可以不同。

團隊將 sticky 參數做成回溯相容的，以避免建立新版本，亦即，他們在回應中加入新欄位。已經使用功能旗標的服務，例如 shopfront 服務，可以直接忽略這個新欄位，直到它們做好準備且願意使用它為止。

忽略新欄位可能不是預設的行為

用這種方式進行回溯相容的變動，只有在使用該服務的用戶端 app 忽略任何新的或未知的欄位時才有效，但是這不見得是預設的情況。例如，Extended Java Shop 的驗收測試使用 Jackson 來將 JSON 物件反序列化，你必須使用 @JsonIgnoreProperties(ignoreUnknown = true) 來明確地請求；詳情見 /acceptance-tests 資料夾內的 Flag 類別。

當你需要修改既有的欄位時，也可以使用類似的做法：加入有新含義的新欄位，而不是修改它。當然，這種做法不是長久之計，否則最終 API 會充滿各種新舊欄位。如果你遇到這種情況，或如果你要做的變動不能光靠加入新欄位來完成，就要建立新版的 API，見下一節的說明。

指定端點版本

要幫非回溯相容的 API 變動建立新版本，最簡單且有效的方式是在端點本身加上版本號碼。因此，如果現在的資源版本位於 /resource，新版本就是在 /v2/resource。這種做法很常見，AWS 等著名的服務也都使用它，它也很容易實作與溝通。你只要編輯 URL 就可以輕鬆地從一個版本切換到另一個版本了。你可以提供連結來讓人輕鬆地使用新版本。"務實"是這種做法的主要優點。

Extended Java Shop 的 Product Catalogue 服務有一個用端點來設定版本的案例。假設在範例中，公司決定讓產品有兩個不同的價格：單價（當產品被少量購買時），以及批發價（在大量購買時隱含的折扣）。Product Catalogue 也幫每一個產品指定需要同時購買多少數量才可以享受批發價。開發者認為在回應加入新欄位來實作這種新功能太凌亂了，所以決定建立新版的 API。Product Catalogue 的第 1 版回傳這個 Product 物件：

```
GET /stocks/1

200 OK
{
  "id": "1",
  "name": "Widget",
  "description": "Premium ACME Widgets",
  "price": 1.20
}
```

第 2 版回傳一個修改過的物件，它裡面有額外的資訊：

```
GET /v2/stocks/1

200 OK
{
  "id": "1",
  "name": "Widget",
  "description": "Premium ACME Widgets",
  "price": {
    "single": {
      "value": 1.20
    },
    "bulkPrice": {
```

```
      "unit": {
        "value": 1.00
      },
      "min": 5
    }
  }
}
```

你可以查看 Product Catalogue 服務裡面的兩個 ProductResource 版本來了解這是如何實作的。

這是一種非回溯相容的變動，它是用版本端點模式來實作的。採取這種做法時，對 /products 發出請求會得到第 1 版，對 /v2/products 會得到第 2 版。使用第 1 版 API 的用戶端可以像以前一樣繼續運作，但想要使用新功能的用戶端可以進行適當的調整來使用第 2 版。要注意的是，在我們的範例 app 中，Shopfront 服務仍然使用第 1 版的 API。

設定內容版本

有些人批評用端點來指定版本的做法破壞 RESTful 原則：在純 RESTful API 中，端點代表的是資源，而不是資源的版本，所以 URL 不該有版本號碼。你可以用 Content-Type 標頭來設定內容版本，取代端點版本。

假設你的服務提供 JSON 格式的回應。在這種情況下，Content-Type 標頭的值通常是 application/json。但是，你可以使用 application/vnd.<resource-name>.<version>+json 模式來提供附帶版本的內容類型，其中的 <resource-name> 是這個類型引用的資源的名稱，而 <version> 是資源格式的版本。接下來用戶端可以用 Accept 標頭來指定想要收到的版本。如此一來，你可以讓同一個端點提供同一種資源的不同版本。

你可以在 Extended Java Shop 的 Stock Manager 服務找到這個例子。假如公司發現有些拍賣商品的重量特別沉重，所以他們想要限制顧客單次購買的數量，以方便包裝與配送。（姑且不論是不是真的有企業願意限制產品的銷售數量。）為此，開發團隊認為 stocks 應該包含可提供的單位總數，以及可單次購買的單位數量。同樣的，開發團隊認為製作新的 API 版本，再試著以回溯相容的方式將變動加入既有的版本比較好，所以決定用內容版本來實作這項變動。如此一來，舊 API 仍然可以用這種方式運作：

```
Accept: application/json
GET /stocks/1

200 OK
```

```
Content-Type: application/json
{
  "productId": "1",
  "sku": "12345678",
  "amountAvailable": 5
}
```

改變標頭即可使用新 API：

```
Accept: application/vnd.stock.v2+json
GET /stocks/1

200 OK
Content-Type: application/vnd.stock.v2+json
{
    "productId": "1",
    "sku": "12345678",
    "amountAvailable": {
        "total": 5,
        "perPurchase": 2
    }
}
```

你可以在 Stock Manager 服務的 StockResource 類別中找到這項實作的細節。要注意的是，在範例中，Shopfront 服務仍然使用第一版的 API。

不要混合不同的 API 版本策略

這裡談到的每一種 API 版本策略都派得上用場，但我們建議你選擇其中一種，並持續使用它。在同一個 app 或系統裡面使用兩種版本策略會讓你難以管理，也會讓使用者困惑。正如同 Troy Hunt 所言（*https://www.troyhunt.com/your-api-versioning-is-wrong-which-is/*），API 的意義，只有提供可預測、穩定的合約。

進階變動管理

有一種極端的觀點認為，指定 RESTful API 的版本這件事本身就是一種反模式，因為這種做法沒有嚴格地遵守超媒體通訊規則。資源的 URI 應該不能改變，而且它提供的內容應該使用一種可以根據明確的規則來解析的語言，如此一來，使用方就可以直接重新解讀內容的變動，不需要在供應者與使用方之間進行協調。

雖然嚴格來說確實如此，但多數人都發現這種做法太難且沒價值，因而回去使用上述的其中一種方法。因此，我們決定不在這本書中討論它，不過想要進一步研究的讀者可以閱讀 Roy Fielding 的著作（*https://roy.gbiv.com*）。

在真正有需要時，才指定 *API* 版本

看完這一節之後，你可能會在每一個新端點（甚至既有的端點）前面加上 */v1*（或者，如果你選擇用內容類型來設定版本的話，改變所有端點的內容類型）。事實上，即使你想要先做好處理 API 變動的準備，也不需要從一開始就處理它們：如果你還要建立新服務以及做出許多決策，或許可以延後處理版本，只要假設第 1 版代表 "沒有版本"，等到（如果）你需要處理變動時，再選擇版本系統。

多階段升級

前面的範例有服務在用戶端還沒有準備好使用新功能**之前**就提供了新功能，這意味著你必須設法維持回溯相容性，無論是以回溯相容的方式進行變動，還是藉著建立新版的 API。你可能認為，如果你可以同時控制 API 的供應方與使用方的話，就可以繞過這種麻煩，直接同時改變兩者，但是這種想法是錯的。

即使你可以同時改變兩者，也不保證變動可以在生產環境中同時生效。一方面，你的部署策略可能會讓供應方的新舊版本的某段時間內，在生產環境中同時存在，如果你的用戶端只能配合新版本，它就會在部署期間遇到嚴重的中斷。另一方面，你會在第 11 章看到，你的變動需要經歷多個測試階段，或許那些測試對供應方而言是通過的，但是對使用方而言不是如此（或反過來），也就是說，生產環境的供應方與使用方有版本不符的情況。

這個故事想要傳達的意思是，無論你能夠控制互動的雙方還是只有一方，你都要採取多步驟的行動來確保雙方保持同步。這有時稱為 Expand and Contract（*https://www.martinfowler.com/bliki/ParallelChange.html*），通常可以歸納成以下的步驟：

1. 建立新版的 API 或程式庫，並將變動推送出去。

2. 讓這個變動通過管道。如果你變動 API，確保部署全部完成，而且正在運行的實例都可以使用那個新 API。

3. 修改使用方，讓它們使用新 API 或程式庫。

4. 如果你更新的是 API，而且所有使用方都改成使用新版本了，你可以考慮棄用舊版。

棄用舊 API

如果你想要保留 API 的所有歷史版本，維護它們的工作很快就會變成一場惡夢，因此，即使你讓使用方按照它們自己的節奏採用新 API，你也希望它們盡快使用新版本。

你可以藉著查看各個介面版本的使用數據，來追蹤有多少人使用（如果有的話）各個版本的 API（要進一步了解數據，見第 13 章）。當你確定已經沒有人使用舊版時（無論是因為你知道或控制所有的潛在使用方，還是因為你可以從數據知道已經沒人使用了），你就可以自信地刪除舊版本了。

有時你覺得無法立即移除舊端點，原因是你知道還有人在使用它，但你無法追蹤那些用戶，或 API 是公用的，讓你無法自信地斷言已經沒有人使用舊 API 了。若是如此，你或許可以保留舊介面，但將實作移除，在收到針對舊 API 的請求時，用 HTTP 轉址指令來回應它們，來敦促慢一拍的用戶盡快行動：

```
GET /v1/resource

301 MOVED PERMANENTLY
Location: /v2/resource
Content-Type: text/plain
This version of the API is no longer supported, please use /v2/resource
```

這種做法仍然會損壞使用方，因為請求會被轉往新版本，但使用方還沒有做好使用它的準備，但至少你可以讓他們知道該做些什麼事情來修復這種情況。

管理組態與機密

上一節介紹如何在持續交付的過程中妥善地管理 app 的部署與功能的釋出。但是，在 app 朝著新版本演變的過程中，我們還有一項責任：組態。

在以前，組態是與程式碼分開管理的東西，當 app 被部署到伺服器時，我們都假設它們能夠在特定位置找到一個檔案，裡面有 app 需要的各種組態選項。我們會用單獨的程序與不同的工具來改變組態，這種工具通常稱為 Software Configuration Management（或 SCM）。程式碼與組態通常是不同人處理的。

但是本章展示的動態環境根本不可能這樣管理組態，因為新的電腦實例隨時都會被建立並加入環境，而且你必須在實例化時將組態檔複製到那裡。你對組態做的改變會擴散到大量的電腦上，而且因為同一台電腦上面可能會有多個服務，所以你可能會遇到組態衝突。你需要不同的做法。

本節將介紹微服務與持續交付領域最常見的組態管理方式，並且指出各種方式的優缺點。

"Baked-In" 組態

設置 app 最簡單的方式是將組態檔與 app 本身包在一塊，此外，你也可以把組態檔與程式碼放在同一個存放區，以方便追蹤組態的變動。採取這種做法代表你不需要做任何特殊的事情，就可以確保 app 在部署至生產環境時已被設置了，所以它是一種方便且吸引人的選項。Extended Java Shop 的所有服務都使用 baked-in 組態，基於 Spring Boot 的服務使用 *applications.properties* 檔，基於 Dropwizard 的服務（Product Catalogue 服務）使用 *product-catalogue.yml*。

乍看之下，使用這種 baked-in 設置方法時，你只能讓組態使用一組值，也就是說，你不可能讓不同的環境使用不同的組態（例如測試與生產）。但是 baked-in 組態可以放入多個選項或 profile，讓 app 根據環境的參數或變數來決定究竟要選擇哪一個。Feature Flags 服務有一個這種範例，它使用 Spring Boot 的 profile 概念來維護兩組組態值，這可以用三個 baked-in 組態檔來實現：

application.properties

    指定預設的 profile

application-test.properties

    根據 test profile 指定組態值

application-prod.properties

    根據 prod profile 指定組態值

第一個檔案將屬性 `spring.profiles.active` 設為 `prod`，指示 Spring Boot 應使用 `application-prod.properties` 的內容來設置 app。但是這個屬性可以被名稱相同的環境變數覆寫。Acceptance Tests 就是做這件事（*/acceptance-tests* 資料夾）。你可以在 Acceptance Tests 模組的 *docker-compose.yml* 檔案裡面看到這些內容：

```
featureflags:
  image: quiram/featureflags
  ports:
  - "8040:8040"
  depends_on:
  - test-featureflags-db
  links:
```

```
    - test-featureflags-db
  environment:
    - spring.profiles.active=test
```

最後一個元素 environment 將環境變數 spring.profiles.active 設為 test，這會覆寫 *application.properties* 檔案內的設定，並且會要求 Spring Boot 在啟動與設置 Feature Flags 服務時使用 *application-test.properties* 檔。藉此，你可以在使用 baked-in 組態模式的同時，為不同的環境維護不同的組態組合。

外部化組態

使用 baked-in 組態有一個後果，因為你將它視為另一個程式碼檔案（或一組檔案）來追蹤，所以你對組態做的任何更改都會被組建管道當成程式碼的更改。這種情況有時是有幫助的，因為組態的變動或許需要測試，但是在其他情況下，它只會觸發沒必要的工作：例如，當你更改測試環境的旗標時，它不但會觸發整組設定，也會為了完全不影響生產環境的東西，而對生產環境進行新的部署。

baked-in 組態還有一項缺點：因為它被當成程式碼存放區的另一個檔案來管理，所以只有開發者可以更改它。有些組態選項可能適合這種做法（例如資料庫連結的連接池參數），但有時你想要把這個權力授與組織的其他成員。例如，在管理功能旗標時，你可能想要讓商務人員決定何時與如何調整它們。另一個例子是，如果基礎設施團隊提供某些資源讓 app 使用，例如 log 池（見第 13 章），或許你想要讓基礎設施團隊管理某些細節，好讓他們可以靈活地管理與更改基礎設施的細節，而你的 app 只要從他們那裡讀取組態就可以了。無論如何，這些都是你不希望讓組態待在你自己的 app 裡面，而是放在外面的情況。

你要根據為什麼要將組態放在外面來選擇外部化的解決方案，甚至可以根據不同的情況使用不同的解決方案。在 Extended Java Shop 中，我們是為了功能旗標才將組態放在外面。我們原本也可以像其他參數一樣，將功能旗標放在 Shopfront 服務的 *application. properties* 檔案內，但我們採取比較麻煩的做法，建立一個獨立的服務，以便在不改變程式碼的情況下編譯組態。如果商務成員對技術足夠了解，它們可以對 Feature Flags 服務發出 HTTP 請求來視需求編輯旗標，如果他們不夠了解，你隨時可以建立一個小型的 GUI 來包裝針對服務的呼叫。

其他的外部組態形式包括在運行服務的電腦實例中設定環境變數，或在特殊的地點為 app 建立檔案來讓它們選取。

切記：你將無法控制被外部化的東西

使用 baked-in 組態時，你可以充分相信任何組態項目都完全符合你的預期，若非如此，你可以直接將它視為 bug 並修復它。但是當你將組態項目外部化時，就得依靠別人或別的團隊做出的決定，功能旗標可能會在不知不覺之間被刪除，其他的組態項目可能會變成無效或意外的值。請確保你的 app 可以應付這些情況。

處理機密

有些組態項目特別敏感。當然，我們談的是各種類型的機密：資料庫密碼、私用密鑰、OAuth 權杖等等。我們顯然不能將它們放入 baked-in 組態，但是就算放在外部組態，我們也要進行特殊的處理，以確保那些值的安全。

私下保存機密，同時在必要時讓它們可被使用是件出乎意外困難的工作。我們的建議是，不要試著建立自己的解決方案，至少不要從一開始就這樣做。所有的協調平台都提供不同程度的機密管理機制，你可以視需求使用它們。

例如，你或許不介意團隊或組織的所有成員都知道某些機密的值，單純只是不想要用純文字格式到處記錄它們（尤其是在程式碼存放區內），此時，你可以使用 Kubernetes Secrets 之類的工具（*https://kubernetes.io/docs/concepts/configuration/secret*）。Kubernetes 可讓你建立密鑰，並幫它們指定名稱以便辨識它們，Kubernetes 也可以安全地保存這些密鑰。你可以設置 app 來使用這些密鑰，Kubernetes 可以藉由檔案或環境變數來讓它們使用密鑰。當 app 試著讀取這些檔案或環境變數時，密鑰會被解碼，讓 app 可以正常使用它們。

AWS 提供類似的方式，透過 Systems Manager（*https://aws.amazon.com/systems-manager/features/*）的 Parameter Store 來處理機密。Parameter Store 被整合至 Amazon ECS，所以你的 app 可以輕鬆地使用它。其他的平台也有類似的功能，你可以研究相關的設置來進一步了解。

小結

本章介紹與持續交付管道的最後一個部分——與自動交付有關的各個層面。最後一里路通常是最艱辛的，當你想要設定一個環境，以穩定的速率交付你做的修改時，也會遇到額外的挑戰：

- 部署與釋出是不同的概念。前者是**技術**活動，目的是將新版的 app 送至生產環境，後者是**商業**活動，目的是讓用戶使用功能。

- 你有各種不同的部署策略可用，每一種都有不同的優點、資源需求與複雜性。沒有策略是絕對正確或錯誤的，它們只是比較適合或不適合你的需求。

- 你可能要選擇何時與如何讓用戶使用新功能，無論用戶是最終用戶還是其他團隊。功能旗標可讓你逐步開放功能給大眾，而程式庫的版本系統（例如 semver）與 API 的版本系統（例如 "用端點來指定版本" 或 "用內容來指定版本"）可讓用戶按照他們自己的節奏使用新功能。

- 隨著變動元件的增多，組態也必須成為第一級公民。baked-in 組態很容易處理與追蹤，但只能讓開發者使用。外部化組態可讓其他人管理組態細節，但它會變得較不可靠。你要使用協調平台或精密的解決方案提供的支援來管埋密碼或密鑰等機密。

看完以上兩章之後，你可以建構端對端的自動化管道，填補開發與生產之間的空隙了。下一章要介紹你還要在管道內加入哪些東西，才能確保你做的變動不會引入任何回歸或意外的後果。

## 第十一章

功能測試：正確性與驗收

要確認交付的軟體是否提供商業價值、容易維護，以及在指定的限制之內運行，測試非常重要。本章將教導功能測試，把重心放在確定系統提供了指定的功能，包括從商業的角度以及技術的角度來看。

為何要測試軟體？

為什麼要測試軟體？你心中浮現的第一個答案就是確保你交付了所需的功能，但完整的答案複雜多了。當然，你必須確保軟體能夠實現預期的功能（提供商業價值），但你也要測試有沒有 bug，以確保系統是可靠且可擴展的，而且在某些情況下是符合成本效益的。

傳統上，驗證軟體系統品質的工作分成測試功能需求與測試非功能需求（也稱為**跨功能**或**系統品質屬性**）。在探討在 CD 管道內測試功能需求的程序之前，你要先了解各種測試類型與觀點。

該測試什麼？敏捷測試象限簡介

你必須了解你可以對系統執行哪些類型的測試，以及這些測試可以自動化到什麼程度。Lisa Crispin 與 Janet Gregory 著 的 *Agile Testing: A Practical Guide for Testers and Agile Teams*（Addison-Wesley）介紹了各種測試類型與目標，可提供很大的幫助。

這本書值得完整閱讀，但是在這一章，對我們而言最重要的概念就是敏捷測試象限（Agile Testing Quadrants），它來自 Brian Marick 的原著。如圖 11-1 所示，敏捷測試象限是一個 2 × 2 方塊圖，它的 x 軸代表測試的目的（從支援團隊到評論產品），y 軸代表測試的目標（從針對技術到針對商務）。在圖中，象限被標記為 Q1 到 Q4，編號不代表順序，它只是用來參考。

象限 1 的位置是強烈支援團隊且技術性，所以在這個象限裡面的測試是單元與元件測試，這種測試可以當成鷹架，讓開發團隊繞著它建立軟體。它們也可以塑造設計與架構。例如，在使用 TDD 時，你可以確保功能有兩個使用方：在 app 裡面的使用方元件，以及測試程式。

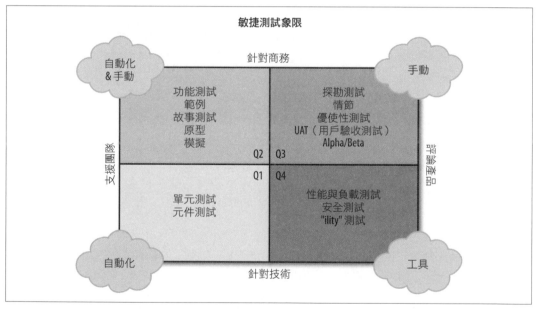

圖 11-1　來自 Lisa Crispin 與 Janet Gregory 所著的 Agile Testing（Addison-Wesley）的敏捷測試象限

象限 1 的測試是高度可自動化的。你不但要在組建管道裡面執行這些測試，也要把它們當成本地組建的一部分，而且最好可以透過自動化程序來觀察程式碼的變動並執行適當的測試。Infinitest（*https://infinitest.github.io/*）是一種持續測試工具，可當成 Eclipse 與 IntelliJ 的外掛來使用。

象限 2 也強烈支援團隊，但傾向針對商務或顧客。這個種類的測試包含功能測試、範例與故事測試。在這個象限裡面的測試通常被稱為驗收測試，這也是 Specification by Example 或 BDD 的焦點。

在右上角的象限 3 也是針對商務，但目的變成評論產品。在這個象限內，你要試著探索最終用戶在使用產品時的感受。它有吸引力嗎？它直觀嗎？每一種用戶或裝置都可以使用它嗎？這種測試不容易自動化，因為在測試之前，你不一定知道正確答案是什麼，但是這不代表這種測試不重要，因為無法處理這些問題可能導致產品故障。

最後，象限 4 是從技術觀點評論產品。這些測試通常難以編寫，而且往往需要特殊的工具。此外，雖然它們的執行可以自動化，但它們的評價比較主觀。例如，假如你要編寫一個性能測試來確保特定的交易可以在 3 秒內執行，如果在一次修改之後，你看到交易時間從 1 秒跳到 2 秒，你該對此感到擔心嗎？2 秒仍然在 3 秒的限制之內，但交易時間突然翻倍了。

象限 1 與 2 涵蓋功能需求，本章會詳細討論它們。象限 4 涵蓋非功能需求（也稱為**運維需求**），第 12 章會討論它們。象限 3 超越持續交付管道的工作了，所以以本書不予討論。但是，你可以閱讀 Elisabeth Hendrickson 的 *Explore It!*（Pragmatic Bookshelf）等資源來進一步了解這個概念。

持續測試

為了能夠建立新功能並且以穩定的步調傳遞價值，你必須對管道與做法有很高的信心。每一個團隊都會犯錯，但是在軟體交付領域中，有一個公認的座右銘：問題發現得越早，修復的成本就越低。再多的測試（不屬於數學形式的驗證）也不能保證沒有問題，但你的測試方法必須能夠盡早找出開發方法的問題。

為了實現這一點，你必須建立徹底且持續測試軟體的文化，從寫下第一行程式的那一刻起，到相關的功能被部署為止。在部落格 "End-to-End Testing Considered Harmful"（*http://bit.ly/2IjDf5U*）中，Steve Smith 深入探索這些概念，並討論**持續測試**的做法。它背後的概念是，軟體必須隨時被測試，這或許是一項挑戰，而且測試工具的選擇，以及團隊的現有技術都會影響實現的方式。

Smith 的整篇文章都值得一讀。你必須記得一個核心概念：雖然單元測試與驗收測試的覆蓋率可能比較低（例如，與端對端測試相較之下），但單元測試可以驗證作品的意圖，而驗收測試可以按需求來檢查作品。這代表程式碼的行為，與它和系統其他部分的互動都是可以驗證的，而且可以在短暫的時間內透過最低限度的協調來完成。例如，只試著使用端對端測試來驗證部分 app 的一系列邊緣案例可能沒有什麼效果，因為你必須對相關的資料儲存體進行許多協調，而且每一回合的測試都要花長的時間啟動系統、執行測試，再卸除所有東西。

建構正確的回饋迴圈

測試可以讓你建立一個回饋迴圈，通知開發者產品是否正常運作。理想的回饋迴圈有這些屬性：

快速

> 沒有開發者可以忍受需要等待好幾個小時或好幾天之後，才能知道修改是否成功。有時不成功的修改（沒有人是完美的）需要讓你運行回饋迴圈多次，快速的回饋迴圈可實現更快速的修改，如果迴圈夠快，開發者甚至可以先執行測試再 check in 修改。

可靠

> 沒有開發者願意花好幾個小時對測試程式進行除錯，然後才發現它只是個不穩定的測試（flaky test）[1]。不穩定的測試會降低開發者對測試的信任程度，不穩定的測試通常會被忽略，即使它們真的找到問題了。不穩定的測試也會加入沒必要的延遲：當開發者懷疑測試失敗可能是假的時，他們的第一反應是再執行它一次，而不是進行調查。

隔離故障

> 為了修復 bug，開發者必須找出造成 bug 的那幾行程式。當產品有上百萬行程式時，bug 可能在任何地方出現，debug 就像大海撈針一般。

---

1   flaky test 是在同樣的情況下可能會通過，也可能會失敗的測試。

一路相疊的海龜

"一路相疊的海龜（turtles all the way down）"是一句古語，指的是傳說中，有一隻巨大的世界龜將地球背在背上，這隻世界龜被另一隻更大的巨龜背著，而那隻更大的巨龜也被另一隻更巨大的巨龜背著。這意味著有無窮無盡且越來越大的巨龜一路延伸，每一隻都背著上一隻，因此，地球是"一路相疊的海龜"背起來的。

當你思考測試如何支持微服務時，這個比喻很有幫助。在最小的層面上，你有單元測試，它可以斷言個別的程式部分都按預期工作，只有這個層面的測試顯然是不夠的，因為你必須確定這些部分可以互助合作，這意味著單元測試必須由更大層面的測試來支持：元件測試。元件測試可以檢查服務的所有元件都可以互助合作，形成一個有凝聚力的整體，但這還不夠，你也要確定服務可以和其他組件合作，例如資料庫，因此需要驗收測試。接著，為了支持這個層面的測試，你必須確定你的元件可以和非你所屬的元件合作，所以需要端對端測試。你可以看到，你的測試策略就像"一路相疊的海龜"。

不過這個比喻並不完美。有些測試很實用，但不適合這種**範圍漸增**的概念，我們指的是**合約測試**，這種測試是用來驗證與外部元件的**互動**是否確實按照預期工作（不包括全部服務），以及整合測試，它測試的是對著資料庫等元件的所有通訊模式（同樣不包括全部服務）。

Toby Clemson 在演說 "Testing Strategies in a Microservice Architecture" 時，用一張圖表說明這個概念，圖 11-2 是其中一部分。

但是任何測試都無法保證 app 可在生產環境中正確運作，原因是：那些測試不是在生產環境執行的。我們當然不是暗示你應該在生產環境中執行測試，我們要強調的是，即使 app 在部署前通過所有測試，也有很多原因導致 app 在生產環境中失敗：生產組態可能是錯的、網路的設定可能會阻止服務互相通訊、資料庫密鑰可能沒有正確的權限等等。

畢竟，確定 app 在生產環境中正常運作的唯一方法就是在生產環境中執行它。所以有一種最高層面的測試：**綜合交易**（*synthetic transactions*），或扮演一位真正的用戶，在生產環境中執行 app。

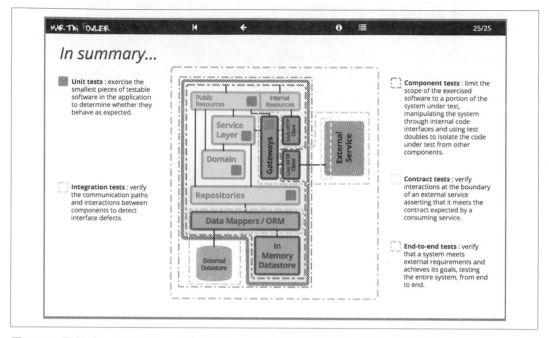

圖 11-2 微服務、相鄰元件、外部服務,以及各種服務涵蓋的邊界。這張圖來自 Toby Clemson 的 線 上 投 影 片 Testing Strategies in a Microservice Architecture(*https://martinfowler.com/articles/microservice-testing/*)。

在本章其餘的部分,我們將探討以上所有的測試,了解何時該使用它們,並舉一些有效建構它們的例子。我們從最外面的測試起,它是最接近"真物"的測試(綜合交易),並逐步往內介紹,直到最裡面的單元測試。

綜合交易

綜合交易會對生產系統執行實際的交易,但它是由假的用戶執行的。這種動作被視為測試的最高形式,因為它是在實際的生產環境執行的,使用所有的實際元件,而不僅僅是代表產生環境的測試環境。

綜合交易也可以搭配典型的監視技術,讓你更了解生產環境健康情況,因為你可以準確地監視用戶將會有什麼體驗。透過這種測試,你可以偵測何時重要的商業數據超出可接受的範圍,並協助快速發現生產問題。有些團隊會每天執行好幾個重要的綜合交易,以確保一切都正常運作。

移除綜合交易的指紋

儘管我們在討論這些交易時，採取的方式讓它們看起來不真實，但它們實際上非常真實。切記，這仍然是你的生產環境，你執行的任何交易都會變成報告的內容，被公司公布出來，或送給公司。可以的話，在執行綜合交易之後移除被它影響的東西，你肯定不希望用綜合交易處理大量的用戶之後，看到 CEO 慶祝新用戶正在穩定成長。

端對端測試

在綜合交易下面的一層是端對端測試。**端對端測試**與綜合測試不同的地方只有目標環境：如同綜合交易，端對端測試會演練整個系統，包括不屬於你的元件，但是，與綜合交易不同的是，端對端測試是在專屬的測試環境中執行的，而不是真正的、用戶看到的生產環境。因為端對端測試不會影響真正的用戶，你可以更積極地執行它們，在任何時刻執行更多操作，以及操縱環境，來滿足你的測試需求。

由於微服務架構有更多行為相同的變動元件（與單體架構相較之下），端對端測試的價值在於，它涵蓋更多服務之間的空隙。這可以讓你更相信在服務間傳遞的訊息是正確的，也確保每一個其他的網路基礎設施（例如防火牆、代理伺服器，或負載平衡器）都被正確設置（尤其是當它們都被自動化部署與設定的時候）。端對端測試也可以讓微服務架構隨著時間演變：你可能會在更了解問題領域之後拆開或合併服務，端對端測試可讓你相信系統提供的商業功能在這種大規模的架構重構期間保持不變。

但是端對端測試可能很難編寫與維護，因為端對端測試比本章談到的其他策略牽涉更多變動元件，所以它們的故障原因更多。端對端測試或許也必須考慮系統的非同步性，無論是在 GUI 中，還是服務間的非同步後端程序。但是，最重要的是，因為端對端測試涵蓋不屬於團隊的元件，團隊無法完全控制環境，這會限制他們適應與應對環境的能力，這些因素可能導致測試的失敗、過長的測試運行時間，以及額外的維護成本。掌握端對端測試的要領需要累積時間與實際操作經驗。

考慮以上所有警告，而且低階的測試可以產生高度的信心，端對端測試的目的只是為了確保一切都有聯繫起來，以及微服務之間沒有高層分歧。因此，在這個層級全面測試商業需求是浪費資源的行為，尤其是考慮到端對端測試的時間與維護成本。

考慮所有缺點之後，你很容易會懷疑，端對端測試是不是真的有必要，正確的答案是視情況而定。要注意的重點是，雖然過度依賴端對端測試非常危險，但這不代表你無法從中受益。你要記得，端對端與驗收測試的差異在於前者包含外部服務與元件，後者沒有，它們的工具、關係人與策略都是相同的，如果你的系統不會與外部實體互動，或你信任那些互動，或你認為測試那些互動不值得自動化，只進行驗收測試應該沒有問題。

如果你決定編寫端對端測試，為了讓端對端測試維持小規模，有一種好方法是規劃時間預算，也就是團隊樂於等待測試執行的時間量。如果測試程式不斷成長，以致執行時間開始超過時間預算時，就把最沒有價值的測試刪除（或改寫成低階測試），讓測試維持在規定的時間內。時間預算應該是分鐘級的，而不是以小時計。

此外，為了確保端對端測試組的所有測試都是有價值的，你應該圍繞著系統的用戶，以及這些用戶操作系統的過程建立測試模型（例如“第一次購買產品的顧客”或“需要審查上一季稅務餘額的會計”），這可以讓你對系統中最重視用戶價值的部分更有信心，並且讓其他類型的測試涵蓋其他的部分。Gauge 與 Concordion 等工具可以透過商業可讀（business-readable）的 DSL 協助你加快這趟旅程。

你應該已經發現，我們只談到端對端測試的理念與推薦做法，但沒有探討任何執行這項測試的工具或實際做法，原因是端對端測試的工具與做法和驗收測試一樣，因為你會花更多時間編寫驗收測試而不是端對端測試，所以下一節再來討論工具與做法的細節。

端對端測試可能被認為是有害的！

Steve Smith 在 "End-to-End Testing Considered Harmful"（*http://bit.ly/2IjDf5U*）談到，端對端測試的許多好處讓它看起來很吸引人：端對端測試可將受測的系統最大化，代表有很高的測試覆蓋率；而且端對端測試使用系統本身來測試，代表測試架構的投資成本很低。但是，這種端對端測試的價值主張有致命缺陷，因為這兩個假設都是錯的：

- “測試整個系統可同時測試它的組成部分”這個看法是一種分解謬誤。“根據需求來檢查作品”與“用作品來檢查意圖”是不一樣的。端對端測試檢查的是程式碼路徑（pathway）之間的互動，而不是這些路徑內的行為。
- “測試整個系統的成本比測試它的成分還要低”這個看法是一種廉價投資謬誤。測試的執行時間與不確定性與受測的系統範圍成正比，也就是說，端對端測試很慢，也容易出現不確定性。

端對端測試是一種不全面、高成本的測試策略。端對端測試不檢查行為，執行時間冗長，而且會間歇性地失敗，所以包含許多端對端測試的測試組合會產生不良的測試覆蓋率，緩慢的執行時間，以及不確定的結果。

驗收測試

如前所述，**驗收測試**與端對端測試只有範圍不同：驗收測試會排除未擁有的相關服務。例如，如果你負責的部分是使用外部的 Payments 服務的 Company Accounts 系統，你想要幫它編寫驗收測試，被測試的系統將包含最新的 Company Accounts 程式碼與 Payments Stub。

驗收測試可以寫得與任何其他測試一樣：使用一組自動化的動作、一些預先設定，以及一些斷言。但是它們的地位讓你有機會將它們視為稍微不同的東西。驗收測試是最高形式的自動測試，它裡面的所有東西都可被你控制：你可以建立與刪除資料、啟動與停用服務、查看內部狀態等等。這意味著你可以改寫商業需求來設計驗收測試，甚至讓非技術人員輕鬆地查看測試與測試結果。

這種概念被封裝在**行為驅動開發**這個術語裡面，而且這個術語已經變成驗收測試的同義詞了。本節其餘的部分假設你選擇用 BDD 來實作驗收測試，並且介紹實現它的做法與主要工具。

行為驅動開發

行為驅動開發（BDD）是一種系統開發技術，它是 TDD 的泛化（generalization）技術。這種技術的概念是，你要幫用戶列出他們操作系統時的每一種使用案例或情節之下的可察覺行為，並且用一組步驟來表示那個行為，接著將那些步驟轉換成可執行的動作。接下來，你就可以對系統執行這些可執行的動作，如果它們都成功了，你就可以認為那個情節已被成功實作。BDD 是一門廣泛的主題，需要用一本書來講解，坊間確實也有一些很棒的資源（例如 John Ferguson Smart 的 *BDD in Action* [Manning]），所以我們只大略介紹。

究竟要在功能做出來之前還是之後編寫 BDD 測試仍然是有爭議的主題（第 321 頁的"由外往內測試 vs. 由內往外測試"），但這不是 BDD 的重點。相較其他類型的測試，BDD 的主要優點在於，BDD 是以商務人員可以了解的高階語言描述的，而且測試的執行與報告會被格式化，讓非技術人員可以理解。有些團隊會讓商務人員編寫步驟，再由開發者實作它們，並讓它們通過測試。

實現 BDD 的工具有很多種。我們可以說，很少領域像驗收測試領域這樣擁有可以解決各種問題的工具，並且可以藉著組合這些工具來產生強大的效果。當你用 BDD 方式來製作驗收測試時，有三個主要的問題需要處理：

- 情節與步驟的定義、執行與報告，使用 SerenityBDD 之類的工具。

- 模仿用戶互動與體驗的系統互動，使用 Selenium WebDriver 等工具。

- 在與用戶的裝置完全不同的環境中進行這種互動，使用 HtmlUnit 等工具。

我們來一一討論它們。

定義步驟

可定義 BDD 互動步驟的工具很多，它們都很相似，其中可用於 Java 並且最受歡迎的是 Cucumber、JBehave 與 SerenityBDD。

它們的使用模式都很簡單。你要先指定特定的功能或故事。（具體的用詞可能會依工具而不同。）接著為各個功能或故事指定各種情節或使用案例，描述功能應該如何動作。每一個情節都是用多個步驟來描述的，每一個步驟都用以下的其中一個關鍵字來標記：

Given

　　"Given" 開頭的步驟代表系統在初始化該動作時的狀態，例如，"Given that the user has an account..."。

When

　　"When" 開頭的步驟代表用戶對著系統執行的動作，它是後續發生的結論的序幕（prelude）。 例 如，"When the user enters her username and password and hits Enter..."。

Then

　　"Then" 開頭的步驟代表前面的步驟的結果，它們基本上是 BDD 版的斷言（assertions）。例如 "Then the user is logged in"。

要注意的是，這些關鍵字只是方便閱讀者的語法糖：從執行的角度來看，它們沒有任何意義。你可以用 "Given" 或 "Then" 來編寫所有步驟，測試跑起來的結果是一樣的。有些工具甚至放棄了 Given/When/Then 的概念，直接用 "Step" 呼叫所有東西。

其中一種工具是 SerenityBDD，它也是 Extended Java Shop 用來展示驗收測試的工具。SerenityBDD 和 JUnit 及其他測試框架無縫整合，這意味著你只要關心步驟的定義就可以了。雖然你可以在文件網頁找到完整的細節（*http://www.thucydides.info/docs/serenity/*），但 SerenityBDD 的基本運作如下。

首先，你要建立一或多個類別來保存步驟。每一個步驟有不同的方法，並且會用註解 @Step 來標記：

```
@Step
public void user_obtains_the_list_of_products() {
    productNames = page.getProductNames();
}

@Step
public void shopfront_service_is_ready() {
    page.load();
}

// ... //
```

接著，你可以在一般的測試中使用這些步驟：

```
@Test
public void numberOfProductsAsExpected() {
    // GIVEN
    shopfrontSteps.shopfront_service_is_ready();

    // WHEN
    shopfrontSteps.user_obtains_the_list_of_products();

    // ... //
}
```

你可能會認為用 @Step 來註解方法是多餘的，因為這些方法無論如何都可以在測試時呼叫，但你可能沒有考慮到這種工具最重要的功能之一：報告。藉著將方法標記成 step，SerenityBDD 可以建立適當的、高階的報告，顯示哪些步驟有效，哪些無效，見圖 11-3。

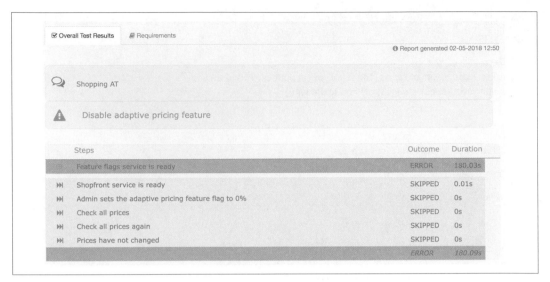

圖 11-3　SerenityBDD 的錯誤報告，展示失敗的步驟及未執行的步驟

模擬用戶動作

因為你是在最高層級測試的，所以你希望動作盡量接近真正的用戶的動作。儘管你的系統可能有所有的微服務，但你的用戶可能是透過網站跟你互動的，因此，你要模擬用戶與網站的互動方式，這可以用 Selenium WebDriver（或只有 Selenium）之類的工具來實現。

Selenium 可以開啟瀏覽器，並且讓你用自動化的方式與它互動。透過 Selenium，你可以要求瀏覽器造訪網頁、填寫文字方塊、按下按鈕等等。Selenium 可讓你用程式查看網頁，查詢特定物件是否存在，或它是否有特定文字。此外，因為動作是透過真正的瀏覽器驅動的，你也可以執行任何 JavaScript 程式碼，使它更接近用戶體驗。Selenium 可讓你把注意力放在用戶做了什麼、感受什麼以及看到什麼上面。

要注意的是，雖然 Selenium 可以協助編寫測試，但它本身不是一種測試工具，它只是個以程式來與瀏覽器互動的工具而已。

讓組建實例像用戶裝置一樣工作

當你第一次使用 Selenium 時，可能會遇到一個主要的障礙：你可以在開發機器上順利使用 Selenium，因為你的瀏覽器是在本地安裝的，Selenium 可以打開它，但是在自動化組建管道中進行測試的機器無法使用瀏覽器，造成失敗，你或許以為只要在組建節點安裝瀏覽器就可以了，但這樣也很有可能會失敗：雖然瀏覽器是可用的，但很有可能因為節點在設計上是用來執行測試的，所以沒有圖形環境，當你試著啟動瀏覽器時會失敗，因為它沒有圖形子系統可打開視窗。

為了在自動化組建管道中執行 Selenium，你需要含有圖形介面的組建節點（會消耗大量資源），或不需要用到圖形介面的瀏覽器。這就是 HtmlUnit 的用途。

HtmlUnit 可以和伺服器通訊，並且像用戶一樣取得網站。它可以處理 HTML 與執行 JavaScript。它甚至可以模仿資料的輸入，以及按下按鈕或選擇等動作，而且可以在不建立圖形視窗的情況下做這些事，所以非常適合在無視窗環境執行 Selenium 動作。

視覺回歸 / 比較測試

有些組織希望 web 用戶介面盡量不要有重大的變動，除非被特地更新。視覺回歸與比較測試工具可讓你自動比較網頁 "以前與之後" 的圖像。可放入 CD 管道的熱門視覺回歸測試工具包括 PhantomCSS（*https://github.com/HuddleEng/PhantomCSS*）、Gemini（*https://github.com/gemini-testing/gemini*）與 Pix-Diff（*https://github.com/koola/pix-diff*）。這是個不斷變化的領域，而且超出本書的範圍，如果你有興趣，我們建議你試用一些工具，或許也可以考慮商用產品，再決定要在組建管道裡面使用哪一種。

---

stub 或虛擬化第三方服務

雖然有些系統的規模較小，因此可讓單一團隊管理所有元件，但有時系統有一或多個由外部管理的服務依賴項目。如前所述，驗收測試不該納入這些外部服務，但 app 仍然需要與類似它們的東西溝通。此時，最好的做法是使用 stub，或建立與外部服務的行為類似的偽服務，在運行驗收測試時使用它們。

你可以從頭開始編寫 web 服務，或使用 WireMock 或 Hoverfly 之類的工具（如第 163 頁的 "用 Hoverfly 來將服務虛擬化" 所述）。WireMock 是一種讓 web app 使用的 stub 框架，可以建立一個監聽特定連接埠的服務，並且根據你設置的方式回應請求，成為 app 在驗收測試期間可以溝通的第三方服務。WireMock 的詳情見第 306 頁的 "元件測試"。

整合

Extended Java Shop 包含完整的驗收測試範例，它裡面有本節談到的所有項目，及其他項目。你可以在 Extended Java Shop 存放區的 /acceptance-tests 資料夾找到它，它主要的特點有：

- 一個 docker-compose.yml 檔，可啟動你的所有服務，以便同時測試它們。

- 為了取代 Adaptive Pricing 服務（在我們的設定中是第三方系統），我們使用一種稱為 fake-adaptive-pricing 的虛擬服務，它也是用 docker-compose 啟動的（實際上，你可以看到 Fake Adaptive Pricing 包著真正的服務，但這是為了簡化範例，重點在於，從驗收測試的角度來看，我們不是使用真的服務）。

- Maven 有個 docker-compose 外掛，以啟動與卸除測試時必要的 Docker 容器。詳情見 pom.xml。

- 主測試類別 ShoppingAT 與 steps 包裝裡面的 steps 類別都使用了 SerenityBDD。

- ShopfrontHomePage 類別使用 Selenium WebDriver，裡面紀錄一種與 Shopfront 首頁互動的高階方式。

- 當我們在 ShoppingAT 裡面實例化 Selenium WebDriver 物件時，指定了 HtmlUnit（靠近類別最上面）。

使用方驅動合約

當使用方連接元件的介面來使用它的行為時，它們之前就有一個隱形的合約了。這個合約包括輸入與輸出的預期資料結構、副作用與性能，以及併發（concurrency）特徵。**使用方驅動合約**（有時直接稱為**合約測試**）[2] 的概念是以可執行的測試來明確展示那個合約，這些測試可以驗證雙方是否違背約定。

---

[2] consumer-driven contract 直譯應為 "消費者驅動合約"，但 "消費者" 一詞通常是指金錢往來的買方，在本書的背景中，它是指服務的使用方，因此本書將 consumer 皆譯為 "使用方"。

你可以在兩種不同的情況下使用使用方驅動合約測試：

- 使用方與供應方都同意用合約來約束互動。或許是因為你的團隊同時擁有使用方與供應方，而且你只想要確保互動是正確的；或因為使用方與供應方分屬不同的團隊，他們同意密切地聯繫來確保互動是順暢且完美的。

- 只有使用方願意建立合約測試，或許是因為供應方不想要這麼麻煩，或供應方有太多使用方了，所以無法與它們都進行合約測試。第二種情況比較常見。例如，如果有人編寫用戶端來使用 Twitter API 的話，那些用戶端應該不太可能承擔合約測試的負擔，即使它們願意這樣做 —— 想像一下它們必須與所有使用方一起做這件事會是什麼情況！

你眼前的各種情況不但會影響你編寫的測試類型，也會影響編寫這些測試使用的技術，甚至會影響執行這些測試的頻率。我們從第二個例子開始討論。如果供應方不願意或無法參與介面驗證，你就要編寫單方面的合約測試。這代表你實質上將外部服務視為黑盒子，並編寫測試來驗證行為不會意外地改變，這與你測試自己的服務沒有什麼不同（見第 306 頁的 "元件測試"）。因此，你不需要用任何特殊的工具來編寫這些合約測試，使用一般的測試程式庫就可以了，但你要小心地排程。

這真的是合約嗎？

你可能會懷疑一個只有單方互動的合約是不是真的合約。技術上的答案是，你編寫的不是合約，而是驗證合約的測試。合約是默認 API 不會在未告知的情況下改變。但是，如果你不喜歡這個名稱，也可以將它稱為別的東西。

理想情況下，我們會在使用方的用戶端元件或供應方的介面元件被修改時執行合約測試。但是如果供應方沒有參與合約驗證，你可能無法知道供應方何時變動。你必須設置管道，在用戶端元件有變動時執行合約測試，接著，根據你修改用戶端元件的頻率，考慮安排常規的測試執行（例如每天或每週），以試著偵測供應方可能發生的任何變動。

測試你需要的東西就好，不需要進一步測試

如果你還記得第 275 頁的 "API 的回溯相容性與版本" 的內容，有一種處理 API 的變動的做法是以回溯相容的方式修改回應。這代表供應方可能會在任何時刻加入新欄位，而不考慮是否違反合約。因此，你不需要測試供應方的整個回應是否如你預期，只要簡單地測試你是否可以取得所需的欄位，這可以避免你浪費大量時間在處理偽陽性上面。

如果供應方與使用方都願意參與互動的驗證，故事就不一樣了。我們接下來要討論適當的合約測試，並使用專門處理合約的規範與驗證的技術。

RESTful API 合約

當供應方與使用方都同意承擔合約測試時，他們必須做一些事情。一方面，供應方必須編寫測試來驗證 API 沒有改變（至少沒有非故意的改變）。另一方面，每位使用方都必須編寫測試來驗證他們的 app 可以使用供應方提供的回應。這種做法有一些問題，一方面，每當供應方改變 API 時，都會產生很大的通訊開銷，另一方面，所有使用方都要進行可觀的重複工作，來測試供應方提供的同一個東西。

因此，合約測試不應該用典型的測試工具來編寫，而是要用專用的。你要用一個獨立的物理實體來表示合約本身，讓供應方與使用方都訂閱它：讓供應方驗證合約正確地表示它們產生的東西，讓使用方驗證它們可以按照合約的指示來處理來自供應方的回應。當你需要修改 API 時，就要更新合約，並且讓每個人對著更新版本重新執行測試。

指定合約的工具有很多種，每一種都使用不同的方法來試著與各種團隊活動及社群互動保持一致。我們可以根據真相來源是什麼，大致上把這些工具分成兩種。如此一來，你就可以擁有合約優先工具，它用獨立的實體（合約）當成真相來源，以及互動優先工具，它將使用方當成真相來源。你將會看到，在合約優先工具中，使用方或供應方都可被視為遵守合約或違約，至於互動優先工具，只有供應方可被視為遵守或違反合約。

合約優先，互動次之

合約優先工具的工作方式是先使用一組互動來定義合約，每一個互動都會指定一個請求範例，接著指定一個回應範例。工具通常都會提供選項讓你在請求與（或）回應中加入亂數值，以避免將值寫死，這種功能以及許多其他的變型可讓合約的組態盡量擬真。接著，工具可以幫使用方與供應方產生兩種工件：

為供應方

工具將每一個互動變成測試，將請求樣本送給服務，接著檢查服務的回應是否符合回應樣本。

為使用方

工具會建立一個預先設置的 stub 服務，讓你可以在測試與使用 app 時使用。stub 會檢查使用方發給它的每一個請求是否符合請求樣本，若是如此，它會回應對應的回應樣本。

使用方與供應方的工件不一樣這件事，反應了責任的差異：雖然供應方應遵守合約內的
*所有*使用案例，但使用方可能只要使用其中的一些。這就是為什麼合約對供應方而言是
一組**強制**的規則，但對使用方只是一組**可用**（*available*）的規則。

在 Extended Java Shop 中，我們藉著使用 Spring Cloud Contract 來展示合約優先工
具。在這個範例中，我們使用 Spring Cloud Contract 來驗證 Stock Manager 服務與
Shopfront 服務之間的互動。在 Stock Manager 專案裡面的合約是一組 Groovy 檔案，
位 於 *contracts.stockmanager* 內（ 在 資 料 夾 */stockmanager/src/test/resources/contracts/
stockmanager* 裡面），它們都很容易解讀，但你可以在 Spring Cloud Contract 文件找到
語法的完整細節（*http://bit.ly/2Oa6BZZ*）。這些合約接下來會被 Stock Manager 服務與
Shopfront 服務使用。

因為用了專用的 Spring Cloud Contract Maven 外掛，Stock Manager 服務相當透明地使
用合約。唯一需要編寫的程式是建立基礎類別來讓生成的測試繼承，並且在裡面進行任
何設定，在我們的範例中，它是 `StockManagerCDCBase`。

不過，Shopfront 服務需要一些額外的設定。你要修改 Jenkins 裡面的工作定義，以確保
合約被修改時，它會被觸發，並且加入一個步驟來產生含有 stubbed 服務的工件。你可
以在 Extended Java Shop 存放區裡面查看三個 Jenkins 實例裡面的 Shopfront 服務的工作
定義。（你可以查看檔案 */jenkins-base/jobs/shopfront/config.xml*，或是像 *README.md* 檔案
中說明的，在本地執行任何一個預建的 Jenkins 實例，並查看工作定義。）之後，你就可
以編寫使用 stub 服務的測試了，詳情見 Shopfront 服務的 `StockManagerCDC`。

互動優先，合約其次

互動優先是不同類型的合約測試工具，它將使用方驅動合約的概念發揮到極致。在這種
工具中，使用方要先編寫一組測試，指定它預期如何與供應方互動。藉著對 stub 執行這
些測試，工具可以記錄使用方送出的請求，以及它期望的回應，並且將這種紀錄稱為合
約。接著將這個合約送給供應方，將它當成一種期望供應方遵守的元件測試來執行。因
此互動優先工具是對著 API 的定義執行 TDD 的手段。

儘管互動優先工具更忠於 CDC 的概念，但它與合約優先工具相較之下也有一些缺點，
至少在某些情況之下如此。如果一個團隊同時擁有使用方與供應方，互動優先工具是理
想的選擇，因為他們可確保供應方做的就是使用方希望它做的事情，而且沒有做多餘
的事情。但是如果使用方（們）與供應方屬於不同的團隊，這些工具可能會造成嚴重的
摩擦。

供應方版本可能會因為使用方誤解 API 的運作方式，並且寫出錯誤的測試而損壞。（請記得，這個合約是為測試而寫的，而不是反過來。）可能會有蠻橫的用戶針對他們想要使用的互動編寫一些測試來"脅迫"開發者開發新功能，破壞供應方的版本，直到那些功能被做出來為止。而且當供應方想要開發新版 API 時，必須等待使用方開始使用合約測試之後，才能用合約測試來驗證，除非供應方團隊自行編寫使用方程式。當然，這些錯誤不是工具造成的，而是有缺陷的組織文化與錯誤的社會互動，但我們也必須意識到，這種行為是互動優先工具引發的。

但請記得：世上沒有所謂的正確或錯誤的工具，只有或多或少適合某種情況的工具。儘管有上述的缺點，互動優先工具或許正是你的團隊需要的。

Extended Java Shop 沒有任何互動優先工具範例，但我們鼓勵你了解一下 Pact（*https://docs.pact.io*）與 Pact Broker（*https://github.com/pact-foundation/pact_broker*）。

為合約測試辯護

合約測試有不好的名聲，有人認為它易脆（brittle）、緩慢，也是團隊之間摩擦的根源。事實的真相是，每當有這些屬性存在時，大部分都是因為有缺陷的做法。

脆性往往來自過度熱情地進行合約測試，讓測試的方式超乎需求。例如，如同我們在"測試你需要的東西就好，不需要進一步測試"談過的，當你檢查完整的回應時，就會讓浪費時間檢查無害的、回溯相容的變動。

緩慢的測試通常是因為有許多商業邏輯滲入合約，導致沒必要的膨脹。大部分的商業邏輯都要在別處測試，例如，在單元測試與元件測試中，而互動檢查應該在整合測試中處理。合約的存在，基本上是為了確認資源的格式沒有被改變。

出現摩擦的原因是人們將合約測試當成實際溝通的替代品。例如，如果你沒有和使用方協商如何更改 API 就直接推出它，認為"他們可以從合約失敗知道原因"，你就是在自找麻煩。

其實合約可以帶來許多好處，前提是你要聰明地使用它。

訊息合約

當你使用 RESTful 介面時，服務是透過 HTTP 來互相溝通的（除了一些奇怪的例外）。因此，無論用戶端與伺服器端（Dropwizard、Play、Jetty 等等）使用哪種技術，進行合約測試時，你可以使用 "藉著 HTTP 來通訊的任何東西" 來模仿用戶端與伺服器，以驗證合約。不幸的是，傳訊（messaging）平台的情況並沒有這麼標準化，我們無法只提供一個測試訊息合約的解決方案。

要強調的重點是，本節的目標不是教你選擇傳訊技術，而是協助你知道如何測試它。因此，我們將討論傳訊平台最受歡迎的選項，並指出如何最有效地測試它們。因為選項很多，我們不詳細討論每一種，但是會列出參考文獻，讓你可以視需求進一步研究。

在協定層測試合約

如果有不同的服務用不同的技術互相傳遞訊息，但遵守同一個協定，在協定層進行測試是最適合的。RESTful 服務就是這種情況，它裡面有不同的服務使用不同的 web 技術，但它們全部都用 HTTP 來溝通。在各種不同的訊息佇列協定中，最熱門的是 AMQP（*https://www.amqp.org*），它的成品包括 RabbitMQ、Apache Qpid、Apache ActiveMQ 及其他。

如果你使用 AMQP 通訊協定，你可以輕鬆地使用 Pact（*https://docs.pact.io*）與 Pact Broker（*https://github.com/pact-foundation/pact_broker*）來執行合約測試。執行測試的方式與之前談到的 web 服務沒有太大不同，唯一的差異在於，你不是模仿伺服器 / 用戶端的 HTTP 互動，而是製作方 / 使用方的 AMQP 互動。你可以在文字中找到具體的細節，但如果你要用 Pact 來了解這兩種做法有多麼相似，從測試設定的差異之處只在於它使用 `AmqpTarget` 物件而不是 `HttpTarget` 物件來模仿服務就可以看出。

在序列化層進行合約測試

有時你不想要或無法在協定層執行合約測試，例如，你使用的訊息佇列協定沒有好用的測試框架，或者，你的所有服務都使用完全相同的技術，也就是說，你可以不考慮實際的協定。無論如何，你可以假設訊息將會被正確地傳給正確的接收方，把注意力放在訊息本身就好，換句話說，你可以把注意力放在訊息的*產生與解讀*上面。

在這種情況下，最好的策略就是為所有訊息定義 schema，包括同一個訊息的不同版本。如果你使用 Apache Avro（*https://avro.apache.org*）來序列化訊息的話，特別容易採取這種做法，因為你可以利用 Confluent Schema Registry（*http://bit.ly/2Q5Xyq6*）在測試期間儲存與取出 schema。Gwen Shapira 的傑出演說，"Streaming Microservices: Contracts & Compatibility"（*http://bit.ly/2DzcSu4*）詳細展示如何做這件事。

即使你不使用 Avro 或 Confluent Schema Registry，你仍然可以使用 Gwen 的概念來進行序列化合約測試，尤其是當你需要支援同一個 schema 的許多版本時：

- 你可以對製作方進行合約測試，來確保它們使用*所有的* schema 版本來產生訊息，將各個副本放在不同的佇列。接著可以對使用方進行合約測試，以確保它們*至少解讀了一個* schema 版本的訊息，將它從相關的佇列取出。

- 類似上面的做法，你可以對製作方進行合約測試，以確保它們產生的訊息符合*至少一版的* schema。接著可以對使用方進行合約測試，以確保它們可以解讀符合*任意版本的* schema 的訊息，同樣確保製作方 / 使用方的通訊。

- 最後，你可以對製作方與使用方進行合約測試，以確保它們可以產生 / 使用匹配*至少一版的* schema 的訊息，接著建立一些訊息轉換程式來進行合約測試，以確保它們可以將任何指定版本的 schema 轉換成任何其他版本。

序列化合約測試在某些方面是比較自然的合約形式，因為它將訊息的 *schema* 當成需遵守的合約。藉此，你可以將實際的交流機制擺在一邊，把注意力放在訊息本身。

元件測試

在大型系統中，*元件*是任何一種妥善封裝、一致而且可以單獨替換的零件。單獨測試這種元件有很多好處，藉著限制單一元件的範圍，你可以詳盡地測試那個元件封裝的行為，並且用更快的速度來執行測試。在微服務的環境中，你可以將一個微服務視為一個元件。

當你想要使用元件測試時，需要處理一些挑戰與問題。在一開始，你的微服務很有可能有一些外部依賴項目是你想要在測試元件時排除的，所以要用一種有效且快速的方式來替換它們。另一方面，你可能要在測試元件時檢查一些內部行為，但你應該在做這件事時，將服務視為黑盒子。最後，你要仔細地確認元件測試的執行機制，因為它可能影響你可以實際測試的元件數量。接著來討論它們。

Testcontainers：管理用於測試的容器

如果你使用容器來組建與部署 Java app，或沒有可重現的測試環境（通常是非 JVM 的），我們建議你閱讀 Richard North 寫的 Testcontainers（*https://www.testcontainers.org/*）。Testcontainers 可讓你在 JUnit 測試期間輕鬆地啟動實用的 Docker 容器，例如，當你執行整合測試時，可以執行下列的拋棄式實例：一般資料庫、headless Selenium web 服務或任何可以在 Docker 容器內自成一體運行的東西。感謝 Logz.io 的首席架構師 Asaf Mesika 告訴我們這個好用的工具。

內嵌的資料儲存體

如果服務使用資料庫，你要在進行元件測試時排除它，原因是，首先，資料庫不屬於服務，而是與服務溝通的另一個元件（即使資料庫與服務緊密耦合），第二，或許更重要的是，在元件測試中使用資料庫會增加複雜性，並且減緩速度。此外，你已經在驗收測試中用過真正的資料庫了，所以可以在這個測試等級將它排除。

因此，你需要的是長得像服務原本使用的資料庫，但沒有所有附加的複雜度的東西。你需要一種內嵌的資料儲存體，通常是用 in-memory 資料庫來實作的。in-memory 資料庫可提供與一般的資料庫相同的介面，但它完全在記憶體內運行，可排除網路與磁碟存取造成的延遲。in-memory 資料庫有許多選項，但最常用的是標準 SQL 資料庫的 H2（*http://www.h2database.com/html/main.html*） 與 MongoDB 的 Fongo（*https://github.com/fakemongo/fongo*）。

Extended Java Shop 的 Feature Flags 服務有一個使用 H2 in-memory 資料庫的元件測試範例，儘管它不太起眼。Feature Flags 服務的元件測試（資料夾 */featureflags*）位於 `FeatureFlagsApplicationCT` 類別，它大量使用 "Spring Boot 魔法"，所以如果你想要了解如何使用 H2，應查看這些地方：

- *test/resources* 資料夾裡面有個 *application.properties* 檔，它會覆寫 *main/resources* 內的任何匹配檔案。這個檔案是空的，會移除 *main/resources* 內的所有組態項目。在這種情況下，Spring Boot 會試著使用可以在類別路徑中找到的東西來猜測參數。

- *pom.xml* 檔加入一個測試用的 H2 依賴項目。

- 執行測試時，Spring Boot 會在類別路徑中發現 H2 驅動程式，因為我們沒有設定與資料庫有關的其他參數，它會假設這就是它要使用的。因為 H2 是在記憶體中運行的，所以不需要 URL 或用戶名稱等連結細節，app 將會自動使用 H2。

對於使用非 Spring Boot 的框架的 app，你可能需要明確地指定使用 H2，做法通常是將連結 URL 設成 `jdbc:h2:mem:` 之類的東西。你可以查看 H2 文件（*http://www.h2database.com/html/features.html#database_url*）來了解其他 H2 聯結選項。

in-Memory 訊息佇列

你也可以用同樣的設定來為 "與訊息佇列溝通的服務" 執行元件測試：在記憶體中執行訊息佇列伺服器來進行控制與提升速度。但是第 300 頁的 "使用方驅動合約" 中談過，訊息佇列領域不像其他做法一樣標準化，雖然你可以用了解 SQL 的 in-memory 資料庫來模仿任何其他資料庫解決方案，但沒有一種工具可以協助處理訊息佇列，但你仍然有一些選擇。

首先，許多訊息佇列經紀人（broker）都可以讓你指定不使用持久保存機制來運行，事實上，就是將它們變成 in-memory 技術。如果你的訊息佇列不支援這種選項，可以在開始進行元件測試之前，在本地啟動實例，接著在完成之後停止它。

有時因為各式各樣的原因，你無法這樣做：或許是訊息經紀人無法在沒有持久保存機制的情況下運行，或許是因為授權或資源的限制，你無法在本地執行實例。在這些情況下，你可以嘗試下列方法：

使用 *AMQP* 的佇列

你可以在功能層面上替換實作 AMQP 的訊息佇列經紀人，也就是說，你可以直接使用不同的技術來測試。ActiveMQ（*http://bit.ly/2R2zENK*）可以輕鬆地設成在記憶體中運行部分的測試，缺點是它只支援 AMQP 1.0，要使用更早的版本，你可以使用 Qpid（*http://bit.ly/2Og50BR*）。

Kafka

Apache Kafka 非常熱門，所以值得單獨介紹。Kafka 是在 ZooKeeper 上面運行的，代表如果你讓 ZooKeeper 使用 TestingServer（*https://curator.apache.org/curator-test/*）來執行它，實際上就可以使用 in-memory 的 Kafka 實例。或者，如果你使用 Spring Boot，可以直接使用 EmbeddedKafka（*http://bit.ly/2zwPIR0*），它實質上會幫你運行 in-memory Kafka 與 ZooKeeper 實例。

如果上述選項都不適合你的情況，你仍然可以嘗試一些妥協的選項。你可以考慮建立一個 Docker 映像來啟動訊息佇列經紀人實例，並在進行元件測試之前啟動那個映像的容器：它不是完全 in-memory 的，但起碼可以把工作維持在本地。或者，如果協定夠簡單，你可以考慮建立自己的 in-memory 訊息佇列。

最後，如果沒有任何選項適合你，你可能要後退一步，移除方程式中的訊息佇列了：不要使用 in-memory 版本的訊息佇列經紀人，而是使用 in-memory 版本的 "與訊息佇列溝通的程式"，也就是訊息佇列的使用方。這當然會讓你無法測試與訊息佇列的連結，但你可以透過驗收與整合測試來彌補這個空隙。

測試替身

如同你要在元件測試的過程中排除服務使用的資料庫，你也要排除它與其他服務的通訊。你可以將這些依賴項目換成**測試替身**（*test double*），測試替身這種自用的實體會模仿依賴項目的外部行為，但沒有真正的內在邏輯。

開發社群長期以來不斷討論各種類型的測試替身，以及它們究竟該怎麼稱呼，諸如 *stub*、*mock*、*fake*、*dummy*、*spy* 及其他名稱都不斷被採納與丟棄。最近，**虛擬服務**（*virtualized service*）也加入這個群體。它的名稱仍然是有爭議的主題，有些讀者可能不同意接下來的內容，不過我們決定採取 Wojciech Bulaty 的觀點（*http://bit.ly/2zwaiRm*），他是這樣定義的：

Stub

最簡單的一種測試替身，它是一種靜態資源，被設定成固定的值來讓各方呼叫。它不保存狀態，也不可設置。

Mock

上一種替身的變體，可經由設置，根據不同的模式回傳不同的值，或在每次測試前重新設置。它可保存狀態，也可以讓你在測試之後查詢它，以確認特定功能是否被使用以及如何被使用。

虛擬服務

類似 mock，但會在遠端伺服器上長期存留與託管。虛擬服務通常可讓開發者與測試者共用。

這些替身都可以在元件測試中替換真正的依賴項目，但因為它們的特性，mock 往往是最常見的選項。stub 有時因為過於簡單而無法涵蓋元件測試的案例，而虛擬服務因為使用遠端網路連結，所以會增加延遲與不確定性。

stub 通常可以手動實作，但 mock 與虛擬服務可用工具來製作。在元件測試的領域中，最常見的工具是 WireMock（*http://wiremock.org*）。WireMock 可以藉著以下的方式當成 mock 或虛擬服務來使用：

將 *WireMock* 當成 *mock*

你可以在測試期間隨時啟動與設置 WireMock 實例，ShopfrontApplicationCT 裡面有一個很好的例子，我們在裡面使用 WireMock 來取代 Shopfront 服務。

將 *WireMock* 當成虛擬服務

經過設置，WireMock 可以當成獨立的服務來啟動，並部署到伺服器，讓每一個需要它的人永遠可以使用它。或者，你也可以使用 MockLab（*https://get.mocklab.io*），這種基於 WireMock 的服務可讓你在雲端建立虛擬化服務。

無論你的選擇是什麼，當你編寫元件測試時，應特別注意的是，你要讓它們與元件真正溝通的真實服務沒有任何關係。這可以減少偽陽性的機率，並且可讓你有信心地執行測試。

建立內部資源 / 介面

如前所述，有時你想要在元件測試中驗證某些內部行為，但無法直接測試它們，因為這會破壞原本元件測試想要實現的封裝性。此時最好的選擇是建立內部資源或介面（在你的 web 服務裡面，不打算公開給大眾的端點），用這些內部資源來公開你想要在測試中驗證的細節，以及檢查服務的行為是否符合預期。

介紹它最簡單的方法應該是透過範例，你可以在 Extended Java Shop 找到它，準確的地方是在 Shopfront 服務裡面（資料夾 */shopfront*）。如前所述，Shopfront 服務可以和外部的 Adaptive Pricing 服務溝通，來試著改寫產品的價格，以獲得更高的收入。假設這個 Adaptive Pricing 服務是實驗性質的，還不太可靠，而且經常當機，為了盡量降低它對 Shopfront 服務的影響，我們想要在與 Adaptive Pricing 服務的連結中加入一個斷路器，因此，我們使用 Netflix 的 Hystrix（*https://github.com/Netflix/Hystrix*）程式庫，你可以在 AdaptivePricingRepo 類別裡面看到細節。

現在，在元件測試中，我們想要驗證當 Adaptive Pricing 服務當機時，斷路器會跳掉，而且我們會停止呼叫它，改成使用預設值。我們也想要測試在 Adaptive Pricing 服務恢復之後，斷路器會接合，並且可以持續呼叫外部服務。我們可以記錄我們對 Shopfront 服務發出的請求數量，並且拿它與 Adaptive Pricing 服務 mock 收到的請求數量做比較，但是這種做法很繁瑣。我們決定採取另一種做法，建立一個新的內部端點，稱為 */internal/circuit-breakers*，接著使用 `InternalResource` 類別來取得 Shopfront 服務內的所有斷路器的資訊以及它們的狀態，如此一來，我們就可以在測試時輕鬆地查詢斷路器的狀態，並確認行為是否一如預期。此外，如果你改變斷路器的製作方式，元件測試也不會被影響。

你可以讓內部資源僅供測試使用（例如透過功能旗標），或將它們包在 app 裡面並且部署至生產環境。後者比較實用，因為快速查看內部狀態可幫助你調查生產環境的問題。

在生產環境中控制內部資源的使用

內部資源可提供實用的資訊供你調查，但可能含有不應該讓外人看到的敏感細節。當你將內部資源釋出至生產環境時，確保只有經過授權的人可以使用它。你可以設置服務，要求必須擁有特定的權杖才能使用資源，或將所有的內部資源放在一般的路徑底下（例如 */internal*），接著加入一條交流規則，讓那個路徑只在請求來自組織內部的網路時執行。

In-Process vs. Out-Of-Process

設計元件測試時，最後一個需要考慮的問題或許也是最容易被忽略的問題。我們已經討論了如何獨立測試整個服務了，但服務的界限在哪裡？它只是你寫的一組類別嗎？還是它也包含 app 的基礎 web 框架，而且它會負責監聽請求，並發出回應？

你可以根據這些問題的答案，從兩個選項做出選擇：in-process 測試與 out-of-process 測試。它們的名稱來自執行測試的機制。在進行 in-process 測試時，服務與測試都在同一個 OS 程序中運行，且它們之間的通訊大部分都在記憶體裡面完成。但是在進行 out-of-process 測試時，服務與測試在不同的 OS 程序中運行，而且它們之間的通訊用 TCP/IP 這類的通訊協定來執行（即使通訊是在執行它們的機器裡面進行的）。我們來分析這兩種做法的優缺點。

假設針對上面的問題，你認為服務裡面只有你的團隊編寫的程式，而且底層的 web 框架已經被它們的製作者及其他各方仔細測試過了。此時，你應該不想要在元件測試中納入 web 框架，因為它會沒必要地降低速度。大部分的框架都有測試公用程式可讓你免於使用所有的鷹架，並且可在服務的程式碼開始的地方使用它們。顯然你要在同一個程序底下運行測試與服務，因為你沒有網路通訊機制可用。你可以在 Product Catalogue 服務（資料夾 */productcatalogue*）找到這種測試的例子，準確的地方在 ProductServiceApplicationCT 類別裡面。Product Catalogue 服務是一種基於 Dropwizard 的 app，它在開始測試之前使用 DropwizardAppRule，自動將伺服器實例化，並在測試完成後卸除它。

類似的情況，假如你對於上述問題的答案是另一個：你認為 web 框架是服務的一部分，跟其他依賴項目一樣，因此需要將 app 視為黑盒子，並且測試它。此時，你要分別啟動 app 與測試，來讓它們完全分開，接著使用一般的 HTTP 用戶端（或你使用的通訊技術）測試你的服務。你可以在 Stock Manager 服務（資料夾 */stockmanager*）的 StockManagerApplicationCT 裡面找到這種例子。Stock Manager 服務是建構在 Spring Boot 之上的。但是你無法在這些測試中看到任何引用 Spring Boot 的地方，而 Shopfront 服務（資料夾 */shopfront*）的 ShopfrontApplicationCT 使用 Spring Boot 測試設施。在 Stock Manager 服務裡面，元件測試藉著使用 RestAssured 來聯繫 app，它是使用 BDD 風格語法，透過 HTTP 來執行動作的程式庫。在執行測試之前，app 本身是由 Maven 透過 Spring Boot Maven 外掛來啟動的，在測試完成之後，它也會被這個外掛停止，詳情見 *pom.xml* 檔。

這兩種做法彼此之間沒有本質上較好或較不好的地方，你要根據團隊的需求與價值來做出選擇。為了協助你做出決定，表 11-1 歸納了這兩種做法的主要優缺點。

表 11-1　比較 *in-process* 與 *out-of-process* 元件測試方法

	In-process	Out-of-process
服務的執行	在測試執行期間自動且透明地管理啟動與關閉，你可以在 IDE 裡面運行測試，不需要任何手動的步驟。	app 的啟動與關閉必須獨立於測試來管理；開發者必須手動啟動服務，才能在 IDE 裡面執行元件測試。
通訊模式	取決於框架，通訊會在記憶體內或透過所選擇的協定（例如 TCP/IP）執行。	必須使用 app 在生產環境中使用的協定來執行，例如 TCP/IP。
範圍	框架不會被納入測試。	框架會被納入測試。
測試耦合	測試與用來開發 app 的框架有關；如果框架改變了，測試也要配合改變。	測試與用來開發 app 的框架無關，當框架改變時，測試不受影響。
速度	可能比較快，因為會繞過部分的技術堆疊。	比較慢，因為每一個東西都會被執行。
獨立執行測試（例如，在 IDE 手動並且一個接著一個）	慢，因為在每次測試之後都要啟動與停止 app。	快，因為 app 在每一個測試回合之間維持運行。
加入變動	自動，因為每次測試 app 都會自動啟動，任何變動都會被偵測到。	手動，當你修改程式時，必須自己重新啟動 app。

切記：*Out-of-Process* 測試意味著你要手動重新啟動！

當你試著修復失敗的測試時，最令人氣餒、費解、沮喪的體驗就是：你已經不斷修改 app 的程式了，但是當你再次執行它時，測試仍然失敗。你已經試了各種深奧或激進的方法了，但結果還是一樣，測試是失敗的。然後，你突然想到，你的確已經修改程式了，卻忘了重新啟動服務！你可能因為太習慣使用 IDE 與工具的自動功能了，所以有時忘記那個麻煩的按鈕必須由你親自按下。我們已經提醒你了喔！

整合測試

對不同人而言，整合測試這個詞意味者不同的東西。有些人認為，當系統的所有元件都組在一起時，它就是 "整合的"，因此覺得 "整合測試" 應該涉及所有既有的元件，但它是本書中的端對端測試。當本書使用整合測試這個詞的時候，代表的是測試一個特定的整合點，例如，服務與資料庫、硬碟或其他服務溝通時。James Shore 與 Shane Warden 試著在他們 *The Art of Agile Development*（O'Reilly）裡面處理這個問題，將這種測試稱為 *focused integration testing*，特別強調把焦點放在特定的整合點，雖然這個名稱很貼切，但我們選擇避免在本章的其他地方使用 "整合" 這個字，藉此表明，當我們談到整合測試時，代表的是各個整合點，而不是整個系統。

此時，你可能認為服務與其他元件之間怎麼會有還沒有被端對端、驗收與合約測試測試過的連結？但是，端對端與驗收測試不會詳細測試整合點的細節，它們只會確定那些部分的功能大致上是正常的。合約測試確認的是互動的邏輯是否正確，不會測試互動本身。

為了詳細地測試互動，你可能要考慮一些事情，接下來的小節將一一討論它們。最重要的是：為了測試服務與外部元件的整合，你不需要測試整個 app，只要測試服務與外部元件連接的地方就可以了。這不但可以讓你更好地控制測試，也可以產生更小、更快速的測試。

驗證外部互動

仔細驗證服務與外部元件的互動是進行這種測試的主因之一。此外，因為你沒有啟動整個系統，而是只有與外部元件接觸的部分，所以可以對著真正的外部元件執行測試（或至少做非常類似的事情）。我們以資料庫為例。

當你執行元件測試時，可能會用 in-memory 資料庫來提升速度，當你執行驗收測試或端對端測試時，你會使用真正的元件，但你的測試只涵蓋少數針對資料庫的操作。為了確保針對資料庫的所有操作都沒有問題，你可以用特殊的類別來封裝資料庫的操作，將它接到真正的資料庫，並嘗試執行在生產環境中執行的所有操作，這可讓你確定服務與資料庫之間的整合是正確的，並且避免在驗收與端對端測試中執行深度測試。

你要根據你使用的技術以及你連接的元件類型來決定做這件事的機制。Feature Flags 服務的 `FlagRepositoryIT` 類別有一個這種範例。在 Feature Flags 服務中（資料夾 */featureflags*），與資料庫的所有通訊都被封裝在 `FlagRepository` 類別裡面，這個類別提供一個高階的介面供持久層使用。我們藉著實例化這個類別，並將它連到真正的資料庫來驗證所有的操作。啟動真正的資料庫比想像中容易：拜 Docker 之賜，現在大部分的資料庫供應商都有提供內含資料庫的容器。你可以使用它與 Docker Maven 來建立並啟動真正的資料庫，接著執行整合測試，並且在完成時丟棄它，詳情見 Feature Flags 服務的 *pom.xml* 檔。

測試容錯力

有時執行整合測試是為了驗證 app 在遇到錯誤時有正確的回應。這在端對端測試層級不可能做到，因為你無法控制外部元件。你或許可以在元件或驗收測試中嘗試這件事，因為在這些測試中，你可以使用可控制的測試替身，但是，因為這些測試有許多變動因素，你可能會難以評估系統有沒有按預期動作。

但是，如果你將與外部元件聯繫的類別隔離，並用各種失敗的情況測試它，你就可以肯定那個類別會有什麼反應，進而推論服務其他的部分會有什麼行為。

測試容錯力與驗證外部互動不一樣：在測試外部互動時，你要使用真正的元件（或盡量擬真的東西）來合理地測試交易，但是在測試容錯力時，你要使用假元件，以產生各種不同的錯誤情況。我們已經談過進行這種測試所需的技術了。典型的 mock 框架都有提供 "對錯誤做出回應" 的選項，這就是這種測試唯一不同的**地方**。

Extended Java Shop 的 Shopfront 服務有一個容錯測試的範例。Shopfront 服務在 `FeatureFlagsRepoIT` 裡面驗證與 Feature Flags 的整合，做法是用 WireMock 來模仿 Feature Flags 服務，接著強迫它回應多個錯誤情況，包括空回應、`500 INTERNAL SERVER ERROR` HTTP 狀態，以及服務的回應時間太長的情況。這些測試會讓類別與 Feature Flags `FeatureFlagsRepo` 保持聯繫，經歷代表各種錯誤情況的例外，這些例外是我們現在可以捕捉並妥善處理的。你可以從範例 app 中看到（範例 11-1 幫你列出那些程式），在這個案例中，我們 log 情況，並向 app 其餘的部分直接告知 "沒有旗標可用"。

範例 *11-1*　處理接收功能旗標時的錯誤情況

```
public Optional<FlagDTO> getFlag(long flagId) {
    try {
        final String flagUrl = featureFlagsUri + "/flags/" + flagId;
        LOGGER.info("Fetching flag from {}", flagUrl);
```

```
        final FlagDTO flag = restTemplate.getForObject(flagUrl, FlagDTO.class);
        return Optional.ofNullable(flag);
            } catch (HttpClientErrorException | HttpServerErrorException |
                ResourceAccessException | HttpMessageNotReadableException e) {
        final String msg = "Failed to retrieve flag %s; falling back to no flag";
        LOGGER.info(format(msg, flagId), e);
        return Optional.empty();
    }
}
```

 注意技術堆疊有多少部分有被測試

當你執行容錯測試時，很容易會模仿比你原先認為的還要多的技術堆疊。
這會讓測試變得脆弱。

單元測試

近年來，**單元測試**已經相當普遍了，所以或許你已經不需要學習它的基本知識了。
坊間有無數的資源解釋單元測試與 TDD 以及它的主要工具：JUnit、TestNG 之類的
框架，或是執行測試的 Spock，以及 Mockito、JMock 等程式庫，或模仿依賴項目的
PowerMock。除了上述的工具之外，還有一些程式庫值得一提，它們可協助編寫更具表
達性的斷言，例如 Hamcrest 或 Fest-Assert，但它們都不是新鮮的東西。

不過，在這個領域中，仍然有一些事情是我們最近才開始了解的。多年來，很多人都在
爭論單元測試該怎樣寫才是 "正確的" —— 更具體地講，單元測試要涵蓋多少範圍。傳
統上，單元測試只需涵蓋被測試的目標類別，類別的所有依賴項目都要用某種測試替身
來抽象化。但是有時你會出於務實的想法，決定納入一些依賴項目，也就是將一組類別
當成一個 "單元"。

目前的產業傾向認為這兩種方法都是正確的，在使用時，應根據具體的情況，而不是爭
論哪一種正確。事實上，Toby Clemson 已經幫它們取了不同的名稱，讓我們可以更詳
細地討論它們：社交型（sociable）單元測試與獨處型（solitary）單元測試。你將會看
到，有些情況顯然適合使用其中一種方法，有些則是沒辦法那麼明確地選擇。

不熟悉單元測試？不用擔心！

雖然我們認為大部分的讀者都已經很熟悉單元測試與 TDD 了，但我們也知道，並非所有人都是如此，如果你是這種人，以下的資源可以幫助你：

- 想要入門，而且希望看到容易了解的範例，可閱讀 Kent Beck 的 *Test Driven Development: By Example*（Addison-Wesley）。

- 想要看比較聚焦於 Java 的書籍，Jeff Langr 的 *Agile Java: Crafting Code with Test-Driven Development*（Prentice Hall），以及 Andy Hunt 和 Dave Thomas 合著的 *Pragmatic Unit Testing in Java 8 with JUnit*（Pragmatic Bookshelf）很適合你。

- 如果你正在使用既有的基礎程式，它沒有單元測試，你希望將它重構成可測試的程式，可閱讀 Michael Feathers 的 *Working Effectively with Legacy Code*（Prentice Hall）。

- 如果你已經建立全方位的單元測試，可以閱讀 Gerard Meszaros 的 *xUnit Test Patterns: Refactoring Test Code*（Addison-Wesley）來了解如何繼續維護它。

- 最後，Tomek Kaczanowski 的 *Practical Unit Testing with JUnit and Mockito* 是很棒的參考書，可幫助你有效地運用這些框架。

當然，此外還有許多很棒的資源，包括一些優秀的部落格文章與影片。如果你喜歡和別人一起學習，Ping-Pong TDD（*http://bit.ly/2xEFQn1*）是在搭檔編程時執行 TDD 的好方法。

社交型單元測試

社交型單元測試將兩個以上的類別視為一個社群，它們可以一起執行一個可識別的功能，但是當它們各自分開時，就沒有明確目標。在這種情況下，你可以將整個群體視為一個單元，在編寫單元測試時，一起測試它們。

我們可以在 Product Catalogue 服務裡面看到這種例子（資料夾 */productcatalogue*），準確的地方是在測試 Price 類別的 PriceTest 裡面。你可以從程式看到，Price 物件接收兩個參數：代表一個單位的價格的 UnitPrice，以及代表批發價格的 BulkPrice（以及可視為 "批發" 的最少購買數量）。在 PriceTest 裡面，有一條需要驗證的規則：產品的批發價格必須低於單賣價格。

如果你嚴謹地對待單元測試，當你在 PriceTest 裡面測試 Price 時，就不會傳入真正的 UnitPrice 與 BulkPrice，而是傳入它們測試替身。你會建立這些測試替身，在 Price 呼叫測試替身的方法來查看單賣與批發價時（以驗證上述的規則），讓它回傳適當的值。但是你或許會認為這種做法多此一舉：Price 並不是與 UnitPrice 和 BulkPrice 全然無關，它們不是 "後者提供某種介面給前者" 這種關係，所以我們不需要將這些類別的實作隔離，因為當 UnitPrice 與 BulkPrice 脫離 Price 的概念時，它們就沒有什麼功用了。為它們建立不同的類別只是為了避免有重複的程式碼，以及更方便管理測試，但這不代表它們應該完全分開。

這個事實應該可以說服你：社交型單元測試是測試 Price 類別的正確方法。如果你還需要進一步的論證，試著使用測試替身來取代真正的物件並重新編寫那些測試來進行比較。你或許認為 Price Test 比測試替身好（這樣也 OK），但我們對此表示懷疑。

獨處型單元測試

獨處型單元測試很接近傳統的單元測試觀念。這種測試將類別視為一個單元，將它的所有依賴項目抽象化，因為使用真正的依賴項目會讓單元測試難以進行。雖然獨處型測試可以使用任何一種測試替身，但 mock 通常是最適合的一種。

Extended Java App 最好的例子應該是在 Shopfront 服務（資料夾 */shopfront*）的 Feature FlagsService 裡面。這個類別的目的是根據特定的旗標 ID（可能在 Feature Flags 服務裡面，也可能不在）來決定用戶能不能使用該功能。因此這個類別的職責包括取得旗標、讀取它的 *portion-in* 值，與決定這個請求是否落入值的範圍。你可以在程式中看到，這個類別接收兩個參數：一個 Feature FlagsRepo 物件來與 Feature Flags 服務溝通，以及一個 Random 物件來產生亂數。

傳入真正的 FeatureFlagsRepo 物件會讓 FeatureFlagsServiceTest 無謂的複雜。例如，FeatureFlagsRepo 可能會因為許多原因而無法傳遞旗標，或許是因為旗標不存在，或許只是因為目前 Feature Flags 服務無法使用，因此無法取得資料。但是從 FeatureFlagsService 的觀點來看，它們都是無關緊要的，唯一重要的事情是有沒有收到旗標，而不是背後的原因。這暗示我們應該使用 mock。

但是，當你考慮傳入真正的 Random 物件的情況時，這個選擇更是明顯，因為傳入那個物件代表你無法控制測試的執行，因為你無法知道它將哪個數字送給 FeatureFlagsService 物件，這樣看來，使用 mock 不只是為了方便，更是必要的。

Chicago School vs. London School

這些做法的另一種名稱是代表社交型單元測試的 *Chicago*（有時稱為 *Detroit*）*School* 與代表獨處型單元測試的 *London School*，儘管這種說法不太普遍。其實，獨處型（London School）單元測試會重度使用 mock 框架，許多最受歡迎的 Java mock 框架（例如 Mockito、jMock 與 WireMock）與 London（英國）有很深的淵源。如果你對這些方法與它們的名稱有興趣，可閱讀 Martin Fowler 的 "Mocks Aren't Stubs"（*http://bit.ly/2kuR98s*）或 Jason Gorman 的經典 "Classic TDD" or "London School"？（*http://bit.ly/2OdRWwF*）。

處理不穩定的測試

隨著變動因素的增加，可能出錯的東西也會增加，這種情況有時會讓範圍較大的測試變得不穩定，因而會產生原因不明的失敗，又會在沒有做任何修正的情況下恢復正常。而且範圍越大，不穩定的機率越高。這種情況比想像中危險，因為它會讓開發者漸漸地不嚴肅地看待失敗的測試，他們很快就會習慣先運行幾次失敗的測試之後才開始調查它，拖延必要的行動。

事實上，大部分的脆性都可以用正確的措施來處理，雖然 "正確的措施" 依你使用的技術與面對的問題而異。這些問題要用一本書才能全面地說明，但我們可以討論一些通用的方法。

大多數的脆性都來自某種未被解釋的不確定性，在執行測試時，沒有考慮一些不明的假設或預期。因此，解決方法通常是找出這些假設並處理它們。我們來看一些例子。

資料

壞資料經常造成不穩定的測試。資料，尤其是在測試／預備環境中的，往往相當易變：人們會在不預先警告的情況下刪除、加入或修改底層的資料、整個資料庫可能會被刪除再重啟、來自生產環境的即時重新整理（希望使用正確的匿名化）隨時可能會發生，如果你的測試需要使用某些資料，你就是在自找麻煩。

處理資料最好的方式，就是在你設定測試時建立它。如果一來，你就可以確定你得到的東西就是你要的。（理想情況下，你也要在完成工作之後刪除資料，但這不是必要的。）如果你的測試出於某些原因無法建立它需要的資料，至少它要先做檢查來確定必要的資料確實存在，並且有預期的格式，否則就用有意義的錯誤訊息造成失敗。前者是最好的選擇，因為所有失敗都是危險的訊號，但後者可以節省時間：你可以在得知資料不存在時，再採取必要的措施加入它，而不需要事先做任何檢查。

資源還不能使用

這個問題有多種形式，包括進行 UI 測試（例如基於 Selenium 的）時，試著斷言某個網頁區域還沒有被載入，以及你的服務試著聯繫還沒準備好的測試資料庫。最常見的解決方案是在執行斷言時加入延遲，試著等待相關的資源可供使用。有些人會在一段時間內試著重新嘗試斷言。這種做法的問題在於真正的失敗需要很長的時間才會出現，因為測試必須等待設置好的延遲全部跑完才能判定失敗，這會減緩測試速度：

```
// 成功與失敗的測試都一定會花 1 分鐘
Thread.sleep(60 * 1000);
/* 斷言 */

// 成功的測試會盡量快速，
// 失敗的測試一定會花 1 分鐘
await().atMost(1, MINUTES).until(/* 斷言 */);
```

比較好的做法是**偵測**資源何時可用，並且只在這個時候執行斷言。例如，在 Selenium 測試的例子中，你可以在網站的所有網頁加入一個隱形的元素，只在網頁完全載入之後才讓它可用，所以你的測試可以等待這個元素變成可用，再執行斷言：如此一來，當斷言發現預期的元素不存在時，你就知道它是個真正的錯誤，而不是提早執行的斷言。類似的情況，要檢查外部的元件是否已經啟動並運行，你可以使用 wait-for-it 之類的簡單工具（*https://github.com/vishnubob/wait-for-it*）。

非確定性事件

有時意外的事件會影響測試的執行，產生與預期不同的結果，因此造成測試失敗。此時，你要知道的是，得到與預期不同的結果不代表它是錯的，如果有事件影響了測試的執行，可能代表測試收到的東西是不正確的。例如，當你進行驗收測試時，你期望服務回傳特定的回應，但該服務與一項依賴項目之間出現了意外的通訊失敗，進而影響測試的結果。如果伺服器被設置成回應那種通訊失敗，它會產生正確的回應（根據那種情況），但是這會與測試預期的結果不同。

對於這種問題，我們通常會檢測異常並相應地調整測試期望收到的東西。例如，被測試的服務可以指出它的結果被通訊失敗影響了，讓測試斷言直接忽略。不過，你一定要將這種情況告知測試執行框架，並且將測試歸類為 "跳過" 或 "忽略"，因為將它歸類為 "成功" 或 "失敗" 都會造成誤導。當開發者知道測試沒有被執行之後，可以自行決定接下來的動作，或許是重複進行測試，或許是直接接受這回合的測試比較緩慢的風險。

如果別無他法

在一些更罕見的情況下，出於各種原因，你無法解決測試的脆性，或許是你使用別的團隊（甚至別的組織）管理的系統或元件，或許是因為被測試的系統本身就是不確定性的，如果不改寫測試的商業邏輯，你就無法處理意外事件。無論原因是什麼，當你無法進行修復時，就是考慮進行遷移的時候了。

如果你可以修復，只是沒辦法親自進行，需要別人處理它，可考慮暫時忽略測試。你可以直接將它標記成 "忽略"，在將來某個時刻記得將 "忽略" 取消（你可以在團隊共用的行事曆提醒這件事）。或者，如果你想要採取比較自動化的做法，可以設置它，讓它在某個特定日期之後再開始運行，暫時忽略它，並在將來的某個時刻自動不忽略它。

如果測試不可能修復，無論是由你自己還是別人，你可以試著減少測試的範圍。或許你的驗收測試可以結合元件與整合測試來完成，搞不好還會更可靠，甚至更快速（這也是許多團隊最後需要多達一個小時來運行測試的原因）。

最後，如果你的結論是根本不可能修復，那就要考慮刪除測試。這看起來是很激進的手段，但你必須記得，測試是回饋迴圈的一部分，這個迴圈的目的是讓你獲得有價值的資訊：如果它提供的資訊有誤導性並且浪費資源，你就要重新評估測試的價值到底是什麼了。整體來說，刪除測試可能比花時間處理它還要好。

由外往內測試 vs. 由內往外測試

知道各種層級的 app 測試之後，另一個問題是：你該從哪個測試做起？你要先定義整體的端對端測試，再一路往內進行，還是先針對最小的元件做單元測試，再一路做到端對端測試？答案仍然是那句老話：依情況而定。

你的技術、組建管道、技術，甚至個人偏好都會決定選擇由外往內還是由內往外的做法。我們只能列舉這兩種做法的特點，來幫助你做出選擇。

"由外往內 *vs.* 由內往外" 與 "*In-Process vs. Out-of-Process*" 是不一樣的問題

不可否認，這一節的標題與第 311 頁的 **In-Process vs. Out-Of-Process** 非常類似，但它們代表全然不同的事情。在這一節，我們討論編寫各種層級的測試的順序，採取由外往內的做法時，你會先進行最外面的測試（例如，驗收測試），一路往較低的層級進行新的測試。採取由內往外的做法時，你是從最低的層級（單元測試）做起，並逐漸建構更大規模且更長的測試。

另一方面，in-process vs. out-ofprocess 這個問題指的是用來設計與執行元件測試的機制。in-process 在同一個 OS 程序下執行服務與測試，out-of-process 在不同的 OS 程序執行服務與測試。

幸運的是，這些決策通常是在專案開始時決定的，你不需要經常討論它們（淪為混亂的犧牲品）。

由外往內

進行由外往內測試可強迫你預先考慮用戶體驗。你必須先決定端對端測試與驗收測試，並且分析與其他系統互動時的需求與限制，你會直接檢查環境是否容許你做你想要做的事情。此外，它也可以讓你用迭代的做法來定義功能：當你往內進行，並且定義越來越多詳細的測試時，你會經歷元件、合約、整合與單元測試，你和團隊可以在過程中決定如何處理邊緣案例。由外往內開發可確保你不會編寫超出需求的程式碼，因為你做的每一件事都根據高階需求。

不過沒有東西是完美的。採取由外往內組建與測試的參與者必須擁有更強大的開發技術。當程式員在特定層級上測試時，他們必須知道重構及切換到較低層級的正確時機，若非如此，可能會產生不平衡的測試組，太著重大規模的總體測試。此外，何時該讓端對端與驗收測試亮綠燈也是個問題，如果你認為這些測試在功能完全做好之前都要亮紅燈，而你必須預先為它們編寫測試的話，它們將會持續失敗一段時間。如果你的組建程序在測試失敗時會暫停管道，那麼你的管道在功能完全被做出來之前都是阻塞的，這種情況與持續交付背道而馳。但是如果失敗的端對端或驗收測試不會阻塞管道，你可能會將 bug 送到生產環境，這也不是件好事。而且，如果你決定在一開始先編寫測試，直到最後才提交它們，你未提交的程式碼可能會過時，這也不符合持續交付的理念。

為了克服這些問題，有些團隊讓端對端與驗收測試在功能完全實作**之前**可以亮綠燈。他們的想法是，因為這些測試只是表面的，所以可以藉著實作簡單的、不完整的功能來讓它們通過。接著在編寫與實作較低階層的測試時，再讓那些功能完全成熟。這當然可以解決上述的問題，但它也產生另一個問題：人們必須知道，端對端測試亮綠燈，不代表那個功能已經可以公諸大眾了，他們不能將 SerenityBDD 這種工具建立的報告當成絕對是真的，商務人員與開發者也必須密切地溝通，來避免誤解。

由內往外

由內往外測試在某種程度上比較容易執行。或許你無法看到全局，或不知道如何將所有元件組在一起，但你可以從你已經知道的地方開始做起。或許你很肯定某個類別需要加入額外的功能才能實現某項功能，所以你可以從那裡開始工作。

當你由內往外測試時，比較容易在各種測試之間取得正確的平衡。如果你從單元測試開始做起，可以持續編寫測試，直到你發現已經寫完所有情境了。當你發現你無法在單元測試層級做更多測試時，可以往上一層，繼續測試。一旦你到達端對端或驗收測試層級，你會發現需要測試的東西很少，如果有的話，你可能只需要編寫足夠的測試來產生正確的 BDD 報告即可。

由內往外測試有一個缺點是，你可能會在較低層級編寫超乎需求的功能與檢查，或許是因為你在低層級考慮的邊緣案例在較高層級的背景之下根本不可能發生。如果你很難想像這種情況，可以在 Extended Java Shop 的 Feature Flags 服務（資料夾 */featureflags*）找到一個小範例。我們採取由內往外的做法，加入更新旗標的功能，也就是說，我們先在 FlagService 類別裡面加入 updateFlag(Flag) 方法，再在 FlagResource 裡面加入相關的 PUT 操作。

在編寫 FlagService 與 FlagServiceTest 時，我們考慮將沒有旗標 ID 的 Flag 傳入 updateFag(Flag) 方法的情況，我們認為這是一種錯誤的情況，並且建立 FlagWithoutIdException 來提示它。我們按照 "慢慢增加功能" 的工作理念，進行修改、測試它們，並提交它們。當我們在 FlagResource 加入 PUT 方法時，我們建立它與路徑模式 */flags/{flagId}* 的關聯，發現我們在更新旗標時，永遠不會遇到沒有旗標 ID 的情況。如果用戶端試著更新旗標卻不指定旗標 ID，請求的形式將是 PUT /flags/，但框架會將它解讀成對著 /flags 資源進行錯誤的操作，因此會用 405 METHOD NOT ALLOWED 自動拒絕它。事後看來，它只是個沒必要的預防措施。

不一樣的人有不一樣的大腦，不一樣的大腦以不一樣的方式運作

許多人原本偏好使用由外往內或由內往外測試法，後來在職業生涯的某個時刻變成喜好另一種方式，他們通常將這種情況視為 "成熟" 或 "學習"，認為後來的做法比之前的好很多。但現實的情況沒那麼簡單，每個人的思維方式都是不同的，有些人擅長處理抽象與考慮全局，有些人喜歡專注在細節來建立基礎。請勿用別人比較喜歡哪一種做法來評斷他們的技術水準。

額外的資源（尤其是用來測試 Java EE app）

礙於本書的篇幅，我們只能為每個主題提供這麼多的資訊。測試是一種需要用整本書來講解的主題，若要涵蓋 Java EE 與 Spring app 的所有測試細節更是如此。如果你想要更深入學習，我們推薦這些書籍：

- *Testing Java Microservices*（Manning），Alex Soto Bueno 等人合著（即使你不建立微服務，這本書也很適合你）

- *Continuous Enterprise Development in Java*（O'Reilly），Andrew Lee Rubinger 與 Aslak Knutsen 合著

- *Growing Object-Oriented Software, Guided by Tests*（Addison-Wesley Professional），Steve Freeman 與 Nat Pryce 合著

在管道中整合全部

在所有測試層級上具備正確的平衡可提供全面、可靠的測試覆蓋率。現在我們要在自動化的組建管道裡面將它們全部整合在一起了。完成這件的機制取決於你的組建管道使用的技術（Maven、Gradle、Ant 等等）以及組建自動化技術（Jenkins、TeamCity、GoCD 等等）。不過，我們仍然可以列出這些通用的建議：

- 在組建軟體中，讓每一個交付物（即每一個服務或程式庫）都有它自己的任務（job），並且在偵測到將會直接或間接影響交付物的程式碼變動時觸發那個任務。

- 如果你的測試只使用單一交付物（單元、合約、整合與元件測試），就要在那個交付物的任務中執行測試。更重要的是，在理想情況下，你要用組建技術（例如 Maven）的單一命令來執行測試，並處理每一個必要的設定與卸除工作。

- 在成功組建之後，你要將特定的交付物包裝起來，並放在某種形式的存放區（例如 DockerHub、Artifactory 等等）備用。

- 引用一組交付物的測試（例如驗收與端對端測試）在管道中必須擁有它們自己的任務，這個任務必須在任何指定的服務成功地重新組建之後觸發。

- 當你成功執行驗收與端對端測試之後，要將因為變動而觸發測試的交付物部署到生產環境（可以先經歷一或多個測試環境）。

你可以在 Extended Java Shop 找到完整的例子。它的三個預先組建的 Jenkins 伺服器裡面都有預先設置的管道，那些管道的運作方式都與這裡的內容相同。你可以按照 *README.md* 檔案裡面的說明在本地運行 Jenkins 並觀察其行為。

辨識你的測試類型

大部分的組建工具都用一組預設的後綴詞來代表內含測試的類別，例如 *Test 或 *Spec，但是，大部分的組建工具都可讓你定義自己的後綴詞，以協助你瞬間看出你遇到哪個層級的測試失敗。在 Extended Java Shop 的例子中，我們使用 *AT 代表驗收測試，*CDC 代表合約測試，*CT 代表元件測試，*IT 代表整合測試，*Test 代表單元測試。你不需要使用完全相同的後綴詞，但非常鼓勵你用某種方式來辨識各種測試類型。

多少測試才夠？

如果你要讓測試策略與持續交付相容，你的測試策略必須有適當比例的單元測試、驗收測試與端對端測試，在 "發現資訊" 與 "快速、確定性（deterministic）的回饋" 之間取得平衡。如果測試無法產生新資訊，缺陷就無法被檢測到，如果測試的時間太久，交付的速度就變慢，進而引入機會成本。

持續交付提倡持續測試──這種測試策略使用大量的自動化單元測試與驗收測試，輔以少量的自動化端對端測試與重點探勘測試。我們可以用測試金字塔來表示持續測試的測試比率，見圖 11-4。

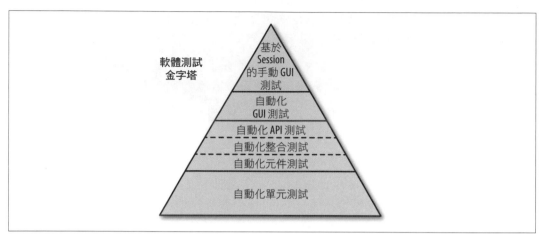

圖 11-4　從測試金字塔可以看到，比較快、局部性的測試是比較慢、廣泛的測試的基礎

找到平衡並不容易，而且你無法知道是否做到這一點。但是你可以考慮採取一些探索方法。注意，測試的真正目標**不是**確保軟體毫無缺陷，這是不可能的事情。當你經常變動某些東西時，錯誤就會發生，且 bug 就會出現。測試的目的是**檢測**這些錯誤有沒有發生，以限制它的影響。當你開始這樣看待測試時，就可以開始感受測試究竟太多還是太少。如果你發現部分程式碼的損壞不會讓測試失敗，這就代表測試太少。如果你發現有些測試無法單獨失敗（即，進行變動來只讓那個測試失敗），或許代表有些測試是多餘的。

要實現測試平衡，仔細檢查與了解基礎程式非常重要，但有些工具可以提供幫助。例如，JCov 或 JaCoCo 等測試覆蓋率工具可以指出還沒有被測試覆蓋的區域。但是當你解讀這些工具的報告時要很小心：一行程式有被測試覆蓋，不一定代表那行程式的斷言有被執行。測試覆蓋工具可以在某些程式**未**被覆蓋時提醒你，但它不能代表某些程式**已經**被覆蓋了。

比較高級的工具可以在特定區域沒有被測試覆蓋時發出警告，但它們執行起來既緩慢且高昂，Jester 就是這種工具。Jester 可以在程式中隨機進行修改，接著執行測試，預期會出現某些失敗，如果沒有，它就會提示這項變動沒有被測試到，完成一個回合之後，它會恢復之前的變動，在別的地方進行另一個變動，並重複測試。它會持續做這件事，直到它認為已經試了所有可能的組合為止。Jester 經常要花好幾個小時才能完成一個回合，但這是你為了取得充分的自信必須付出的代價。

總之，保持警惕是最重要的事情，你不可能擁有 "剛好足夠" 的測試量，它永遠都會太多或太少。但如果你持續關注系統，或許還可以使用之前提到的一些工具，你就可以在開始偏離甜蜜點時，發現並糾正錯誤。

小結

要建立對軟體的信任，測試是不可或缺的，它可以讓你充滿信心地交付產品。但是在持續交付領域，你不能依賴手動測試，因為變化的步調太快了，所以你要採取適當的自動化策略：

- 建立全方位的測試不但可以確保 app 的新功能一如預期地運作，也可以確保既有的功能未被破壞。

- 綜合交易是終極測試手段，因為它可以完全複製用戶將會做的事情，但因為它是在生產環境中運行的，所以會增加許多風險。

- 廣泛的端對端測試跑起來很慢，通常也很脆弱，但只有這種測試整合所有的元件，因此它也是最接近真正的用戶體驗的一種。

- 驗收測試也很慢，但它可以確認所有元件可以良好地一起運作，指出你是否正確地完成工作。

- 使用方驅動合約可驗證兩項服務符合它們對於彼此的期望，不需要浪費資源載入整個 app。

- 元件測試將整個服務視為一個黑盒子，確保裡面的每一個部分都良好配合。

- 整合測試檢查元件之間的縫隙，驗證所有可能的互動變化。

- 單元測試跑得很快，所以你可以將它們當成基礎，盡量測試軟體的邏輯。

- 將所有測試都整合到自動化組建管道裡面可以確保出現任何程式變動時，軟體都可以被詳盡地測試，並且在適當的時機釋出至生產環境。

看完這一章之後，你已經掌握了驗證軟體的所有事項了，但是正確的軟體只占用戶體驗的一半，另一半是非功能需求，這是下一章的主題：無論你的 app 多麼 "正確"，如果 app 很慢或不穩定，用戶都不會開心。

第十二章

系統品質屬性測試：
驗證非功能需求

你已經從上一章知道，你必須測試軟體是否正確，並交付所需的商務功能了。但是確保系統的可靠性與可擴展性，以及軟體可以用符合成本效益的方式運行也一樣重要。傳統上，驗證軟體系統品質的方法可以分成功能需求測試與非功能需求測試，非功能需求有時稱為*跨功能需求*或*系統品質屬性*。本章將介紹如何測試這些非功能需求。

為什麼要測試非功能需求？

非功能需求通常會被拖到軟體交付專案的尾聲才被測試，有時會被完全忽略，尤其是在資源（與專家）有限的小團隊裡面。企業開發團隊在這方面通常做得比較好，部分的原因是他們有更好的專業技術，部分的原因是他們更了解顧客與相關資源的使用情況。

許多企業組織都會在大型專案的可行性研究中進行產能與安全性規劃。實際上，這種做法通常充滿不確定性與危險，因為商務團隊還不確定顧客的數量、使用模式與潛在威脅，而工程團隊還不確定軟體提供的每一個功能單位的影響與能力需求。近來，大家開始在邊界明確的服務裡面設計功能、在靈活且可以用程式定義的基礎設施上進行部署，並且採取責任分擔模式（例如 DevOps、SRE），大大地減少這種測試的負擔。

本書會交換使用非功能需求、跨功能需求與系統屬性這些術語。但是，我要強調，雖然非功能需求是最流行的一種，但它應該也是最不正確的，可能會讓人們不那麼重視這種品質屬性，因為 "非功能" 這個詞暗示人們不測試這些需求不會影響系統的功能，但事實並非如此，尤其是在考慮到以下的現實情況之下：顧客會在當今的 HackerNews 或 Twitter 上廣泛討論、底層的基礎設施平台潛伏著壯觀的失敗模式，以及有許多組織是專門為了入侵軟體系統而建立的（有時是國家支持的）。

使用協作與準生產準備清單

有一些大型的組織，例如 Google 與 Uber，都在會議上展示了他們將 app 部署給用戶之前，如何要求工程師完成協作檢查表（*http://bit.ly/2OdU2g1*）或準生產準備清單。這種做法有很大的價值，因為檢查表會迫使你思考 app 開始接收流量並扮演商務活動的關鍵角色時，你應該支援它的各個層面，這些檢查表有許多項目都把焦點放在非功能需求上。

好消息是，藉由目前的工具、方法與可程式基礎設施，執行這些測試比以前容易多了。

程式碼品質

寫程式本身就是一種創造性的行為，所以各種功能通常都有多種實作方式。幾乎每位開發者都有他們自己的風格（通常在他們知道的各個語言內），但是作為團隊的一份子，你必須完全遵守程式碼品質的底線，例如程式碼格式，或使用語言深奧的部分。

程式碼品質的主要衡量標準是功能是否滿足指定的需求，你已經在上一章學過如何驗證它了，重點在於測試功能需求。程式碼品質的 "非功能" 層面包含減少 time-to-context（別的開發者多麼容易看得懂程式碼，以及別人能不能快速了解實作邏輯），以及沒有缺點（deficiency）（程式碼的編寫方式可否讓 app 有效擴展，或優雅地處理錯誤）。

第 9 章已經介紹如何使用 Checkstyle 與 PMD 等工具在 CI 程序中自動檢查程式風格了，在這一章，你將學會如何使用自動化的架構品質評估工具來增強它。

架構品質

組建管道是編寫與執行大家講好的架構品質的主要位置。有了這些品質聲明不代表團隊再也不能討論標準與品質層級了，也絕不代表團隊不能進行內部或與團隊之間的溝通。但是在組建管道裡面檢查與發布品質標準，可以防止以其他的方法難以發現的品質劣化。

ArchUnit：單元測試架構

ArchUnit（*https://www.archunit.org/*）是一種開放原始碼、可擴展的程式庫，可用 JUnit 或 TestNG 等 Java 單元測試框架來檢查 Java 程式碼的架構。ArchUnit 可以檢查包裝與類別、階層與切片（slices）之間的依賴關係，檢查循環依賴關係等等。它的做法是分析 Java bytecode 並匯入所有類別到 Java 程式碼架構來分析。

為什麼要測試架構？

這是個好問題，而且 ArchUnit Motivation 有這個問題的答案！它先說一個曾經參與大型專案的多數開發者都知道的故事：很久很久以前，有一個架構師繪製了一系列漂亮的架構圖，展示了系統應由哪些元件組成，以及它們如何互動。然後，專案變大了，使用案例也變複雜了，有新開發者加入團隊，舊開發者離開團隊，大家開始使用任何一種適合的方式加入新功能。突然間，每一項東西都依賴所有的東西，每一個變化都可能對其他元件造成不可預見的影響。我們相信你們很多人都知道這種情況。

為了糾正這個問題，你可以讓一位經驗老到的開發者或架構師每週查看程式碼一次、找出違規行為，並修正它們。實際上，更實用的做法是在程式中定義元件，以及對這些元件進行自動測試的規則（例如在持續整合組建程序之中）。

要結合使用 ArchUnit 與 JUnit 4，請在 Maven Central 加入範例 12-1 列出的依賴項目。

範例 *12-1 在 Maven pom.xml 中加入 ArchUnit*

```
<dependency>
    <groupId>com.tngtech.archunit</groupId>
    <artifactId>archunit-junit</artifactId>
    <version>0.5.0</version>
    <scope>test</scope>
</dependency>
```

ArchUnit 提供了將 Java bytecode 匯入 Java 程式碼架構的基礎設施。你可以用 ClassFileImporter 來做這件事。你可以用類似 DSL 的流暢 API 來實現 "服務只能被控制者使用" 這類的架構規則，並且用它來評估被匯入的類別，見範例 12-2。

範例 *12-2 使用 ArchUnit DSL 來斷言服務只能被控制器使用*

```
import static com.tngtech.archunit.lang.syntax.ArchRuleDefinition.classes;

// ...

@Test
public void Services_should_only_be_accessed_by_Controllers() {
    JavaClasses classes =
    new ClassFileImporter().importPackages("com.mycompany.myapp");

    ArchRule myRule = classes()
        .that().resideInAPackage("..service..")
        .should().onlyBeAccessed().byAnyPackage("..controller..", "..service..");

    myRule.check(classes);
}
```

GitHub 有許多 ArchUnit 範例可供參考（*https://github.com/TNG/ArchUnit-Examples*），我們將列出其中一些例子，讓你了解這種框架的威力。延續上述的例子，你可以實施更階層化（more layer-based）的使用規則，如範例 12-3 所示。

範例 *12-3 用 ArchUnit 來實施其他的 layer-based 使用規則*

```
@ArchTest
public static final ArchRule layer_dependencies_are_respected = layeredArchitecture()
        .layer("Controllers").definedBy("com.tngtech.archunit.example.controller..")
        .layer("Services").definedBy("com.tngtech.archunit.example.service..")
        .layer("Persistence").definedBy("com.tngtech.archunit.example.persistence..")
        .whereLayer("Controllers").mayNotBeAccessedByAnyLayer()
        .whereLayer("Services").mayOnlyBeAccessedByLayers("Controllers")
        .whereLayer("Persistence").mayOnlyBeAccessedByLayers("Services");
```

你也可以實施命名規範，例如使用前綴詞，或指定用某種方式命名的類別必須放在適當的包裝內（例如，這可以防止開發者將控制器類別放在控制器包裝外面），見範例 12-4。

範例 12-4　用 *ArchUnit* 實施命名規範

```
@ArchTest
public static ArchRule services_should_be_prefixed =
        classes()
                .that().resideInAPackage("..service..")
                .and().areAnnotatedWith(MyService.class)
                .should().haveSimpleNameStartingWith("Service");

@ArchTest
public static ArchRule classes_named_controller_should_be_in_a_controller_pkg =
        classes()
                .that().haveSimpleNameContaining("Controller")
                .should().resideInAPackage("..controller..");
```

最後，你也可以規定只有特定的類別可以使用其他類別、欄位，例如，只有 DAO 可以使用 EntityManager，見範例 12-5。

範例 12-5　實施類別使用模式

```
@ArchTest
public static final ArchRule only_DAOs_may_use_the_EntityManager =
        noClasses().that().resideOutsideOfPackage("..dao..")
                .should().accessClassesThat()
                .areAssignableTo(EntityManager.class)
                .as("Only DAOs may use the " +
                EntityManager.class.getSimpleName());
```

用 JDepend 產生設計品質數據

JDepend 比 ArchUnit 更早問世，或許它提供的功能較少，但這兩種框架可以互補。JDepend 會遍歷 Java 類別檔案目錄，並且為每一個 Java 包裝產生設計品質數據。JDepend 可讓你自動評量設計的品質，包括擴展性、復用性與易維護性，讓你高效地管理包裝依賴項目。

JDepend 已逐漸年邁

JDepend 最後一個官方版本是在 2005 年釋出的，用 "科技年齡"（很像狗的年齡）來看，這是一段很長的時間。有人已經將基礎程式分岔，進行一系列的 bug 修復，但你仍然要謹慎地使用它，尤其是在支援新語言功能的方面。我們傾向使用 SonarQube 來取得設計品質數據，用 ArchUnit 來確定架構需求。但是我們也介紹 JDepend，因為我們經常在諮詢活動中遇到這種框架。

如同 JDepend 網站所說的，這個框架可以幫每一個 Java 包裝產生設計品質數據，包括：

類別與介面數量

包裝內的具體與抽象（和介面）類別的數量是包裝的可擴展性的指標。

向心耦合（*afferent couplings*，Ca）

有多少其他包裝使用這個包裝的類別，它是包裝的負責（responsibility）指標。

離心耦合（*efferent couplings*，Ce）

這個包裝裡面的類別依賴多少個其他包裝，它是包裝的獨立性指標。

抽象性（*abstractness*，A）

這個包裝裡面的抽象類別（與介面）數量與總類別數量的比值。

不穩定性（*instability*，I）

離心耦合 Ce 與總耦合（Ce + Ca）的比值，因此 I = Ce /（Ce + Ca）。這個數據代表包裝抵抗變動的韌性。

與主序列的距離（D）

包裝與理想線 A + I = 1 的垂直距離。它代表包裝的抽象性與穩定性之間的平衡情形。

包裝依賴關係循環

JDepend 會同時回報包裝依賴關係循環與參與依賴循環的包裝的階層路徑（hierarchical paths）。

> ## 數據不一定代表設計的好壞
>
> JDepend 清楚地談到，在使用 JDepend 等設計品質分析框架之前，一定要了解 "好的" 品質設計數據不一定代表好的設計。同樣的，"不良的" 設計品質數據不一定代表不良的設計。JDepend 的設計品質數據是要讓設計者評估他們建立的設計，了解那些設計，以及自動檢查設計被增加或重構時，是否展現預期的品質。

JDepend 可以當成獨立的工具使用，但人們通常會用 JUnit 來分析。你可以像範例 12-6 一樣在專案中加入 JDepend。請注意，原始的 JDepend 已經沒有人維護了，不過有人分岔了它的基礎程式來修復一些 bug。

範例 12-6　在 Maven pom.xml 加入 JDepend

```
<dependency>
    <groupId>guru.nidi</groupId>
    <artifactId>jdepend</artifactId>
    <version>2.9.5</version>
</dependency>
```

範例 12-7 使用 JDepend 來分析基礎程式，並確定被斷言的依賴項目是有效的。

範例 12-7　用 JDepend 進行約束測試

```
public class ConstraintTest extends TestCase {
...
    protected void setUp() throws IOException {

        jdepend = new JDepend();

        jdepend.addDirectory("/path/to/project/util/classes");
        jdepend.addDirectory("/path/to/project/ejb/classes");
        jdepend.addDirectory("/path/to/project/web/classes");
    }

    /**
     * 測試包裝是否滿足
     * 依賴項目約束。
     */
    public void testMatch() {

        DependencyConstraint constraint = new DependencyConstraint();
```

```
    JavaPackage ejb = constraint.addPackage("com.xyz.ejb");
    JavaPackage web = constraint.addPackage("com.xyz.web");
    JavaPackage util = constraint.addPackage("com.xyz.util");

    ejb.dependsUpon(util);
    web.dependsUpon(util);

    jdepend.analyze();

    assertEquals("Dependency mismatch",
            true, jdepend.dependencyMatch(constraint));
  }
...
}
```

性能與負載測試

了解 app 及其各個服務元件的性能特徵是相當有價值的工作，因此，你必須掌握如何測試性能與負載。負載測試可以在 app 層級上運作，涵蓋整個系統，也可以在模組層級上運作，涵蓋單一服務或功能。有效地結合這兩種做法可讓你快速發現在隔離的元件以及整體用戶體驗之中的性能趨勢

提升 Java 性能的其他資源

如果你想要進一步了解如何編寫高性能的 Java 程式與 app，我們推薦這些書籍：

- *Optimizing Java: Practical Techniques for Improving JVM Application Performance*（O'Reilly），Benjamin J. Evans 等人合著

- *Java Performance: The Definitive Guide*（O'Reilly），Scott Oaks 著

使用 Apache Benchmark 做基本性能測試

Apache Bench ab 工具是相當容易使用的性能基準測試工具。這種 CLI 驅動的工具會對著指定的 URL 發出大量的請求，並回傳性能相關數據至終端機。雖然這不是特別靈活的工具，但它很簡單，這意味著當你需要快速進行性能測試時，它是個非常好的工具。你可以用包裝管理器來安裝這個工具，如果你使用 Windows，可以用 Chocolately 安裝替代方案 SuperBenchmarker（*https://github.com/aliostad/SuperBenchmarker*）。安裝好工具之後，你可以在終端機直接輸入 **ab** 來取得可用的參數清單，你應該會經常使用 -n 來設定基準測試對話之中的請求數，使用 -c 來設定一次執行的併發請求數，以及目標 URL。例如，要使用 10 個請求，每次執行 2 個請求來對 Google 進行基準測試，你可以執行範例 12-8 。

範例 12-8　使用 Apache Bench ab 對 Google 執行性能基準測試

```
$ ab -n 10 -c 2 http://www.google.com/
This is ApacheBench, Version 2.3 <$Revision: 1807734 $>
Copyright 1996 Adam Twiss, Zeus Technology Ltd, http://www.zeustech.net/
Licensed to The Apache Software Foundation, http://www.apache.org/

Benchmarking www.google.com (be patient).....done


Server Software:
Server Hostname:        www.google.com
Server Port:            80

Document Path:          /
Document Length:        271 bytes

Concurrency Level:      2
Time taken for tests:   0.344 seconds
Complete requests:      10
Failed requests:        0
Non-2xx responses:      10
Total transferred:      5230 bytes
HTML transferred:       2710 bytes
Requests per second:    29.11 [#/sec] (mean)
Time per request:       68.707 [ms] (mean)
Time per request:       34.354 [ms] (mean, across all concurrent requests)
Transfer rate:          14.87 [Kbytes/sec] received

Connection Times (ms)
              min  mean[+/-sd] median   max
Connect:       13   32  51.6     17     179
```

```
Processing:    14    18    3.5    16     23
Waiting:       13    17    3.1    16     23
Total:         28    50   50.4    35    193

Percentage of the requests served within a certain time (ms)
  50%      35
  66%      37
  75%      38
  80%      44
  90%     193
  95%     193
  98%     193
  99%     193
 100%     193 (longest request)
```

Apache Bench 工具很適合快速進行負載測試，但它無法提升虛擬用戶（發出請求），也無法用斷言建立更複雜的情境。你也很難在組建管道中使用 ab，並且將輸出解析成有意義的格式。考慮到這些因素，你可以使用更強大的工具，例如 Gatling。

什麼是虛擬用戶？

當你執行負載測試時，會模擬一些同時使用系統的用戶。**虛擬用戶**（VU）是一種應用程式，或應用程式內的執行緒或程序，它們會像真正的用戶一樣發出請求給 web app。在負載測試期間，一台電腦就可以讓許多虛擬用戶發出請求，在這個背景之下，那台電腦稱為**驅動機器**，它可能是你的本地機器，或透過組建管道協調的一系列機器。

如果你要了解更多資訊，Load Impact 的 "Determining Concurrent Users in Your Load Tests"（*http://bit.ly/2NEWFIi*）解釋了如何從 Google Analytics 資料中挖掘相關資料。*webperformance.com*（*http://bit.ly/2DzridM*）網站也有實用的 VU 計算器。

用 Gatling 進行負載測試

Gatling 是一種基於 Scala、Akka 與 Netty 的開放原始碼負載及性能測試工具。你可以輕鬆地獨立執行它，或是在 CD 組建管道中執行它，而且它的 DSL（"以程式碼測試性能"）與產生互動的請求記錄機制也提供許多彈性。Gatling 比一般的負載測試工具優秀的地方是它提供許多組態，可讓你設定如何模擬 VU 與網站的互動，包括數量、併發性與漸增性。DSL 也可以讓你指定斷言，例如 HTTP 狀態碼、資料體內容，與可接受的延遲，因此它是一種強大的工具。

JMeter 發生了什麼事？

Apache JMeter 負載測試工具專案仍然十分活躍且健康，我們依然在專案中使用這種工具，但礙於本書的篇幅，也因為 JMeter 工具越來越年長了，我們決定把重心放在較靈活的 Gatling 工具上面。如果你不想要學習新的 DSL，JMeter 也是可行的替代方案。如果你想要進一步了解 JMeter，可參考它的首頁（*https://jmeter.apache.org/*）。

你可以從專案的網站下載 Gatling（*https://gatling.io/download/*）。Gatling 的核心概念包括：

模擬

模擬檔案裡面有各種測試情境、參數與注入 profile。

情境

情境包含一系列請求，可視為一個用戶旅程。

群組

群組可用來細分情境。你也可以將群組當成一個有功能目的（例如，登入程序）的模組。

請求

請求就是你想到的東西：對著受測系統發出的用戶請求。

注入 *profile*

注入 profile 就是在測試期間注入受測系統的虛擬用戶數量，以及它們如何被注入。

O'Reilly Docker Java Shopping（*https://github.com/danielbryantuk/oreilly-dockerjava-shopping*）有如何用 Gatling 對一個以 Docker Compose 部署的 Java app 執行負載測試的示範。DSL 可讓你將負載測試模擬寫成 Scala 類別，但不用擔心，你只要稍微了解這種語言就可以了。

你可以從範例 12-9 看到如何指定協定，這就是發出請求的方式。這個例子使用的協定是 HTTP，模擬用戶使用 Mozilla 瀏覽器的情況。接著指定情境，以及對著 API 執行（exec）請求。這個模擬的最後一個部分指定漸增的虛擬用戶數量，以及你需要的斷言。這個範例斷言最大全域回應時間小於 50 ms，且沒有失敗的請求。

範例 12-9　DjShoppingBasicSimulation Gatling Scala 負載測試

```
package uk.co.danielbryant.djshopping.performancee2etests

import io.gatling.core.Predef._
import io.gatling.http.Predef._

import scala.concurrent.duration._

class DjShoppingBasicSimulation extends Simulation {

  val httpProtocol = http
    .baseURL("http://localhost:8010")
    .acceptHeader("text/html,application/xhtml+xml,application/xml;q=0.9,*/*;q=0.8")
    .acceptEncodingHeader("gzip, deflate")
    .acceptLanguageHeader("en-US,en;q=0.5")
    .userAgentHeader("Mozilla/5.0 (Macintosh; Intel Mac OS X 10.8; rv:16.0)
                     Gecko/20100101 Firefox/16.0")

  val primaryScenario = scenario("DJShopping website and API performance test")
    .exec(http("website")
      .get("/")
      .check(
        status is 200,
        substring("Docker Java")))
    .pause(7)

    .exec(http("products API")
      .get("/products")
      .check(
        status is 200,
        jsonPath("$[0].id") is "1",
        jsonPath("$[0].sku") is "12345678"))

  setUp(primaryScenario.inject(
```

```
        constantUsersPerSec(30) during (30 seconds)
    ).protocols(httpProtocol))
      .assertions(global.responseTime.max.lessThan(50))
      .assertions(global.failedRequests.percent.is(0))
}
```

你可以透過 SBT 組建工具來執行模擬，見範例 12-10。

範例 *12-10* 　執 行 *Gatling* 來測試 *Docker Java Shop* 的 負 載

```
$ git clone https://github.com/danielbryantuk/oreilly-docker-java-shopping
$ cd oreilly-docker-java-shopping
$ ./build_all.sh
$ [INFO] Scanning for projects...
[INFO]
[INFO] --------------< uk.co.danielbryant.djshopping:shopfront >---------------
[INFO] Building shopfront 0.0.1-SNAPSHOT
[INFO] ------------------------------[ jar ]-------------------------------
[INFO]
[INFO] --- maven-clean-plugin:2.6.1:clean (default-clean) @ shopfront ---

...

[INFO] --- maven-install-plugin:2.5.2:install (default-install) @ stockmanager ---
[INFO] Installing /Users/danielbryant/Documents/dev/daniel-bryant-uk/
                   tmp/oreilly-docker-java-shopping/
                   stockmanager/target/stockmanager-0.0.1-SNAPSHOT.jar to
                   /Users/danielbryant/.m2/repository/uk/co/danielbryant/
                   djshopping/stockmanager/0.0.1-SNAPSHOT/
                   stockmanager-0.0.1-SNAPSHOT.jar
[INFO] Installing /Users/danielbryant/Documents/dev/daniel-bryant-uk/
                   tmp/oreilly-docker-java-shopping/
                   stockmanager/pom.xml to
                   /Users/danielbryant/.m2/repository/uk/co/danielbryant/djshopping/
                   stockmanager/0.0.1-SNAPSHOT/stockmanager-0.0.1-SNAPSHOT.pom
[INFO] ------------------------------------------------------------------------
[INFO] BUILD SUCCESS
[INFO] ------------------------------------------------------------------------
[INFO] Total time: 12.653 s
[INFO] Finished at: 2018-04-07T12:12:55+01:00
[INFO] ------------------------------------------------------------------------
$
$ docker-compose -f docker-compose-build.yml up -d --build
Building productcatalogue
Step 1/5 : FROM openjdk:8-jre
 ---> 1b56aa0fd38c
...
```

```
Successfully tagged oreillydockerjavashopping_shopfront:latest
oreillydockerjavashopping_productcatalogue_1 is up-to-date
oreillydockerjavashopping_stockmanager_1 is up-to-date
oreillydockerjavashopping_shopfront_1 is up-to-date
$
$ sbt gatling:test

(master) performance-e2e-tests $ sbt gatling:test
[info] Loading project definition from /Users/danielbryant/Documents/dev/
                                      daniel-bryant-uk/tmp/
                                      oreilly-docker-java-shopping/
                                      performance-e2e-tests/project
[info] Set current project to performance-e2e-tests
       (in build file:/Users/danielbryant/Documents/dev/daniel-bryant-uk/tmp/
       oreilly-docker-java-shopping/performance-e2e-tests/)
Simulation uk.co.danielbryant.djshopping.performancee2etests
          .DjShoppingBasicSimulation started...


================================================================================
2018-04-07 14:49:00                                          5s elapsed
---- DJShopping website and API performance test -----------------------------
[----------                                                           ] 0%
          waiting: 768    / active: 132    / done:0
---- Requests ----------------------------------------------------------------
> Global                                           (OK=131     KO=0      )
> website                                          (OK=131     KO=0      )
================================================================================



================================================================================
2018-04-07 14:49:05                                          10s elapsed
---- DJShopping website and API performance test -----------------------------
[#####-----------------                                               ] 7%
          waiting: 618    / active: 211    / done:71
---- Requests ----------------------------------------------------------------
> Global                                           (OK=352     KO=0      )
> website                                          (OK=281     KO=0      )
> products API                                     (OK=71      KO=0      )
================================================================================
...



================================================================================
2018-04-07 14:49:33                                          37s elapsed
---- DJShopping website and API performance test -----------------------------
[####################################################################]100%
          waiting: 0      / active: 0      / done:900
```

```
---- Requests ---------------------------------------------------------
> Global                                      (OK=1800    KO=0      )
> website                                     (OK=900     KO=0      )
> products API                                (OK=900     KO=0      )
=======================================================================

Simulation uk.co.danielbryant.djshopping.performancee2etests
          .DjShoppingBasicSimulation completed in 37 seconds
Parsing log file(s)...
Parsing log file(s) done
Generating reports...


=======================================================================
---- Global Information -----------------------------------------------
> request count                        1800 (OK=1800    KO=0      )
> min response time                       6 (OK=6       KO=-      )
> max response time                     163 (OK=163     KO=-      )
> mean response time                     11 (OK=11      KO=-      )
> std deviation                           8 (OK=8       KO=-      )
> response time 50th percentile          10 (OK=10      KO=-      )
> response time 75th percentile          12 (OK=11      KO=-      )
> response time 95th percentile          19 (OK=19      KO=-      )
> response time 99th percentile          36 (OK=36      KO=-      )
> mean requests/sec                  47.368 (OK=47.368 KO=-       )
---- Response Time Distribution ---------------------------------------
> t < 800 ms                           1800 (100%)
> 800 ms < t < 1200 ms                    0 (  0%)
> t > 1200 ms                             0 (  0%)
> failed                                  0 (  0%)
=======================================================================

Reports generated in 0s.
Please open the following file: /Users/danielbryant/Documents/dev/
                          daniel-bryant-uk/tmp/oreilly-docker-java-shopping/
                          performance-e2e-tests/target/gatling/
                          djshoppingbasicsimulation-1523108935957/index.html
Global: max of response time is less than 50 : false
Global: percentage of failed requests is 0 : true
[error] Simulation DjShoppingBasicSimulation failed.
[info] Simulation(s) execution ended.
[error] Failed tests:
[error]    uk.co.danielbryant.djshopping.performancee2etests.DjShoppingBasicSimulation
[error] (gatling:test) sbt.TestsFailedException: Tests unsuccessful
[error] Total time: 40 s, completed 07-Apr-2018 14:49:34
```

當你透過 CLI 執行 Gatling 時，它可以產生實用的中間（intermediate）結果，與優秀的摘要資訊。當你透過組建管道工具來執行它時，它也可以產生 HTML 報告，可讓整個團隊輕鬆地使用。

Gatling Recorder 可以捕捉互動

Gatling Recorder（*https://gatling.io/docs/2.3/http/recorder/*）可以扮演瀏覽器與 HTTP 伺服器之間的 HTTP 代理伺服器或轉換 HAR（HTTP Archive）檔案來協助你快速地產生情境。無論採取哪種方式，Recorder 都可以產生一個簡單的模擬，來模仿你預錄的瀏覽。這種寶貴的做法可用來產生互動腳本與測試。

了解性能測試的黑暗面：Abraham 的經驗

你可能聽過這句話 "謊言有三種：謊言、該死的謊言與統計數據"，或改編的版本 "謊言、該死的謊言與基準測試"。這句話很適合現在的背景。

我看過很多團隊認為他們已經設置好性能測試了，但是經過仔細的檢查之後，才發現那些測試沒有真的告訴他們原本他們預期的東西。基準測試的問題在於，它們只能與完全相同的條件下取得的結果進行比較，猜猜結果會怎樣？你的性能測試環境與生產環境是不同的，這意味著性能測試並不是在與生產環境的 app 相同的條件下運行的，也就是說，性能測試期間得到的結果並不適用於生產環境。

就連不是性能專家的我都可以用十幾個理由證明測試不是性能的保證，真正的專家或許可以告訴你好幾十個理由。你很難用測試來確保 app 能夠處理特定的工作負載，或事務可以在指定的時間限制內運行，或許困難的程度讓你根本不值得尋求這種測試。除非在你從事的領域中，糟糕的性能確實代表故障（而不僅僅是偶爾惹惱顧客），例如金融技術領域，否則你不需要那麼複雜。

根據我的觀察，可以從性能測試中受益的團隊大多不是那些關心基準測試能否到達特定值的團隊，而是僅僅依靠監看基準測試來發現意外變化的團隊。當你的基準測試指標因為未知的原因突然上升或下降時，就是需要進行調查的時刻了。

安全防護、漏洞與威脅

現在犯罪的人已經越來越精通技術了，再加上越來越多人在連接公共網路的電腦上管理寶貴（且私人）的資料，各類的因素構成了潛在的安全挑戰。因此，在軟體交付團隊中，從專案一開始就考慮安全性是每個人的職責。當你試著實作持續交付時，必須了解並規劃安全防護的許多層面。CD 組建管道通常是很適合編寫與執行安全需求的地方。這一節將介紹程式碼與依賴項目漏洞檢查、平台特有的安全問題，以及威脅模型建立。

敏捷應用程式安全防護

有些組織認為敏捷方法與安全防護方法是不相容的，個議題眾說紛紜。如果你正在努力解決這個問題，或發現應用程式有許多需要管理層的支持才可以修復的安全問題，我們建議你閱讀 Laura Bell、Michael Brunton-Spall 等人合著的 *Agile Application Security*（O'Reilly）。

程式碼層級的安全驗證

供 FindBugs 靜態分析工具（之前提過了）使用的 Find Security Bugs（*http://find-sec-bugs.github.io/*）外掛是檢查 Java 程式中已知的安全問題的首選工具，它可以偵測 125 種漏洞類型，與超過 787 種獨特的 API 簽章。這種工具可以和 Maven 及 Gradle 等組建工具良好地搭配，根據找到的東西產生 XML 與 HTML 報告。

商用程式碼掃描工具的價值

根據你的安全需求，或許你可以研究商用程式碼安全掃描工具，例如 Black Duck（*https://www.blackducksoftware.com/*）的產品，或 Sonatype 的（*https://www.sonatype.com/*）Nexus Software Supply Chain Management。這些公司專門找出與解決安全問題，這是個快速變化和發展的領域，新的攻擊每天都會發生，新的漏洞也幾乎以相同的速度出現。如果你覺得商用安全掃描工具很貴，先問問自己（與組織的其他人）能不能承擔安全漏洞的代價。

Find Security Bugs 外掛的文件非常詳盡。你可以在 Bug Patterns（*http://find-sec-bugs. github.io/bugs.htm*）網頁中，找到這個外掛可以在程式碼裡面找到的所有安全問題。以下列舉幾個：

- 結果可被猜到的偽亂數產生器

- 不可信任的 servlet 參數或查詢字串

- 在 cookie 中可能很敏感的資料

- 潛在的路徑遍歷（檔案讀取）

- 潛在的命令注入

- 接收任何憑證的 TrustManager

- 透過 `TransformerFactory` 進行 XML 外部實體（XXE）攻擊的 XML 解析漏洞

- 寫死的密碼

- 資料庫與 AWS 查詢注入

- 停用 Spring CSRF 保護

範例 12-11 是個從 main 方法啟動的 Java app 範例，裡面有一些故意加入的安全 bug。第一個比較容易處理，它不小心使用 *Random* 來產生加密用的安全亂數。第二個在執行 runtime 時，使用一個未解析的參數值（同樣的原則也適用於 SQL 和其他注入攻擊）。

範例 12-11　含有明顯的安全問題的 Java app

```
package uk.co.danielbryant.oreillyexamples.builddemo;

import org.slf4j.Logger;
import org.slf4j.LoggerFactory;

import java.io.IOException;
import java.util.Random;

public class LoggingDemo {

    public static final Logger LOGGER = LoggerFactory.getLogger(LoggingDemo.class);

    public static void main(String[] args) {
        LOGGER.info("Hello, (Logging) World!");
        Random random = new Random();
        String myBadRandomNumString = Long.toHexString(random.nextLong());
```

```
        Runtime runtime = Runtime.getRuntime();
        try {
            runtime.exec("/bin/sh -c some_tool" + args[1]);
        } catch (IOException iox) {
            LOGGER.error("Caught IOException with command", iox);
        }
    }
}
```

範例 12-12 是這個專案的 Maven POM 部分內容，裡面有 Maven FindBugs 外掛與 Find Security Bug 外掛。你可以看到，這個範例設置 Maven reporting 來加入 Find Bugs HTML/site 報告的生成。

範例 12-12　在專案的 *findbugs-maven-plugin* 中加入 *findsecbugs-plugin*

```
<?xml version="1.0" encoding="UTF-8"?>
<project xmlns="http://maven.apache.org/POM/4.0.0"
         xmlns:xsi="http://www.w3.org/2001/XMLSchema-instance"
         xsi:schemaLocation="http://maven.apache.org/POM/4.0.0
                             http://maven.apache.org/xsd/maven-4.0.0.xsd">
    <modelVersion>4.0.0</modelVersion>

...

    <build>
        <plugins>
...
            <plugin>
                <groupId>org.codehaus.mojo</groupId>
                <artifactId>findbugs-maven-plugin</artifactId>
                <version>3.0.5</version>
                <executions>
                    <execution>
                        <phase>verify</phase>
                        <goals>
                            <goal>check</goal>
                        </goals>
                    </execution>
                </executions>
                <configuration>
                    <effort>Max</effort>
                    <threshold>Low</threshold>
                    <failOnError>true</failOnError>
                    <plugins>
                        <plugin>
```

```
                              <groupId>com.h3xstream.findsecbugs</groupId>
                              <artifactId>findsecbugs-plugin</artifactId>
                              <version>LATEST</version>
                              <!-- Auto-update to the latest stable -->
                          </plugin>
                      </plugins>
                  </configuration>
              </plugin>
          </plugins>
      </build>
      <reporting>
          <plugins>
              <plugin>
                  <groupId>org.codehaus.mojo</groupId>
                  <artifactId>findbugs-maven-plugin</artifactId>
                  <version>3.0.5</version>
              </plugin>
          </plugins>
      </reporting>

  </project>
```

現在你可以將這個外掛當成驗證生命週期鉤點的一部分來執行：mvn verify，見範例 12-13。

範例 *12-13* 啟用 *FindBugs* 外掛來組建不安全的專案

```
$ mvn verify
/Library/Java/JavaVirtualMachines/jdk1.8.0_151.jdk/Contents/Home/bin/java
    -Dmaven.multiModuleProjectDirectory=/Users/danielbryant/Documents/dev/
    daniel-bryant-uk/builddemo "-Dmaven.home=/Applications/IntelliJ IDEA.app/
    Contents/plugins/maven/lib/maven3" "-Dclassworlds.conf=/Applications/
    IntelliJ IDEA.app/Contents/plugins/maven/lib/maven3/bin/m2.conf" "-javaagent:/
    Applications/IntelliJ IDEA.app/Contents/lib/idea_rt.jar=50278:/
    Applications/IntelliJ IDEA.app/Contents/bin" -Dfile.encoding=UTF-8 -classpath
    "/Applications/IntelliJ IDEA.app/Contents/plugins/maven/lib/maven3/boot/
    plexus-classworlds-2.5.2.jar" org.codehaus.classworlds.Launcher
    -Didea.version=2017.2.6 verify
objc[12986]: Class JavaLaunchHelper is implemented in both
    /Library/Java/JavaVirtualMachines/jdk1.8.0_151.jdk/Contents/Home/bin/java
    (0x10f1044c0) and /Library/Java/JavaVirtualMachines/jdk1.8.0_151.jdk/
    Contents/Home/jre/lib/libinstrument.dylib
    (0x10f1904e0). One of the two will be used. Which one is undefined.
[INFO] Scanning for projects...
[INFO]
[INFO] -------------------------------------------------------------------------
```

```
[INFO] Building builddemo 0.1.0-SNAPSHOT
[INFO] ------------------------------------------------------------------------
...
[INFO] >>> findbugs-maven-plugin:3.0.5:check (default) > :findbugs @ builddemo >>>
[INFO]
[INFO] --- findbugs-maven-plugin:3.0.5:findbugs (findbugs) @ builddemo ---
[INFO] Fork Value is true
     [java] Warnings generated: 3
[INFO] Done FindBugs Analysis....
[INFO]
[INFO] <<< findbugs-maven-plugin:3.0.5:check (default) < :findbugs @ builddemo <<<
[INFO]
[INFO] --- findbugs-maven-plugin:3.0.5:check (default) @ builddemo ---
[INFO] BugInstance size is 3
[INFO] Error size is 0
[INFO] Total bugs: 3
[INFO] This usage of java/lang/Runtime.exec(Ljava/lang/String;)Ljava/lang/Process;
       can be vulnerable to Command Injection [uk.co.danielbryant.oreillyexamples
       .builddemo.LoggingDemo, uk.co.danielbryant.oreillyexamples.builddemo
       .LoggingDemo] At LoggingDemo.java:[line 20]At LoggingDemo.java:[line 20]
       COMMAND_INJECTION
[INFO] Dead store to myBadRandomNumString in uk.co.danielbryant.oreillyexamples
       .builddemo.LoggingDemo.main(String[]) [uk.co.danielbryant.oreillyexamples
       .builddemo.LoggingDemo] At LoggingDemo.java:[line 16] DLS_DEAD_LOCAL_STORE
[INFO] The use of java.util.Random is predictable [uk.co.danielbryant
       .oreillyexamples.builddemo.LoggingDemo] At LoggingDemo.java:[line 15]
       PREDICTABLE_RANDOM
[INFO]


To see bug detail using the Findbugs GUI, use the following command
"mvn findbugs:gui"



[INFO] ------------------------------------------------------------------------
[INFO] BUILD FAILURE
[INFO] ------------------------------------------------------------------------
[INFO] Total time: 6.337 s
[INFO] Finished at: 2018-01-09T11:45:42+00:00
[INFO] Final Memory: 31M/465M
[INFO] ------------------------------------------------------------------------
[ERROR] Failed to execute goal org.codehaus.mojo:findbugs-maven-plugin:3.0.5:check
        (default) on project builddemo: failed with 3 bugs and 0 errors -> [Help 1]
[ERROR]
[ERROR] To see the full stack trace of the errors, re-run Maven with the -e switch.
[ERROR] Re-run Maven using the -X switch to enable full debug logging.
```

```
[ERROR]
[ERROR] For more information about the errors and possible solutions,
        please read the following articles:
[ERROR] [Help 1] http://cwiki.apache.org/confluence/display/
                  MAVEN/MojoExecutionException

Process finished with exit code 1
```

因為外掛的 threshold 設為 low，以及 fail on error，所以你可以看到組建失敗了。你可以控制這個行為——或許你只想要在出現大問題時讓組建失敗。當你生成 Maven 網站時，會建立圖 12-1 的 FindBugs 網頁。

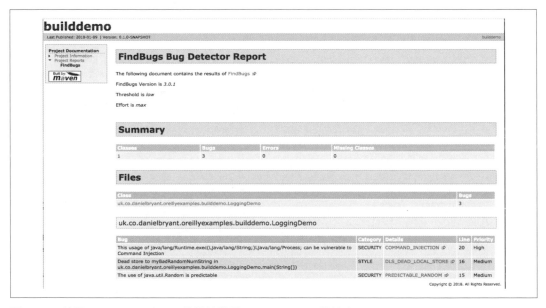

圖 12-1　使用 Maven FindBugs 外掛並啟用 FindSecBugs 的輸出

依賴關係驗證

驗證程式碼的安全屬性很重要，但確認專案的依賴項目是否安全也同樣重要。在高度機密性的環境中（可能是政府或金融環境），你可能要掃描基礎程式或二進位檔案來尋找所有依賴項目，有一些收費工具可以做這件事情。

商用依賴關係掃描工具的價值

即使你認為你的安全需求非常小，研究商用依賴關係掃描工具可能也是有價值的，例如 Snyk（*https://snyk.io/*）的產品，或 Sonatype 的 Software Bill of Materials（*https://www.sonatype.com/software-bill-of-materials*）。這些公司專門在常見的依賴項目（橫跨多種語言）中找出及解決安全問題。新的漏洞每天都會出現，所以你必須按照這個週期運行組建管道，即使沒有修改任何程式碼也是如此。如果依賴項目掃描工具發現問題，你必須盡快處理它。

使用開放原始碼的 OWASP Maven Dependency Check 外掛（*http://bit.ly/2xEGD7t*）或許是解決這個問題的第一步，依你的安全需求而定。這個外掛可以聯繫 National Vulnerability Database（NVD）並下載一個依賴項目清單，這些依賴項目都有已知的常見弱點與漏洞（Common Vulnerabilities and Exposures，CVEs），接著檢查所有依賴項目，以及它們的傳遞性依賴項目，看看有沒有匹配的項目。如果你匯入有已知問題的依賴項目，它會幫你清楚地標示出來，使用這個外掛時，你也可以設置在組建期警告或失敗。範例 12-14 這個 Maven POM 檔案使用的依賴項目含有幾個已知的漏洞。

範例 *12-14* 這個專案 *POM* 加入含有已知漏洞的依賴項目

```xml
<?xml version="1.0" encoding="UTF-8"?>
<project xmlns="http://maven.apache.org/POM/4.0.0"
              xmlns:xsi="http://www.w3.org/2001/XMLSchema-instance"
        xsi:schemaLocation="http://maven.apache.org/POM/4.0.0
                            http://maven.apache.org/xsd/maven-4.0.0.xsd">
    <modelVersion>4.0.0</modelVersion>

    <groupId>uk.co.danielbryant.djshopping</groupId>
    <artifactId>shopfront</artifactId>
    <version>0.0.1-SNAPSHOT</version>
    <packaging>jar</packaging>

    <name>shopfront</name>
    <description>Docker Java application Shopfront</description>

    <parent>
        <groupId>org.springframework.boot</groupId>
        <artifactId>spring-boot-starter-parent</artifactId>
        <version>1.5.7.RELEASE</version>
    </parent>
...
    <dependencies>
```

```
            <!-- let's include a few old dependencies -->
        </dependencies>
...
        <build>
...
            <plugin>
                <groupId>org.owasp</groupId>
                <artifactId>dependency-check-maven</artifactId>
                <version>3.0.1</version>
                <configuration>
                    <centralAnalyzerEnabled>false</centralAnalyzerEnabled>
                    <failBuildOnCVSS>8</failBuildOnCVSS>
                </configuration>
                <executions>
                    <execution>
                        <goals>
                            <goal>check</goal>
                        </goals>
                    </execution>
                </executions>
            </plugin>
        </plugins>

    </build>
</project>
```

範例 12-15 是 Maven 驗證輸出示範。

範例 *12-15* 對使用有漏洞的依賴項目的專案執行驗證，並在組建輸出

```
$ mvn verify
[INFO] Scanning for projects...
[INFO]
[INFO] ------------------------------------------------------------------------
[INFO] Building shopfront 0.0.1-SNAPSHOT
[INFO] ------------------------------------------------------------------------
...
[INFO]
[INFO] --- dependency-check-maven:3.0.1:check (default) @ shopfront ---
[INFO] Central analyzer disabled
[INFO] Checking for updates
[INFO] Skipping NVD check since last check was within 4 hours.
[INFO] Check for updates complete (16 ms)
[INFO] Analysis Started
[INFO] Finished Archive Analyzer (0 seconds)
[INFO] Finished File Name Analyzer (0 seconds)
[INFO] Finished Jar Analyzer (1 seconds)
```

```
[INFO] Finished Dependency Merging Analyzer (0 seconds)
[INFO] Finished Version Filter Analyzer (0 seconds)
[INFO] Finished Hint Analyzer (0 seconds)
[INFO] Created CPE Index (2 seconds)
[INFO] Finished CPE Analyzer (2 seconds)
[INFO] Finished False Positive Analyzer (0 seconds)
[INFO] Finished Cpe Suppression Analyzer (0 seconds)
[INFO] Finished NVD CVE Analyzer (0 seconds)
[INFO] Finished Vulnerability Suppression Analyzer (0 seconds)
[INFO] Finished Dependency Bundling Analyzer (0 seconds)
[INFO] Analysis Complete (6 seconds)
[WARNING]

One or more dependencies were identified with known vulnerabilities in shopfront:

jersey-apache-client4-1.19.1.jar (cpe:/a:oracle:oracle_client:1.19.1,
com.sun.jersey.contribs:jersey-apache-client4:1.19.1) : CVE-2006-0550
xstream-1.4.9.jar (cpe:/a:x-stream:xstream:1.4.9,
cpe:/a:xstream_project:xstream:1.4.9,
com.thoughtworks.xstream:xstream:1.4.9) : CVE-2017-7957
netty-codec-4.0.27.Final.jar (cpe:/a:netty_project:netty:4.0.27,
io.netty:netty-codec:4.0.27.Final) : CVE-2016-4970, CVE-2015-2156
ognl-3.0.8.jar (ognl:ognl:3.0.8,
cpe:/a:ognl_project:ognl:3.0.8) : CVE-2016-3093
maven-core-3.0.jar (org.apache.maven:maven-core:3.0,
cpe:/a:apache:maven:3.0.4) : CVE-2013-0253
tomcat-embed-core-8.5.20.jar (cpe:/a:apache_software_foundation:tomcat:8.5.20,
cpe:/a:apache:tomcat:8.5.20, cpe:/a:apache_tomcat:apache_tomcat:8.5.20,
org.apache.tomcat.embed:tomcat-embed-core:8.5.20) : CVE-2017-12617
bsh-2.0b4.jar (cpe:/a:beanshell_project:beanshell:2.0.b4,
org.beanshell:bsh:2.0b4) : CVE-2016-2510
groovy-2.4.12.jar (cpe:/a:apache:groovy:2.4.12,
org.codehaus.groovy:groovy:2.4.12) : CVE-2016-6497


See the dependency-check report for more details.


[INFO]
[INFO] --- maven-install-plugin:2.5.2:install (default-install) @ shopfront ---
[INFO] Installing /Users/danielbryant/Documents/dev/daniel-bryant-uk/
                oreilly-docker-java-shopping/shopfront/target/
                shopfront-0.0.1-SNAPSHOT.jar to /Users/danielbryant/.m2/
                repository/uk/co/danielbryant/djshopping/shopfront/
                0.0.1-SNAPSHOT/shopfront-0.0.1-SNAPSHOT.jar
[INFO] Installing /Users/danielbryant/Documents/dev/daniel-bryant-uk/
                oreilly-docker-java-shopping/shopfront/pom.xml to
```

```
                    /Users/danielbryant/.m2/repository/uk/co/danielbryant/
                    djshopping/shopfront/0.0.1-SNAPSHOT/shopfront-0.0.1-SNAPSHOT.pom
[INFO] ------------------------------------------------------------------------
[INFO] BUILD SUCCESS
[INFO] ------------------------------------------------------------------------
[INFO] Total time: 23.946 s
[INFO] Finished at: 2018-01-09T12:20:47Z
[INFO] Final Memory: 35M/120M
[INFO] ------------------------------------------------------------------------
```

除了上述的組建資訊之外,你也可以產生含有更多細節的報告,包括被發現的 CVE 的詳細資訊連結,見圖 12-2。

當你找出有 CVE 的依賴項目之後,可以自行決定如何處理它。有時它們有新版的外掛可用,你可以進行升級(當然,你也要執行詳盡的測試來確保這個升級不會造成問題或回歸),但有時不是如此。另一種做法是尋找提供類似功能的其他依賴項目,並修改程式來使用它,或試著自行修正漏洞,將依賴項目分岔,並取得基礎程式的擁有權。有時候這兩種做法都不適合,或許是因為你維護的是非常大型的老舊基礎程式,而且它大量地使用有漏洞的依賴項目,或許是你沒有分岔並修改依賴項目的技術。此時你就面臨困難的抉擇了,因為不做任何事很吸引人,但也非常危險。

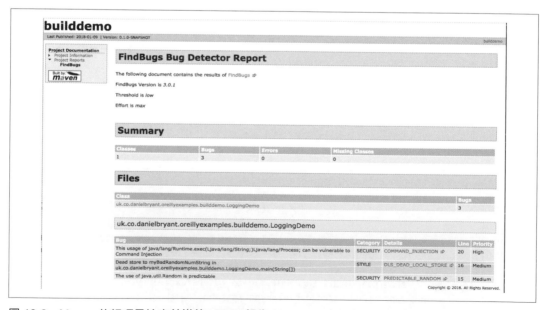

圖 12-2　Maven 依賴項目檢查外掛的 HTML 報告

你要徹底審查與分析漏洞、已知的破口，以及攻擊向量。你必須在組織內溝通這些風險，並記錄已知的漏洞。你可以採取一些步驟來降低風險——對於需要 OS 級的權限才可以進行破壞的已知漏洞，你或許可以將運行 app 的實例設成更高的訪問安全權限。如果有未知的破口，或攻擊向量相當遲頓（obtuse），你可以選擇什麼也不做。但請小心：這不是個單純的技術決策，你也要跟商務團隊討論這個風險。

降低風險是一項商務決策：專業一點

忽略安全防護或漏洞的風險是無法用言語形容的，你必須在發現問題的時候告訴商務團隊，並且與他們密切合作，因為如何降低風險這項決策不僅僅是技術性的，也與商務活動有關。直接忽略風險（或沒有先檢查它們）是非常不專業的行為，在最壞的情況下，還會造成刑事過失。

部署平台專屬的安全問題

你在本書學到的三種部署平台都有專屬的安全屬性以及做法，你最好可以了解它們。

手動與自動滲透測試

定期雇用專業的滲透測試員來檢查系統可以帶來許多價值，即使你的工作領域沒有遵守規章的需求。與優秀的探勘測試員一樣，許多滲透測試員的想法都與其他工程師不同，因此可以在潛在的安全問題被利用之前發現它們。

除了手動滲透測試之外，我們也推薦自動掃描。OWASP Zed Attack Proxy（*http://bit.ly/1NIcfdT*）是這個領域的開放原始碼工具領導者，它可以在你的 web app 中自動找到安全漏洞。你可以用命令列執行這個工具，此外還有 Jenkins ZAP 外掛可用（*http://bit.ly/2zxbZy9*）。Continuum Security 公司也建立了開放原始碼的 bdd-security 解決方案，可讓你用 BDD 風格的 given/when/then 語法來設定安全測試。

雲端安全

在內部的基礎設施與公用的雲端之間，關於安全做法最大的改變是後者採取 "分擔責任模型"。Azure 編寫了一份簡短的指南 "Shared Responsibilities for Cloud Computing" （*http://bit.ly/2xFNltC*），介紹各種服務模型的共同責任。圖 12-3 取自這份指南，它清楚地展示，當你從內部架構移到 SaaS 時，你肩負的安全防護責任有什麼不同。

Amazon Web Services 也製作了一份實用的（雖然有點把焦點放在 AWS 上）白皮書 "AWS Security Best Practices"（*https://amzn.to/2OhLjJR*），深入說明這個概念，但從本質上講，這個模型指出雲端平台供應商要負責確保平台某些部分的安全性，而身為開發者的你，應負責處理依賴這個平台的程式碼與組態設置。圖 12-4 展示 IaaS 產品，例如 EC2 計算與虛擬私用雲端（VPC）網路，以及分擔責任。

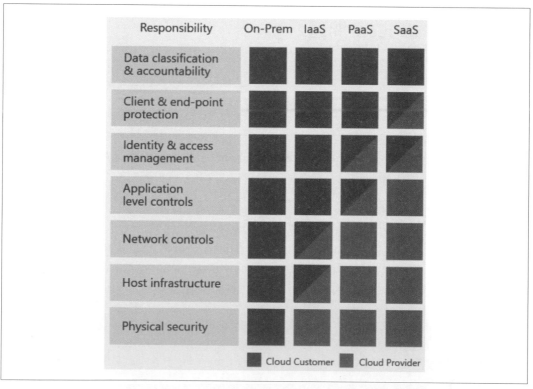

圖 12-3　各種雲端服務模型的 Azure 分擔責任（取自 Azure Shared Responsibilities for Cloud Computing 文件）

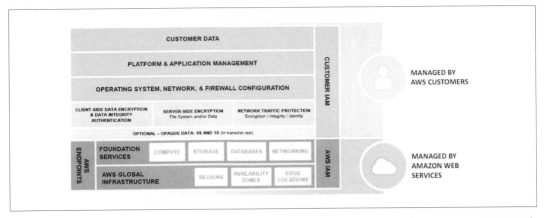

圖 12-4　基礎設施服務的分擔責任模型（取件 AWS Security Best Practices（*https://amzn.to/2OhLjJR*）文件）

我們強烈建議你閱讀 AWS 和 Azure 分擔責任指南，以及其他雲端供應商的文件。

對遷移到公共雲端工程師來說，常見的 "陷阱" 也包括沒有正確地管理 API 和 SDK 密鑰（可讓他們用程式對雲端進行安全訪問）。這些密鑰很容易被意外地存放在程式碼裡面，或提交到 DVCS。一旦密鑰被公開，破壞者就可以用它來執行非法操作，比如 DDoS 攻擊，或挖掘加密貨幣。你不僅會因為雲端平台資源被使用而付費，還會因為造成損害而承擔法律責任！這些密鑰必須僅供個人用戶使用，使用最小權限原則（即，只提供可完成預期工作的最小訪問權限），你也要定期審查、妥善保護，並且定期替換它們。

雲端安全防護 *101*：分擔責任模型與密鑰管理

如果你和團隊第一次遷往雲端平台，你必須學會的兩項核心安全概念是分擔責任模型與 API/SDK 密鑰管理與保護。

公用雲端平台通常提供比內部解決方案還要高階的安全機制，畢竟，雲端供應商有大規模的、專業的團隊負責管理這件事，但是你也有自己的責任要負，除了管理 API 密鑰之外，你也要管理 identity access management（IAM）用戶、群組與角色，以及網路安全，網路安全通常是以 security groups（SGs）與 network access control lists（NACLs）來實作的。核心安全概念（例如保護正在休息（rest）與傳輸（transit）中的資料）在使用雲端時也稍微不同。最後，如果你自行管理 VM 與作業系統，你也要負責在那裡修補（patching）軟體。

如同任何一種新技術，你要學的東西很多，但坊間有許多優秀的跨雲端資源，例如網路上的 A Cloud Guru（*https://acloud.guru/*）學習平台。通常每一個雲端供應商都會提供安全復審（security review）平台與相關的自動化工具，以及專業級的服務。

容器安全防護

容器安全防護的主要問題在於"能力越強，責任越大"，具體來說，這句話指的是可部署工件（容器映像），因為它現在包含了作業系統以及 Java app 工件。容器技術可讓你快速地部署 app 與支援它的容器化基礎設施，例如佇列與資料庫。但是，與傳統的應用程式工件和由系統管理員管理的基礎設施相比，它暴露的攻擊表面大得多。因此，我們推薦你在持續交付管道中使用靜態映像漏洞掃描器。

在這個領域中，我們推薦的開放原始碼工具是 CoreOS 的 Clair。啟用 Clair 的過程很有挑戰性，尤其是在與組建管道整合的時候。因此，Armin Coralic 製作了一種基於 Docker 的 Clair 安裝程式（*https://github.com/arminc/clair-scanner*），值得研究。在這個領域也有各式各樣的商用產品，有些 container registry 供應商，例如 Quay 與 Docker Enterprise，都在裡面提供安全掃描功能。此外還有獨立的映像掃描器，例如 Aqua 提供的產品。

掃描靜態容器映像與掃描程式碼一樣重要

容器技術可以方便你包裝 app 工件，但你一定要記得，與傳統的工件相比，你通常還會加入其他元件（例如作業系統及相關工具）。因此，映像的漏洞掃描工具是任何一種以容器映像交付 app 的管道不可或缺的部分。

我們也建議你進一步了解作業系統，並且組建最精簡的映像，來縮小攻擊表面。例如，不要使用完整的 Ubuntu，而是使用 Debian Jessie 或 Alpine，並且不要納入完整的 JDK，而是納入 JRE。從 Java 9 開始，你也可以研究如何用模組系統來建構較小型的 JRE。這個主題也礙於本書篇幅無法詳述，但我們建議你閱讀 Sander Mak 與 Paul Bakker 合著的 *Java 9 Modularity*（O'Reilly）來進一步了解這個程序的資訊與工具，例如 jlink。

FaaS / 無伺服器的安全防護

FaaS 和無伺服器平台的安全問題在很大程度上與雲端安全的問題一致，因為 FaaS 平台通常是大型雲端基礎設施產品的子集合。Synk 安全公司的首席執行官 Guy Podjarny 寫了一篇很棒的 InfoQ 文章，強調了無伺服器技術的關鍵安全問題，文章題目是 "Serverless Security: What's Left to Protect"（*https://www.infoq.com/articles/serverless-security*），它討論的主題主要是程式碼與依賴項目漏洞掃描以及功能來源（追蹤所有的功能）的重要性。

下一步：建立威脅模型

建立威脅模型是一種結構化的方法，可以讓你辦識、量化和處理與 app 有關的安全風險。在設計和開發過程中建立威脅模型可以幫助你確保在開發 app 時，從一開始就內建了安全性。這一點很重要，因為即使你使用靈活的現代基礎架構（如微服務），你也很難（或極其昂貴）在新系統即將完成的時候才加入安全防護。從一開始就考量安全，並且在建立威脅模型的過程中製作文件，可以讓審查人員更深入地了解系統，並且讓他們更容易辦識 app 的入口，以及與每個入口有關的威脅。OWAS app 威脅建模網站指出，威脅建模不是新的概念，但近年來，眾人的思維有明顯的改變：現代的威脅建模是從潛在攻擊者的角度來看待系統，而不是從防禦者的角度。

想要進一步了解威脅建模嗎？

OWASP Application Threat Modeling（*http://bit.ly/1TQ0Qy3*）網站是一個很棒的免費資源，可以讓你了解更多關於威脅建模的知識，也是本章大部分內容的靈感來源。如果你想要進一步了解，我們強烈推薦 Adam Shostack 的 *Threat Modeling: Designing for Security*（*https://threatmodeling book.com/*）（Wiley）。我們從這本書中學到很多東西，在擔任顧問期間，也經常在遇到安全問題時使用它。需要說明的是，我們都不是安全專家，因為這個主題對一些組織來說非常重要，我們一般建議你洽詢安全專家。對所有技術主管來說，知道自己什麼時候力有未殆（並且尋求幫助）是很關鍵的技能。

建立威脅模型的過程可以分解成三個主要步驟，如下所述。

分解 app

這個步驟包括建立使用案例來了解 app 會怎麼被使用、辨識入口來查看潛在的攻擊者可能在哪裡與 app 互動、識別資產（即攻擊者感興趣的項目 / 區域），以及確認信任等級，這個等級是 app 授予外部實體的訪問權限。將這些資訊記錄下來，並用它來製作 app 的資料流程圖（DFD），如圖 12-5 所示。

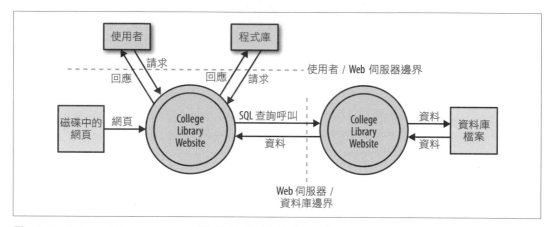

圖 12-5　College Library Website 網站的資料流程圖（圖片來自 OWASP Application Threat Modeling 網站（*http://bit.ly/1TQ0Qy3*））

確認威脅並排序它們

辨識威脅的關鍵是使用威脅分類方法，例如 STRIDE（Spoofing（欺騙）、Tampering（篡改）、Repudiation（拒絕）、Information disclosure（資訊揭露）、Denial of service（拒絕服務）與 Elevation of privilege（提高權限）的縮寫）。威脅分類提供一組帶有相應範例的威脅類別，方便你用結構化和可重複的方式，在 app 中有系統地辨識威脅。在步驟 1 中產生的 DFD 可協助你從攻擊者的角度辨識潛在的威脅目標，例如資料來源、程序、資料流和 "與用戶的互動"，你可以進一步使用威脅樹（見圖 12-6）分析威脅，以了解攻擊路徑、威脅利用的根源（例如漏洞）和必要的緩解控制機制（例如反制措施，在第三層葉節點中描述）。

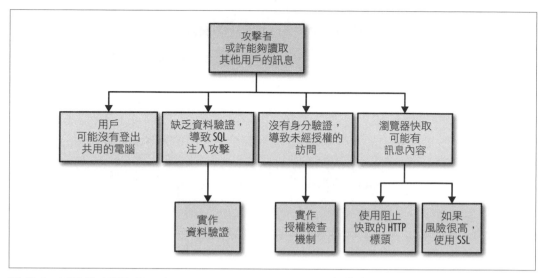

圖 12-6　威脅樹（來自 OWASP Application Threat Modeling 網站（*http://bit.ly/1TQ0Qy3*））

你可以從各種因素的角度來對威脅進行排序，這完全取決於你所採用的方法。以風險為中心的威脅模型，例如 PASTA（Process for Attack Simulation & Threat Analysis）是根據產品、資訊擁有者、商務活動或其他利益相關者面臨的風險來進行排序。以安全為中心的方法或許會根據破壞的容易程度，或它對產品或 app 造成的技術影響來進行排序。以軟體為中心的方法可能是根據威脅對功能的使用案例和軟體功能產生的不利影響來對它們進行排序。

Microsoft 的 DREAD 模型

Microsoft 一直都在大力地提倡威脅建模，並將威脅建模當成開發過程的核心元素，聲稱它是近年來 Microsoft 產品安全性提高的原因之一。在 Microsoft DREAD 威脅風險排名模型中，Damage（損害）和 Affected Users（受影響的用戶）是技術風險因素，而 Reproducibility（可重現性）、Exploitability（可利用性）和 Discoverability（可發現性）是 "弱點易用性（ease of exploitation）" 因素。這種風險分解的工作可讓你設定各種威脅影響因素的值。為了決定威脅的等級，威脅分析人員必須回答每一種風險因素的基本問題，例如：

對損害而言

> 成功的攻擊會造成多大的損害？

對可重現性而言

> 重現可行的攻擊有多麼容易？

對利用威脅的容易性而言

> 要花多少時間、精力與專業技術才能利用威脅？

對受影響的用戶而言

> 如果威脅被利用了，有多少百分比的用戶會被影響？

對可發現性而言

> 攻擊者多麼容易發現威脅？

確定反制措施與緩解措施

未能防範某種威脅可能代表某種脆弱性，你可以藉著採取反制措施來減輕它暴露的風險。反制措施識別（countermeasure identification）的目的是確定目前有沒有某種保護措施（例如安全控制、政策措施）可以防範透過威脅分析找出來的各種威脅。沒有反制措施的威脅就是漏洞。風險管理的目的，就是減少別人利用威脅後，對 app 造成的影響，我們可以藉著採取風險緩解策略來實現。一般來說，減輕威脅的方法有五種：

- 不做事（例如，往好處想）

- 提示風險（例如，提醒用戶注意風險）

- 降低風險（例如，實施相應的反制措施）

- 接受風險（例如，在評估威脅被利用對商務活動造成的影響之後）

- 轉移風險（例如，透過契約協議與保險）

- 終止風險（例如，關機、拔掉插頭，或讓資產除役）

你要根據威脅被利用之後可能造成的影響、它發生的可能性以及轉移的成本（即，保險費用）來決定哪種策略是最好的選擇，或避免執行它（即，由於重新設計或重新實作而產生的成本或損失）。

混亂測試

混亂工程（*http://principlesofchaos.org/*）與韌性測試的概念在過去一年來越來越流行，儘管 Netflix（*http://bit.ly/2yukZU8*）等先驅已經討論這個主題相當長的一段時間了。使用 infrastructure as code 以及雲端和容器環境時，最重要的概念就是針對故障進行設計（designing for failure）。幾乎所有主要雲端供應商的最佳做法文件都提到為故障而設計，它的主要思想是接受可能會出錯這個事實，並確保 app 和基礎設施都已經被設置好，可應付這個問題。

然而，聲稱系統有恢復力是一回事，藉著運行混亂（chaos）工具來證明這一點完全是另一回事，這些工具會試著分解你的基礎設施，並注入各式各樣的錯誤。在這個領域中，Netflix 的 Chaos Monkey（*https://github.com/Netflix/chaosmonkey*）（及相關的 Simian Army（*https://github.com/Netflix/SimianArmy*）組合）是比較主流的工具，近來有許多會議報告（*http://bit.ly/2ObOwe5*）也提到了混亂（*http://bit.ly/2xNwK7B*）但是，使用這種技術通常需要進階的基礎設施與運維技術、設計與執行實驗的能力，以及可讓你手動協調故障狀況的資源。

本質上，混亂工程是在分散式系統上進行實驗的做法，目的是為了讓你確信系統能夠在生產環境中承受動盪的條件，而非只是破壞生產環境中的東西。根據 Principles of Chaos Engineering（*http://principlesofchaos.org/*）網站所述，為了具體解決大規模分散式系統的不確定性，你可以將混亂工程當成一種揭露系統弱點的實驗工具。這些實驗包括四個步驟：

1. 首先，用一些可測量的系統輸出來定義**穩定的狀態**，用這些輸出來代表正常的行為。

2. 假設這種穩定狀態在對照組和實驗組都會持續維持。

3. 引入反映真實事件的變數，例如伺服器崩潰、硬碟故障、網路連線中斷等。

4. 試著查看對照組和實驗組的穩定狀態的差異來反駁上述假設。

穩定狀態越難破壞，我們對系統的行為就越有信心。如果我們發現弱點，我們就在那個行為表現出來之前，有了一個可以改善的目標。

人性面的混亂和韌性

不要忘了測試人性面的混亂和韌性。事實上，這個領域有許多思想領袖（例如 Adaptive Capacity Labs 的共同創辦人 John Allspaw（*https://www.linkedin.com/in/jallspaw/*））都提醒大家，韌性工程的人性面（*http://bit.ly/2R2AdqS*）實際上比相關的工具更重要。 Tammy Butow 更是認為，你必須把資源投資在管理嚴重事件的流程上面（*http://bit.ly/2QVLo4x*）。透過執行 "game days"（*http://bit.ly/2NIeeY4*）來測試這些程序也是高效的做法。Adrian Cockcroft 將 game days 視為 "IT 消防演習"（*http://bit.ly/2xGB48y*），因為它的目的是以可控的方式模擬故障，並觀察人們對事件的反應。例如，那個問題有沒有被偵測到？有沒有找到正確的待命工程師？是否每個人都進行了有效的溝通？

在生產環境中造成混亂（引入猴子）

在生產環境中運行混亂實驗是比較進階的模式，所以請小心地嘗試本節提到的工具！我們可以說混亂工程始於 2011 年，當時 Netflix 透過部落格文章 "The Netflix Simian Army"（*http://bit.ly/2yukZU8*）向世界正式介紹 Chaos Monkey 和各種朋友。我們來看看可在各種平台上使用的混亂工程工具。

Gremlin 的商用工具

混亂與韌性測試的領域還在快速地演變中，在寫這本書時，這個領域只有一種商用工具：Gremlin 公司的 Gremlin（*https://www.gremlin.com/*）。這間公司的創始成員和現在的團隊從他們在 AWS、Netflix、Dropbox 等公司的工作中獲得了很多經驗。我們相信這個領域還會出現其他廠商。如果你的組織對混亂測試的 SaaS 模型以及訓練和支援很有興趣，就有必要跟上這個生態系統的最新發展。

雲端混亂

如果你使用的是 AWS 平台，你仍然可以將原始的 Chaos Monkey（*https://github.com/netflix/chaosmonkey*）工具當成 GitHub 的一個獨立專案使用。你必須在本地（或測試）機器上安裝 Golang，但是這件事很容易用包裝管理器來完成。獨立的 Chaos Monkey 應該可以和 Netflix/Google 構建工具 Spinnaker 支援的任何後端（AWS、Google Compute Engine、Azure、Kubernetes、Cloud Foundry）搭配使用，文件說，它已經用 AWS、GCE（*http://bit.ly/2IjXsZt*）和 Kubernetes 測試過了。如果你正在使用 Azure，Microsoft 的部落格文章 Induce Controlled Chaos in Service Fabric Clusters（*http://bit.ly/2OSXE4j*）是了解該平台提供的工具的地方，其中主要的工具是 Azure Fault Analysis Service（*http://bit.ly/2Q7aHiO*）。

容器（與 Kubernetes）混亂

PowerfulSeal（*https://github.com/bloomberg/powerfulseal*）是由 Bloomberg 工程團隊編寫的，針對 Kubernetes 的混沌測試工具，它的靈感來自著名的 Netflix Chaos Monkey。PowerfulSeal 是用 Python 編寫的，在寫這本書時，它還在不斷地改善中。它只有幫 OpenStack 平台管理基礎設施故障的 "雲端驅動程式"，不過它提供一個 Python `AbstractDriver` 類別，鼓勵大家貢獻其他雲端平台的驅動程式。

PowerfulSeal 有兩種工作模式：互動模式和自動模式：

- **互動模式**的設計可讓工程師發現叢集的元件，並手動造成故障，以查看會發生什麼事情。它可以操作節點（*http://bit.ly/2y2yMjx*）、pod（*http://bit.ly/2xFXGG1*）、部署（*http://bit.ly/2q7vR7Y*）與名稱空間（*http://bit.ly/2r0wBc3*）。

- **自動模式**會讀取一個策略檔案（*http://bit.ly/2xG6trJ*），你可以在那個檔案裡面指定任意數量的 pod 和節點故障情境，並按指定的方式 "造成破壞"。每個情境都描述了一串將會在叢集上執行的匹配（matche）、過濾器和動作。

每個情境都可以包含匹配、過濾器（目標節點名稱、IP 位址、Kubernetes 名稱空間和標籤、時間和日期）與操作（啟動、停止和終止）。你可以用一個詳細的 JSON schema（*http://bit.ly/2Dx6Da9*）來驗證策略檔案，並且用一個範例策略檔案來列出可在專案的測試中找到的大部分選項。

你可以透過 pip（*http://bit.ly/2N5J8nT*）來安裝 PowerfulSeal，並且按照以下的方式來為 Kubernetes 叢集初始化與設置命令列工具：

1. 給 Kubernetes 目標叢集一個 Kubernetes 組態檔，將 PowerfulSeal 指向它。

2. 指定適當的雲端驅動程式與憑證，來將 PowerfulSeal 指向底層的雲端 IaaS 平台。

3. 確定 PowerfulSeal 可以 SSH 進入節點，以執行命令。

4. 編寫所需的策略檔案，並將它們載入 PowerfulSeal。

FaaS/Serverless 混亂

由於 FaaS 模式比較新，因此這種平台沒有太多混亂測試工具可用。Yan Cui 在 Medium 發表一系列關於這個主題的文章（*http://bit.ly/2R1DuXj*），展示如何將潛在因素（*http://bit.ly/2xGCCz9*）注入 AWS Lambda，並且在 Ben Kehoe 的 Monkeyless Chaos（*http://bit.ly/2zze6l4*）之上建立 Serverless 框架團隊。雖然這兩種來源都很有趣，但它們相關的工作仍處於早期階段，大多是概念性的。

在前製環境中造成混亂

對許多組織來說，在生產環境中造成混亂可能有太大的風險，但這不意味著你無法在前製（preproduction）環境中，運用這些原則來獲益。你可以使用 Hoverfly 這類的服務虛擬化工具來模擬服務依賴關係，並將中介軟體（*http://bit.ly/2xIcHqN*）注入工具，來修改回應。中介軟體可以用任何語言編寫，也可以用二進位檔案來部署，或指向 HTTP 端點。然而，用 Python 或 JavaScript 之類的腳本語言編寫中介軟體是最常見的做法，因為這些語言可方便你修改 JSON 和 HTTP 標頭，它們執行起來也很快。如圖 12-7 所示，當中介軟體在 Hoverfly 中處於活動狀態時，每當你模擬一個請求 / 回應時，中介軟體都會作為一個單獨的（分岔的）程序啟動，這個程序有訪問相關的請求 / 回應 JSON 的所有權限。

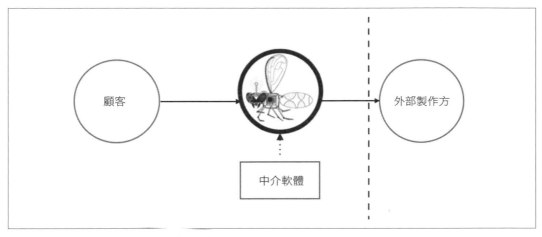

圖 12-7　用 Hoverfly 中介軟體造成混亂

使用中介軟體可讓你編寫簡單的腳本來修改回應，並確定性地（deterministically）模擬依賴項目內的遞增延遲、損壞的回應和失敗情境的影響。

這是一種相對低風險的混亂測試方法，因為你可以在本地開發環境中使用 Hoverfly JUnit 規則來模擬故障，或是將 Hoverfly 當成獨立的二進制檔案來運行，並透過 CLI 參數指定中介軟體的配置，在 CD 組建管道或 QA / 預備環境中模擬。

用 Hoverfly 確定性地模擬依賴項目中的失敗：Daniel 的經驗

我們曾經在幾項專案中，使用 Hoverfly 結合中介軟體來模擬及測試故障情境。例如，在其中一項專案中，我的服務會與一個舊有的內部系統整合，幸運的是，舊系統有 REST API 包裝器，而且在我的專案的生命週期中，舊的 API 都沒有改變。然而，我每兩週才能訪問系統的預備版本一次，而且很難像以前在生產環境中發生多次的那樣，確定性地讓系統故障。

我想要確保我的服務（依賴舊 API 的）能夠處理已知的故障情境，因此，當我可以訪問系統時，我使用 Hoverfly-Java、JUnit 和 REST Assured 框架記錄了一系列模擬。然後，我修改了 Hoverfly 模擬請求 / 回應資料，來模擬舊有系統的故障，並將它載入 Hoverfly 實例中（這個實例是在測試過程中實例化的）。我成功了！我不僅能夠在需要時透過 Hoverfly 模擬來測試服務與舊有 API 的整合，還可以可靠地測試 app 中的故障處理程式碼。

多少 NFR 測試才夠？

我們幾乎無法回答"對一個產品或專案而言,進行多少非功能需求(NFR)測試才夠"這個問題,或者,它的答案很像"一段繩子有多長?"這個問題的答案。你要根據你的商務活動和你可用的資源及時間來選擇投資多少精力在 NFR 上面。如果你的公司沒有適合市場的產品,你的最高優先行動應該是試著決定該提供哪種功能。同樣,如果你的領導團隊不準備投入(或不允許)任何工程時間和精力進行這類的測試,那麼答案就是盡力而為。

不過,你可以尋找幾種"氣氛",它們可能代表你可以從更多的非功能測試中受益:

* 新團隊成員很難理解 app 的設計和程式碼。

* 你很難擴展 app;或者,每當你試著修改架構時,所有東西就會故障,但你不知道為何如此。

* 你的團隊正在進行耗時的手動性能和安全性驗證。

* 更糟的是,你的顧客回報了性能和安全問題。

* 你經常遇到生產問題。

* 所有事後回顧都指出它們的根本原因非常簡單(例如,app 耗盡了磁碟空間、網路出現了短暫的延遲,或者用戶提供了錯誤的資料)。

選擇正確的非功能測試量就像技術主管的每一件工作,需要權衡各種因素,通常要平衡時間 / 成本 vs. 速度 / 穩定性。

小結

本章教你測試系統的**非功能需求**的主要概念:

* 從非功能的觀點來看,程式碼的品質包含減少 time-to-context(對其他開發者來說,程式碼是否容易閱讀?別人能否快速地理解實作邏輯?)與沒有缺陷存在。

* 你可以讓有經驗的開發者或架構師每週查看一次程式碼、找出違規的寫法並修正它們來維護架構品質。實際上,更實際的方法是定義程式碼的編寫規則和違規行為,然後在持續整合管道中自動斷言屬性。

- 了解 app 及其各個服務元件的性能特徵非常重要。負載測試可以在 app 層級上運行，涵蓋整個系統，或是在模組層級上運行，涵蓋單項服務或功能。

- 軟體交付團隊的每位成員都要從專案的開始階段就開始考慮安全防護。CD 組建管道通常是編寫和執行安全需求的有效位置，無論程式碼、依賴項目問題還是其他威脅。

- 混亂工程和韌性測試的概念越來越受歡迎，它主要是 Netflix 等先驅推動的。使用 infrastructure as code 與雲端環境的主要原因之一是 "它們是為故障而設計的"，而混亂工程是一種定義假設、執行實驗，並確定如何處理故障的做法。

- "多少 NFR 測試才夠" 是一個很難回答的問題，但是你可以尋找幾種 "氣氛"，它們或許代表你可以從更多的非功能測試中獲益。

在下一章，你將了解如何透過監視、log 和追蹤來觀察系統。

## 第十三章

觀察機制：監視、log 與追蹤

你已經知道，要有效地實作持續交付，測試是必須掌握的技術，但是觀察機制也一樣重要。測試可以協助你進行驗證，並在組建和整合時促進你的理解，而觀察機制可讓你進行驗證，以及在執行期除錯。本章要研究應該觀察什麼，以及如何觀察，並了解如何實作監視、log、追蹤與例外追蹤。我們也會探索幾種它們的最佳做法，並學習如何將它們與視覺化結合，這不但可以增強你對運行系統的理解，還可以學到如何關閉反饋迴圈並不斷增強你的 app。

觀察機制與持續交付

持續交付不會隨著 app 被部署到生產環境而結束。事實上，我們可以說，部署 app 才是真正的開始，而且唯有當 app 或服務退休或除役時，持續交付過程才會真正停止。在 app 的整個生命週期中，理解系統目前正在發生的事情，以及已經發生的事情非常重要。這就是觀察機制的目的。

推薦的資源

本書不打算涵蓋關於監視與 log 的每一件事。我們推薦兩本書，James Turnbull 的 *The Art of Monitoring*（*https://artofmonitoring.com/*），以及 Mike Julian 的 *Practical Monitoring*（O'Reilly），它們可以解決你看完這一章之後可能遇到的許多問題。

為何要觀察？

app 很少只部署一次且不需要再次修改或更新。比較典型的模式是由於商務活動的發展或組織的變更產生新的需求，進而觸發多個新版本的建立和部署。這些新需求通常是因為人們對 app 本身有深入的了解所產生的——例如，是否滿足了關鍵性能指標（KPI），或者 app 是否接近能力極限地運行？我們也經常看到已部署的 app 崩潰或其他異常行為，因此你可能要在本地進行測試和模擬，以便重現問題，你甚至可能必須登入生產系統，以便就地對 app 進行除錯。

監視與觀察機制

最近**觀察機制**（*observability*）一詞的流行使得一些業內人士開始質疑這個詞的確切含義，以及它與監視之間的關係。Cindy Sridharan 有一篇名為 "Monitoring and Observability" 的優秀部落格文章（*http://bit.ly/2OiZpdU*）詳細探討了這些主題，並提供了許多實用的參考資料。Sridharan 認為，從根本上說，監視和觀察機制的目標不同，但它們互補的：

> "監視" 最適合用來取得系統的整體健康狀況。以 "監視一切" 為目標最終可能成為一種反模式。因此，監視最好僅限於關鍵的商務活動、儀器產生的系統數據、已知的故障模式以及黑箱測試。另一方面，"觀察機制" 旨在對系統的行為以及豐富的背景進行細膩的洞察，非常適合用來除錯。由於我們仍然無法預測系統可能遇到的每一種故障模式，或預測系統可能出現的每一種不良行為，所以我們必須建造可以藉著證據（而不是靠猜測）來除錯的系統。

雖然觀察機制是新的流行術語，但你或你的團隊成員很有可能多年來已經在建立 "可觀察的" Java app 了。如果你曾經寫過檢查、log 事件或例外追蹤程式，代表你一直都在試著觀察系統的行為。

監視、log 與追蹤都有助於處理以上所有情況。這些方法可以提供洞察力（通常稱為**觀察能力**），讓你知道目前發生或出錯的情況，以及取得 app 做了什麼事情的記錄。這可讓你在持續交付程序中 "關閉回饋迴圈"，如圖 13-1 所示。

當你了解回饋賦與的能力之後，絕對想要觀察 "所有的東西"，但是有系統地集中精力是很有幫助的。我們來看一下該觀察哪些東西。

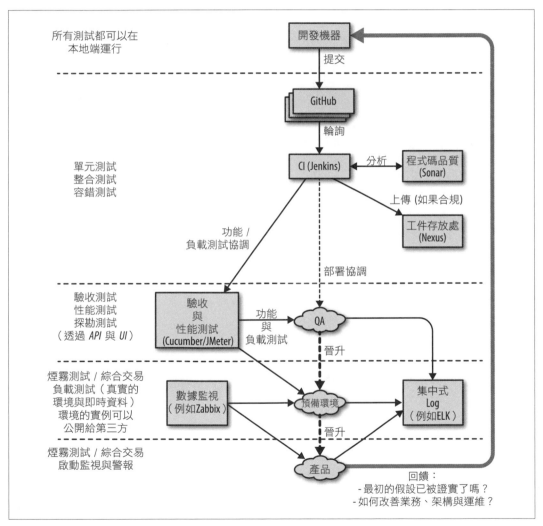

圖 13-1　在持續交付中 "關閉回饋迴圈" —監視可提供回饋

要觀察什麼：應用程式、網路與機器

通常你會在三個層面上監視與觀察整個系統：應用程式、網路和機器。應用程式的數據通常是最難建立和理解的，但它們是最重要的，因為它們是你的商務活動與需求特有的。有一個關於監視的看法是，你可以在生產環境中用它們來實作某種形式的測試；因為你知道潛在的故障長怎樣，所以可以斷言一切都沒問題。例如，你知道在這些情況下會出現麻煩：

*   虛擬機器耗盡區塊儲存（磁碟）空間了。

*   發生網路分區（partition）。

*   web app 為幾乎所有有效的頁面請求回傳 404 HTTP 狀態碼。

你可以為這些情境編寫監視測試。前兩種情境可以在作業系統層級上進行檢查。至於第三種情境，你可以做一個計數器或儀表來輸出已產生的 404 數量，並依此建立警報。

監視和 log 也可以用來產生回答商務問題所需的資料，無論你要即時使用，或稍後使用。例如，你的行銷團隊可能想要知道促銷期間購物籃的平均結帳金額，或訂閱維持團隊可能想要挖掘活動 log，看看能否找出代表顧客即將終止商業契約的行為。為了實作有效的監視、log 和追蹤，你必須在設計時考慮到觀察機制。

如何觀察：監視、log 和追蹤？

觀察現代軟體 app 有三種主要方法——監視、log 和追蹤：

監視

接近即時地觀察系統，通常涉及產生和捕捉暫態數據、值和範圍。你必須知道準備用這種方法觀察哪些資料。因為這種方法捉到的資料非常簡單，你日後無法藉著挖掘這些資料來獲得更多的資訊（除非產生聚合（aggregate）或尋找趨勢）。

log

通常是準備在將來觀察系統，可能是在某個特定事件（或故障）發生之後。與數據相比，log 有更豐富的語義，可以捕捉更多資料。因此，你通常可以藉著挖掘 log 來產生額外的洞察。你也可以分析 log 來產生未來的問題（question）。

追蹤

在遍歷（分散式）系統的同時捕捉請求流（flow of a request），並且在你覺得有趣的地方捕捉詮釋資料與時間。例子包括進入 API 閘道的流量、app 如何處理請求，以及對著資料庫發出的請求如何被處理。

這些方法的輸出可讓你檢查 app 及其周圍系統的行為，並考慮如何改善它們。然而，有一些輸出是需要立即注意的。

警報

在 app 的生命週期中，有一些事件需要人為干預；你希望當不好的事情發生時，有人可以寄出電子郵件、打電話或呼叫你，好讓你能解決那個問題。為此，你要建立警報機制，根據特定閾值，或使用監視和 log 取得的資料來觸發警報。

許多警報是可以在 app 被部署之前設計與設置的，不過這需要一些事前規劃。耗盡磁碟空間，或超出 JVM heap 空間等*已知之未知*（*known unknowns*）是需要產生警報的好例子。你希望了解即將發生的故障，並在它影響用戶之前完善地修復它。在上述的例子中，你會提供更多的磁碟空間，或者重新設計 app，以使用較少的記憶體。其他應該產生警報的情況只能藉著在生產環境中運行系統，不斷累積經驗來尋找，它們都是*未知之未知*，也就是說，你必須持續、反覆地建立與維護警報。

Financial Times 的 "避免微服務的警報超載" 文章

建立有效的警報非常具有挑戰性，尤其是在遷移到新的基礎設施，或使用新的架構風格時。Daniel 根據 Sarah Wells 在 *FT.com* 的演說寫了一篇文章 "Observability and Avoiding Alert Overload from Microservices at the Financial Times"（*https://www.infoq.com/articles/observabilityfinancial-times*），解釋她的團隊在使用微服務架構時，如何找出與克服一系列的挑戰。這篇文章的重點如下：

- 監視與警報的核心目標是在用戶發現之前知道問題，因此模擬用戶的功能性（functionality）行為來執行合成（synthetic）請求非常重要。

- 你應該將建立警報當成一般開發流程的一部分：寫程式、測試、警報。為了確保開發團隊可以知道警報是否停止運作，你應該加入測試來驗證警報。

- 你必須不斷地維護警報，如果你收到的警報沒有意義，或不需要人為互動，就要修改或刪除那個警報。

你可以用商用的 PagerDuty（*http://bit.ly/2Ijp2pu*）與開放原始碼的 Bosun（*http://bosun.org/*）等熱門工具來實作監控數據的警報。你甚至可以在 Prometheus 裡面實作基本的數據警報。至於監控 log 內容的警報，你可以用 Humio（*https://docs.humio.com/alerts/*）與 Loggly（*https://www.loggly.com/docs/adding-alerts/*）等商用工具或開放原始碼的 Graylog 2（*https://www.graylog.org/overview*）來實作。

Rob Ewaschuk 的警報哲學

Rob Ewaschuk 的 Google 文件 "My Philosophy on Alerting"（*http://bit.ly/2zA4u9O*）是一份詳盡且著名的警報與隨叫隨到（being on-call）指南。如果你想要進一步學習這個領域，這是必讀的文章。

設計可觀察的系統

對 app 進行監視、log 和追蹤有時比較困難，因為你需要的資料通常不容易取得，或很難在不影響 app 功能的情況下公開。因此，在設計系統時就考慮監視是很重要的事情，具體來說：

- 當你設計 app 時，要讓它從第一天就開始進行監視和 log——在你的依賴項目中加入數據與 log 框架（或者，理想情況下，在專案模板的原型中）。

- 確保你建立的任何模組（或微服務）邊界都能夠公開上游系統可能需要的資料。

- 提供下游網路呼叫的背景資料（即，哪個服務正在呼叫，以及代表哪個 app 帳戶）。

- 問問你自己、運維團隊和你的公司，他們將來可能會問哪個類型的問題，並且在設計和組建 app 時，規劃數據和 log 資料的公開方式。例如：
    - ― 單一 app 實例處理事件佇列的效率如何？
    - ― 如何知道 app 是不是根本就不健康？
    - ― 目前有多少顧客登入 app ？

從第一天就設計與建構含有監視機制的 *app*

由於在既有的 app 裡面加入監視、log 和追蹤機制非常困難，你應該從第一天就加入適當的框架來支援這些做法。如果你要建構微服務或無伺服器功能之類的分散式 app，更是要這樣做，因為不僅 app 需要支援框架，平台和基礎設施也是如此（例如，為系統層級的監視機制收集與提出數據，或者實作聚合 log（aggregated logging）工具）。

接下來，你將了解如何使用 Java app 來實作每種觀察機制，但你一定要記得預先設計和實作觀察機制的好處。

數據

數據是用數字來表示某些系統屬性在一段時間內的情況，例如 app 使用的最大執行緒數量、當前可用的 heap 記憶體，或上一個小時之內登入的 app 用戶數量。數字很容易儲存、處理和壓縮，因此，數據可讓你更長時間地保留資料，也更方便查詢，從而，可以用來製作儀表板，以反映歷史趨勢。此外，數據可以讓你隨著時間逐步降低資料分辨率，經過一段時間之後，你可以將資料聚集成每日或每週的頻率。

在這一節，你將了解各種數據類型以及每一種數據的使用案例。這一節也會介紹一些最熱門的 Java 數據程式庫（Dropwizard Metrics、Spring Boot Actuator 與 Micrometer），並且藉著使用這些程式庫的範例來展示各種數據。

Eclipse MicroProfile

本章不討論 Eclipse MicroProfile（*https://microprofile.io/*），原因純粹是礙於篇幅。MicroProfile 裡面的 MicroProfile 和 OpenTracing 專案是本節討論的程式庫的優秀替代品，而且 OpenTracing 框架提供許多很棒的標準、實作與方針，可協助你用 Java EE 技術組建微服務。

數據類型

一般來說，數據有五種：

gauge（儀表）

> 最簡單的數據類型，gauge 只會回傳一個值。gauge 很適合用來監視快取剔除量（eviction count），或購物籃在簽出時的平均消費金額。

counter（計數器）

> 一個簡單的遞增 / 遞減整數。counter 可用來監視失敗的資料庫連結數量，或登入網站的用戶數量。

histogram（直方圖）

> 衡量特定值在資料串流中的分布情況。histogram 很適合監視下游服務的平均回應時間，或者執行搜尋之後得到的結果數量。

meter（比率）

> 衡量一系列事件發生的比率。meter 可以衡量快取未命中與總快取尋找量之間的比率，或產品仍然可供購買時，用戶放棄購物籃的時間比率。

timer（計時器）

> 包含衡量事件持續時間的 histogram，及其發生率的 meter。timer 可用來監視服務一個 web 請求所需的時間，或載入用戶儲存的購物籃所需的時間。

這些數據類型都可用來監視系統，無論是從運維（應用）觀點，還是從商務觀點。

Dropwizard Metrics

熱門的 Dropwizard Metrics（*http://metrics.dropwizard.io/4.0.0/*）程式庫（以前是 Coda Hale Metrics 程式庫）最初是一項個人專案，現在的 Dropwizard Java app 框架曾經是它的夥伴專案。這種數據程式庫相當靈活，它的原則已經被許多其他的數據框架複製，甚至橫跨其他的語言平台。

你可以用以下的 dependency 將 Codahale Metrics 匯入專案（範例 13-1 使用 Maven）。

範例 *13-1* 將 *Dropwizard Metrics* 程式庫匯入 *Java* 專案

```
<dependency>
    <groupId>com.codahale.metrics</groupId>
    <artifactId>metrics-core</artifactId>
    <version>${metrics-core.version}</version>
</dependency>
```

數據設置與詮釋資料

數據的起點是 `MetricRegistry` 類別，它是 app 的所有數據的集合（或 app 的子集合）。一般來說，每個 app 只需要一個 `MetricRegistry` 實例，但如果你想要用特定的報告群組來組織數據，也可以使用更多實例。你也可以用靜態的 `SharedMetricRegistries` 類別來分享全域命名的 registry，讓不同的程式區域使用同一個 registry，而不需要明確地四處傳遞 `MetricRegistry` 實例。

每一個數據都會被指派一個 `MetricRegistry`，在那個 registry 裡面有一個專屬的名稱。這個名稱使用句點，例如 `uk.co.bigpicturetech.queue.size`，這種彈性可讓你直接用數據的名稱來說明各式各樣的背景。舉例來說，如果你有兩個 `com.example.Queue` 實例，可以讓它們更具體：`uk.co.bigpicturetech.queue.size` vs. `uk.co.bigpicture tech.inboundorders.queue.size`。

`MetricRegistry` 有一組靜態協助方法可方便你建立名稱：

```
MetricRegistry.name(Queue.class, "requests", "size")

MetricRegistry.name(Queue.class, "responses", "size")
```

實作 gauge

使用 Codahale Metrics 來建立 gauge 非常簡單。如果你的 app 有個值是由第三方程式庫維護的，你可以藉著註冊一個 Gauge 實例，讓它回傳相應的值，來輕鬆地公開那個值，見範例 13-2。

範例 *13-2　使用 Codahale Metrics 程式庫來實作 Gauge*

```
registry.register(name(SessionStore.class, "cache-evictions"), new Gauge<Integer>() {
    @Override
    public Integer getValue() {
        return cache.getEvictionsCount();
    }
});
```

這會建立一個名為 com.example.proj.auth.SessionStore.cache-evictions 的新 gauge，它會回傳快取的剔除量。

Codahale Metrics 程式庫提供了本章談過的所有常見數據，要了解如何實作它們，最好的方式就是閱讀它的文件。

Spring Boot Actuator

Spring Boot Actuator（*http://bit.ly/2zzH0BE*）是 Spring Boot 的子專案，它提供了許多功能來支援 app 的生產準備工作。當你在 Spring Boot app 中設置 Actuator 之後，可以藉著呼叫各種公開的 HTTP 端點（如 app 健康狀況、bean 詳細資訊、版本詳細資訊、組態、logger 資訊等）來與 app 互動及監視它。

要啟用 Spring Boot Actuator，你只要在現有的組建腳本中加入以下的 dependency（範例 13-3 使用 Maven）。

範例 *13-3　在 Spring Boot 專案中啟用 Actuator*

```
<dependency>
    <groupId>org.springframework.boot</groupId>
    <artifactId>spring-boot-starter-actuator</artifactId>
    <version>${actuator.version}</version>
</dependency>
```

建立 counter

要使用 Actuator 產生你自己的數據，你只要將一個 CounterService 和 / 或 GaugeService 注入 bean 即可。CounterService 公開了遞增、遞減和重設方法，GaugeService 提供了提交方法。見範例 13-4。

範例 *13-4* 用 *Spring Boot Actuator* 數據建立 *counter*

```
import org.springframework.beans.factory.annotation.Autowired;
import org.springframework.boot.actuate.metrics.CounterService;
import org.springframework.stereotype.Service;

@Service
public class MyService {

    private final CounterService counterService;

    @Autowired
    public MyService(CounterService counterService) {
        this.counterService = counterService;
    }

    public void exampleMethod() {
        this.counterService.increment("services.system.myservice.invoked");
    }

}
```

Micrometer

Micrometer（*http://micrometer.io/*）幫熱門的監視系統的儀器使用方提供一個簡單的門面（facade），可讓你在不被供應商套牢的情況下，編寫基於 JVM 的 app 程式碼。這個專案的網站有一個口號 "Think SLF4J, but for application metrics"！

你可以使用以下的 dependency 將 Micrometer 匯入 Java app（範例 13-5 使用 Maven）。

範例 *13-5* 將 *Micrometer* 匯入 *Java* 專案

```
<dependency>
  <groupId>io.micrometer</groupId>
  <artifactId>micrometer-registry-prometheus</artifactId>
  <version>${micrometer.version}</version>
</dependency>
```

建立 timer

Micrometer 框架公開的數據 API 都使用 fluent-DSL 模式，因此建立 timer 相對簡單。在初始化 timer 時，我們主要的問題通常都圍繞著 "如何將 timer 包在被呼叫的方法外面"，見範例 13-6。

範例 *13-6 Micrometer 的 timer*

```
Timer timer = Timer
    .builder("my.timer")
    .description("a description of what this timer does") // 選用
    .tags("region", "test") // 選用
    .register(registry);

timer.record(() -> dontCareAboutReturnValue());
timer.recordCallable(() -> returnValue());

Runnable r = timer.wrap(() -> dontCareAboutReturnValue()); (1)
Callable c = timer.wrap(() -> returnValue());
```

取得數據的最佳做法

要產生與捕捉數據，你有很多好方法可用：

- 始終公開核心 JVM 的內部數據，例如：非 heap 和 heap 記憶體使用量、記憶體回收器（GC）的運行頻率，以及執行緒細節，包括執行緒數量、當前狀態和 CPU 使用情況。大多數現代的數據框架都提供這些數據的套裝功能，所以你只要啟用它就好了。

- 試著公開核心 app 專屬的技術細節，以補充 JVM 內部細節。例如，內部處理佇列的佇列深度、每一個內部快取的快取統計數據（大小、命中率、平均入口年齡等），與核心處理的產出量。

- 回報錯誤和例外的細節。例如，當用戶呼叫 REST API 時，回傳的 HTTP 5 xx 狀態碼數量、呼叫非常重要的第三方依賴項目時抓到的例外數量，以及傳播到最終用戶的例外數量（這是你絕對要盡量降低的）。

- 確保開發和運維團隊在設計和實作基礎設施和平台數據時互相配合。平台的每一層抽象都需要監視，開發者和運維人員可能有不同的需求。抽象層的例子包括 app 框架（例如 Spring 或 Java EE 框架）、執行環境 Java 容器（例如 GlassFish 或 Tomcat）、JVM、容器實作（例如 Docker）、協調平台（例如 Kubernetes）、虛擬化的雲端硬體（例如 VM 與軟體定義的網路 [SDN]）與實體基礎設施。

- 與業務團隊密切合作，了解他們想要追蹤哪些 KPI。其他系統可能是最適合提供這些資料的地方，例如相關的資料儲存體，或基於 ETL 的批次處理系統。但是通常有些精心選擇的數據可以提供許多即時洞察系統的價值，例如，電子商務初創企業通常會公開登入用戶數量、將產品加入購物籃的平均轉換量，以及購物籃的平均價格等數據。

現在你已經充分了解數據了，接下來要學習同樣很有價值的 log。

log

log 是一種不可變、只會不斷附加的紀錄，它記載隨著時間的推移而發生的離散事件，例如當 app 初始化時、當磁碟讀取失敗時，或當 app 用戶登出時。

log 的形式

一般來說，log 有以下三種形式：

純文字

> log 紀錄可能使用純文字形式。在 Java 領域中，你經常可在以 `System.out.println` 來 log app 內部事件的老舊 app 中看到這種 log。不幸的是，這代表每一條 log 敘句都使用專屬的格式。

結構化的

> log 的項目使用預先定義的結構，包括簡單的 JSON 格式，以及有嚴格 schema 的 XML 格式。

二進位

> 這種 log 通常是要讓 app 使用的，比較不考慮人類是否容易閱讀。例子包括用來複製（replication）的 MySQL binlog、用來做時間點恢復的 Protobuf 或 Avro 事件 log。

當你需要額外的洞察力、以及取得其他的警報和數據無法提供的背景資訊時，log 非常實用。但是，過多 log 資訊可能會讓人無法消化，所以你要幫 log 項目加上詮釋資料，例如項目的級別與動作的原因（用戶、IP 位址等）。許多 log 框架都提供級別分類，例如 `ERROR`、`WARN`、`INFO`、`DEBUG`、`TRACE`。

與任何新技術一樣，當你第一次使用 log 時，很容易過度使用它。控制這個行為的方法是了解並使用 log 級別。當你編寫 log 敘句時，應考慮將要產生的資訊是否每天都會用到，若是如此，它很可能是一個 `INFO` 敘句；如果那項資訊只會在你（開發者）試著追蹤 bug 時用到，那麼將它設為 `DEBUG` 或 `TRACE` 可能比較合適。當然，任何錯誤都要用 `ERROR` 級別來輸出，但你也應該與團隊的其他成員討論該在技術堆疊的哪裡 log 錯誤。

我們建議在盡可能高的級別（最接近呼叫或用戶發起的操作）上面 log 錯誤。試著在呼叫堆疊中多次 log 單一錯誤經常在 log 中加入雜訊，讓你難以追蹤問題。

防範 "過度 log"

log 級別真正強大之處在於，它們可讓你在部署或運行期修改 log 的數量。例如，如果 app 沒有按照預期執行，運維人員可以啟用更精細的 log 級別，例如 DEBUG，以獲得更多的資訊。但是，產生額外的 dubug 問題會降低性能，諷刺的是，當你開始尋找問題時，很多問題就會消失，原因通常是時機（timing）和記憶體的使用模式會隨著額外的 log 而改變，我們也看過一個 app 在啟用 log 時完全崩潰，因為它在生產環境中產生 log 敘句需要極大量的記憶體（相關的 TRACE 敘句一直以來都只在嚴格控制下的開發環境中使用，而且資料量很少）。

Java 生態系統有好幾種 log 框架可供你選擇。接下來要介紹兩種最熱門的：SLF4J（與 Logback）以及 Log4j 2。

別發明自己的 logger

請不要試著實作你自己的 log 框架，或採取同樣糟糕的做法，直接使用 System.out.println。現代的 Java log 框架已經有了高度的發展，相較於直接將細節 echo 到控制台（在容器環境中可能存在，也可能不存在），它們提供了更多的彈性。

SLF4J

Simple Logging Facade for Java（SLF4J）（*https://www.slf4j.org/*）旨在提供各種 log 框架（例如 java.util.logging、Logback、Log4j）的門面或抽象，可讓你在部署期插入想要使用的 log 框架。你可以透過 Maven 加入 SLF4J（在這個例子中，使用 Logback（*https://logback.qos.ch/*）），見範例 13-7。

範例 13-7　用 Logback 加入 SLF4J，透過 Maven

```
<dependency>
  <groupId>org.slf4j</groupId>
  <artifactId>slf4j-jdk14</artifactId>
  <version>${slf4j.version}</version>
</dependency>
<dependency>
```

```
    <groupId>ch.qos.logback</groupId>
    <artifactId>logback-classic</artifactId>
    <version>${logbacl.version}</version>
</dependency>
```

如範例 13-8 所示，SLF4J 很容易使用，你可以參考 SLF4J 用戶手冊（*https://www.slf4j. org/manual.html*）。

範例 *13-8　使用 SLF4J API*

```
import org.slf4j.Logger;
import org.slf4j.LoggerFactory;

public class HelloWorld {
  public static void main(String[] args) {
    Logger logger = LoggerFactory.getLogger(HelloWorld.class);
    logger.info("Hello World");
  }
}
```

SLF4J 也支援 Mapped Diagnostic Context（MDC），它可讓你在 logger 中加入背景專屬（context-specific）的鍵 / 值資料，並且提供實用的資訊，讓你在處理許多用戶請求的分散式系統中搜尋與過濾資料。如果底層的 log 框架提供 MDC 功能，SLF4J 會委託給底層框架的 MDC。目前只有 Log4j 和 Logback 提供 MDC 功能。

Mapped Diagnostic Context

Mapped Diagnostic Context 本質上是 log 框架維護的 map；app 程式碼必須提供鍵 / 值，讓 log 框架可在 log 訊息中插入它們。MDC 資料也有助於過濾訊息或觸發某些動作。Logback 用戶手冊（*https://logback.qos.ch/manual/mdc.html*）的 MDC 章節提供了關於這個主題的實用資訊，也提供了一些範例，介紹可在 log 訊息中加入的資訊種類及其目的，例如：

```
70984 [RMI TCP Connection(4)-192.168.1.6] INFO
      N:129 - Beginning to factor.
```

Log4j 2

Apache Log4j 2（*https://logging.apache.org/log4j/2.x/*）是 Log4j 的升級版，明顯地改善了第一個（且熱門的）版本。Log4j 2 的網站聲稱它改善了 Logback 的許多功能，並且修復 Logback 的架構的一些固有問題。這個第 2 版的 log 框架有一個重大的差異是，Log4j 的 API 與實作是分開的，因此 app 開發者可以清楚地知道他們可以使用哪些類別與方法，同時確保順向相容性。使用 Log4j 2 API 的 app 永遠都可以透過 Log4j-to-SLF4J 配接器來使用與 SLF4J 相容的任何一種程式庫作為 logger 的實作。

雖然 Log4j 2 API 可提供最佳的性能，但 Log4j 2 也提供了對於 Log4j 1.2、SLF4J、Commons Logging 和 java.util.logging（JUL）API 的支援。如果性能對你來說特別重要，Log4j 2 有一些非同步 logger 使用 LMAX Disruptor（*https://lmax-exchange.github.io/disruptor/*）執行緒傳訊程式庫，可提供比 Log4j 1.x 和 Logback 更高的產出量與更低的延遲。

你可以用範例 13-9 的 dependencies 在 Maven 專案加入 Log4j 2。

範例 *13-9　在你的 Maven app 中加入 Log4j 2*

```
<dependencies>
  <dependency>
    <groupId>org.apache.logging.log4j</groupId>
    <artifactId>log4j-api</artifactId>
    <version>${log4j.version}</version>
  </dependency>
  <dependency>
    <groupId>org.apache.logging.log4j</groupId>
    <artifactId>log4j-core</artifactId>
    <version>${log4j.version}</version>
  </dependency>
</dependencies>
```

Log4j 2 API 的用法很像 SL4JF API，所以如果你習慣使用這個框架，你會覺得很親切，見範例 13-10。

範例 *13-10　使用 Log4j 2*

```
import org.apache.logging.log4j.LogManager;
import org.apache.logging.log4j.Logger;

public class HelloWorld {
    private static final Logger logger = LogManager.getLogger("HelloWorld");
```

```
    public static void main(String[] args) {
        logger.info("Hello, World!");
    }
}
```

最佳 log 方法

網路上有許多很棒的文章介紹 log 的最佳做法，我們結合自己的經驗，整理了以下幾點建議：

- 不要 log 每一個小細節，這不僅會影響性能，也會在 log 中加入很多雜訊。而且日後你維護程式碼時，可能必須修改所有 log。

- 你應該反過來，只 log 重要的細節，尤其是整個 app 的處理過程的核心流程或分支，因為這些地方通常是修正奇怪問題的最佳下手處。

- 編寫有意義的 log 資訊，以幫助你和別人在將來診斷資訊。你一定要加入相關的背景——如果沒有任何其他背景，在 log 中尋找 "交易失敗" 這句話是沒有意義的。你也要讓資訊可被機器解析，這也有助於搜尋關鍵字。

- 在正確的層級進行 log：INFO 代表一般資訊，DEBUG/TRACE 代表較細的診斷資訊，WARN/ERROR 代表應該需要額外跟進的事件。

- 對 Logger 物件使用靜態修飾符號（static modifier），因為這意味著 Logger 只會被建立一次，可減少成本。

- 你可以在 log 中自訂布局（例如，使用 Log4j Pattern Layouts）。

- 考慮使用 JSON 布局將 log 結構化，這可讓你更容易將 log 解析成外部的、集中化的 log 聚合平台。

- 如果你正在使用 SLF4J，並且無法正確設置 appender（或無法接收 log 輸出），通常可以在組態檔內設定 log4j.debug 系統屬性，或在 app / JRE 啟動命令加上 -Dlog4j.debug，來啟用內部除錯，以解決這些問題。

- 別忘記定期取下 log，以防止 log 檔案變大，或遺失資料。與這個主題密切相關的建議是，你要非同步地將所有 log 送到一個集中的 log 存放區，並在本地儲存最大量的、被取下的 log 檔案。

- 養成習慣定期掃描所有 log，尋找意外的 WARN、ERROR 與例外。這通常可以在問題顯而易見之前抓到它們。

不要 *log* 敏感資料

雖然你很想在除錯時這樣做，但絕對不要 log 任何敏感資訊，例如機密用戶或商務資料、個人身分資訊（PII），或任何受法律監管的資料，例如歐盟的 General Data Protection Regulation（GDPR）。log 敏感資訊不僅可能違反法規並遭到罰款，也有可能成為安全漏洞。我們兩位都看過 log 裡面有信用卡資訊、密碼（以及用戶試過的錯誤密碼，那些試過的密碼通常是用戶在其他地方使用的密碼）和重新設定帳戶時提問的問題的答案。

Brice Figureau 的"The 10 Commandments of Logging"（*http://bit.ly/2zz8jvH*）是我們最喜歡的 log 文章，建議你閱讀它，以更深入了解 log 做法。

在（暫態的）雲端 *log*

當你在 IaaS 或 PaaS 雲端平台上部署 Java app 時，尤其是在 FaaS 無伺服器的平台上，不要忘記底層的基礎設施很可能是暫態的，也就是說，它可能會突然消失。顯然，你必須相應地編寫 app 程式來處理這種情況，但你也必須適當地設置 log。首先，你必須將 log 送到集中的集合或聚合服務，例如 ELK 堆疊或 Humio 等商用平台，並且考慮如何將 log 存放在本地。例如，將 log 存放在掛載（mounted）的持久保存磁區有助於防止資料在實例崩潰時遺失，但這種做法也會影響性能（也就是說，性能將低於將 log 資料寫入本地磁區）。

請求追蹤

請求追蹤的基本動機比較簡單：你必須在系統、app、網路和中介軟體中（實際上是在請求（通常是用戶發起的）的路徑上的每一點）標識特定的轉折點（inflection），並進行檢測。這些點特別有趣，因為它們通常代表執行流程的分支，例如多執行緒的平行處理、非同步進行計算，或 out-of-process 網路呼叫。你必須收集、協調和整理所有單獨產生的追蹤資料，以便了解請求如何流經系統。

trace、span 與 baggage

正如同 Cloud Native Computing Foundation（*https://www.cncf.io/*）（CNCF） 在 OpenTracing API（*http://opentracing.io/*） 專案中定義的，trace（追蹤）（*http://opentracing.io/documentation/#what-is-a-trace*）講的是一項交易或工作流程如何流經系統

的故事。在 OpenTracing 與 Dapper 中，trace 是 span 的有向非循環圖（DAG），有些工具也將 span 稱為 segment（段），例如 AWS X-Ray（*https://aws.amazon.com/xray/*）。span 是一段有名稱且定時的操作，代表 trace 中連續的工作段落。你可以幫 span 加上額外的背景註釋（詮釋資料或 baggage（*http://bit.ly/2DyAsXZ*）），例如，app 開發者或許會用 "追蹤 SDK" 來將任意的鍵 / 值項目加入目前的 span。應注意的是，添加註釋資料本質上是侵入性的：負責註釋的元件必須知道追蹤框架的存在。

追蹤資料通常是以 "out of band" 的方式，透過一個獨立的網路程序將本地寫好的資料檔案（用 agent 或 daemon 產生的）拉到集中的存放區來收集的，做法很像收集 log 與數據的方式。追蹤資料不會被加入請求本身，所以可以維持請求的大小和語義不變，並且可以在方便的時候提取存在本地的資料。

有請求被發出時，父 span 就會產生，父 span 與子 span 有因果與時間關係。圖 13-2 來自 OpenTracing 文件，這張視覺化的圖表裡面有一系列的 span，以及它們彼此之間在請求流程之中的關係

這種視覺化加入時間的背景、參與的服務的階層結構，以及程序 / 任務執行時的串聯或平行性質。這種圖表有助於凸顯系統的關鍵路徑，並且可以提供一個起點來協助確認瓶頸或需要改進的區域。許多分散式追蹤系統也提供了 API 或 UI，可讓你進一步深入研究每個 span 的細節。

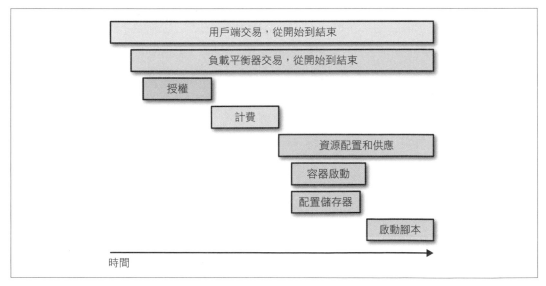

圖 13-2 分解一個請求 trace，裡面的父 span 及其子 span 與處理請求時執行的特定操作有關

追蹤 Java：OpenZipkin、Spring Sleuth 與 OpenCensus

分散式追蹤領域正在快速發展，並且逐漸成為（雲端）平台專用的技術，這些事實，加上這個領域的限制，意味著本書無法提供任何實作指南，有興趣的讀者可以參考熱門的開放原始碼框架 OpenZipkin（*https://zipkin.io/*）、Spring Cloud Sleuth（*https://cloud.spring.io/spring-cloud-sleuth/*）與 OpenCensus（*https://opencensus.io/*）來取得更多資訊，它們全部都有提供 Java SDK。

商用分散式追蹤解決方案

許多大型公共雲端供應商都提供了追蹤解決方案，它們都非常值得使用。如果你使用 AWS，X-Ray（*https://aws.amazon.com/xray/*）服務很實用，你也必須在 app 中加入 AWS SDK。Google Cloud Platform 提供 Stackdriver Trace（*https://cloud.google.com/trace/docs/zipkin*），它與 OpenCensus 和 OpenZipkin 相容，且 GCP 團隊提供了 Maven JAR 可執行所有的整合。Microsoft 團隊也建立了 zipkin-azure（*https://github.com/openzipkin/zipkin-azure*），透過 Azure Event Hubs 將 OpenZipkin 整合到 Azure 平台。

---

app 性能管理系統（APM）與分散式追蹤有密切的關係，它也是幫助開發者與運維者了解系統與進行除錯的實用工具。從歷史上看，與開放原始碼的工具相比，商用解決方案有更多的功能，但 Naver 的 Pinpoint（*https://github.com/naver/pinpoint*）現在提供了許多大家期望的核心功能，以及分散式追蹤功能。

追蹤的建議做法

在 Java 領域中，分散式追蹤是比較新穎的做法，因此 "最佳" 做法有限，但仍然有些做法值得推薦，包括：

- 你必須記得將追蹤標頭轉傳給所有下游服務、中介軟體與資料儲存體，否則，追蹤將無法涵蓋部分的 app。

- 這一點與上一點有關，如果你使用的是 polyglot app 堆疊，應將 Zipkin（或你選擇的追蹤解決方案）整合到其他語言框架中。Zipkin 非常適合這項工作，因為它是一個與語言無關的追蹤解決方案。

- 不要試圖添加大量的 "行李（baggage）" 詮釋資料。儘管它是在請求本身之外 out-of-band 收集的，仍然會導致有雜訊的追蹤結果。

最後，考慮你是否想要運行自己的追蹤收集服務，以及你是否具備足夠技術和資源來實現這個解決方案。許多雲端供應商都提供傑出的全代管服務。

例外追蹤

即使你遵循了本章的所有建議，並實作了聚合 log 和集中監視，你依然會在生產系統中遇到一些摸不著頭緒的錯誤，隨著當今系統在實作上的複雜性，這幾乎是無法避免的情況。理想情況下，你絕對希望在最終用戶發現這個問題，或（更糟的是）向你回報系統已經損壞之前了解問題。因此，例外追蹤系統是你應該放入問題管理工具箱的另一項工具。

商用例外追蹤工具

因為例外追蹤是很有價值的工具，所以我們認為你應該購買商用解決方案，它們不僅可以為你託管服務，也提供了 SLA。熱門的 Java 商用例外與錯誤追蹤平台包括 Airbrake（*https://airbrake.io/*）、Sentry（*https://sentry.io/for/java/*）、RayGun（*https://raygun.com/*）與 OverOps（*https://www.overops.com*）。

例外追蹤系統通常是由 SaaS 供應商提供的，不過我們也有一些內部的解決方案可用（例如開放原始碼的 Ruby on Rails Errbit（*https://github.com/errbit/errbit*）app，它與 Airbrake 相容）。使用它時，你要將用戶端 SDK 加入 Java app（通常是以 Maven 或 Gradle dependency），它可以捕捉任何未被捕獲，或已經傳播到視圖層（view layer）的例外，並將細節回報至例外追蹤服務。許多追蹤服務都有資訊儀表板，可以協助你診斷和找到相關的問題，它們通常也會以接近即時的方式向你發出警報（或與提供這種功能的其他服務整合）。

被公開的例外可能會提供資訊給駭客！

將內部的例外或錯誤傳播至最終用戶顯然會產生糟糕的用戶體驗，但這種錯誤也有可能讓駭客取得敏感或有用的資訊。事實上，駭客可能一直都在試圖破壞你的系統，但即使他們成功了，他們也不該收到關於問題的任何資訊。因此，不要使用太描述性的錯誤消息、堆疊追蹤，或在錯誤訊息顯示 PII 資料（無論有意或無意）。

除了使用例外追蹤系統之外，我們也建議你製作一個籠統的（catchall）錯誤處理網頁，在未捕獲例外事件時預設顯示它。你通常可以在現代 Java web 框架中配置這個網頁，或在 web 伺服器或 API 閘道中設置一個靜態錯誤網頁，在 HTTP 回應指出錯誤時顯示出來（例如 5xx HTTP 狀態碼）。在每一個錯誤網頁中，你要為你帶來的不便道歉，並建議用戶聯繫公司的服務人員。如果錯誤網頁是在 app 伺服器中產生的，你可以提供 UUID 來辨識錯誤。

別忘了用戶端

如果你的 app 公開了 web 介面，那麼用戶端程式碼可能也會出錯，你也要捕捉與追蹤那些錯誤。上述的許多商用工具都可以和前端的 JavaScript 整合，來進行這項工作，例如 Sentry。

Airbrake

Airbrake 是一種受歡迎的跨語言例外追蹤器（*https://airbrake.io/*）。要將 Airbrake 用戶端裝到 Java 程式裡面，你可以用 Maven 直接匯入 dependency，見範例 13-11。

範例 *13-11 將 Airbrake SDK 匯入 Java 專案*

```
<dependency>
    <groupId>io.airbrake</groupId>
    <artifactId>airbrake-java</artifactId>
    <version>${airbrake.version}</version>
</dependency>
```

正如同 Airbrake Java 用戶端 GitHub 存放區的 README（*https://github.com/airbrake/airbrake-java*）所述，使用 Airbrake 最簡單的方法是設置 Log4j 附加器（appender），當未被捕獲的例外出現時，Airbrake 會將相關的資料 POST 到在你的環境指定的 Airbrake 伺服器。（別忘了你仍然要負責防止最終用戶看到這個錯誤。）你已經看過 Log4j 組態的例子了，範例 13-12 是修改過的版本，它被設置成將錯誤回報至外部的 Airbrake 服務（它可能是自行託管的 Errbit 服務）。

範例 13-12　*Log4j* 屬性組態檔，可將例外回報至外部的 *Airbrake* 服務

```
log4j.rootLogger=INFO, stdout, airbrake

log4j.appender.stdout=org.apache.log4j.ConsoleAppender
log4j.appender.stdout.layout=org.apache.log4j.PatternLayout
log4j.appender.stdout.layout.ConversionPattern=[%d,%p] [%c{1}.%M:%L] %m%n

log4j.appender.airbrake=airbrake.AirbrakeAppender
log4j.appender.airbrake.api_key=YOUR_AIRBRAKE_API_KEY
#log4j.appender.airbrake.env=development
#log4j.appender.airbrake.env=production
log4j.appender.airbrake.env=test
log4j.appender.airbrake.enabled=true
#log4j.appender.airbrake.url=http://api.airbrake.io/notifier_api/v2/notices
```

如果你不使用 Log4j，或希望向例外追蹤服務發送其他例外，也可以直接呼叫 Airbrake 用戶端，見範例 13-13。

範例 13-13　直接透過 *SDK* 呼叫 *Airbrake* 服務

```
try {
    doSomethingThatThrowsAnException();
}
catch(Throwable t) {
    AirbrakeNotice notice = new AirbrakeNoticeBuilder(
                        YOUR_AIRBRAKE_API_KEY, t, "env").newNotice();
    AirbrakeNotifier notifier = new AirbrakeNotifier();
    notifier.notify(notice);
}
```

系統監視工具

本章已經介紹產生和收集 Java app 的數據與 log 多麼重要了，同樣的建議也適用於運行 app 的作業系統和基礎設施。

collectd

collectd（*https://collectd.org/*）可以從各種來源收集數據（例如作業系統、app、log 檔與外部裝置），並儲存這些資訊，或透過網路供人使用。這些數據可用來監視系統、尋找性能瓶頸，與預測系統未來的負載。collectd 是以 daemon 形式在各個機器實例上運行的，它的所有功能都是以一系列的外掛來提供。collectd 的組態盡可能地簡單——除了需要載入的模組之外，你不需要設置任何其他東西，但喜歡的話，你也可以自訂連至連結的 daemon。collectd 使用資料推送模型：它會收集資料並將資料送（推）到多播（multicast）群組或伺服器，因此沒有一個可供查詢任何值的中央實例。

礙於篇幅（以及和 Linux 版本之間的微細差異），我們不討論如何安裝與設定中央 collectd 伺服器。通常這項工作是由大型組織的中央運維團隊完成的，對使用公用雲端服務的小型團隊而言，通常可以將 collectd 數據資料轉換至供應商的集中式數據收集框架內（例如 Amazon CloudWatch 有個 collectd 外掛（*https://github.com/awslabs/collectd-cloudwatch*））。你可以用二進位檔來安裝用戶端 collectd daemon（可從專案的下載網頁取得（*http://collectd.org/download.shtml*）），並修改 */etc/collectd.conf* 組態檔來指定組態。collectd 網站有更詳細的資訊。

rsyslog

現代 Java app 都有許多變動元件，它們通常分散在多台機器上，因此我們很難追蹤目前發生了什麼事情，以及在作業系統層級診斷問題。因此，你要集中管理 log 輸出。Syslog 是 1980 年代為了 log 訊息開發出來的標準，並且被廣泛使用，尤其是在 Unix 環境中。所有主流的 Linux 版本都有安裝 syslog，這是你應該優先使用它，而不是其他未被廣泛部署的系統的主要原因之一。Rsyslog 以基本的 syslog 協定為基礎並加以擴展，加入內容篩選、靈活的組態選項，以及許多實用的功能，例如支援 ISO 8601 時戳，以及直接 log 各種資料庫引擎。

通常這種集中管理 log 的機制都是由一個中央的運維團隊實作的，但是運行你自己的中央接收伺服器也不難。為了簡單起見（以及因為 Linux 版本的細微差別），我們不討論接收方伺服器的安裝或設置。至於用戶端伺服器，你只要要求 syslog 將所有 log 轉發到中央伺服器就可以了，做法通常是在 */etc/rsyslog.conf* 組態檔裡面加入：

```
*.* syslog.mycentralserver.com
```

如此一來，所有 log 訊息都會透過 syslog 送到中央接收伺服器。

Sensu

Sensu 是一種開放原始碼的商用基礎設施和 app 監視及遙測解決方案，提供了可以監視幾乎所有東西的框架：從基礎設施到 app 健康到商業 KPI。Sensu 旨在解決本書討論過的現代基礎設施平台帶來的監視挑戰（例如在使用公用、私用和混合雲端時，混合使用靜態、動態和暫態基礎設施）。Sensu 通常會被用來取代現有的基礎設施監視解決方案（例如 Nagios）。

Sensu 會將所有組態公開為 JSON 檔案，因此你很容易藉由 VCS 來自動化和管理組態。Sensu 也可以和 PagerDuty、Slack 及 email 等警報工具妥善地整合。

一般來說，Sensu 可以和其他工具共存，例如 Prometheus，許多組織都同時使用這兩種工具。開發者比較喜歡使用 Prometheus，因為它提供較佳的用戶體驗（UX）和廣泛的查詢功能；而運維人員比較喜歡使用 Sensu，因為它可以和許多基礎設施整合（包括重複使用現有 Nagios 健康檢查功能）。

收集與儲存

每一種數據與 log 資料都要可靠地取得與儲存，以便日後進行分析。本節將探討針對這些需求的熱門解決方案。

商用數據與 log 收集工具

所有的大型端雲供應商都提供了自己的數據與 log 收集和分析工具，例如 AWS CloudWatch、GCP StackDriver 和 Azure Monitor。許多初創公司也在探索這個領域，因為從所有這些資料中整理和產生洞見是一項不小的挑戰，但它可以為組織和工程師帶來許多價值，這也意味著它是有趣的商業目標。如果你的雲端提供商或內部解決方案不能滿足你的需求，你可以研究一下商用產品，例如 Honeycomb（*https://www.honeycomb.io/*）與 LightStep（*https://lightstep.com/*）。

Prometheus

Prometheus（*https://prometheus.io/*）是一種開放原始碼的系統監視和警報工具組，它最初是在 SoundCloud 上構建的。現在它是獨立的開放原始碼專案（由 CNCF 主辦），並獨立維護，許多來自各個組織的開發者都為此做出貢獻。Prometheus 基本上會將所有資料儲存成時間序列，這個序列是由同一個數據和同一組被標記的維度（labeled dimensions）的值（附有時戳）組成的串流。Prometheus 很適合記錄任何一種純數字時間序列，它既適合監視機器，也適合監視高度動態且服務導向的架構。在微服務的領域中，它對多維資料的收集和查詢提供很好的支援。

Prometheus 有它自己的 Java SDK（*https://github.com/prometheus/client_java*），提供了之前談到的所有數據類型。但是 Prometheus API 是這個收集平台專用的，所以比較好的做法是使用各種平台都可使用的程式庫，並將它與 Prometheus 整合起來。所有的主要數據程式庫都可以和 Prometheus 整合，包括 Dropwizard/Codahale Metrics（*http://bit.ly/2OebIIr*）、Micrometer（*http://bit.ly/2NMqZ3I*）與 Spring Boot Actuator/Metrics（*http://bit.ly/2QeJxqp*）。你可以用 Grafana（*http://bit.ly/2Oi4YcA*）輕鬆地將 Prometheus 的數據視覺化。

Elastic-Logstash-Kibana

當你談論如何聚合與儲存 log 資料時，經常會聽到 ELK 堆疊。ELK 是三種開放原始碼專案的縮寫：Elasticsearch、Logstash 與 Kibana（*https://www.elastic.co/elk-stack*）。*Elasticsearch* 是一種搜尋與分析引擎。*Logstash* 是一種伺服器端資料處理管道，可從多個來源同時接收資料，轉換它們，接著將它們送給 Elasticsearch 之類的 "藏匿處"。*Kibana* 可讓用戶以圖表查看 Elasticsearch 內的資料。SLF4J 與 Log4j 2 都可以經由設置，將資料轉換成 JSON，以供 Logstash 和 Elasticsearch 使用。

小心溫水煮青蛙：Abraham 的經驗

有一個古老的寓言說，如果你把青蛙放入一壺開水，牠會立刻跳出來，但是如果你把牠放入溫水，再逐漸將水煮沸，青蛙就無法發現溫度變高了，所以會被活活煮熟。雖然這個故事的真實性值得懷疑（我當然不鼓勵你親自測試），但是它提供了一些可以運用的知識。

許多數據或視覺化工具都有一種限制因素—它們需要的資源數量，因為儲存資料的成本高昂，為它製作索引，以便更快速地進行視覺化更是如此。因此，我經常看到一些團隊在他們的視覺化工具中設置時間限制，通常是兩週，有時甚至更短。

大多數人都不介意這一點，所以將圖表設置成一個相當短的期限，通常介於 30 分鐘之前到一天之前之間，我很少遇到喜歡檢查一天之前發生了什麼事情的團隊。但是，我喜歡做進一步的調查，因為我想要了解長期的模式，例如工作日的流量比週末高多少？與一年之內的其他月分相比，夏季增加多少新用戶？訪客數量在假期驟降是正常的現象，還是今年的景氣不太好？這類的問題困擾著我，它們也是大多數監視工具無法回答的。

誠然，有許多問題經常是突然出現的，那些問題都可以用短期監測的觀點加以注意。對於較長期的問題，我傾向以一種相當簡單的方式來維護自己的數據清單（通常是存有每日總數的試算表），並從中觀察模式。這聽起來可能有點多餘，尤其是當你已經花了那麼多精力建立一個適當的 ELK 堆疊或類似的東西時，但對我來說，這是可帶來回報的：有一次，我發現了一隻正在被慢慢煮熟的青蛙，它是一個性能問題，在兩個月的時間裡，那個問題一直逐漸上升，但它增長的速度是指數級的，雖然我也希望能夠在它還不是太大的問題時就抓住它，但是想像一下，如果我沒有關注長期的趨勢時，會是什麼情況。

視覺化

設計具備觀察機制的系統，並收集適當的數據和 log，是理解 app 和系統的第一步。但是，同樣重要的步驟是將這些資料轉換成能夠賦與你洞察力，並驅使人們展開行動以進行改善的東西。如何做到這一點取決於你的目標用戶是商務、運維還是開發者。本節將簡介可行的做法。礙於篇幅，我們歡迎你進一步閱讀其他書籍和搜尋網路。

給商務人員的視覺化

當你幫商務人員進行視覺化時，應該把焦點放在最重要的資訊，並盡量降低雜訊。為了提供文字和數字方面的洞察力，最流行機制就是儀表板。dashing.io 框架以及被更積極維護的分岔 Smashing（*https://smashing.github.io/*）（見圖 13-3）是容易使用且高效的儀表板工具。儀表板是用 ERB Ruby 腳本建立的（很像 JSP），你可以用類似 REST 的 API 將資料送至這種工具。

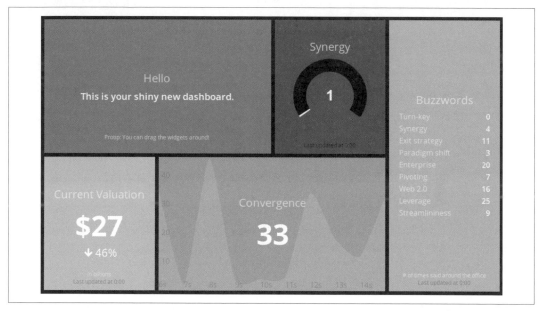

圖 13-3　Smashing 儀表板

給運維人員的視覺化

熱門的運維視覺化工具包括 Graphite（*https://graphiteapp.org/*）與更現代的 Grafana（*https://grafana.com/*），見圖 13-4。你可以用這些工具輕鬆地製作儀表板，來關注整個系統的健康狀況和性能，以及服務或基礎設施特有的屬性。在這個領域中，視覺化的核心目標包括讓工程師有自助能力，可以建立自己的儀表板，以及建立自動警報，提醒需要採取行動的任何事情。

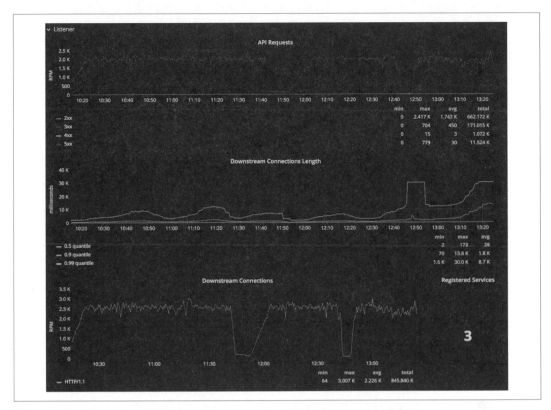

圖 13-4　為 Kubernetes 原生的 Ambassador API 閘道建立的 Grafana 儀表板

運維人員的另一種熱門需求是了解請求與資料在整個系統的流程，APM 工具可在這方面提供許多幫助。圖 13-5 是使用開放原始碼的 Pinpoint APM 解決方案畫出的請求／回應散布圖，描述了用戶產生的請求到相關的資料庫查詢的過程。

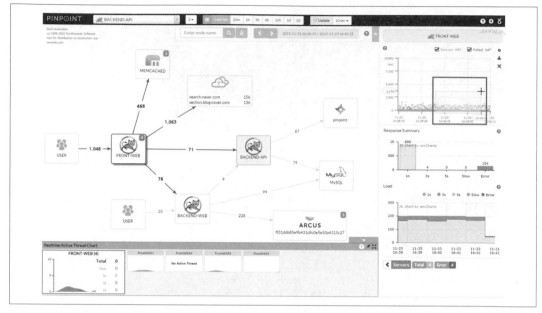

圖 13-5　Pinpoint APM 產生的請求 / 回應散布圖

給開發者的視覺化

Kibana 之類的視覺化工具可以滿足開發者的許多需求，這類視覺化工具經常被當成 ELK 堆疊的一部分來使用。Grafana 把重心放在數據上，而圖 13-6 的 Kibana 把重心放在 log 上，除了繪圖之外，也可以進行全文字（full-text）查詢。這項功能可以協助開發者處理複雜的問題。

如果你正在使用分散式追蹤，許多這類的工具都提供圖形化介面，你可以查詢它們，讓它們展示單一追蹤。如圖 13-7 所示，這種視覺化的好處是，它可讓你快速辨識某個用戶操作產生的請求 / 回應流與資料流。長 span 可讓你找出長時間運行的程序，拆開的 span 可讓你快速地把焦點放在失敗的程序或服務上。

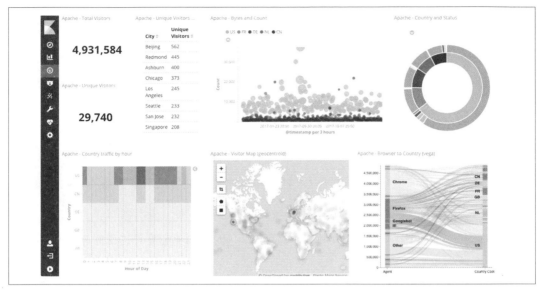

圖 13-6　Kibana 儀表板

圖 13-7　Zipkin 追蹤

雖然命令列對許多開發者來說很有吸引力，但是你也可以藉著適當地運用視覺化來得到許多幫助。在這個領域中，視覺化的核心目標是確保開發者能夠自助使用工具，並能夠以最小的成本建立儀表板、圖表和追蹤查詢。

小結

你在本章學到觀察機制的基礎知識：

- 對你來說，在 app 的生命週期中，了解系統內正在發生的事情和已經發生的事情非常重要。這就是觀察機制的目的。

- 通常，你往往會在三個層面上監視和觀察整個系統：app、網路和機器。

- 觀察現代軟體 app 有三種主要方法：監視、log 和追縱。

- 監視是以接近即時的方式觀察系統，通常包括產生和捕捉暫態的數據、值和範圍。

- log 通常是為了在將來觀察系統，可能是在事件（或故障）發生之後。

- 追蹤的目的是在請求遍歷（分散式）系統時，捕捉它的流程，並在你感興趣的特定地點捕捉詮釋資料和時間。

- 在 app 的生命週期中，有些事件需要人為干預。為此，你要建立警報機制，根據特定閾值，或使用監視和 log 取得的資料來觸發警報。

- 改寫 app 來加入監視、log 和追蹤機制比較困難，因此，你一定要在設計系統時就考慮監視機制。

- 你絕對想在最終用戶發現問題前掌握它，因此，例外追蹤系統是必須放入問題管理工具箱的另一項工具。

- 正確使用視覺化工具和儀表板可以讓你產生洞察力，並減少伴隨著原始數據和 log 資料的雜訊。

到目前為止，你已經了解實現持續交付的技術細節了。下一章會將重心放在“讓既有的組織或 app 改用這種工作方式”時的挑戰。

## 第十四章

改用持續交付

此時，你已經從本書學到許多與持續交付有關的技術原則和做法了。本章將讓你了解讓組織和團隊改用這種工作方式時的挑戰，也會介紹目前可協助你輕鬆應對這些挑戰的優秀方法。

持續交付能力

如果你一章一章地看過這本書，你會多次讀到 Nicole Forsgren、Gene Humble 和 Gene Kim 在他們的書籍 *Accelerate* 中提到的持續交付能力。由於他們與 State of DevOps Reports 的合作，並舉辦一系列的 DevOps Enterprise 會議，他們有特別的機會可以了解有哪些因素可以造就高性能的組織。他們也深入研究了哪些方法有效，哪些方法無效，並根據最佳做法開發了經過科學驗證的模型。

他們的研究有一項重要的發現：在統計上，有 24 種關鍵能力以顯著的方式推動軟體交付效率的改善。這些能力可以分成五種：持續交付、架構、產品及程序、精益生產與監視，以及文化。你可以看到，持續交付本身就是一個種類，從這裡可以知道這種做法對於建立高效率組織的重要性。

進一步研究持續能力，你可以看到這個清單：

- 對所有產品工件使用版本控制。

- 將部署流程自動化。

- 實作持續整合。

- 使用 trunk-based 開發方法。

- 實現測試自動化。

- 支援測試資料管理。

- 儘早執行安全防護。

- 實作持續交付。

Forsgren、Humble 和 Kim 在他們的書中指出，如果你和你的組織對這些功能進行投資，你的軟體交付效率將會提高。在本書中，你已經學過與這些功能有關的技術了，因此當你想要讓組織團隊改用持續交付時，這是一份很好的參考清單。

實作持續交付可能具有挑戰性

讀過這本書之後，你可能會很興奮地準備幫助組織朝著完全接受持續交付的方向前進，然而，這件事不像看起來那麼容易。或許你曾經讓新團隊使用新技術或新方法，因此知道這種情況，或許你單純知道你會遇到技術或組織方面的障礙——你知道的，那些讓你的組織採取 "特殊" 做法的人（劇透警報：每個組織都是獨特的，但是關於持續交付，很少組織是 "特殊" 的。）如果你最初的努力沒有成果，不要氣餒，改用持續交付可能需要時間。

首先要問的問題是（特別是當你的組織是由多個軟體交付團隊或產品組成時）：你如何選擇率先遷移的 app？

選擇要遷移的專案

The DevOps Handbook 是每位技術主管都強烈推薦的讀物，它用一個完整的章節專門介紹當你試著進行 DevOps 轉型時，該從哪個專案，或者更準確地說，從哪個 "價值流" 開始。無論你希望進行全面性地轉換，還是只想實現持續交付，選擇目標的做法都非常相似。選擇轉換程序時，第一個步驟是對組織做一些研究，如果你的公司是規模較小的初創公司或中型企業，這件事可能很容易。如果你的公司是大型的跨國公司，這可能更具挑戰性，你可能要把研究限制在你工作的地理區域。

對價值流、系統和 app 進行編目可以讓你大概知道應該先處理哪些領域。*The DevOps Handbook* 的作者建議在進行研究時，同時考慮棕地（brownfield）和綠地（greenfield）專案，以及紀錄系統（資源規劃和分析系統）和牽涉的系統（與顧客接觸的 app）。他也建議你 "從最有同理心和創新力的團隊開始"。我們的目標是找到已經認同持續交付的需求（以及其他 DevOps 原則）的團隊，以及已經具備創新慾望和能力，並且願意搶先採用新技術和科技的團隊。

必讀的 The DevOps Handbook

如果你是一名技術人員或團隊主管，並且熱切地接受持續交付，想將它傳播到整個組織，我們強烈建議你閱讀 *The DevOps Handbook*。這本書中的知識、模型和建議是無價的，閱讀這本書可以幫你省下大量的時間和痛苦。

選擇開啟持續交付之旅的專案或團隊之後，你必須花時間更深入地了解他們的情況。

注意情勢

在公司或組織內進行任何大規模的改變都需要投入資源、時間和決心。組織是一個複雜的自我調整系統，有時看起來很像一個生物。當組織和變更牽涉到技術的使用時，這種情況更加複雜，因為此時，你處理的是一個 "社會技術" 系統。Cynefin 框架是一種概念框架，用途是幫助領導人和決策者做出決策。這種框架是 IBM 在 2000 年代初期開發出來的，它被稱為 "感知製造機（sense-making device）"。

Cynefin 提供了五種決策背景或領域：簡單（simple）、繁雜（complicated）、複雜（complex）、混亂（chaotic）和無序（disorder）。這個框架的目的是讓領導者能夠指出他們是如何感知情勢的，並理解他們自己和其他人的行為，進而決定在類似的情況下如何行動。在圖 14-1 中，右邊的區域，簡單和繁雜，是有序的：你可以看到或發現因果關係。左邊的區域，複雜與混亂，是無序的：你只能事後推斷因素，或根本無法找到。

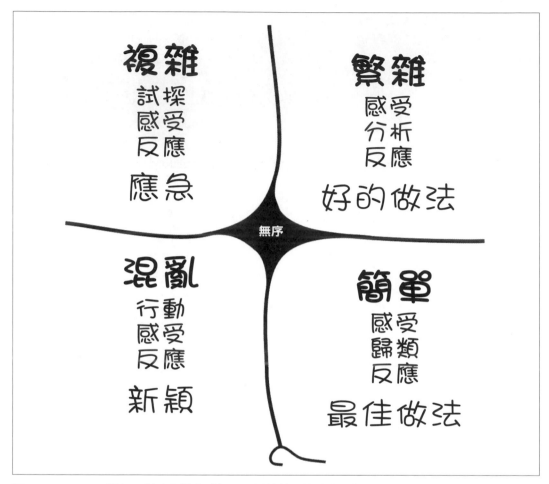

圖 14-1　Cynefin 框架：幫助領導人感知及分析情勢，並決定如何行動的概念框架（圖像源自 Dave Snowden，取自 Wikipedia（*http://bit.ly/2DAXlde*））

Cynefin 框架與持續交付

當你在組織中實現持續交付時，Cynefin 框架是一種有用的工具。儘管幾乎所有的組織都位於複雜象限，但是它們在接受持續交付的過程中，會涉及許多位於框架其他地方的情況。

簡單

簡單領域代表*已知之已知*（*known knowns*）。它們都是規則或最佳做法：情況穩定，且因果關係清楚。框架建議*感受 – 歸類 – 反應*：建立事實（感受），歸類，接著按照規則或採取最佳做法來反應。例如，在採用持續交付的過程中，你會先遇到如何儲存、使用與管理原始碼的情況，此時你可以做這些事：

建立事實

app 的原始碼被儲存在 Git 中，組態只被儲存在資料庫中，基礎設施碼被儲存在標記版本號碼的腳本中。

歸類

復審原始碼儲存機制。

反應

這個領域目前的最佳做法是使用版本控制系統（VCS）或分散式 VCS（DVCS）。

繁雜

繁雜領域是由*已知之未知*（*known unknowns*）構成的。你要透過分析或專業知識才能了解因果關係；它有一系列正確的答案。框架建議*感受 – 分析 – 反應*：

感受與評估事實

確認將程式碼從本地開發機器送到生產環境所需的步驟。

分析

檢查與分析每個步驟，確認所需的技術和工具，以及需要參與的團隊（和任何挑戰）。

反應

採取適當的推薦做法。

當你嘗試建構第一個持續交付管道時，經常會遇到繁雜領域。在管道內的步驟都是已知的，但是如何幫使用案例實作它們卻是未知的。此時，你或許可以理性地做出決定，但是這需要精確的判斷和專業知識。

複雜

複雜領域代表*未知之未知*（*unknown unknowns*），你只能藉著事後回顧來推斷因果關係，而且沒有正確的答案。如果你進行的實驗可以安全地失敗，或許可以看到有益的模式（*http://bit.ly/2NIwTTz*）。Cynefin 將這個程序稱為*試探 – 感受 – 反應*。在持續交付中，你會在試著提升組織的採用率時遇到複雜。

混亂

在混亂領域中，因果關係是不明的，這個領域的事件 "太混亂了，無法根據知識來回應"，所以採取行動是回應的第一種也是唯一的方法。在這種背景下，領導者要*行動 - 感受 - 反應*：採取行動建立秩序，感受哪裡穩定，並據此回應，把混亂變成複雜。這通常是外界顧問被邀請來實作持續交付管道或搶救運維問題時採取的做法。

無序

在中間那個黑暗的無序區域代表 "不確定適合放在哪一個其他領域的情況"。正如同 David Snowden 與 Mary Boone 所說的，從定義上看，你很難看出這個領域適用的時機（*http://bit.ly/2NIwTTz*）。"離開這個領域的方法，就是將情況分解成許多成分，並將每個成分分配到其他四個領域其中一個。然後，領導者可以做出決定，並以適當的方式進行干預。"

所有模型都是錯的，但有些很實用

如果你在採用持續交付時，遇到停滯不前的情況或陷入困境，最好先後退一步，看看更廣泛的背景，並試著用 Cynefin 框架來分類問題，這可以讓你用最佳方法來解決問題。例如，如果你正在處理一個簡單的問題（例如，是否使用 VCS），你不需要進行實驗，因為普世接受的最佳做法都指出 VCS 是有幫助的。

然而，如果你正在處理一個複雜的問題，例如確保組織的資金進一步將你的組建管道計畫推廣到其他部門，那麼進行可以安全地失敗的實驗可能非常有益。例如，你可以確定某個團隊有部署軟體方面的問題，收集交付底線數據（組建成功、部署產出量等），並與他們一起進行 timebox 實驗，以建立一個簡單的組建管道來解決他們的問題。

引導持續交付

Steve Smith 在他的一篇內容豐富的部落格文章 "Resilience as a Continuous Delivery Enabler"（*http://bit.ly/2xTvRJD*）中提出一個引導持續交付的四階段模型，這個模型補充了本章討論過的能力（圖 14-2）。

模型的第一個階段把焦點放在控制所有東西的版本上面。這種方法與 *Accelerate* 一書互相呼應，因為研究表明，控制所有東西的版本與高效率地交付軟體密切相關；"應用程式碼、系統組態、app 組態以及組建和設置腳本" 都要存放在版本控制系統中。這不僅可以提高性能，還可以改善部署穩定性。

完成這項工作後，Smith 建議你應該衡量交付程序的穩定性和產出量，例如，有多少部署失敗或導致接近失敗，以及將程式碼提交到生產環境，以傳遞價值的速度有多快？這個步驟的目標是提高交付意識，並提供基線數據，以便在後續的持續交付過程中進行比較。

第三個重點領域包括增加生產遙測，使你能夠從技術和業務的角度觀察 app 之中正在發生的事情，並轉型成自我調整（或 "進化"）架構，這可促進組件之間的鬆耦合，以及修改的容易性。這個階段的目標是提高生產可靠性。

Smith 模型的最後一個階段是進行平行實驗，目標是 "改善一切"。這個階段會在一段較長的時間進行持續改善，並設置迭代改善框架。（本書的最後一章會進一步介紹這個主題。）

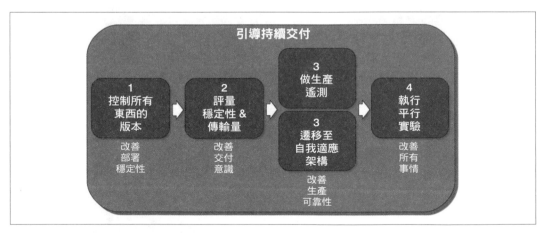

圖 14-2　引導持續交付的程序（圖像來自 Steve Smith 的部落格文章 "Resilience as a Continuous Delivery Enabler"（*http://bit.ly/2xTvRJD*））

你已經在第 9 章了解如何控制所有東西的版本了（第 1 階段）。你也在第 13 章與第 3 章分別學過如何增加生產遙測性，或觀察機制，以及如何培養自我調整架構了（第 3 階段）。在接下來的兩節中，你將學習評量持續交付（第 2 階段）與運行平行實驗（第 4 階段）的基本知識。

評量持續交付

Accelerate 的作者在書中指出，軟體交付效率可以用四種因素有效地評量：

交付時間

評量工作完成的速度，從你在功能或 bug 追蹤器之中建立票據（ticket），到將它交付至生產環境所需的時間。

部署頻率

將程式碼或組態部署到生產環境的頻率。

平均恢復時間（*MTTR*）

當生產環境出現問題時，恢復或修復服務所需的時間。這包括辨識和發現問題所需的時間，以及實作與部署修復所需的時間。

變動失敗率

評量有多少被部署的變動產生某種形式的失敗。

Steve Smith 在他的書籍 *Measuring Continuous Delivery* 裡面以此為基礎，指出交付時間與部署頻率的總和是 CD 程序的產出量，失敗率與故障恢復時間（MTTR）的總和是穩定性。

評量 CD 是一個很大的主題

礙於本書篇幅，我們只討論評量重要的持續交付階段的基礎知識。我們建議你閱讀這兩本書來進一步學習：*Accelerate*（*https://itrevolution.com/book/accelerate/*）與 *Measuring Continuous Delivery*（*https://leanpub.com/measuringcontinuousdelivery*）。

你應該從開始改用 CD 時就開始建立這四個數據，因為它們可以當成基準，在稍後進行比較。交付時間與部署頻率通常可以從組建管道工具（例如 Jenkins）輕鬆地取得。除非你有使用問題追蹤系統（記錄發現和修復時間），否則故障率與故障恢復時間較難取得，這些數據可能要由負責的人員手動收集。

評量持續整合，作為持續交付的代理：Abraham 的經驗

持續交付不是只要將組建管道自動化就可以完成了，但是它需要自動化的組建管道。因此，評量和控制持續整合管道的性能可以幫助實現可評量的持續交付。

我一直在研究架構設計與管道性能之間的聯繫，我提出的方法不僅可以衡量這種關係，還可以改變它。你可能會認為，更改 app 的架構來加快組建管道的速度是多餘的，但是如果你的組織在交付價值時需要更快的組建速度，那為什麼不這樣做呢？

我只能在這裡說明這個主題的一部分而已，但是主要的概念是，你要理解，考慮到模組之間的依賴關係，有時候程式碼的結構可能會導致你沒必要地多次重新構建系統的各個部分，請找出這些情況，並執行正確的重構，以解決問題。

我曾經多次談到這個主題，如果你想要進一步了解，可以搜尋 "Keeping Your CI/CD Pipeline as Fast as It Needs to Be"（*https://youtu.be/8JxoKJng_eQ*）與 "Breaking Down Your Build: Architectural Patterns for a More Efficient Pipeline"（*https://youtu.be/cPCzcvntxso*）。

謹慎地應用成熟度模型

許多顧問公司和 DevOps 工具供應商都提供了成熟度模型，聲稱可以捕捉、評量與分析 CD 實作的進展。這種結構可以提供一些價值，特別是組織處於特別混亂的情況下，但是，一般來說，它們可能會帶來挑戰。成熟度模型提供的結果通常是靜態的技術進展水準，它是根據工具的安裝基礎（*install-base*）或技術的精熟度來評估的，它也假設模型的所有步驟都同樣地適合組織的所有領域。你應該把注意力放在可以處理整個組織的背景與變遷的能力上面，並且注重結果，而不是取得特別定性的數據。

從小處著手、實驗、學習、分享與重複

採取持續交付是一個複雜的過程，因此適合任何背景的"最佳做法"有限。然而，一旦你進入 Steve Smith 模型的第 4 階段，就可以進行許多很好的實驗：

- 如果你從一個全新的專案開始做起，可以先建構一個基本但實用的管道，儘快將示範的 app 部署到生產環境中，Dan North 將這種做法稱為 Dancing Skeleton（*http://bit.ly/2NIB6ql*），這不僅可以讓你發現技術方面的挑戰（例如必須透過供應商門戶手動執行生產部署），還可以讓你知道組織方面的問題（例如系統管理團隊由於擔心破壞其他的 app，而不允許你使用 SFTP 操作生產環境）。

- 找出一項端對端交付的功能，並改善與它有關的 app 穩定性與產出量，它最好是對商務來說不重要的功能（例如，不是電子商務系統的簽出程序），但可以明顯提升商業價值，且需求必須被充分了解，時事訊息註冊網頁或推廣微網站（microsite）都是理想的對象。

- 定義一個或兩個**代表成功的標準**，並集中精力改善系統的任何元件，這可能會給你的組織帶來特別的挑戰；例如，組建失敗的比率很高，或者變更的交付時間高得令人無法接受。

當你取得進展之後，你必須在整個組織內建立一個回饋和學習的良性循環：

- 向許多人展示任何正面的成果、好處和關鍵的學習心得，人數越多越好，其中至少必須包括一位組織領導者。

- 檢討你選擇的方法和技術，做出適當的改變，並分享那些知識。

- 找一個規模大一點的功能——理想情況下，使用不同的技術堆疊，或不同的團隊或組織單位擁有的東西——並重複進行你的實驗。

- 經過兩到三輪實驗之後，你應該可以發現能夠解決組織的技術和社群問題的模式和方法了。此時，你可以再次提高專案的可見度，或許可以將研究成果提交給組織的工程副總或 CTO，促使他們廣泛地推廣持續交付。

- 一旦有高階工程領導人同意將持續交付當成優先事項，你就可以從實驗階段進入發表階段了。

在整個組織中提升採用率很有挑戰性，而且在很大程度上，你的成敗取決於你的工作背景，但仍然有一些模型和方法可以提供幫助。

相關的方法：PDCA 與 OODA

現在有很多關於變動管理和學習過程的參考資料可以幫助你改用持續交付。
Demming 的計畫 - 執行 - 檢查 - 行動（PDCA）週期與 Boyd 的觀察、定向、
決定和行動（OODA）週期是非常重要的概念。我們鼓勵你進一步了解這兩種
概念。

提升採用率：引領改革

當你的持續交付實驗證實成功之後，下一個階段就是推廣到整個組織。雖然本書不討論
這項工作的完整程序，但 John Kotter 提出的引領改革八步驟值得一提。他在 1996 年的
暢銷書 *Leading Change*（Harvard Business Review Press）裡面定義了以下的步驟：

1. 創造緊迫感

2. 成立改革領導團隊

3. 提出願景與策略

4. 溝通改革願景

5. 授權員工採取廣泛的行動

6. 創造近程戰果

7. 鞏固戰果再接再厲

8. 將新做法深植企業文化

這些步驟與任何大規模的組織改革都息息相關，對許多公司來說，實現持續交付是一項
非常大規模的專案。圖 14-3 展示如何將這八個步驟分成三個階段，你到目前為止的工作
屬於第一個階段，即 "創造改革的風氣"。你的實驗可以幫助創造緊迫感，因為你可以
分享實驗的成果，向組織展示採取持續交付的好處（或許可以和公司當前面臨的問題的
相關數據互相比較）。

你可以在組織中，尋找志同道合的個人和團隊，結為聯盟，並創建改革的願景。接下來
的階段，包括吸引與激勵組織，以及實施與維持改革，也是建立在你的成功，和你在過
程中學到的 CD 實作原則及做法的基礎之上。

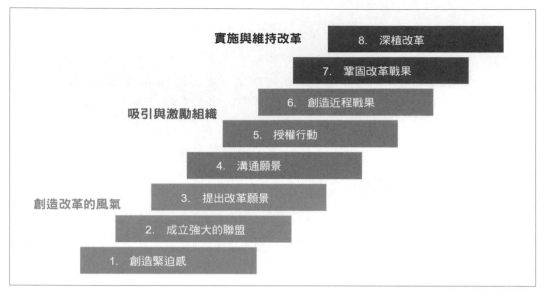

圖 14-3　John Kotter 的引領改革八步驟

推動組織採用持續交付可能是一項挑戰——特別是現有的交付程序已經有相當的歷史，或組織尚未感受充分的痛苦，還不想推動改革（看看 Blockbuster vs. Netflix 的案例吧）。

領導力是寶貴的技能

引領改革就像實現持續交付一樣，需要很多技能，而且這些技能與軟體開發技能是不同的。我們兩位都很幸運，因為在我們的職業生涯中，都有幾位導師指導我們發展這些技能（建議你也找到自己的導師）。我們從這幾本書學到了很多技巧：

- Paul Glen 與 Maria McManus 合著的 *The Geek Leader's Handbook: Essential Leadership Insight for People with Technical Backgrounds* （Leading Geeks Press）

- Pat Kua 的 *Talking with Tech Leads*（CreateSpace Independent Publishing Platform）

- Camille Fournier 的 *The Manager's Path*（O'Reilly）

其他的指導與技巧

關於 "如何改善持續交付的採用情況" 需要用一本書來說明，但是有一些特定的領域經常帶來挑戰：常見的不良做法，與處理醜陋的架構。

不良的做法與常見的反模式

在本章，你已經多次看到，在組織中實現持續交付是一個複雜的過程，儘管有許多好的做法是與特定的背景有關的，但也有一些不好的做法並非如此。認識它們是件好事，因為這樣你就可以避免它們：

* 野心太大，選擇大型的功能來驗證持續交付概念。

* 試著為一個全新且創新的功能實作持續交付。如果你要試驗 CD，這或許是個可行的選項，但如果新功能沒有被良好地定義，或沒有得到組織的政策支援，它也可能導致長時間的延遲。

* 在堆疊中引入過多新技術——例如，原本是幫內部架構託管的 app 伺服器部署 EAR 檔案，變成在公用雲端的 Kubernetes 運行的容器裡面部署 Fat JAR app。

* 同時以破壞性的方式修改架構並試著為 app 建立組建管道——例如，從 "將 app 部署為單體單 WAR 檔案" 變成 "將 app 部署成 10 個微服務並協調它們"。

* 過度依賴外部人員或供應商。顧問和供應商可以幫助你改用持續交付（並提供你非常需要的專業知識），但最終，改用的程序必定是內部團隊自己的事情。

* 直接將目前的手動工作自動化。這或許是個很好的起點，但是你必須確保每個手動的做法都是有效且必要的。將錯誤的程序自動化只代表你會更快且更頻繁地執行它，造成的損害可能比以前大！

* 沒有認識到舊有的 app 帶來的限制或耦合。

* 不理解當前的組織結構與持續交付不相容（例如，環境嚴重政治化，或沒有遵守 Conway 定律（ *http://bit.ly/2zzsSbs* ））。

* 未遷移或轉換對組織的日常運維而言至關重要的既有商務資料。

* 過度依賴第三方整合（原本可以透過 mock 及服務虛擬化來解決）。

* 不允許人們使用開發及測試用的自助服務環境。

以上只列舉一些可在外界看到的持續交付反模式。但還有一種最常見的問題值得在本章單獨討論：「醜陋的」架構。

醜陋的架構：修改，還是不修改

在實作持續交付的某個時候，app 的架構可能會成為一種限制因素。本節將解釋幾個典型的例子，與可行的解決方案。

進行架構復審

如果你正開始製作一個系統，或不確定當前的架構處於什麼狀態，那麼進行正式的架構審查是很有價值的。這個程序不是只在白板上簡單地繪製（理想化的）架構，Susan Fowler 的 *Production-Ready Microservices*（O'Reilly）及 Simon Brown 的 *Software Architecture for Developers*（*https://leanpub.com/software-architecture-for-developers*）（Leanpub）裡面有完成這項工作的實用方法與技術。

每位最終用戶 / 顧客都有單獨的基礎程式及資料庫

你可能想要幫每一個用戶分出一個 app 基礎程式，尤其是當 app 共用一個類似的核心，但每位顧客都希望客製化時。當企業只有兩三個顧客時，你或許可以這樣擴展，但這些程式很快就會變得難以管理，因為你必須為所有系統加上必須的安全防護或 bug 的補丁，而且因為各個基礎程式都分別演變，各處的修改都有可能稍有不同。

通常採取這種 app 風格的組織在進行持續交付時，必須建立與顧客數量相同的組建管道，但情況也有可能變得無法管理，特別是在公司擁有多個產品的情況下。為了解決這個問題，有一種或許可行但代價高昂的解決方案，就是試著將所有 app 合併回一個基礎程式，並且將它部署成多承租人（multitenant）系統，用外掛或外部模組來實作每一種客製化功能。

留意大霹靂修改

為了修改所有的問題，你可能想要丟棄（或除役）舊的 app，並且用 "大霹靂" 的方式部署新版本。這種行為有一定程度的風險，原因很多：舊的 app 會在新的 app 被構建的過程中演變；由於開發新 app 的團隊還沒有交付任何實際的價值，所以商務團隊可能會很緊張；開發舊 app 的工程師會失去動力；部署新 app 的複雜性意味著你總會遇到一些問題。

有一種克服 "大爆炸" 改寫的方法非常流行，尤其是在遷移微服務時——Strangler Pattern 模式（*http://bit.ly/2OfQCpg*）。這種模式可以促進漸增的隔離性，以及將單體的功能提取出來，放入一系列獨立可部署的服務。

在 app 與外部整合之間沒有定義良好的介面

工程師需要在系統中加入新功能的時候，通常會將外部 app 整合到他們的 app 裡面，例如整合 email 傳送或社群媒體軟體。通常，系統和外部 app 之間的介面是自訂的，並且與特定的實作細節緊密耦合，經常直接影響 app 的釋出節奏。

當你將這類的系統放入持續交付管道時，它的緊密整合通常意味著兩種問題之一。第一種，開發者用 mock 或 stub 來測試外部 app，但是這些 mock 通常不能捕獲 app 的真實行為，或外部系統被不斷更改，導致不斷出現組建失敗，開發者也必須更新 mock。第二種，針對 app 的測試是透過 app 的外部（測試）沙箱實作來進行的，這些沙箱通常很脆弱，或者落後生產環境的實作。

要解決這類問題，有一種方法是在這兩個系統之間引入一個反損毀層（ACL）或配接器。ACL 可以打破高耦合，方便你建立更小、更靈活的管道，可讓你針對實際的外部（沙箱）服務測試 ACL 配接器程式碼，以及用虛擬 / stub 模式的 ACL 來測試公司的 app。

基礎設施提供單一的整合（以及耦合和故障）點

已被部署到生產環境一段長時間的既有系統，特別是在企業組織中的，可能會與集中式通訊機制（例如 ESB 或重量級 MQ 系統）進行通訊，或整合到裡面。與前面的例子非常相似的是，如果這些系統沒有提供嵌入式或模擬的操作模式，那麼實作 ACL 來減少 app 和通訊機制之間的耦合是很有幫助的。

app 是個 "框架花毯"，包含（太）多個 app 框架或中介軟體

許多有 10 年以上歷史的系統都包含多個 app 框架，例如 EJB、Struts 和 Spring，而且這些框架通常有多個版本。這很快就會變成維護的惡夢，因為框架可能經常在運行時發生衝突，無論是在功能方面還是類別路徑方面。這可能會讓你很難在組建管道中重現生產環境的問題，尤其是在不執行整個 app 及運行端對端測試的情況下。經典著作 *Working Effectively with Legacy Code*（Prentice Hall）有幾個優秀的模式可以處理這個問題。但是，請注意，修改這類的架構通常需要大量的投資，如果你有商業案例需要修改功能，較好的做法可能是重寫或提取 app 的某些部分。

思考：漸增，困難的問題及先導專案

當你改用任何技術時，都必須在過程中證明其價值，否則，它很有可能在執行過程中被取消。先解決（或至少理解）困難的問題可以提升傳遞價值的機會，通常也可以迫使你進行全局思考，而不是陷入局部優化之中。此外，確保你選擇的先導專案贊助者，可在組織內提供政治方面的支持。在改用的過程中，你會遇到一些挑戰，此時你需要有人支持你，以及支持正在進行的工作。

小結

在本章中，你學到了遷移到持續交付的挑戰。你也探索了一些有助於緩解這些挑戰的技術：

- Forsgren、Humble 和 Kim 的研究指出有 24 種關鍵的能力在統計上可以顯著地提升軟體交付的效率。這些能力有些被組合在一起，並且劃分成持續交付的種類。

- 持續交付改用程序的第一步是對你的組織做一些研究。你的目標是找到已經認同持續交付的需求、已經擁有創新的願望和能力，並且願意搶先採用新技術或科技的人。

- Cynefin 這類的感知模型可以幫助你了解和分類你所遇到的挑戰。

- Steve Smith 引導持續交付的模型包括：控制一切事物的版本，評量穩定性和產出量，增加生產遙測並移至自我調整架構，以及進行平行實驗。

- 持續交付可以用產出量（交付時間、部署頻率及穩定性）、變動失敗率及平均恢復時間來評量。

- 當你學習如何有效地實作持續交付時，要從小的假設和想法開始，實驗，學習，與部門和整個公司分享，然後重複以上動作。

- 領導力是一項重要的技能，如果你要提高整個組織的採用率，你就要培養這種技能。

- 使用 CD 很容易陷入某些不好的做法，"醜陋"的架構可能帶來一些挑戰。

了解了持續交付的技術做法，以及在整個團隊和組織中推廣它所需的技術之後，最後一章要讓你了解更多關於推動持續改善的知識。

## 第十五章

持續交付與持續改善

最後一章將回顧如何實作持續交付，並再次關注核心目標和挑戰。身為 Java 開發者，與現代持續交付有關的許多做法都與你密切相關，你要在整個軟體交付和運維過程中增加你的知識、技術和績效。在本書的最後，你將了解如何在整個組織中推廣持續交付的原則，以及如何藉著持續改善來驅動你的所有工作。

從當前的位置開始

了解你和你的團隊目前所處的情況是一項至關重要的技能。第 6 章談過 Java 生態系統的演變，以及現代開發者在建立 app 時擁有的選項範圍。你在第 3 章和第 4 章學過如何結合現代雲端及容器技術來設計自我調整的（或 "可進化的"）架構，極大限度地提高軟體交付程序的產出量及穩定性。

現代軟體開發者（尤其是對技術領導人而言）有一個核心需求：跟上技術、工具和實做方法的變化。從書中學習、定期閱讀部落格、閱讀線上內容、參加會議等等，都是善用時間，幫助你持續改善的好方法。唯有將 "你與團隊目前的處境" 和 "潛在的可能性"結合起來，你才可以最有效地決定最佳的行動路線，以更好地交付有價值的軟體，並且享受建構系統的樂趣。

在堅實的技術基礎上建構

第 5 章和第 6 章提供了建構 Java app 的基本技能和工具。在 2000 年代初期,你只要專注於編寫 Java 程式就可以了,但現在,你還必須學習過去純粹屬於運維領域的技能(或者至少了解這些技能)。DevOps 與 SRE 方法在軟體交付及運維領域的風行已經明確地指出這一點。

第 7 章是以第 4 章介紹的知識為基礎(包裝 app 並將它部署到可用平台),介紹包裝傳統的 Java 部署工件(例如 JAR 和 WAR)來獨立執行帶來的新挑戰,以及使用 VM、容器或 FaaS 技術時的挑戰。第 8 章結合並擴展你在前幾章學到的技能,並指出盡可能在本地有效地進行開發及測試的重要性。

在第 9 章和第 10 章,你開始進入持續交付核心的早期階段:持續整合,以及使用組建管道來部署和釋出功能。

持續提供價值(你的首要任務)

在敏捷軟體開發宣言(*http://agilemanifesto.org/*)的 12 條原則中,第 1 條是這樣說的:

> 我們的首要任務是藉由儘早且持續交付有價值的軟體來滿足顧客。

持續交付不僅是儘早且持續交付功能給顧客的催化劑,也是(在很大程度上)驗證價值的機制。當然,你或許無法在初次嘗試時就完全獲得所需的功能(可能相差甚遠),但是 CD 提供的框架可讓你快速迭代。

第 11 章展示如何得到價值假設及編寫用戶需求,理想情況下,是透過受 BDD 啟發的合作方式與程序。隨著容器和 FaaS 技術的出現,以及大量可用的測試工具和測試替身框架,Java 生態系統提供了一個引人注目的平台,讓團隊可以透過它交付有價值的軟體。

正如同你在第 12 章看到的,高效的 CD 管道也支援系統質量屬性或非功能需求的驗證,這些屬性和功能需求一樣重要。花時間在 CD 管道中實作這些核心驗證步驟非常重要,同樣重要的是讓它們維持最新狀態。在上一章,你學了 "在安全防護方面左移" 的能力,將許多非功能驗證 "左移"(無論是在管道本身之內,還是在你思考與設計的過程中)也可以展現相同的價值。

當你將期望（expectation）寫入 CD 管道之後，它們自然就可以被自動化並運行多次。相較於讓人類執行同樣的操作，這種做法不但可以提供更可靠的結果（畢竟電腦最擅長的是執行重複且單調的工作），也可以幫人類工程師節省額外的時間，讓他們可做擅長的事情：進行創造、尋求改善，及理解用戶需求。

你要讓整個團隊都知道你努力實作的驗證步驟，因為這通常是讓大家有足夠的時間與精力實作 CD 管道的唯一方式，通常也是取得整個組織的認同並且共同承擔責任的不二法門。團隊的每位成員都要把重心放在持續交付有價值的軟體，而製作 CD 本身往往是組織改革的催化劑。

增加軟體的責任分擔

在本書的前面幾章中，你已經知道分擔責任的重要性了。今日顧客的需求的變化及轉移速度比以往任何時候都要快。現今的技術變化也比以往任何時候都要快，相關的安全威脅也是如此。

除非你建立的是最簡單的網站，否則顯然沒有人能夠一個人應付所有的變動。當你在大型企業中交付軟體時，根本不可能將所有的工作範圍都裝到一個人的大腦中，因此，你必須一起承擔責任，而 CD 管道是讓大家團結一致的完美工具，當管道涵蓋大部分價值串流（value stream）時，每位參與人員都可以看到商務概念、軟體和功能的流程。

第 13 章與第 14 章教導的核心概念是觀察機制和評量。觀察機制可讓你監視生產環境中的 app 數據，從而讓你關閉回饋迴圈，增加學到東西。評量持續交付的輸出，例如交付時間和失敗率，可以讓你在增加產出量及穩定性的同時，客觀地評估透過持續交付取得的進展。

促進快速回饋與實驗

你在第 14 章學到，在處理複雜的系統時，快速回饋非常重要——幾乎所有的軟體 app 都是複雜的、自我調整的系統。持續、快速與高品質的回饋讓我們有機會在早期偵測與修正錯誤。從開發者的角度來看，快速回饋有一個明顯的優勢：它可以降低背景切換的成本，以及了解部分功能、程式碼和組態所需的認知開銷。

但快速回饋與實驗的威力遠不止於此。Gene Kim、Kevin Behr、George Spafford 與 Mike Orzen 廣泛 地 談 到 Three Ways of DevOps（*https://itrevolution.com/the-three-ways-principlesunderpinning-devops/*）的好處：系統思維、擴大回饋迴圈，以及建立持續實驗與學習的文化。見圖 15-1 的說明。

圖 15-1　The Three Ways of DevOps（來自 Gene Kim 等人主導的 The Phoenix Project）

第一種方法強調整個系統的性能，而不是特定的工作或部門的性能；你已經讀過關於提升責任分擔的內容了。第二種方法是建立從右到左的回饋迴圈，從運維到開發，目的是縮短和擴大回饋迴圈，以持續進行修正和改善，你也學過這方面的知識，以及將許多形式的測試和驗證"左移"的重要性了。第二種方法的結果包括了解與回應所有顧客（包括內部及外部的）、縮短和擴大所有回饋迴圈，並在我們需要的地方嵌入知識——包括在團隊中，以及寫入組建管道本身之中。

第三種方法是創造文化，培養兩種東西：持續實驗、冒險並從失敗中學習，以及了解"重複與練習"是掌握技術的先決條件。試驗與冒險可以確保你不斷改進，你需要掌握一些技能，讓你在未知領域走太遠時，用那些技能幫你認識錯誤並糾正它們。第三種方法的結果包括分配時間以改善日常工作（例如，專注於改善組建管道及相關技能）、創造鼓勵團隊承擔風險的儀式，以及在系統和團隊中引入混亂和災難復原測試，以提高恢復力。

在組織中推廣持續交付

如果你希望在整個組織中促進持續交付，第 14 章介紹了兩種關鍵的方法：分享知識與展示好處。

分享知識可以讓大家更了解 CD 原則、做法與技術，例如 *The DevOps Handbook* 與 *The Phoenix Project* 介紹的原則、做法與技術。DevOps Enterprise Summit（*http://bit. ly/2Ilj7QS*）在 YouTube 上的播放清單有許多有趣的演說影片，裡面有來自整個業界的思想領袖與實踐者的精彩故事和見解，其中許多人都在大型企業中實現 DevOps 思想與 CD 之類的技術。有一些組織文化抗拒這類的學習資源，因此你可能要巧妙地介紹這類的知識，例如透過每週讀書會或 "便當" 時間，讓感興趣的人加入，並特別分配時間來學習。

展示好處也是在整個組織中推廣 CD 原則的關鍵，為此，你必須有效地取得數據，並且利用這些數據描述一個吸引人的故事。這項工作的起點通常是在組織的關鍵流程中加入基本的數據讀取機制，例如從浮現一個概念，到它進入生產環境所需的時間、失敗的部署次數或產品中斷運行次數，或被自動測試抓到的 bug 數。你也可以在生產環境的系統加入數據讀取機制，來取得用戶期程（session）數量、app 的平均 CPU 及 RAM 需求，以及資料存放體的寫入性能。

取得這些數據之後，你可以建立一個基準，並利用它來展示改善（希望如此）。重要的是，你要追蹤數據如何隨著你試著實現 CD 而改變，並試著為這項改變編一個故事。你或許不一定都是正確的，但是在理想情況下，你可以將故事描述成一個假設，並建立測試來驗證你的想法。人類是伴隨著故事一起成長的，它是一種強大的機制，可以讓整個業界的人員參與，並相互理解。

持續改善

總之，你應該在製作軟體，傳遞商業價值給顧客的過程中，努力不懈地改善每一件事情。持續交付的原則及相關的做法，例如組建管道的做法，是驅動這種改善的有效機制。源自 Toyota Way，並受空手道（Kata）的磨練技巧啟發的 Continuous Improvement Kata（*http://bit.ly/1v73SSg*）是一個很棒的資源，可幫助你全面了解這種方法，裡面也有許多本書教導的做法。圖 15-2 是 Continuous Improvement Kata 的說明。

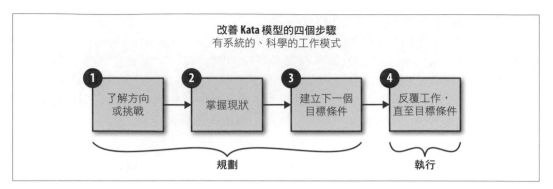

圖 15-2　Continuous Improvement Kata

這些步驟的關鍵是先了解你所面臨的挑戰。你可能經常被失敗的釋出拖累，或沒有從商業團隊取得適當的需求。此時，你必須完全掌握當前的情況，並與整個組織中的人員合作，共同承擔改善的責任。與團隊一起建立下一個目標條件並進行規劃之後，你要反覆工作，實現那個目標。在過程中，你要留意成功和失敗的跡象，並不斷地反省，在這個程序中不斷學習。

本書是實作持續交付，最終推動組織持續改善的指南。雖然這種厚度的書籍不可能涵蓋每一個主題（或你想知道的主題的深度），但我們相信這本書可以為你指出正確的方向，並為你提供入門基礎。當你取得成功，並發現新的改善技術或領域時，請聯繫我，最好可以寫一篇文章或一本書來延伸你的想法。

小結

在這最後一章，你回顧了到目前為止從本書學到的核心技能，並探討持續交付背後的關鍵概念：

- 了解你和你的團隊目前的處境是一項至關重要的技能。你必須在持續了解可行的做法或工具時掌握現況，以設定持續改善的目標。

- 跟上技術、工具和做法的變化是現代軟體開發者的核心需求之一（尤其是技術領導人）。

- 儘管在 2000 年代初期，你可以全心投入編寫 Java 程式碼，但現在你也要學習過去純粹屬於運維領域的技能（或至少了解那些技能）。

- 持續交付不僅是儘早且持續交付功能給顧客的催化劑，也是（在很大程度上）驗證價值的機制。

- 團隊的每位成員都要把重心放在持續交付有價值的軟體，而製作 CD 本身往往成為組織改革的催化劑。

- 觀察機制可讓你監視生產環境的 app 數據，並且讓你關閉回饋迴圈，提升學習力。

- 評量持續交付的輸出，例如交付時間和失敗率，可以讓你客觀地評估進展。

- Gene Kim、Kevin Behr、George Spafford 與 Mike Orzen 廣泛地談到 Three Ways of DevOps 的好處：系統思維、擴大回饋迴圈，以及建立持續實驗與學習的文化。

- 如果你希望在整個組織中促進持續交付，有兩種關鍵的方法：分享知識與展示好處。

- 你應該在製作軟體、傳遞商業價值給顧客的過程中，努力不懈地改善每一件事情。The Continuous Improvement Kata 是很棒的資源，可協助你完全了解這種做法。

這一章的結束也代表這本書的結束，但這是你旅程的開始。祝你在持續交付的旅程上一帆風順！

索引

※ 提醒您：由於翻譯書排版的關係，部分索引名詞的對應頁碼會和實際頁碼有一頁之差。

M

machine images（機器映像）
  creating for multiple clouds with Packer（用 Packer 為多雲端建立），143-147
    machine image formats（機器映像格式），145
    other tools for creating（其他建立工具），147
    trade-offs with commercial imagecreation tools（使用商用映像建立工具的取捨），148
  virtual machines, creating with Vagrant and Packer（虛擬機器，用 Vagrant 及 Packer 建立），167-171
maintenance（維護），8
MAJOR, MINOR, 與 PATCH 版本，273
Make, 96
  makefile for simple Java project（簡單 Java 專案的 makefile），96
  pros and cons as build tool choice（組建工具選項的優缺點），98
man 與 help（Linux），104
manifests（JAR），128
Mapped Diagnostic Context（MDC），385
maturity models（成熟度模型），411
Maven, 84-90
  build example（組建範例），86
  including ArchUnit in pom.xml（在 pom.xml 加入 ArchUnit），330
  Including findbugs-maven-plugin with findsecbugs-plugin in a project（在專案中用 findsecbugs-plugin 加入 findbugs-maven-plugin），346
  including JDepend in pom.xml（在 pom.xml 中加入 JDepend），335
  including Log4j 2（加入 Log4j 2），386
  installation（安裝），86
  JGit-Flow 外掛，90
  packaging a project into a JAR file（將專案包入 JAR 檔），125-129
  Parent project object model（POM），77
  profiles to use when running automated tests via（執行自動化測試時使用的 profile），158
  project pom.xml including dependencies with known vulnerabilities（專案 pom.xml 包含有已知漏洞的依賴項目），351
  pros and cons as build tool choice（組建工具的優缺點），97

releasing and publishing build artifacts（釋出與發布組建工件），89
specifying dependency version with（指定依賴項目版本），76
Maven Assembly 外掛，130
Maven Checkstyle 外掛，219
Maven Debian 外掛，141
Maven Dependency Check 外掛，353
Maven Docker Compose 外掛，299
Maven Docker 外掛，150
Maven Enforcer 外掛，216
Maven FindBugs 外掛，220
Maven Jar 外掛，130
  adding to pom.xml（加至 pom.xml），128
Maven PMD 外掛，218
Maven Release 外掛，89
Maven RPM 外掛，139-141
Maven Shade 外掛，130-133, 134, 185
  using for AWS FaaS Java application（為 AWS FaaS Java app 使用），151
  using with Spring Boot（與 Spring Boot 一起使用），134
Maven SlimFast 外掛，136
Maven Spring Boot 外掛
  building WAR files（組建 WAR 檔），138
  creating skinny Spring Boot JARs（建立 skinny Spring Boot JAR），136
Maven WAR 外掛，137
maximum number of instances（最大實例數），251
mean time to restore（MTTR）（平均恢復時間），410
Measuring Continuous Delivery（Smith），410
mechanical sympathy（機械同理心），39
  in cloud（IaaS）platforms（雲端（IaaS）平台），54
mediated APIs（仲介 API），15
merging code regularly（定期合併程式），224
message contracts（訊息合約），305-306
  contract testing at protocol layer（在協定層測試合約），305
  contract testing at serialization layer（在序列化層測試合約），305
message queues, in-memory（訊息佇列，在記憶體內），307
messaging middleware（傳訊中介軟體），17
metadata（詮釋資料）
  adding to log entries（加至 log 項目），383
  importance of adding to container images（加至容器映像的重要性），149
meters（速率表），378
method calls, stubbing（方法呼叫，stub），160

關於作者

Daniel Bryant 是獨立技術顧問及 Datawire 的產品架構師。他擅長藉著辦識價值流、建立組建管道及實施有效的測試策略，在組織內實現持續交付。Daniel 的技術專長集中於 DevOps 工具、雲端 / 容器平台及微服務實作。他也是 Java champion，曾經參加多個開放原始碼專案，為 InfoQ、O'Reilly 與 Voxxed 撰稿，並定期出席 OSCON、QCon 和 JavaOne 等國際會議。

Abraham Marin-Perez 是一名 Java 及 Scala 開發者，在金融、出版和公共部門等行業擁有超過 10 年的經驗。他也幫助 London Java Community，並在 Meet a Mentor 倫敦小組提供職涯建議。Abraham 喜歡與人分享經驗，使得他能夠在 JavaOne 及 Devoxx UK 等國際活動上演講，並在 InfoQ 上撰寫關於 Java 新聞的文章。他也是 Real-World Maintainable Software（O'Reilly）的作者。Abraham 目前住在倫敦，他喜歡在英國天氣合適的時候外出遠足，不合適的時候下廚。

出版記事

本書封面上的動物是燈籠魚，一種稱為 Myctophidae 的魚類。燈籠魚得名於牠們的自然生物發光體，這種發光體可讓牠們發出藍色、綠色或黃色光。這種光是由一種叫做 photophores（發光器）的器官產生的，這種器官沿著魚的身體和頭部排列。根據研究，生物發光在燈籠魚之間的交流之中起了很大的作用。

燈籠魚的體形瘦小，身上覆蓋著銀色的鱗片。牠們在深海生活，白天會潛入較深的地方，晚上則會浮起來。牠們是海洋肉食性動物的主要食物來源，例如鯨魚、海豚、金槍魚和鯊魚等，使得牠們成為海洋食物鏈重要的一環。

燈籠魚數量極其龐大，據估計占所有深海魚類生物量的 65%。牠們是深海散射層的主因，深海散射層是一種現象，指的是船隻的聲納被散射到深海魚類的魚鰾上，造成錯誤的深度讀數。雖然燈籠魚很常見，但牠很少被商業捕撈。

許多 O'Reilly 封面的動物都是瀕臨絕種的，牠們對這個世界來說都很重要。如果你想要知道自己可以提供什麼協助，可造訪 *animals.oreilly.com*。

本書封面的圖像來自 Lydekker 的 *Royal Natural History*。

持續交付｜使用 Java

作　　　者：Daniel Bryant, Abraham Marín-Pérez
譯　　　者：賴屹民
企劃編輯：蔡彤孟
文字編輯：江雅鈴
設計裝幀：陶相騰
發 行 人：廖文良

發 行 所：碁峰資訊股份有限公司
地　　　址：台北市南港區三重路 66 號 7 樓之 6
電　　　話：(02)2788-2408
傳　　　真：(02)8192-4433
網　　　站：www.gotop.com.tw
書　　　號：A566
版　　　次：2019 年 07 月初版
建議售價：NT$780

國家圖書館出版品預行編目資料

持續交付：使用 Java / Daniel Bryant, Abraham Marín-Pérez 原
　著；賴屹民譯. -- 初版. -- 臺北市：碁峰資訊, 2019.07
　　面；　公分
　譯自：Continuous Delivery in Java
　ISBN 978-986-502-174-0(平裝)
　1.Java(電腦程式語言)
312.32J3　　　　　　　　　　　　　　　　108009513

讀者服務

● 感謝您購買碁峰圖書，如果您
  對本書的內容或表達上有不清
  楚的地方或其他建議，請至碁
  峰網站：「聯絡我們」\「圖書問
  題」留下您所購買之書籍及問
  題。(請註明購買書籍之書號及
  書名，以及問題頁數，以便能
  儘快為您處理)
  http://www.gotop.com.tw

● 售後服務僅限書籍本身內容，
  若是軟、硬體問題，請您直接
  與軟體廠商聯絡。

● 若於購買書籍後發現有破損、
  缺頁、裝訂錯誤之問題，請直
  接將書寄回更換，並註明您的
  姓名、連絡電話及地址，將有
  專人與您連絡補寄商品。